普通高等教育"十一五"国家级规划教材
PUTONG GAODENG JIAOYU SHIYIWU GUOJIAJI GUIHUA JIAOCAI

GONGCHENG CHUANREXUE

工程传热学

许国良　王晓墨　邬田华　陈维汉　编著
黄素逸　刘　伟　主审

中国电力出版社
CHINA ELECTRIC POWER PRESS

内 容 提 要

本书为普通高等教育“十一五”国家级规划教材。

本书内容包括一维及多维的稳态导热、非稳态导热、层流对流换热、紊流对流换热、自然对流换热、沸腾与凝结换热、辐射换热、传热过程分析与换热器设计、导热与对流换热的数值计算等。该内容体系在满足大机械类本科32学时的教学要求的基础上，也考虑到能源动力类本科24～32学时的后续深入学习方面的要求。这后一部分内容以带*号的章节来标示。书中所附CD中含有流动与传热数值计算专业软件Saints2D的教学版，用于传热学课程的虚拟实验教学。

本书除作为大机械类传热学课程的教材外，也可作为本科化学工程与工艺、冶金工程、建筑环境与设备工程等专业的教材，还可供有关工程技术人员参考。

图书在版编目（CIP）数据

工程传热学/许国良等编著. —北京：中国电力出版社，2011.1（2024.1重印）

普通高等教育“十一五”国家级规划教材

ISBN 978-7-5123-1227-2

Ⅰ. ①工… Ⅱ. ①许… Ⅲ. ①工程传热学-高等学校-教材 Ⅳ. ①TK124

中国版本图书馆CIP数据核字（2010）第249934号

中国电力出版社出版、发行

（北京市东城区北京站西街19号 100005 http://www.cepp.sgcc.com.cn）

北京九州迅驰传媒文化有限公司印刷

各地新华书店经售

*

2011年1月第一版 2024年1月北京第十一次印刷

787毫米×1092毫米 16开本 15.5印张 375千字

定价 **48.00** 元

前言

热量传递是一种十分普遍的自然现象，在科学研究和生产技术领域中的应用十分广泛。能源动力、化工制药、材料冶金、机械制造、电气电信、建筑工程、交通运输、航空航天、纺织印染、农业林业、生物工程、环境保护和气象预报等领域中，存在大量的热量传递问题，而且传热还常常起着关键性的作用。热量传递的理论体系也日趋完善，内容不断充实。传热学已经成为现代技术科学中充满活力的主要基础学科之一。

当代热科学技术的迅速发展，使得传热学课程的教学改革成为热工课程教育研究中一项十分迫切的任务。1997 年国家教委热工课程指导委员会颁发的"重点高校工科热工系列课程教学改革指南"明确指出："热工课程不仅应是许多大类专业的重要的技术基础课，也应是面向 21 世纪所有工科类专业的一门公共技术基础课"。2002 年华中科技大学开始了大机械类本科培养模式的改革，将传热学定位为大机械类（机械科学与工程、材料科学与工程、能源与动力工程、环境科学与工程以及交通科学与工程共 5 个学院）的技术基础课程，以适应新时代科学研究和工程技术人才培养的要求，进一步推动和深化教学改革。

本书以大机械类培养模式的改革为背景，其基本指导思想是：以培养满足国家和地方发展需要的高素质人才为目标，以提高学生国际竞争能力为重点，以教材建设、教学方法、实验手段的改进为主要途径，加大教学过程中使用信息技术的力度，加强科研与教学的紧密结合，改进和更新实验手段和方法，大力提倡和促进学生主动、自主地学习。同时，也考虑到国际上著名大学同类学科的要求，并与之接轨。

本书内容包括一维及多维的稳态导热、非稳态导热、层流对流换热、紊流对流换热、自然对流换热、沸腾与凝结换热、辐射换热、传热过程分析与换热器设计、导热与对流换热的数值计算等。从教学内容和实验环节上来说，提升了流动与传热问题数值计算方面的知识，增加了虚拟实验的内容。具体做法：一是使用自主开发的流动与传热数值计算专业软件 Saints2D，二是在国际一流专业软件 FLUENT 的基础上进行二次开发，并且两者可以进行对比分析。虚拟实验面向全校学生，采取开放式的教学方式，这种做法是一种新的尝试，Saints2D 软件的教学版请扫描二维码免费获取。

该书同时也是能源动力类传热学课程体系中的一个环节，适用于本科教学的需要，定位和取名为工程传热学；而能源动力类硕士学位的传热学课程，则定位和取名为高等工程传热学，由华中科技大学黄素逸教授和刘伟教授编著出版。此两本书构成为一个有机的体系，在内容上相互衔接。

本书由华中科技大学许国良组织编写，王晓墨、邬田华、陈维汉共同参与编写工作。书中所附教学软件 Saints2D，由许国良和日本静冈大学教授 Akira Nakayama 合作开发，并在两校及其他多所大学的本科教学中使用。黄素逸和刘伟教授审阅全文，提出了许多宝贵的意见。本书在编写过程中，还得到了华中科技大学精品课程教材立项基金的资助。在此一并表示真挚的感谢！

对本书中可能出现的疏漏之处甚至不可忽视的错误，在此恳请读者谅解，并加以批评指正。

编　者

2010 年 11 月于华中科技大学

主 要 符 号 表

符号	含义	符号	含义
a	热扩散率，m^2/s	R	半径，m
$a_{E,W,N,S}$	离散方程系数	S_h	热源项
A	表面积，m^2	S_ϕ	通用变量 ϕ 的源项
A_c	截面积，m^2	t	摄氏温度，℃
c	比热容，J/(kg・K)	T	热力学温度，K
c_f	范宁摩擦系数	u，v，w	速度分量，m/s
c_D	涡扩散中的经验常数	u'，v'	速度偏差值，m/s
c_x	x 向重力方向角余弦	x，y	笛卡尔坐标，m
c_1，c_2	ε 方程经验常数	y^+	壁面法则相关的无量纲坐标
C_F	Forchheimer 系数	τ	时间，s；透射比
C_1	第一辐射常量，W・m^2		
C_2	第二辐射常量，m・K	α	吸收比
d	直径，m	β	热膨胀系数，1/K
d_x，d_y	压力偏差项系数	δ	厚度，m
E	辐射力，W/m^2	θ	过余温度，K
$F_{e,w,n,s}$	经控制体界面的流动	Θ	无量纲过余温度
$f_{e,w,n,s}$	插值因子	λ	导热系数，W/(m・K)；波长，m 或 μm
f_τ	加权系数		
g	重力加速度，m/s^2	Γ_ϕ	通用扩散系数
h	表面传热系数，W/(m^2・K)；比焓，J/kg	ε	紊流动能耗散率，m^2/s；发射率
k	单位面积传热系数，W/(m^2・K)；紊流动能	ε_h	紊流热扩散率，m^2/s
		ε^+	空隙率
L	长度，m	μ	动力黏度，kg/(m・s)
L_{ref}	参考长度，m	ν	运动黏度，$=\mu/\rho$，m^2/s
p	压力，Pa	ρ	密度，kg/m^3；反射比
p'	修正压力，Pa		
P	周长，m；功率，W	σ_k，σ_T，σ_ε	等效普朗特数
q	热流密度，W/m^2	Φ	热流量，W
r	径向坐标，m；汽化潜热，J/kg	ϕ	通用变量

下脚标

B　容积平均的

E，e　东边的

N，n　北边的

P　中心节点的

p　定压的

ref　参考的

S，s　南边的

t　紊流的

W，w　西边的

上脚标

n　新数据

o　原数据

*　无量纲

～　估计值

准则数

Bi　毕渥数，hL/λ

Eu　欧拉数，$\Delta p/(\rho u^2)$

Fo　傅里叶数，$a\tau/L^2$

Gr　格拉晓夫数，$gL^3\beta\Delta t/\nu^2$

Nu　努塞尔数，hL/λ

Pe　贝克莱数，uL/a

Pr　普朗特数，ν/a

Re　雷诺数，uL/ν

St　斯坦顿数，$h/(\rho c_p u)$

目 录

第一章 绪 论

工程传热学是研究工程应用中热量传递规律的科学。热量传递简称传热。根据热力学第二定律，热量可以自发地由高温热源传给低温热源。因此，只要有温差存在，就会有热量传递。温差是热量传递的动力。由于在自然界以及人们的日常生活和生产实践中，温差几乎无处不在，所以传热是普遍存在的物理现象，对人们的生活和生产实践产生广泛而深刻的影响，研究热量的传递规律也就极为重要。

传热学不但要解释热量是如何传递的，同时也将计算传热的速率，预测热量传递的快慢程度。由于有温差才能传热，因此，必须知道所考虑对象的温度分布才能计算传热量的大小。故传热学的基本任务，一是求解温度分布，二是计算热量传递的速率。传热学与工程热力学是有区别的。工程热力学研究热能的性质、热能与机械能及其他形式能量之间相互转换的规律，讨论的是平衡系统，它可以计算需要多少能量才能使系统从一个平衡态变为另一个平衡态。由于转变的过程是非平衡态，工程热力学不能计算这一转变需要多长时间；传热学则以热力学第一定律和第二定律为基础，再利用一些实验规律来研究热量传递的速率，不但要计算传递了多少热量，还要计算在多长时间内传递了这些热量。

依据物体温度与时间的依变关系，可将传热过程分为稳态传热过程和非稳态传热过程。若物体中各点温度不随时间改变，则对应的传热过程为稳态热传递过程；若物体中各点温度随时间改变，则对应的传热过程为非稳态热传递过程。稳态过程和非稳态过程又称为定常过程和非定常过程。

第一节 热量传递的基本方式

自然界的热量传递有三种基本方式，它们是热传导、热对流和热辐射。所有的热量传递过程都是以这三种方式进行的。一个实际的热量传递过程可以是以其中的一种热量传递方式进行，但多数情况下都是以两种或三种方式同时进行。

1. 热传导

热传导简称导热，是物体内部或相互接触的物体表面之间，由于分子、原子及自由电子等微观粒子的热运动而产生的热量传递现象。热传导的发生不需要物体各部分之间有宏观的相对位移。

当物体内部存在温度梯度时，能量就会通过热传导从温度高的区域传递到温度低的区域。单位时间通过单位面积的热流量称为热流密度，用 q 来表示。本书全部使用国际单位制，热流密度的单位为 W/m^2。经验发现，热流密度和垂直传热截面方向的温度变化率成正比，即

$$q=\frac{\Phi}{A}=-\lambda\frac{\partial t}{\partial x} \tag{1-1}$$

式（1-1）就是传热学中非常重要的傅里叶定律，由傅里叶（Joseph Fourier）于 1822 年提

出。式中负号是为了满足热力学第二定律，表示热量传递的方向与温度升高的方向相反。Φ为通过面积A上总的热量，称为热流量，单位是W。式中的比例系数λ称为材料的热导率，又称导热系数，单位是W/（m·K），其数值大小反映材料的导热能力，热导率越大，材料的导热能力就越强。导热系数与材料及温度等因素有关，金属是良导热体，热导率最大，液体次之，气体最小。

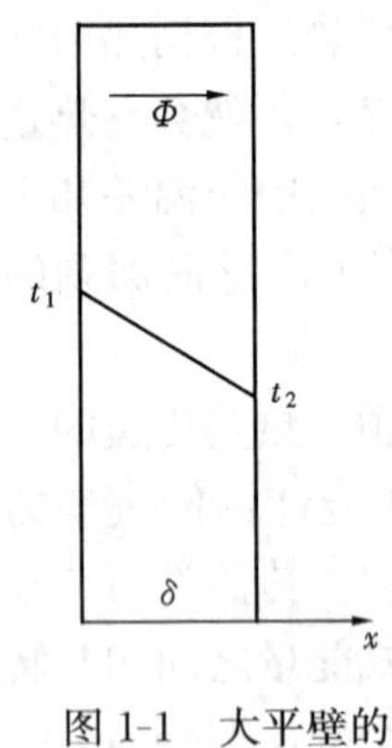

图1-1 大平壁的稳态导热

对于图1-1所示的大平壁稳态导热，由于是一维问题，且Φ和q为常量，故$\partial t/\partial x = \mathrm{d}t/\mathrm{d}x$为常数；这时的傅里叶定律为

$$\Phi = -\lambda A \frac{\mathrm{d}t}{\mathrm{d}x} = \lambda A \frac{\Delta t}{\delta} \tag{1-2}$$

即稳态情况下流过大平壁的导热量与平壁的截面积和两侧的温差成正比，与平壁的厚度成反比。

这里有必要引入热阻的概念。热量传递是自然界中的一种转移过程。各种转移过程有一个共同规律，即

$$\text{过程中的转移量} = \frac{\text{过程的动力}}{\text{过程的阻力}}$$

如电学中的欧姆定律是这一规律的具体体现：

$$I\text{（电流）} = \frac{U\text{（电压）}}{R\text{（电阻）}}$$

平板导热可类似写出

$$\Phi = \frac{\Delta t}{\delta/(\lambda A)} \tag{1-3}$$

即

$$\text{热流量} = \frac{\text{温压}}{\text{热阻}}$$

这样，对导热过程就有导热热阻：

$$R = \frac{\delta}{A\lambda} \quad \mathrm{K/W}$$

对单位面积而言，有面积热阻：

$$R_A = \frac{\delta}{\lambda} \quad \mathrm{m^2 \cdot K/W}$$

2. 热对流

若流体有宏观的运动，且内部存在温差，则由于流体各部分之间发生相对位移，冷热流体相互掺混而产生的热量传递现象称为热对流。这时，除了有因流体各部分间宏观相对位移而引起的热对流外，流体分子的热运动还会产生导热过程。故热对流和热传导总是同时存在的。

在日常生活及工程实践中，人们遇到更多的是流体流过一个温度不同的物体表面时引起的热量传递，这种情况称为对流换热。在本书中我们只讨论对流换热。当实际流体流过物体表面时，由于黏性作用，紧贴物体表面的流体是静止的，热量传递只能以导热的方式进行；离开物体表面，流体有宏观运动，热对流方式将发生作用。所以，对流换热是热对流和导热两种基本传热方式共同作用的结果。

对流换热可分为强制对流和自然对流两大类。如果流体的运动是由于水泵、风机或其他压差作用而引起，则称为强制对流。自然对流则是由于流体冷、热各部分之间密度不同而导致的流体的运动。另外，流体有相变时的热量传递也是对流换热研究的范畴，如液体在热表面上沸腾或蒸汽在冷表面上凝结。

1701年，英国科学家牛顿提出，当物体受到流体冷却时，表面温度对时间的变化率与流体和物体表面间的温差 Δt 成正比。在此基础上，人们后来总结出了计算对流换热的基本公式，称为牛顿冷却公式，形式如下：

$$q = h\Delta t \text{ 或 } \Phi = Ah\Delta t \tag{1-4}$$

式中 Δt——流体和物体表面的温差，约定永远为正，当流体被加热时，$\Delta t = t_w - t_f$，当流体被冷却时，$\Delta t = t_f - t_w$，t_f 为流体温度，t_w 为物体表面温度，K 或℃；

h——表面传热系数，习惯上常称为换热系数，W/(m^2·K)。

式（1-4）同样可表示成热阻的形式：

$$\Phi = \frac{\Delta t}{1/(Ah)} \tag{1-5}$$

式中 $1/Ah$——对流热阻，K/W。

式（1-4）只是给出了表面传热系数的定义式，并没有指出其具体的计算方法。影响表面传热系数的因素很多，包括流体的物性（导热系数、黏度、密度、比热容等）、流动的形态（层流、紊流）、流动的成因（自然对流或强制对流）、物体表面的形状、尺寸，换热时流体有无相变（沸腾或凝结）等。研究对流换热的基本任务就是用理论分析或实验方法得出不同情况下表面传热系数的计算关系式。表1-1列举了一些对流换热过程的 h 值的大致范围。由表1-1可知，水的对流换热表面传热系数比空气的大，强制对流的比自然对流的大，有相变的比无相变的大。

表 1-1　对流换热表面传热系数的大致范围　[W/(m^2·K)]

对流换热类型	表面传热系数 h	对流换热类型	表面传热系数 h
空气自然对流	1～10	水强制对流	1000～15 000
水自然对流	200～1000		
空气强制对流	10～100	水沸腾	2500～35 000
高压水蒸气强制对流	1000～15 000	水蒸气凝结	5000～25 000

3. 热辐射

一切温度高于0K的物体都会以电磁波的方式发射具有一定能量的微观粒子，即光子，这样的过程称为辐射，光子所具有的能量称为辐射能。所以辐射是物体通过电磁波来传递能量的方式。物体会因不同的原因发出辐射能。由于热的原因而发出辐射能的现象称为热辐射，这时辐射能是由物体的内能转化而来，物体的温度越高，辐射能力越强。

自然界各个物体都不停地向空间发出热辐射，也不断地吸收其他物体发出的热辐射，其综合过程即为辐射换热。前面所述的热传导和热对流两种传热方式必须借助于介质才能进行，而辐射可以在真空中进行，并且真空中辐射换热最有效。物体进行辐射换热时内能和辐射能将相互转换，一方面物体将内能转换为辐射能辐射出去，另一方面又将吸收到的辐射能转换为内能。物体间以热辐射的方式进行的热量传递是双向的。当两个物体温度不同时，高温物体向低温物体发射热辐射，低温物体也向高温物体发射热辐射，即使两个物体温度相等，辐射换热量等于零，但它们之间的热辐射交换仍在进行，只不过是处于动态平衡状态。

物体的辐射能力与温度有关，同一温度下不同物体的辐射与吸收本领也大不一样。为此，定义一种理想物体——绝对黑体。绝对黑体（简称黑体）是理想化的能吸收投入到其表面上所有热辐射能的物体。这种物体的吸收本领和辐射本领在同温度的物体中最大。黑体在单位时间内发出的热辐射能由斯忒藩—玻耳兹曼定律计算，即

$$\Phi = A\sigma T^4 \tag{1-6}$$

$$\sigma = 5.67 \times 10^{-8}\ \mathrm{W/(m^2 \cdot K^4)}$$

式中 A——辐射表面积，m^2；

T——黑体的热力学温度，K；

σ——斯忒藩—玻耳兹曼（Stefan-Boltzman）常数，也叫黑体辐射常数。

斯忒藩—玻耳兹曼定律，又称四次方定律，是辐射换热计算的基础。

有了黑体的概念后，实际物体的辐射能力就可由黑体的辐射能力进行修正：

$$\Phi = \varepsilon A\sigma T^4 \tag{1-7}$$

式中 ε——物体的发射率或称黑度。一切实际物体的辐射能力都小于同温度下的黑体，即 $\varepsilon \leqslant 1$。

两个表面间的辐射传热量的计算较为复杂，需要考虑各表面辐射的热量和吸收的热量的总和。但有一种情况计算却很简单。当一个面积为 A_1，发射率为 ε_1，温度为 T_1 的表面被另一个温度为 T_2 的大得多的表面包围时，两表面间的辐射热流量为

$$\Phi = \varepsilon_1 A_1 \sigma (T_1^4 - T_2^4) \tag{1-8}$$

【例 1-1】 有三块分别由纯铜、碳钢和硅藻土砖制成的大平板，它们的厚度都为 δ=50mm，两侧表面的温差都维持为 $\Delta t = t_{w1} - t_{w2}$=100℃不变，试求通过每块平板的导热热流密度。纯铜、碳钢和硅藻土砖的导热系数分别为 λ_1=398W/(m·K)，λ_2=40W/(m·K)，λ_3=0.242W/(m·K)。

解 这是通过大平壁的一维稳态导热问题，根据式（1-2），对于纯铜板，热流密度为

$$q_1 = \lambda_1 \frac{t_{w1} - t_{w2}}{\delta} = 398 \times \frac{100}{0.05} = 7.96 \times 10^5\ \mathrm{W/m^2}$$

对于碳钢板，有

$$q_2 = \lambda_2 \frac{t_{w1} - t_{w2}}{\delta} = 40 \times \frac{100}{0.05} = 0.8 \times 10^5\ \mathrm{W/m^2}$$

对于硅藻土砖，有

$$q_3 = \lambda_3 \frac{t_{w1} - t_{w2}}{\delta} = 0.242 \times \frac{100}{0.05} = 4.84 \times 10^2\ \mathrm{W/m^2}$$

由计算可知，由于几种材料的导热系数各不相同，即使在相同的条件下，通过它们的热流密度也是不相同的。通过纯铜的热流密度大约是通过硅藻土砖的热流密度的 2000 倍。

【例 1-2】 一室内暖气片的散热面积为 A=2.5m²，表面温度为 t_w=50℃，和温度为 20℃的室内空气之间自然对流换热的表面传热系数为 h=5.5W/(m²·K)。试计算该暖气片的对流散热量。

解　暖气片和室内空气之间是稳态的自然对流换热，根据式（1-4），得

$$\Phi = Ah(t_w - t_f) = 2.5 \times 5.5 \times (50 - 20) = 412.5\ \text{W}$$

故该暖气片的对流散热量为 412.5W。

【例 1-3】　若［例 1-2］中暖气片的发射率为 $\varepsilon_1 = 0.8$，室内墙壁温度为 20℃。试计算该暖气片和室内墙壁的辐射传热量。

解　由于墙壁面积比暖气片大得多，由式（1-8），两者间的辐射传热量为

$$\Phi = \varepsilon_1 A_1 \sigma (T_1^4 - T_2^4)$$

$$= 0.8 \times 2.5 \times 5.67 \times 10^{-8} (323^4 - 293^4) = 398.5\ \text{W}$$

与［例 1-2］的结果相比较可知，此暖气片室内的对流散热量和辐射散热量大致相当。

第二节　传热过程和传热系数

上节介绍了热量传递的三种方式。实际的传热过程一般都是这三种方式的组合。工程上经常遇到处于固体壁面两侧的冷热流体之间的热交换问题，例如热量从暖气片中的热水或蒸汽传给室内空气的过程、热量从蒸汽管道内的高温蒸汽通过管壁传给周围空气的过程、电厂凝汽器中热量从乏汽通过冷凝管传给冷却水的过程，电冰箱冷凝器中热量从制冷剂传给室内空气的过程等等。在传热学中，这种热量从固体壁面一侧的流体通过固体壁面传递到另一侧流体的过程称为传热过程。这一定义有其特定的含义，不是泛指的热量传递过程。一般来说，传热过程由三个相互串联的热量传递环节组成：

（1）热量以对流换热的方式从高温流体传给固体壁面；

（2）热量以导热的方式从高温流体侧壁面传递到低温流体侧壁面；

（3）热量以对流换热的方式从低温流体侧壁面传给低温流体。

在第一和第三个环节中有时还须考虑壁面与流体及周围环境之间的辐射换热。考虑图1-2所示的稳态传热过程，一个导热系数 λ 为常数、厚度为 δ 的大平壁，两侧分别有冷热流体流过。平壁左侧远离壁面处的流体温度为 t_{f1}，表面传热系数为 h_1，平壁右侧远离壁面处的流体温度为 t_{f2}，表面传热系数为 h_2，且 $t_{f1} > t_{f2}$。传热过程的三个环节由平壁左侧的对流换热、平壁的导热及平壁右侧的对流换热三个相互串联的热量传递过程组成，各环节的热流量计算如下：

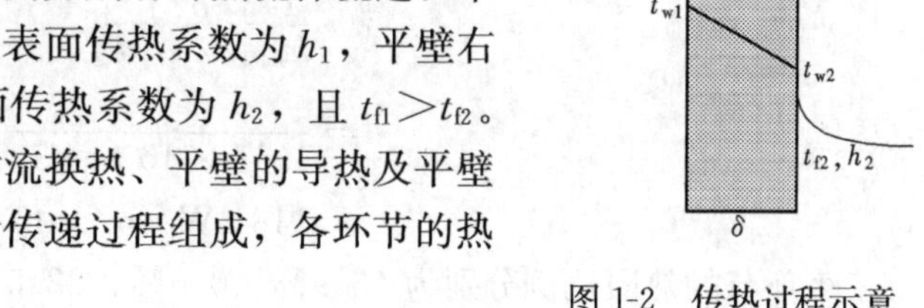

图 1-2　传热过程示意

（1）热流体到壁面一的对流换热：

$$\Phi = Ah_1(t_{f1} - t_{w1})$$

（2）从壁面一到壁面二的导热：

$$\Phi = \frac{A\lambda}{\delta}(t_{w1} - t_{w2})$$

（3）壁面二到冷流体的对流换热：

$$\Phi = Ah_2(t_{w2} - t_{f2})$$

上面三式中的热流量 Φ 相等，联立可解得式（1-9）：

$$\Phi=\frac{A(t_{f1}-t_{f2})}{\dfrac{1}{h_1}+\dfrac{\delta}{\lambda}+\dfrac{1}{h_2}}=Ak\Delta t=\frac{\Delta t}{\dfrac{1}{Ak}} \tag{1-9}$$

式中 k——传热系数或总传热系数，W/(m^2·K)。

当壁面为平壁时，其计算式为

$$k=\frac{1}{\dfrac{1}{h_1}+\dfrac{\delta}{\lambda}+\dfrac{1}{h_2}} \tag{1-10}$$

或

$$\frac{1}{Ak}=\frac{1}{Ah_1}+\frac{\delta}{A\lambda}+\frac{1}{Ah_2} \tag{1-11}$$

式中 $\dfrac{1}{Ak}$——传热过程的总热阻，由各环节的热阻串联而成，分别为各环节热阻；

$\dfrac{\delta}{\lambda}$、$\dfrac{1}{h}$——面积热阻，m^2·K/W。

式 (1-11) 同样适用于各环节的热量传递面积不相等的情形，如通过圆筒壁的传热，这时通过壁面的导热热阻的计算须相应改变。

【例 1-4】 有一氟利昂冷凝器，管内有冷却水流过，对流表面传热系数为 $h_1=8800$W/(m^2·K)，管外是氟利昂凝结，表面传热系数为 $h_2=1800$W/(m^2·K)，管壁厚为 $\delta=1.5$mm，导热系数为 $\lambda=380$W/(m·K)，试计算三个环节的热阻和总传热系数，欲增强传热应从哪个环节入手(假设管壁可作为平壁处理)。

解 三个环节的面积热阻分别计算如下：

水侧换热热阻： $\dfrac{1}{h_1}=\dfrac{1}{8800}=1.14\times10^{-4}\ \text{m}^2\cdot\text{K/W}$

管壁导热热阻： $\dfrac{\delta}{\lambda}=\dfrac{1.5\times10^{-3}}{380}=3.95\times10^{-6}\ \text{m}^2\cdot\text{K/W}$

蒸汽凝结热阻： $\dfrac{1}{h_2}=\dfrac{1}{1800}=5.56\times10^{-4}\ \text{m}^2\cdot\text{K/W}$

冷凝器的总传热系数为

$$k=\frac{1}{\dfrac{1}{h_1}+\dfrac{\delta}{\lambda}+\dfrac{1}{h_2}}=\frac{1}{1.14\times10^{-4}+3.95\times10^{-6}+5.56\times10^{-4}}=1484\ \text{W/(m}^2\cdot\text{K)}$$

三个环节的热阻比例分别为 16.9%、0.6%、82.5%。故蒸汽侧的热阻占主要部分，应从这一环节入手增强换热。

【例 1-5】 一房屋的外墙为混凝土，其厚度为 $\delta=200$mm，混凝土的热导率为 $\lambda=1.5$ W/(m·K)，冬季室外空气温度为 $t_{f2}=-10$ ℃，有风天和墙壁之间的表面传热系数为 $h_2=20$W/(m^2·K)，室内空气温度为 $t_{f1}=25$℃，和墙壁之间的表面传热系数为 $h_1=5$ W/(m^2·K)。假设墙壁及两侧的空气温度及表面传热系数都不随时间而变化，求单位面积墙壁的散热损失及内外墙壁面的温度 t_{w1} 和 t_{w2}。

解 这是一个稳态传热过程，冷热流体由混凝土墙壁隔开。

根据式 (1-9)，通过墙壁的热流密度，即单位面积墙壁的散热损失为

$$q=\frac{t_{f1}-t_{f2}}{\frac{1}{h_1}+\frac{\delta}{\lambda}+\frac{1}{h_2}}=\frac{25-(-10)}{\frac{1}{5}+\frac{0.15}{1.5}+\frac{1}{20}}=100\text{W/m}^2$$

根据牛顿冷却公式（1-4），对于内、外墙面与空气之间的对流换热有

$$q=h_1(t_{f1}-t_{w1})$$

$$q=h_2(t_{w2}-t_{f2})$$

于是可求得

$$t_{w1}=t_{f1}-q\frac{1}{h_1}=25-100\times\frac{1}{5}=5℃$$

$$t_{w2}=t_{f2}+q\frac{1}{h_2}=-10+100\times\frac{1}{20}=-5℃$$

分析本例中三个传热环节的热阻可以发现，由于自然对流表面传热系数小，热阻大，总的传热温差［25－（－10）＝35℃］中，室内自然对流所占的温差最大，为20℃，墙壁的导热温差次之，为10℃，室外的强制对流热阻最小，所需温差也最小，为5℃。

思 考 题

1-1 试说明热传导、热对流和热辐射三种热量传递基本方式之间的联系与区别。

1-2 试说明热对流与对流换热之间的联系与区别。

1-3 请用生活和生产中的实例说明导热、对流换热、辐射换热与哪些因素有关。

1-4 热导率（导热系数）和表面传热系数是物性参数吗？请写出它们的定义式，说明其物理意义。

1-5 平壁的导热热阻与哪些因素有关？请写出其表达式。

1-6 从传热的角度出发说明暖气片和家用空调机放在室中什么位置合适。

1-7 试说明暖水瓶的散热过程与保温机理。

1-8 在深秋晴朗无风的夜晚，气温高于0℃，但清晨却看见草地披上一身白霜，但如果阴天或有风，在同样的气温下草地却不会出现白霜，试解释这种现象。

1-9 在有空调的房间内，夏天和冬天的室温均控制在20℃，夏天只需穿衬衫，但冬天穿衬衫会感到冷，这是为什么？

1-10 为什么计算机主机箱中CPU处理器上和电源旁要加风扇？

1-11 根据热力学第二定律，热量总是从高温物体传向低温物体。但辐射换热时，低温物体也向高温物体辐射热量，这是否违反热力学第二定律？

习 题

1-1 一厚度为0.12m的玻璃纤维板，导热系数为0.032W/(m·K)，其两侧面具有75℃的温差，求通过纤维板的热流密度。

1-2 已知一块很大的平板保温材料，导热系数为0.11W/(m·K)，厚度为20mm，若流过它的热流密度为1500W/m²，求平板两侧面之间的温差。

1-3　一大平壁，高 2.5m，宽 2m，厚 0.03m，导热系数为 45W/（m·K），两侧表面温度分别为 t_1＝100℃，t_2＝80℃，试求该板的热阻、热流量、热流密度。

1-4　一炉子的炉墙厚 13cm，总面积为 20m²，平均导热系数为 1.04W/(m·K)，内外壁温分别是 520℃及 50℃，试计算通过炉墙的热损失。如果所燃用的煤的发热量是 2.09×10^4 kJ/kg，问每天因热损失要用掉多少千克煤？

1-5　空气在一根内径 50mm，长 3.0m 的管子内流动并被加热，已知空气平均温度为 80℃，管内对流换热的表面传热系数为 h＝70W/(m²·K)，热流密度为 q＝5000W/m²，试求管壁温度及热流量。

1-6　一单层玻璃窗，高 1.2m，宽 1.5m，玻璃厚 3mm，玻璃的导热系数为 λ＝0.5 W/(m·K)，室内外的空气温度分别为 20 ℃和 5 ℃，室内外空气与玻璃窗之间对流换热的表面传热系数分别为 h_1＝5.5W/(m²·K) 和 h_2＝20W/(m²·K)，试求玻璃窗的散热损失及玻璃的导热热阻、两侧的对流换热热阻。

1-7　如果采用双层玻璃窗，玻璃窗的大小、玻璃的厚度及室内外的对流换热条件与 1-6 题相同，双层玻璃间的空气夹层厚度为 5mm，夹层中的空气完全静止，空气的导热系数为 λ＝0.026W/（m·K）。试求玻璃窗的散热损失及空气夹层的导热热阻。

1-8　为测定一种材料的导热系数，用该材料制成厚 5mm 的大平板。在稳态下，保持平板两表面间的温差为 30℃，并测得通过平板的热流密度为 6210W/m²，试确定该材料的导热系数。

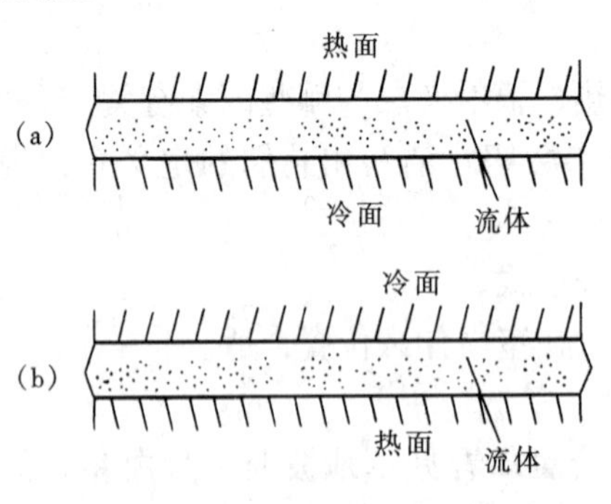

图 1-3　习题 1-9 图

1-9　对于图 1-3 所示的两种水平夹层，试分析冷、热表面间热量交换的方式有何不同？如果要通过实验来测定夹层中流体的导热系数，应采用哪一种布置？

1-10　有一厚度为 400mm 的房屋外墙，导热系数为 0.5W/(m·K)。冬季室内空气温度为 20℃，和墙内壁面之间对流换热的表面传热系数为 h_1＝5 W/(m²·K)。室外空气温度为－10℃，和外墙之间对流换热的表面传热系数为 h_2＝8.5W/(m²·K)。如果不考虑热辐射，试求通过墙壁的传热系数、单位面积的传热量和内、外壁面温度。

1-11　在一次测定空气横向流过单根圆管的对流换热实验中，得到下列数据：管壁平均温度 t_w＝69℃，空气温度 t_f＝20℃，管子外径 d＝14mm，加热段长 80mm，输入加热段的功率 8.5W，如果全部热量通过对流换热传给空气，试问此时的对流换热表面传热系数多大？

1-12　一绝对黑体，表面温度为 1000℃，计算其单位面积的热辐射能。

1-13　太阳的表面温度约为 5500℃，且可认为是黑体，计算太阳单位面积向外辐射的能量。

1-14　宇宙空间可近似看作 0K 的真空空间。一航天器在太空中飞行，其外表面平均温度为 250K，表面发射率为 0.7，试计算航天器单位表面上的换热量。

1-15　一台小型辐射加热器，其金属辐射面的尺寸为 8mm×4mm，发射率为 0.85，若要求加热器向 20℃房间的散热量为 2500W，问金属面要加热到多高的温度。

1-16 图 1-4 所示的空腔由两个平行黑体表面组成，孔腔内抽成真空，且空腔的厚度远小于其高度与宽度。其余已知条件如图。表面 2 是厚 $\delta=0.1\text{m}$ 的平板的一侧面，其另一侧表面 3 被高温流体加热，平板的平均导热系数 $\lambda=17.5\text{W}/(\text{m}\cdot\text{K})$，试问在稳态工况下表面 3 的 t_{w3} 温度为多少？

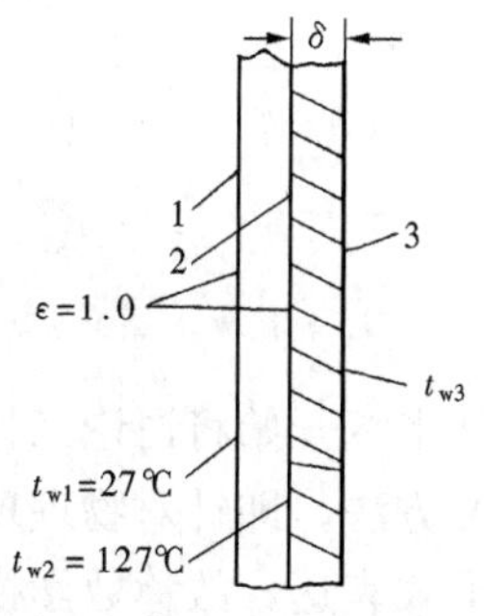

图 1-4 习题 1-16 图

1-17 一炉墙覆盖有一层厚度为 25mm，导热系数为 1.4 W/(m·K)的保温层。保温层内侧的墙面温度为 315℃，外侧处于温度为 38℃的流体中，若要求保温层外侧的温度不高于 41℃，问流体和保温层的对流换热系数应为多少？

1-18 一厚度为 0.4m，导热系数为 1.6W/(m·K)的平面墙壁，其一侧维持 100℃的温度，另一侧和温度为 10℃的流体进行对流换热，表面传热系数为 10 W/(m^2·K)，求通过墙壁的热流密度。

1-19 一金属板的一侧绝热，另一侧一方面吸收太阳的辐射能 700W/m^2，同时和 20℃的流体进行对流换热，表面传热系数为 10W/(m^2·K)，求热平衡时金属板的温度。

1-20 涡轮机叶片可理想化为厚 1.2mm 的平板。1000℃的高温燃气流过叶片上表面，对流换热系数为 2500W/(m^2·K)；下表面被压气机排出的空气冷却，表面传热系数为 1500W/(m^2·K)。为使叶片温度最高处不超过 600℃，试求冷却空气的温度。设叶片材料的导热系数为 40W/(m·K)，传热是稳态的。

参 考 文 献

[1] 王补宣. 工程传热传质学：上册. 北京：科学出版社，1982.

[2] 杨世铭，陶文铨. 传热学. 3 版. 北京：高等教育出版社，1998.

[3] 戴锅生. 传热学. 北京：高等教育出版社，1991.

[4] 俞佐平，陆煜. 传热学. 3 版. 北京：高等教育出版社，1995.

[5] 章熙民，任泽霈，梅飞鸣. 传热学. 北京：中国建筑工业出版社，1987.

[6] 埃克尔特 E R G，德雷克 R M. 传热与传质分析. 航青，译. 北京：科学出版社，1983.

[7] Holman，J P. Heat transfer，9th ed. Boston：McGraw-Hill Book Company，2002.

[8] Ozisik M N. Heat conduction. 热传导. 俞昌铭，主译. 北京：高等教育出版社，1983.

[9] Incropera F P，DeWitt D P. Introduction to heat transfer，3rd. ed. New York：JohnWiley & sons，1996.

[10] Schneider P J. Conduction；In：RohsenowW M，et. al.，Handbook of heat transfer，fundamentals，2nd. ed. New York：McGraw-Hill，1985.

[11] Kakac S，Yener Y. Heat conduction，2nd ed. Washington：Hemisphere Publishing Cop.，1986.

第二章　稳　态　导　热

从本章开始将讨论三种热量传递方式的基本规律。分析传热问题基本上是遵循经典力学的研究方法，即针对物理现象建立物理模型，而后从基本定律导出其数学描述（常以微分方程的形式表达，故称数学模型），接下来进行分析求解的理论分析方法。采用这种理论方法，我们就能够达到预测传热系统的温度分布和计算传递的热流量的目的。

热传导问题是传热学中最易于采用上述方法处理的热传递方式。因此，在这一章中我们能够针对热传导系统利用能量守恒定律和傅里叶定律建立起相应的导热微分方程，然后以简单的导热问题为例确立其微分方程和初、边值条件，从而分析求解其温度分布和热流量，以达到掌握分析简单传热问题的方法之目的。

第一节　基　本　概　念

1. 温度场

温度场是指某一瞬间，空间（或物体内）所有各点温度分布的总称。求解导热问题的关键之一是得到所讨论对象的温度场，由温度场进而可以得到某一点的温度梯度和导热量。

温度场是个数量场，可以用一个数量函数来表示。一般说，温度场是空间坐标和时间的函数，在直角坐标系中，温度场可表示为

$$t = f(x, y, z, \tau) \tag{2-1}$$

依照温度分布是否随时间而变，可将温度场分为稳态温度场和非稳态温度场。稳态温度场指稳态情况下的温度场，这时物体中各点温度不随时间改变，温度分布只与空间坐标有关：

$$t = f(x, y, z)$$

稳态温度场中的导热称为稳态导热，其温度对时间的偏导数为零。

非稳态温度场是指变动工作条件下的温度场，这时物体中各点温度分布随时间改变。非稳态温度场中的导热称为非稳态导热，其温度对时间的偏导数不为零。显然，非稳态导热的计算比稳态导热的计算更加复杂。

依照温度在空间三个坐标方向的变化情况，又可将温度场分为一维温度场、二维温度场和三维温度场。

同一瞬间温度场中温度相同的点连成的线或面称为等温线或等温面。在三维情况下可以画出物体中的等温面，而等温面上的任何一条线都是等温线。在二维情况下等温面则变为等温线。选择一系列不同且特定的温度值，就可以得到一系列不同的等温线或等温面，它们可以用来表示物体的温度场图。

由于同一时刻物体中任一点不可能具有两个温度值，因此不同的等温线或等温面不可能相交。等温线要么形成一个封闭的曲线，要么终止在物体表面上。

物体中等温线较密集的地方说明温度的变化率较大，导热热流密度也较大。温度的变化率沿不同的方向一般是不同的，如图 2-1 所示。温度沿某一方向 x 的变化率在数学上可以用该方向上温度对坐标的偏导数来表示，即

$$\frac{\partial t}{\partial x}=\lim_{\Delta x\to 0}\frac{\Delta t}{\Delta x} \tag{2-2}$$

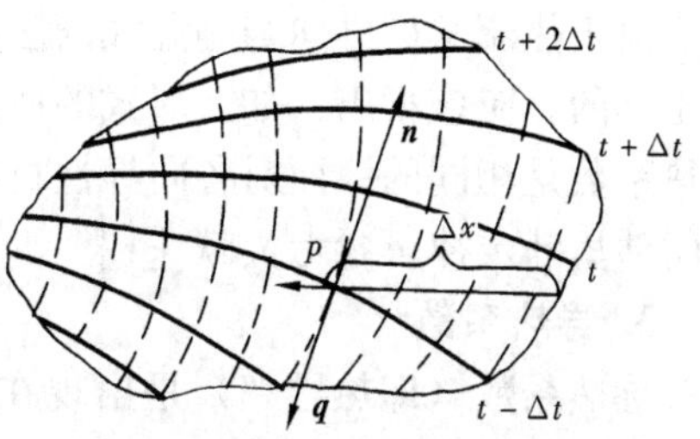

图 2-1 温度梯度与热流矢量、等温线（实线）与热流线（虚线）

在各个不同方向的温度变化率中，有一个方向的变化率是最大的，这个方向是等温线或等温面的法线方向。在数学上用矢量——梯度来表示这个方向的变化率：

$$\mathrm{grad}t=\frac{\partial t}{\partial n}\boldsymbol{n} \tag{2-3}$$

式中 $\mathrm{grad}t$——温度梯度；

$\frac{\partial t}{\partial n}$——等温面法线方向的温度变化率；

$\boldsymbol{n}$——等温面法线方向的单位矢量，指向温度增加的方向。

温度梯度是矢量，其方向为沿等温面的法线指向温度增加的方向，如图 2-1 所示。在直角坐标系中，温度梯度可表示为

$$\mathrm{grad}t=\frac{\partial t}{\partial x}\boldsymbol{i}+\frac{\partial t}{\partial y}\boldsymbol{j}+\frac{\partial t}{\partial z}\boldsymbol{k} \tag{2-4}$$

式中 $\frac{\partial t}{\partial x}$、$\frac{\partial t}{\partial y}$、$\frac{\partial t}{\partial z}$——温度对 x、y、z 方向的偏导数；

$\boldsymbol{i}$、$\boldsymbol{j}$、$\boldsymbol{k}$——x、y、z 方向的单位矢量。

若引入哈米尔顿（Hamilton）算子∇：

$$\nabla=\frac{\partial}{\partial x}\boldsymbol{i}+\frac{\partial}{\partial y}\boldsymbol{j}+\frac{\partial}{\partial z}\boldsymbol{k} \tag{2-5}$$

则

$$\mathrm{grad}t=\nabla t \tag{2-6}$$

2. 傅里叶定律

由第一章可知，当物体内部存在温度梯度时，能量就会通过热传导从温度高的区域传递到温度低的区域。热流密度定义为单位时间通过单位面积的热流量，用 q 来表示，单位为 W/m^2。经验发现，热流密度和垂直传热截面方向的温度变化率成正比。热流密度也是矢量，其方向指向温度降低的方向，因而和温度梯度的方向相反。傅里叶定律的一般形式为

$$\boldsymbol{q}=-\lambda\mathrm{grad}t=-\lambda\frac{\partial t}{\partial x}\boldsymbol{n} \tag{2-7}$$

式（2-7）又称导热基本定律，或傅里叶定律的数学表达式，它可进一步表示为

$$\boldsymbol{q}=-\lambda\nabla t=-\lambda\left(\frac{\partial t}{\partial x}\boldsymbol{i}+\frac{\partial t}{\partial y}\boldsymbol{j}+\frac{\partial t}{\partial z}\boldsymbol{k}\right) \tag{2-8}$$

这样热流密度在 x，y，z 方向的投影的大小分别为

$$q_x=-\lambda\frac{\partial t}{\partial x},\quad q_y=-\lambda\frac{\partial t}{\partial y},\quad q_z=-\lambda\frac{\partial t}{\partial z} \tag{2-9}$$

由于热流密度方向与等温线的法线方向总是处在同一条直线上，故热流线和等温线是相互正交的。应该指出，如上形式的傅里叶定律只适用于各向同性材料，这时，不同方向上的导热系数是相同的；而对各向异性材料，导热系数随选定的方向不同而不同。各向异性材料中的傅里叶定律可参考文献［1］。

3. 导热系数

导热系数（即热导率）是出现在傅里叶定律中的比例常数，它表示物质导热能力的大小，是重要的热物性参数。由式（2-7）可知，导热系数的定义式为

$$\lambda = -\frac{\boldsymbol{q}}{\mathrm{grad}t} \tag{2-10}$$

由此可知，导热系数在数值上等于温度梯度的绝对值为 1 K/m 时的热流密度值，单位为 W/（m·K）。由 x 方向的傅里叶定律可以得出

$$\lambda = -\frac{\Phi}{A}\Big/\frac{\partial t}{\partial x}$$

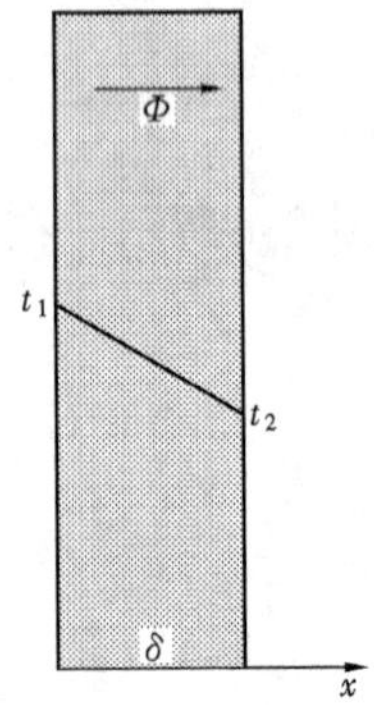

绝大多数材料的导热系数都是根据上式通过实验测得的。如根据一维稳态平壁导热模型，可以采用平板法测量物质的导热系数。对于图 2-2 所示的大平壁的一维稳态导热，流过平板的热流量与平板两侧温度和平壁厚度之间的关系为

$$\Phi = \lambda A\,\frac{t_1 - t_2}{\delta}$$

若通过实验测出了流过平壁的热流量、平壁两侧温度和平壁厚度，则材料的导热系数就可以按下式计算：

$$\lambda = \frac{\Phi}{A}\,\frac{\delta}{t_1 - t_2} = \frac{q\delta}{t_1 - t_2} \tag{2-11}$$

图 2-2 大平壁的稳态导热

导热系数的测量，除了稳态方法外，也可以采用非稳态法测量[2]。

从微观角度看，气体导热、固体导热和液体导热在机理上是不同的。按照热力学的观点，温度是物体微观粒子平均动能大小的标志，温度越高，微观粒子的平均动能越大。当物体内部或相互接触的物体表面之间存在温差时，高温处的微观粒子就会通过运动（位移、振动）或碰撞将热量传向低温处。例如，气体中分子、原子的不规则热运动或碰撞，金属中自由电子的运动，非金属中晶格的振动等。所以，气体导热是分子不规则热运动时相互碰撞的结果。固体导热可分为导电固体和非导电固体两种情况。对于导电固体，自由电子在晶格之间像气体分子那样运动而传递能量。对于非导电固体，能量的传递依赖于晶格结构的振动，即原子、分子在平衡位置附近的振动。液体的导热机理在定性上类似于气体，但比气体的情况要复杂得多，这时分子的距离更近，分子力场对碰撞引起的能量传递有强烈的影响。也有的观点认为液体导热的机理类似于非导电固体。本书只讨论热量传递的宏观规律，而不讨论导热的微观机理。

导热系数是物质的固有特性之一。影响导热系数的因素主要有物质的种类，物质所处的温度和压力，与材料的几何形状没有关系。在一般工程应用的压力范围内，也可以认为导热系数与压力无关。一些材料的导热系数可查阅文献［3，4］，工程上常用材料在特定温度下的热导系数见书后附录。特殊材料或者特殊条件下的导热系数，可查阅有关手册。

一般来说，金属材料的导热系数比非金属的导热系数要大得多。导电性能好的金属，其导热性能也好，如银是最好的导电体，也是最好的导热体。纯金属的导热系数大于其合金的导热系数。这主要是由于合金中的杂质（或其他金属）破坏了晶格的结构，并且阻碍自由电子的运动。例如，纯铜在20℃温度下的导热系数为398W/(m・K)，而铜合金—黄铜的导热系数只有109W/(m・K)。

对于同一种物质的三态，固态的导热系数值最大，气态的导热系数值最小，例如同样是在温度为0℃条件下，冰的导热系数为2.22W/(m・K)，水的导热系数为0.551W/(m・K)，而水蒸气的导热系数为0.018 3W/(m・K)。所以，气体的导热系数一般都很小。导热系数最大的气体是氢气，常用来作为冷却介质。

图2-3所示是一些物质的导热系数随温度的变化情况。大多数材料的导热系数对温度的依变关系可近似采用线性关系计算，即

$$\lambda = \lambda_0(1 + bt)$$

式中 λ_0——材料在0℃下的导热系数；

b——由实验确定的温度常数，其数值与物质的种类有关，1/℃。

若讨论的问题温差不是很大，可取所考虑温度范围内导热系数的平均值，并作为常数计算。

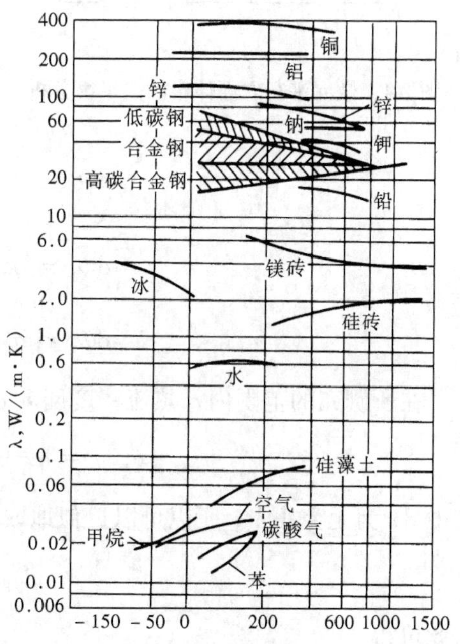

图2-3 一些材料的导热系数随温度的变化

导热系数小于某一界定值的材料称为保温材料或绝热材料或隔热材料。保温材料界定值的大小反映了一个国家保温材料的生产及节能的水平。20世纪50年代我国沿用前苏联标准，界定值为0.23W/(m・K)；到20世纪80年代，GB 4272—1984《设备及管道保温准则》规定为0.14W/(m・K)；GB 4272—1992《设备及管道保温准则》中规定，将平均温度不高于350℃时导热系数小于0.12W/(m・K)的材料定为保温材料；GB 4272—2008《设备及管道绝热技术通则》中规定，将平均温度25℃时导热值不大于0.08W/(m・K)的材料定为保温材料。像膨胀塑料、膨胀珍珠岩、矿渣棉等都是很好的保温材料。常温下空气的导热系数为0.025 7W/(m・K)，也是很好的保温材料。

4. 导热微分方程

由前面的分析可知，若知道了温度梯度，就可以由傅里叶定律求出热流密度。故获得温度场是求解导热问题的关键。导热微分方程是用数学方法描述导热温度场的一般性规律的方程，很多问题都可以通过求解微分方程而得到有效的解决。

将热力学基本定律——能量守恒定律和导热基本定律——傅里叶定律应用于微元控制体，可建立导热微分方程。为了使分析简化，可作下列假设：

（1）所研究的物体是各向同性的连续介质；

（2）物体内部具有内热源，内热源强度（即单位时间、单位体积的生成热）记作 Φ，单位为 W/m^3。

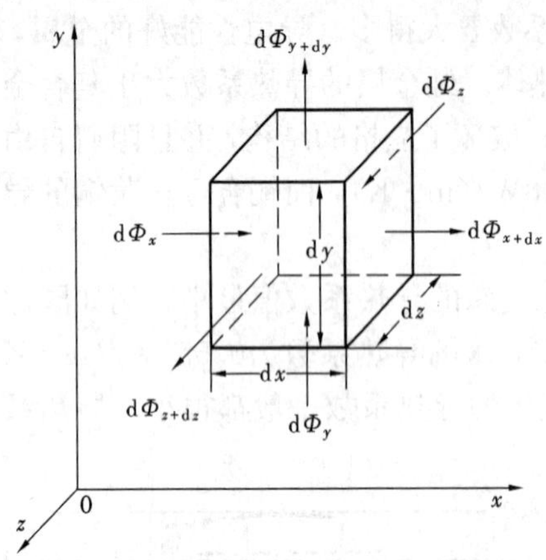

图 2-4 微元平行立面体中的热平衡分析

参考图 2-4 所示的微元平行六面体，能量守恒可以表示为

$$d\Phi_{in} + dQ = d\Phi_{out} + dU \tag{2-12}$$

式中 $d\Phi_{in}$——导入微元体的总热流量；

dQ——微元体内热源的生成热；

$d\Phi_{out}$——导出微元体的总热流量；

dU——微元体热力学能（即内能）的增量。

导入微元体的热量为

$$d\Phi_{in} = d\Phi_x + d\Phi_y + d\Phi_z \tag{2-13}$$

导出微元体的热量

$$d\Phi_{out} = d\Phi_{x+dx} + d\Phi_{y+dy} + d\Phi_{z+dz} \tag{2-14}$$

由傅里叶定律，导入微元体的热流量可表示为

$$\left.\begin{aligned} d\Phi_x &= q_x dydz = -\lambda\frac{\partial t}{\partial x}dydz \\ d\Phi_y &= q_y dxdz = -\lambda\frac{\partial t}{\partial y}dxdz \\ d\Phi_z &= q_z dxdy = -\lambda\frac{\partial t}{\partial z}dxdy \end{aligned}\right\} \tag{2-15}$$

在所研究的范围内，热流密度函数 q 是连续的，所以可以展开成泰勒级数的形式：

$$q_{x+dx} = q_x + \frac{\partial q_x}{\partial x}dx + \frac{\partial^2 q_x}{\partial x^2}\frac{dx^2}{2!} + \cdots \tag{2-16}$$

其中 dx 为无穷小量，所以可以近似地取级数的前两项，即

$$q_{x+dx} = q_x + \frac{\partial q_x}{\partial x}dx \tag{2-17}$$

由此可得

$$d\Phi_{x+dx} = q_{x+dx}dydz = q_x dydz + \frac{\partial q}{\partial x}dxdydz = d\Phi_x + \frac{\partial}{\partial x}\left(-\lambda\frac{\partial t}{\partial x}\right)dydzdx$$

这样导出微元体的热流量可表示为

$$\left.\begin{aligned} d\Phi_{x+dx} &= d\Phi_x + \frac{\partial}{\partial x}\left(-\lambda\frac{\partial t}{\partial x}\right)dydzdx \\ d\Phi_{y+dy} &= d\Phi_y + \frac{\partial}{\partial y}\left(-\lambda\frac{\partial t}{\partial y}\right)dxdzdy \\ d\Phi_{z+dz} &= d\Phi_z + \frac{\partial}{\partial z}\left(-\lambda\frac{\partial t}{\partial z}\right)dxdydz \end{aligned}\right\} \tag{2-18}$$

微元体热力学能的增量可表示为

$$dU = \rho c\frac{\partial t}{\partial \tau}dxdydz \tag{2-19}$$

式中 τ——时间；

ρ、c——微元体的密度和比热容。

微元体内热源的生成热为

$$dQ = \dot{\Phi}dxdydz \tag{2-20}$$

将以上各式代入式（2-12）可得能量平衡为

$$\rho c\frac{\partial t}{\partial \tau} = \frac{\partial}{\partial x}\left(\lambda\frac{\partial t}{\partial x}\right)+\frac{\partial}{\partial y}\left(\lambda\frac{\partial t}{\partial y}\right)+\frac{\partial}{\partial z}\left(\lambda\frac{\partial t}{\partial z}\right)+\dot{\Phi} \tag{2-21}$$

这是导热微分方程的一般形式。等号左边是单位时间内微元体热力学能的增量，通常称为非稳态项；右边的前三项是扩散项，是由导热引起的，最后一项是源项，表示微元体单位时间内单位体积中内热源的生成热。在下列情况下导热微分方程可以得到简化：

（1）导热系数为常数，这时式（2-21）为

$$\frac{\partial t}{\partial \tau} = a\left(\frac{\partial^2 t}{\partial x^2}+\frac{\partial^2 t}{\partial y^2}+\frac{\partial^2 t}{\partial z^2}\right)+\frac{\dot{\Phi}}{\rho c} \tag{2-22}$$

$$a = \frac{\lambda}{\rho c} \tag{2-22a}$$

式中 a——热扩散率，又叫导温系数。

从热扩散率 a 的定义可知，较大的 a 值可由较大的 λ 值或较小的 ρc 值得到。λ 越大，单位温度梯度导入的热量就越多。而 ρc 是单位体积的物体升高 1℃所需的热量。若 ρc 的值小，意味着温度升高 1℃所需的热量越小，可以剩下更多的热量向内部传递。由此可知，a 越大，温度变化传播越迅速。

式（2-22）也可写成

$$\frac{\partial t}{\partial \tau} = a\nabla^2 t+\frac{\dot{\Phi}}{\rho c} \tag{2-23}$$

式中 ∇^2——拉普拉斯算子。

在直角坐标系中

$$\nabla^2 = \frac{\partial^2}{\partial x^2}+\frac{\partial^2}{\partial y^2}+\frac{\partial^2}{\partial z^2}$$

（2）无内热源，导热系数为常数，这时式（2-21）为

$$\frac{\partial t}{\partial \tau} = a\left(\frac{\partial^2 t}{\partial y^2}+\frac{\partial^2 t}{\partial y^2}+\frac{\partial^2 t}{\partial z^2}\right) \tag{2-24}$$

这是常物性、无内热源的三维非稳态导热微分方程。

（3）常物性、稳态，式（2-21）变为

$$\frac{\partial^2 t}{\partial y^2}+\frac{\partial^2 t}{\partial y^2}+\frac{\partial^2 t}{\partial z^2}+\frac{\dot{\Phi}}{\lambda} = 0 \tag{2-25}$$

在数学上，式（2-25）称为泊桑（Poisson）方程，是常物性、稳态且有内热源的三维导热微分方程。

（4）常物性、稳态、无内热源，式（2-25）变为

$$\frac{\partial^2 t}{\partial y^2}+\frac{\partial^2 t}{\partial y^2}+\frac{\partial^2 t}{\partial z^2} = 0 \tag{2-26}$$

上式又叫拉普拉斯（Laplace）方程。

（5）圆柱坐标系和球坐标系。当所研究的对象是圆柱状（圆柱、圆筒壁等）物体时，采用圆柱坐标系（r，φ，z）比较方便，如图 2-5 所示。采用和直角坐标系相同的方法，分析圆柱坐标系中微元体在导热过程中的热平衡，可推导出圆柱坐标系中的导热微分方程，结果如下：

$$\rho c\frac{\partial t}{\partial \tau}=\frac{1}{r}\frac{\partial}{\partial r}\left(\lambda r\frac{\partial t}{\partial r}\right)+\frac{1}{r^2}\frac{\partial}{\partial \varphi}\left(\lambda\frac{\partial t}{\partial \varphi}\right)+\frac{\partial}{\partial z}\left(\lambda\frac{\partial t}{\partial z}\right)+\dot{\Phi} \tag{2-27}$$

当λ为常数时，式（2-27）可简化为

$$\frac{\partial t}{\partial \tau}=a\left(\frac{\partial^2 t}{\partial r^2}+\frac{1}{r}\frac{\partial t}{\partial r}+\frac{1}{r^2}\frac{\partial^2 t}{\partial \varphi^2}+\frac{\partial^2 t}{\partial z^2}\right)+\frac{\dot{\Phi}}{\rho c} \tag{2-28}$$

当所研究的对象是球状物体时，采用图 2-6 所示的球坐标系（r，θ，φ）比较方便，球坐标系中的导热微分方程为

$$\rho c\frac{\partial t}{\partial \tau}=\frac{1}{r^2}\frac{\partial}{\partial r}\left(\lambda r^2\frac{\partial t}{\partial r}\right)+\frac{1}{r^2\sin\theta}\frac{\partial}{\partial \theta}\left(\lambda\sin\theta\frac{\partial t}{\partial \theta}\right)+\frac{1}{r^2\sin^2\theta}\frac{\partial}{\partial \varphi}\left(\lambda\frac{\partial t}{\partial \varphi}\right)+\dot{\Phi}$$

当λ为常数时，上式可简化为

$$\frac{\partial t}{\partial \tau}=a\left[\frac{1}{r^2}\frac{\partial^2 (r^2 t)}{\partial r^2}+\frac{1}{r^2\sin\theta}\frac{\partial}{\partial \theta}\left(\sin\theta\frac{\partial t}{\partial \theta}\right)+\frac{1}{r^2\sin^2\theta}\frac{\partial^2 t}{\partial \varphi^2}\right]+\frac{\dot{\Phi}}{\rho c} \tag{2-29}$$

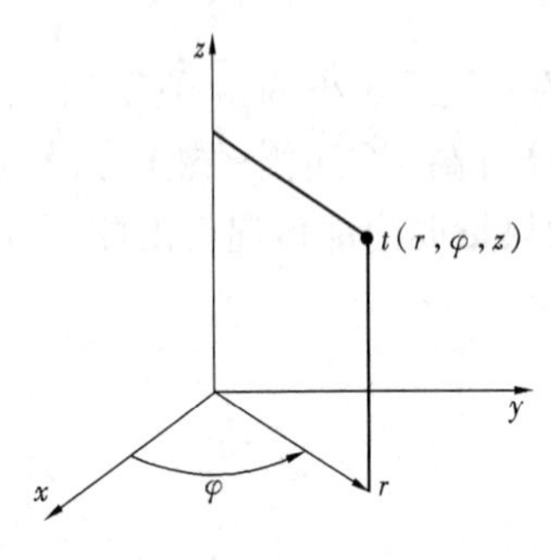

图 2-5 圆柱坐标系

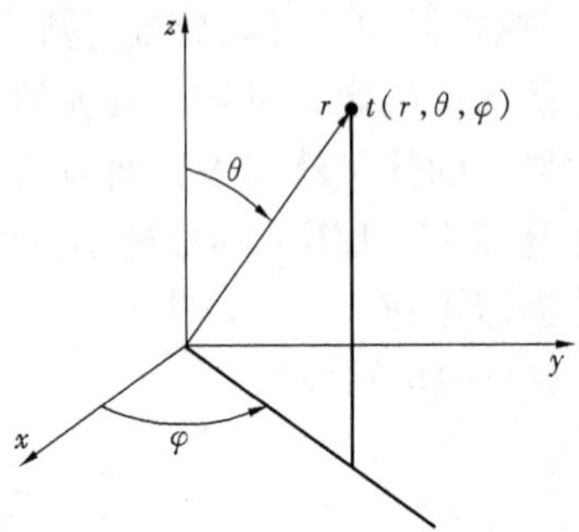

图 2-6 球坐标系

5. 定解条件

上面导出的导热微分方程是描写物体的温度随空间坐标及时间变化的一般性关系式，它是在一定的假设条件下根据微元体在导热过程中的能量守恒和傅里叶定律建立起来的，在推导过程中没有涉及导热过程的具体特点，所以它适用于无穷多个的导热过程，有无穷多个解。要完整地描写某个具体的导热过程，除了导热微分方程之外，还必须说明导热过程的具体特点，即给出导热微分方程的单值性条件或定解条件，使导热微分方程具有唯一解，如必须给出所讨论对象的几何形状和尺寸，物性参数等条件。更重要的是，定解条件必须给出时间条件和边界条件。导热微分方程与定解条件一起构成了具体导热过程的数学描述。

时间条件用来说明导热过程进行的时间上的特点，例如稳态导热还是非稳态导热。对于非稳态导热过程，必须给出过程开始时物体内部的温度分布规律，称为非稳态导热过程的初始条件，一般形式为

$$t\,|_{\tau=0}=f(x,y,z) \tag{2-30}$$

如果过程开始时物体内部的温度分布均匀，则初始条件简化为

$$t\,|_{\tau=0}=t_0=\text{常数}$$

边界条件用来说明导热物体边界上的热状态以及与周围环境之间的相互作用，例如，边界上的温度、热流密度分布以及物体通过边界与周围环境之间的热量传递情况等。边界条件可分为下面三类：

（1）第一类边界条件。给出物体边界上的温度分布及其随时间的变化规律，一般形式为

$$t_w = f(x,y,z,\tau) \tag{2-31}$$

如果在整个导热过程中物体边界上的温度为定值，则上式简化为

$$t_w = c$$

（2）第二类边界条件。第二类边界条件给出物体边界上的热流密度分布及其随时间的变化规律，一般形式为

$$q_w = f(x,y,z,\tau) \tag{2-32}$$

由傅里叶定律，式（2-32）可变为

$$-\lambda\left(\frac{\partial t}{\partial n}\right)_w = f(x,y,z,\tau)$$

所以第二类边界条件给出了边界面法线方向的温度变化率，但边界温度 t_w 未知。

若物体边界处表面绝热，则成为特殊的第二类边界条件：

$$q_w = 0$$

（3）第三类边界条件。给出了边界上物体表面与周围流体间的表面传热系数 h 及流体的温度 t_f。根据边界面的热平衡，由物体内部导向边界面的热流密度应该等于从边界面传给周围流体的热流密度，于是由傅里叶定律和牛顿冷却公式可得第三类边界条件的一般形式为

$$-\lambda\left(\frac{\partial t}{\partial n}\right)_w = h(t_w - t_f) \tag{2-33}$$

该式建立了物体内部温度在边界处的变化率与边界处表面对流传热之间的关系，所以第三类边界条件也称为对流边界条件。

从第三类边界条件表达式可以看出，在一定的情况下，第三类边界条件将转化为第一类边界条件或第二类边界条件：当 h 非常大时，边界温度近似等于已知的流体温度，$t_w \approx t_f$，这时第三类边界条件转化为第一类边界条件；当 h 非常小时，$h\approx 0$，$q_w=0$，这相当于第二类边界条件。

上述三类边界条件都是线性的，所以也称为线性边界条件。如果导热物体的边界处除了对流换热外，还存在与周围环境之间的辐射换热，则由物体边界面的热平衡可得出这时的边界条件为

$$-\lambda\left(\frac{\partial t}{\partial n}\right)_w = h(t_w - t_f) + q_r \tag{2-34}$$

式中的 q_r 为物体边界表面与周围环境之间的净辐射换热热流密度，q_r 与物体边界面和周围环境温度的四次方有关，此外，还与物体边界面与周围环境的辐射特性有关，所以上式是温度的复杂函数。这种对流换热与辐射换热叠加的复合换热边界条件是非线性的边界条件。本书主要讨论具有线性边界条件的导热问题。

综上所述，对一个具体导热过程完整的数学描述，应该包括导热微分方程和定解条件两个方面。在建立数学模型的过程中，应该根据导热过程的特点，进行合理的简化，力求能够比较真实地描述所研究的导热问题。对数学模型进行求解，就可以得到物体的温度场，进而根据傅里叶定律就可以确定相应的热流分布。

导热问题的求解方法有很多种，目前应用最广泛的方法有三种，即分析解法、数值解法和实验方法，这也是求解所有传热学问题的三种基本方法。本章主要介绍导热问题的分析解法。

第二节 一维稳态导热

1. 通过平壁的导热

现在讨论第一类边界条件下通过大平壁的导热问题。当平壁的边长比厚度大很多时，平壁的导热可以近似地作为一维稳态导热处理。如图 2-7 所示，已知平壁的壁厚为 δ，平壁的两个表面温度分别维持均匀而恒定的温度 t_1 和 t_2，无内热源。下面来求解平壁的温度分布和通过平壁的热流密度。假设导热系数 λ 为常数，则问题的数学描述如下。

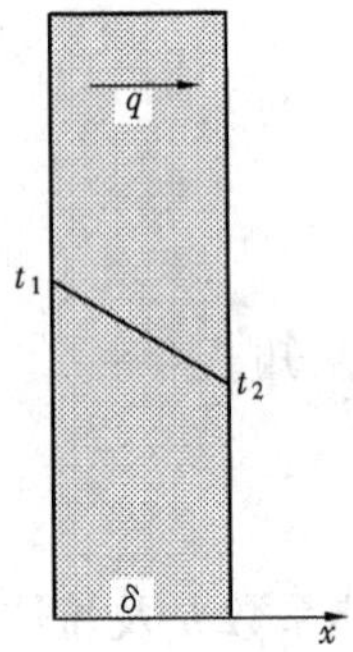

图 2-7 平壁导热分析

微分方程：

$$\frac{\mathrm{d}^2 t}{\mathrm{d}x^2}=0$$

边界条件：

$$x=0: t=t_1, \quad x=\delta: t=t_2$$

对微分方程积分两次可得

$$\frac{\mathrm{d}t}{\mathrm{d}x}=c_1, \quad t=c_1 x+c_2$$

由边界条件可得

$$c_1=\frac{t_2-t_1}{\delta}, \quad c_2=t_1$$

这样平壁的温度分布为

$$t=\frac{t_2-t_1}{\delta}x+t_1 \tag{2-35}$$

由此可知，平壁中的温度分布是线性的，温度梯度为常数，表明热流密度不随 x 变化。由傅里叶定律

$$q=-\lambda\frac{\mathrm{d}t}{\mathrm{d}x}$$

可以很容易地由温度分布求得通过平壁的热流密度

$$q=\frac{\lambda}{\delta}(t_1-t_2) \tag{2-36}$$

或

$$q=\frac{\lambda}{\delta}\Delta t \tag{2-37}$$

设垂直于热流方向上平壁的截面积为 A，则通过平壁的总热流量为

$$\Phi=\frac{\lambda A}{\delta}\Delta t \tag{2-38}$$

若由式（2-38）得到的热流密度为正值，则表明热流密度指向 x 方向。

式中 q，λ，δ，$\Delta t=(t_1-t_2)$ 只要知道任意三个就可以求出第四个。由此可设计稳态法测量导热系数的实验。在稳态情况下采用平壁法测量导热系数时，对于已知截面积 A 和厚度 δ 的平壁，需要使平壁两侧维持一恒定温差，测量这一温差 Δt 和通过平壁的热流量 Φ，由式

(2-38) 可得出材料的导热系数为

$$\lambda = \frac{\Phi\delta}{A\Delta t} \tag{2-39}$$

如第一章所述，式 (2-38) 可以写成热阻的形式，即

$$\Phi = \frac{\Delta t}{R}$$

式中 R——导热热阻。

$$R = \frac{\delta}{A\lambda}$$

对单位面积的面积热阻为

$$R_A = \frac{\delta}{\lambda}$$

在日常生活与工程实践中经常遇到由几层不同材料组成的多层平壁，例如，房屋的墙壁一般由白灰内层、水泥砂浆层和红砖（或青砖）主体层构成，高级的楼房还有一层水泥沙砾或瓷砖修饰层；再如锅炉的炉墙，一般由耐火砖砌成的内层、用于隔热的夹气层或保温层以及普通砖砌的外墙构成，大型锅炉还外包一层钢板。当这种多层平壁的表面温度均匀不变时，其导热也是一维稳态导热。有了热阻概念，就可以很方便地计算多层平壁的导热，每一层可当作一个热阻，若忽略接触热阻，则导热的总热阻由各个热阻串联而成。

如图 2-8 所示，由三层不同材料组成的复合平壁，各层的厚度分别为 δ_1、δ_2 和 δ_3，导热系数分别为 λ_1、λ_2 和 λ_3；若复合平壁两侧维持恒定的温度 t_1 和 t_4，通过各层的热流密度均为 q，则每层的面积热阻为

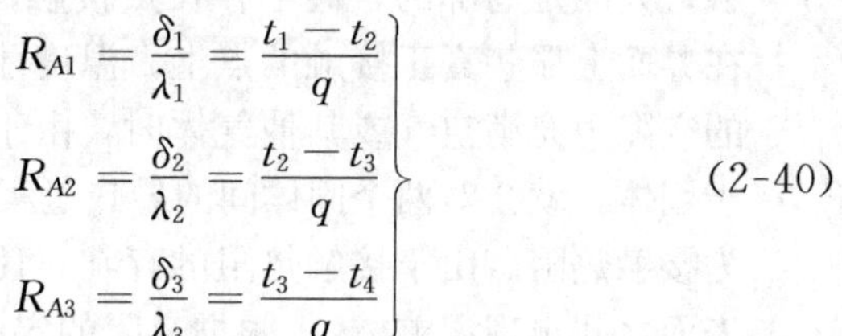

$$\left.\begin{aligned} R_{A1} &= \frac{\delta_1}{\lambda_1} = \frac{t_1 - t_2}{q} \\ R_{A2} &= \frac{\delta_2}{\lambda_2} = \frac{t_2 - t_3}{q} \\ R_{A3} &= \frac{\delta_3}{\lambda_3} = \frac{t_3 - t_4}{q} \end{aligned}\right\} \tag{2-40}$$

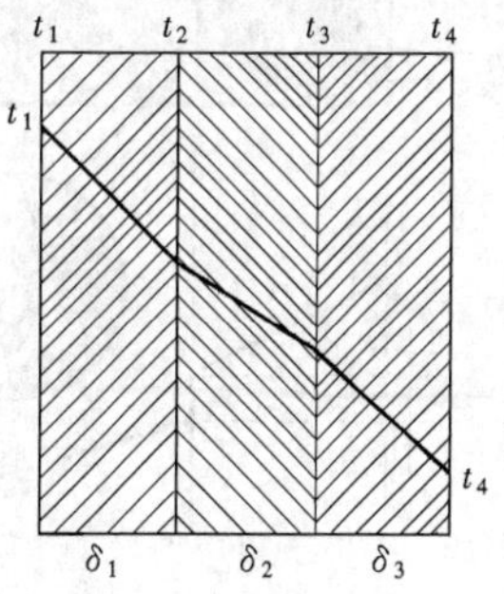

图 2-8 多层平壁导热

总热阻为

$$R_A = R_{A1} + R_{A2} + R_{A3} = \frac{\delta_1}{\lambda_1} + \frac{\delta_2}{\lambda_2} + \frac{\delta_3}{\lambda_3}$$

热流密度为

$$q = \frac{\Delta t}{R_A} = \frac{t_1 - t_4}{\dfrac{\delta_1}{\lambda_1} + \dfrac{\delta_2}{\lambda_2} + \dfrac{\delta_3}{\lambda_3}} \tag{2-41}$$

对于 n 层平壁，有

$$q = \frac{t_1 - t_{n+1}}{\sum\limits_{i=1}^{n} \dfrac{\delta_i}{\lambda_i}} \tag{2-42}$$

若知道了热流密度，各层界面上的未知温度可由式 (2-40) 依次求出。如第一层界面 2 的温度为

$$t_2 = t_1 - q\frac{\delta_1}{\lambda_1}$$

上面的讨论假定导热系数是常数。若导热系数是温度的线性函数，即 $\lambda=\lambda_0(1+bt)$ 时，仍可认为导热系数是常数，只要将 λ 用平均温度下的 $\bar{\lambda}$ 值代替即可。如对单层平壁，由傅里叶定律

$$q=-\lambda(t)\frac{\mathrm{d}t}{\mathrm{d}x}$$

分离变量并积分得

$$\int_{x_1}^{x_2}q\mathrm{d}x=-\int_{t_1}^{t_2}\lambda(t)\mathrm{d}t$$

将 $\lambda=\lambda_0(1+bt)$ 代入上式经整理得

$$q=\left[\lambda_0\left(1+b\frac{t_1+t_2}{2}\right)\right]\frac{t_1-t_2}{\delta}$$

和式（2-36）对比，上式可写成

$$q=\frac{\bar{\lambda}}{\delta}(t_1-t_2)$$

$$\bar{\lambda}=\lambda_0[1+b(t_1+t_2)/2] \tag{2-43}$$

式中　$\bar{\lambda}$——t_1 和 t_2 平均温度下的导热系数值。

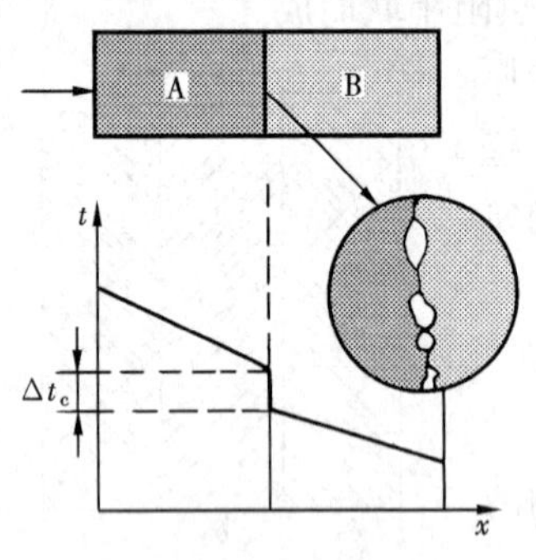

图 2-9　接触热阻

上面在分析多层平壁的导热时，都假设层与层之间接触非常紧密，相互接触的表面具有相同的温度。实际上，无论固体表面看上去多么光滑，都不是一个理想的平整表面，总存在一定的粗糙度。实际的两个固体表面之间不可能完全接触，只能是局部的，甚至存在点接触，如图 2-9 所示。只有在界面上那些真正接触的点上，温度才是相等的。当未接触的空隙中充满空气或其他气体时，由于气体的热导率远远小于固体，就会对两个固体间的导热过程产生附加热阻 R_c，称为接触热阻。由于接触热阻的存在，使导热过程中两个接触表面之间出现温差 Δt_c。根据热阻的定义

$$\Delta t_c=\Phi R_c$$

可知，热流量 Φ 越大，接触热阻产生的温差就越大。对于高热流密度场合，接触热阻的影响不容忽视，例如大功率可控硅元件，热流密度高于 $10^6\,\mathrm{W/m^2}$，元件与散热器之间的接触热阻产生较大的温差，影响可控硅元件的散热，必须设法减小接触热阻。

接触热阻的主要影响因素有：

（1）相互接触的物体表面的粗糙度。粗糙度越高，接触热阻越大。

（2）相互接触的物体表面的硬度。在其他条件相同的情况下，两个都比较坚硬的表面之间接触面积较小，因此接触热阻较大，而两个硬度较小或者一个硬一个软的表面之间接触面积较大，因此接触热阻较小。

（3）相互接触的物体表面之间的压力。显然，加大压力会使两个物体直接接触的面积加大、中间空隙变小，接触热阻也就随之减小。

在工程上，为了减小接触热阻，除了尽可能抛光接触表面、加大接触压力之外，有时在接触表面之间加一层热导率较大、硬度又很小的纯铜箔或银箔，或者在接触面上涂一层导热

油（亦称导热姆，一种热导率较大的有机混合物），在一定的压力下，可将接触空隙中的气体排挤掉，显著减小导热热阻。

由于接触热阻的影响因素非常复杂，至今仍无统一的规律可循，只能通过实验加以确定。详细的资料请参阅文献［5］。

【例 2-1】 一锅炉炉墙采用密度为 300kg/m^3 的水泥珍珠岩制作，壁厚 $\delta=100$mm，已知内壁温度 $t_1=500$℃，外壁温度 $t_2=50$℃，求炉墙单位面积、单位时间的热损失。

解 材料的平均温度为

$$t=\frac{500+50}{2}=275\ ℃$$

由附录 4 查得

$$\{\lambda\}_{W/(m\cdot K)}=0.065\ 1+0.000\ 105\{t\}\ ℃$$

于是 $\bar{\lambda}=0.065\ 1+0.000\ 105\times275=0.094\ 0\ W/(m\cdot K)$

$$q=\frac{\lambda}{\delta}(t_1-t_2)=\frac{0.094\ 0}{0.1}(500-50)=423\ W/m^2$$

若是多层平壁，t_2、t_3 的温度未知，可先假定它们的温度，以计算出平均温度并查出 λ 值，再计算热流密度及 t_2、t_3 的值，若计算值与假设值相差较大，需要用计算结果修正假设值，逐步逼近，这就是迭代法。

【例 2-2】 一双层玻璃窗，高 2m，宽 1m，玻璃厚 3mm，玻璃的导热系数为 $\lambda=0.5$W/(m·K)，双层玻璃间的空气夹层厚度为 5mm，夹层中的空气完全静止，空气的导热系数为 $\lambda=0.025$W/(m·K)。如果测得冬季室内外玻璃表面温度分别为 15℃和 5℃，试求玻璃窗的散热损失，并比较玻璃与空气夹层的导热热阻。

解 这是一个三层平壁的稳态导热问题。根据式（2-41）可得散热损失为

$$\Phi=\frac{t_{w1}-t_{w4}}{R_{\lambda1}+R_{\lambda2}+R_{\lambda3}}=\frac{t_{w1}-t_{w2}}{\dfrac{\delta_1}{A\lambda_1}+\dfrac{\delta_2}{A\lambda_2}+\dfrac{\delta_3}{A\lambda_3}}$$

$$=\frac{15-5}{\dfrac{0.003}{2\times0.5}+\dfrac{0.005}{2\times0.025}+\dfrac{0.003}{2\times0.5}}=94.3\ W$$

可见，单层玻璃的导热热阻为 0.003K/W，而空气夹层的导热热阻为 0.1K/W，是玻璃的 33.3 倍。如果采用单层玻璃窗，则散热损失为

$$\Phi'=\frac{10}{0.003}=3333.3\ W$$

是双层玻璃窗散热损失的 35 倍。可见，采用双层玻璃窗可以大大减少散热损失，节约能源。

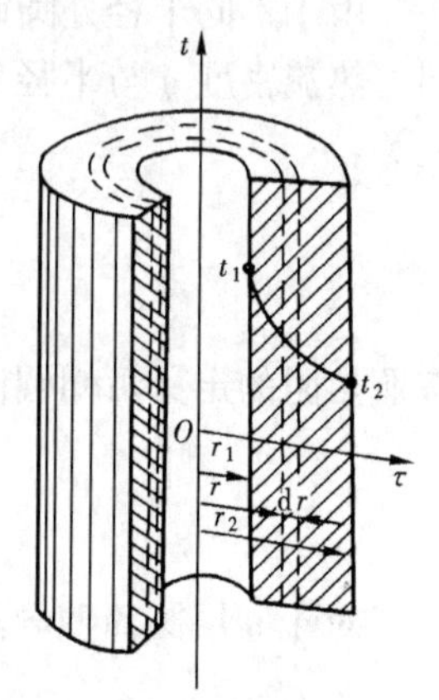

图 2-10 圆筒壁导热分析

2. 通过圆筒壁的导热

现在讨论第一类边界条件下通过圆筒壁的导热问题。当圆筒的长度比半径大很多时，圆筒壁的导热也可以近似地作为沿半径方向一维稳态导热处理。如图 2-10 所示，已知圆筒壁的长度为 l，内外径分别为 r_1 和 r_2，两个壁面温度分别维持均匀而恒定的温度 t_1 和

t_2，无内热源。我们来求解圆筒壁的温度分布和通过圆筒壁的热流密度。采用圆柱坐标系，假设导热系数 λ 为常数，由式(2-27)，稳态、常物性、无内热源时圆柱坐标系下的导热微分方程为

$$\frac{\mathrm{d}}{\mathrm{d}r}\left(r\frac{\mathrm{d}t}{\mathrm{d}r}\right)=0$$

边界条件为

$$r=r_1:t=t_1$$

$$r=r_2:t=t_2$$

对微分方程积分两次可得

$$t=c_1\ln r+c_2$$

代入边界条件后得

$$c_1=\frac{t_2-t_1}{\ln(r_2/r_1)}$$

$$c_2=t_1-\frac{t_2-t_1}{\ln(r_2/r_1)}\ln r_1$$

故圆筒壁温度分布为

$$t=t_1+\frac{t_2-t_1}{\ln(r_2/r_1)}\ln\frac{r}{r_1} \tag{2-44}$$

可见圆筒壁的温度分布不是直线，而是对数曲线，斜率为

$$\frac{\mathrm{d}t}{\mathrm{d}r}=\frac{t_2-t_1}{r\ln(r_2/r_1)}$$

由傅里叶定律得到流过圆筒壁的热流密度为

$$q=\frac{\lambda}{r}\frac{t_1-t_2}{\ln(r_2/r_1)} \tag{2-45}$$

由于不同半径处圆筒有不同的截面积，从而通过圆筒壁的热流密度在不同半径处也不相同，热流密度 q 与半径 r 成反比。当然，流过整个圆筒壁的总热流量 $\Phi(=2\pi rlq)$ 与半径无关：

$$\Phi=\frac{2\pi l\lambda(t_1-t_2)}{\ln(r_2/r_1)} \tag{2-46}$$

按照热阻的定义可知圆筒壁的导热热阻为

$$R=\frac{\ln(r_2/r_1)}{2\pi l\lambda} \tag{2-47}$$

对于 n 层圆筒壁导热，由热阻串联关系，可得到流过圆筒壁的总热流量为

$$\Phi=\frac{2\pi l\Delta t}{\sum\limits_{i=1}^{n}\left(\frac{1}{\lambda_i}\ln\frac{r_{i+1}}{r_i}\right)} \tag{2-48}$$

3. 通过球壁的导热

现在来讨论第一类边界条件下通过球壁的导热问题。如图2-11所示，一空心单层球壁，内外半径分别为 r_1 和 r_2，球壁材料的热导率 λ 为常数，无内热源，球壁内外侧壁面分别维持均匀恒定的温度 t_1 和 t_2，则温度只沿径向发生变化。采用球坐标系，由球坐标系下的一般导热微分方程（2-29）可写出该球壁的导热微分方程为

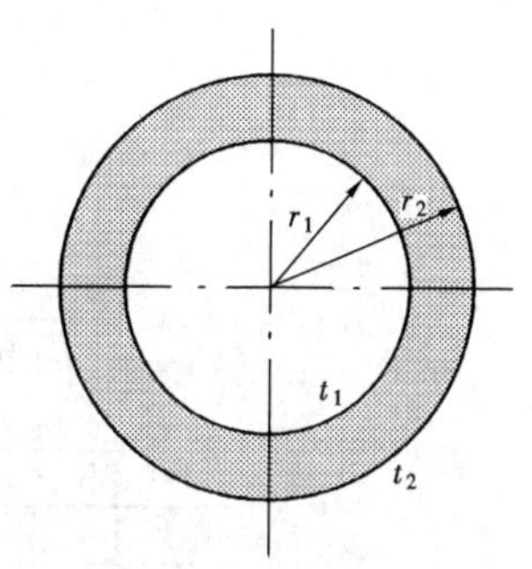

图 2-11 球壁导热分析

$$\frac{\mathrm{d}}{\mathrm{d}r}\left(r^2\frac{\mathrm{d}t}{\mathrm{d}r}\right)=0$$

边界条件为

$$r=r_1: t=t_1, r=r_2: t=t_2$$

积分两次，并代入边界条件得到球壁内的温度分布为

$$t=t_2+(t_1-t_2)\frac{1/r-1/r_2}{1/r_1-1/r_2} \tag{2-49}$$

由傅里叶定律得到通过球壁的热流密度为

$$q=\frac{\lambda(t_1-t_2)}{(1/r_1-1/r_2)r^2} \tag{2-50}$$

可见，和圆筒壁导热不同，这里热流密度和半径的平方成反比。通过球壁的总热流量（$\Phi=4\pi r^2 q$）仍然和半径无关：

$$\Phi=\frac{4\pi\lambda(t_1-t_2)}{1/r_1-1/r_2} \tag{2-51}$$

球壁的热阻表达式为

$$R=\frac{1}{4\pi\lambda}\left(\frac{1}{r_1}-\frac{1}{r_2}\right) \tag{2-52}$$

【例 2-3】 温度为120℃的空气从导热系数为 $\lambda_1=18\text{W}/(\text{m}\cdot\text{K})$ 的不锈钢管内流过，表面传热系数为 $h_1=65\text{W}/(\text{m}^2\cdot\text{K})$，管内径为 $d_1=25\text{mm}$，厚度为4mm。管子外表面处于温度为15℃的环境中，外表面自然对流的表面传热系数为 $h_2=6.5\text{W}/(\text{m}^2\cdot\text{K})$。(1)求每米长管道的热损失；(2)为了将热损失降低80%，在管道外壁覆盖导热系数为0.04W/(m·K)的保温材料，求保温层厚度；(3)若要将热损失降低90%，求保温层厚度。

解 这是一个含有圆管导热的传热过程，光管时的总热阻为

$$\begin{aligned}R&=\frac{1}{h_1A_1}+\frac{\ln(d_2/d_1)}{2\pi l\lambda_1}+\frac{1}{h_2A_2}\\&=\frac{1}{2\pi}\left(\frac{1}{65\times0.012\,5}+\frac{\ln(33/25)}{18}+\frac{1}{6.5\times0.016\,5}\right)\\&=1.682\,3\ \text{K/W}\end{aligned}$$

(1) 每米长管道的热损失为

$$\Phi=\frac{\Delta t}{R}=\frac{120-15}{1.682\,3}=62.4\ \text{W}$$

(2) 设覆盖保温材料后的半径为 r_3，由所给条件和热阻的概念有

$$\frac{\Phi_{保温}}{\Phi_{光管}}=0.2=\frac{R_{光管}}{R_{保温}}$$

$$\frac{\dfrac{1}{h_1A_1}+\dfrac{\ln(d_2/d_1)}{2\pi l\lambda_1}+\dfrac{1}{h_2A_2}}{\dfrac{1}{h_1A_1}+\dfrac{\ln(d_2/d_1)}{2\pi l\lambda_1}+\dfrac{\ln(d_3/d_2)}{2\pi l\lambda_2}+\dfrac{1}{h_2A_3}}=0.2$$

$$\frac{\dfrac{1}{65\times0.0125}+\dfrac{\ln(33/25)}{18}+\dfrac{1}{6.5\times0.0165}}{\dfrac{1}{65\times0.0125}+\dfrac{\ln(33/25)}{18}+\dfrac{\ln(r_3/0.0165)}{0.04}+\dfrac{1}{6.5\times r_3}}=0.2$$

由以上超越方程解得 $r_3=0.123\text{m}$，故保温层厚度为 123－16.5＝106.5mm。

(3) 若要将热损失降低 90%，按上面方法可得 $r_3=1.07\text{m}$。

这时所需的保温层厚度为 1.07－0.016 5＝1.05m。

由此可见，热损失降低到一定程度后，若要再提高保温效果，将会使保温层厚度大大增加。

【例 2-4】 热电厂中有一直径为 0.2m 的过热蒸汽管道，钢管壁厚为 0.8mm，钢材的导热系数为 $\lambda_1=45\text{W/(m}\cdot\text{K)}$，管外包有厚度为 $\delta=0.12\text{m}$ 的保温层，保温材料的导热系数为 $\lambda_1=0.1\text{W/(m}\cdot\text{K)}$，管内壁面温度为 $t_{w1}=300℃$，保温层外壁面温度为 $t_{w3}=50℃$。试求单位管长的散热损失。

解 这是一个通过二层圆筒壁的稳态导热问题。根据式 (2-48) 得

$$q_1=\frac{t_{w1}-t_{w3}}{\dfrac{1}{2\pi\lambda_1}\ln\dfrac{d_2}{d_1}+\dfrac{1}{2\pi\lambda_2}\ln\dfrac{d_3}{d_2}}$$

$$=\frac{(300-50)}{\dfrac{1}{2\pi\times45}\times\ln\dfrac{0.2+2\times0.008}{0.2}+\dfrac{1}{2\pi\times0.1}\ln\dfrac{0.216+2\times0.12}{0.216}}$$

$$=210.3\ \text{W/m}$$

从以上计算过程可以看出，钢管壁的导热热阻与保温层的导热热阻相比非常小，可以忽略。

4. 变截面或变导热系数问题

在前面导热问题的分析中，都是先由微分方程求温度分布，再由傅里叶定律求得热流密度。实际上很多情况下，不求解微分方程，而对傅里叶定律直接积分也可以得到相同的结果。这一方法对稳态一维变物性、变传热面积的导热问题非常有效。稳态一维问题的一个重要特点是热流量 Φ 与坐标变量 x 无关，积分时可以当常数处理。

现在考虑图 2-12 所示的稳态一维变物性、变传热面积的导热问题。一变截面物体两端分别维持恒定的温度 t_1 和 t_2，侧面绝热，横截面积沿 x 方向是不断变化的。

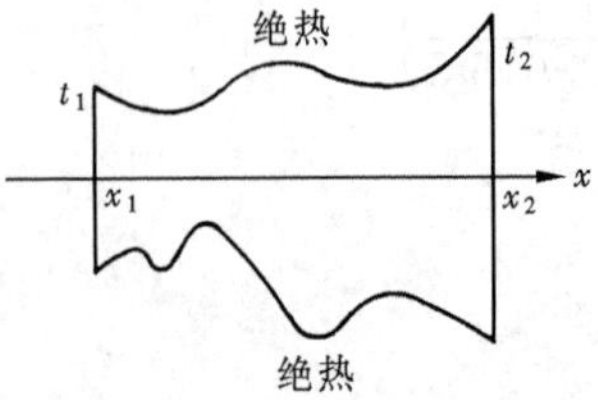

图 2-12 变传热面积的导热问题

由傅里叶定律得

$$\Phi=-A\lambda(t)\frac{\mathrm{d}t}{\mathrm{d}x}$$

分离变量可得

$$\Phi\int_{x_1}^{x_2}\frac{\mathrm{d}x}{A}=-\int_{t_1}^{t_2}\lambda(t)\mathrm{d}t$$

或
$$\Phi\int_{x_1}^{x_2}\frac{\mathrm{d}x}{A}=\frac{-\int_{t_1}^{t_2}\lambda(t)\mathrm{d}t}{t_2-t_1}(t_2-t_1)$$

而上式中

$$\frac{1}{t_2-t_1}\int_{t_1}^{t_2}\lambda(t)\mathrm{d}t=\bar{\lambda}$$

是所考虑温度区间导热系数的平均值。故最终得通过这一变截面物体的热流量为

$$\Phi=\frac{\bar{\lambda}(t_1-t_2)}{\int_{x_1}^{x_2}\frac{\mathrm{d}x}{A}} \tag{2-53}$$

当λ不是温度的线性函数时，要计算积分才能得到λ的平均值；当λ是t的线性函数时，可用平均温度下的λ值作为平均值。如$\lambda=\lambda_0$（$1+bt$）时，

$$\begin{aligned}\bar{\lambda}&=\frac{1}{t_2-t_1}\int_{t_1}^{t_2}\lambda_0(1+bt)\mathrm{d}t\\&=\frac{1}{t_2-t_1}\left[\lambda_0(t_2-t_1)+\frac{\lambda_0 b}{2}(t_2^2-t_1^2)\right]\\&=\lambda_0\left(1+b\frac{t_1+t_2}{2}\right)\end{aligned}$$

5. 内热源问题

（1）具有内热源的平壁。前面讨论的都是无内热源的一维稳态导热问题。在工程应用中，也经常遇到有内热源的导热问题，如电流通过导体时的发热、化工过程中的放热和吸热反应、反应堆中燃料元件的核反应热等等。在有内热源时，即使是一维稳态导热，热流量沿传热方向也是不断变化的，微分方程中必须考虑内热源项。

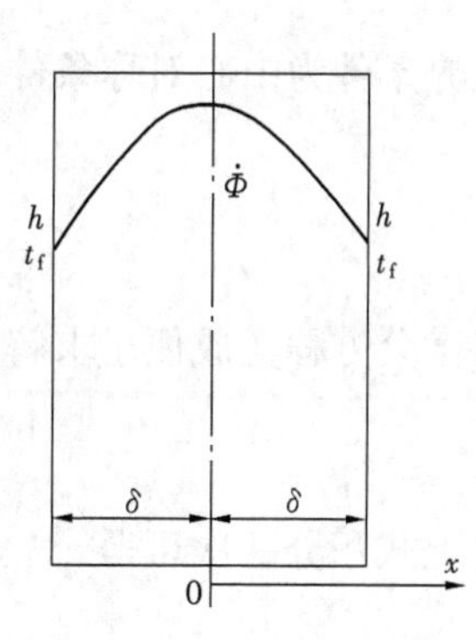

图 2-13 具有内热源的平壁导热

考虑一具有均匀内热源$\dot{\Phi}$的大平壁，厚度为2δ，平壁的两侧均为第三类边界条件，周围流体的温度为t_f，表面传热系数为h。由于对称性，这里考虑平壁的一半，如图 2-13 所示。问题的数学描述如下：

微分方程

$$\frac{\mathrm{d}^2t}{\mathrm{d}x^2}+\frac{\dot{\Phi}}{\lambda}=0$$

考虑边界条件时，$x=0$处可认为是对称条件，这样两个边界条件为

$$x=0,\quad \frac{\mathrm{d}t}{\mathrm{d}x}=0\ ;\quad x=\delta,\quad -\lambda\frac{\mathrm{d}t}{\mathrm{d}x}=h(t-t_f)$$

对微分方程积分得

$$\frac{\mathrm{d}t}{\mathrm{d}x}=-\frac{\dot{\Phi}}{\lambda}x+c_1$$

将$x=0$的边界条件代入上式可得$c_1=0$。再将$c_1=0$代入上式，并再次积分得

$$t=\frac{-\dot{\Phi}}{2\lambda}x^2+c_2$$

最后将 $x=\delta$ 的边界条件代入上式可得求出 c_2，得出具有均匀内热源的平壁内温度分布为

$$t=\frac{\dot{\Phi}}{2\lambda}(\delta^2-x^2)+\frac{\dot{\Phi}\delta}{h}+t_f \tag{2-54}$$

由傅里叶定律得任一位置处的热流密度为

$$q=\dot{\Phi}x \tag{2-55}$$

由结果可知，具有均匀内热源的平壁温度分布为抛物线，而不是线性的。同时，热流密度不再是常数，而是与 x 成正比。

上面分析的是第三类边界条件下的结果，当 $h\rightarrow\infty$ 时，$t_f\rightarrow t_w$，这时第三类边界条件变为第一类边界条件。在式（2-54）中令 $h\rightarrow\infty$ 和 $t_f=t_w$ 可得第一类边界条件时的温度分布为

$$t=\frac{\dot{\Phi}(\delta^2-x^2)}{2\lambda}+t_w \tag{2-56}$$

（2）具有内热源的圆柱。现在考虑一具有均匀内热源 $\dot{\Phi}$ 的长圆柱，半径为 R，表面温度为 t_w，我们来导出圆柱体内部的温度分布。采用圆柱坐标，问题的数学描述如下。

微分方程：

$$\frac{d^2t}{dr^2}+\frac{1}{r}\frac{dt}{dr}+\frac{\dot{\Phi}}{\lambda}=0$$

边界条件为中心对称条件和表面第一类边界条件为

$$r=0,\quad \frac{dt}{dr}=0 \tag{2-57}$$

$$r=R,\quad t=t_w \tag{2-58}$$

将微分方程变成便于求解的形式，即

$$\frac{d}{dr}\left(r\frac{dt}{dr}\right)=-\frac{\dot{\Phi}}{\lambda}r$$

对上式积分一次可得

$$r\frac{dt}{dr}=-\frac{\dot{\Phi}}{2\lambda}r^2+C_1$$

由边界条件式（2-57）可得 $C_1=0$，则上式变为

$$\frac{dt}{dr}=-\frac{\dot{\Phi}}{2\lambda}r$$

再次积分得

$$t=-\frac{\dot{\Phi}}{4\lambda}r^2+C_2$$

由边界条件式（2-58）可解得

$$C_2=t_w+\frac{\dot{\Phi}}{4\lambda}R^2$$

故最终得温度为抛物线分布，即

$$t=\frac{\dot{\Phi}}{4\lambda}(R^2-r^2)+t_w \tag{2-59}$$

圆柱体中心具有最高温度 t_c，计算式为

$$t_c = \frac{\dot{\Phi}R^2}{4\lambda} + t_w \tag{2-60}$$

(3) 具有内热源的圆筒。对具有均匀内热源 $\dot{\Phi}$ 的长圆筒，若其内径为 r_1，内表面温度为 t_1，外径为 r_2，外表面温度为 t_2，则微分方程同上，边界条件为

$$r = r_1, \quad t = t_1 \tag{2-61}$$

$$r = r_2, \quad t = t_2 \tag{2-62}$$

微分方程的通解为

$$t = -\frac{\dot{\Phi}}{4\lambda}r^2 + C_1 \ln r + C_2$$

代入边界条件后得温度分布为

$$t = t_2 + \frac{\dot{\Phi}}{4\lambda}(r_2^2 - r^2) + C_1 \ln\frac{r}{r_2} \tag{2-63}$$

其中，常数 C_1 为

$$C_1 = \frac{(t_1 - t_2) + \dot{\Phi}(r_1^2 - r_2^2)/4\lambda}{\ln(r_1/r_2)}$$

【例 2-5】 一直径为 3mm、长度为 1m 的不锈钢导线通有 200A 的电流。不锈钢的导热系数为$\lambda=19\text{W/(m}\cdot\text{K)}$，电阻率为 $\rho=7\times10^{-7}\Omega\cdot\text{m}$。导线周围与温度为 110℃的流体进行对流换热，表面传热系数为 $4000\text{W/(m}^2\cdot\text{K)}$。求导线中心的温度。

解 这里所给的是第三类边界条件，而前面的分析解是第一类边界条件，因此需要先确定导线表面的温度。由热平衡可知，导线发出的所有热量都必须通过对流传热散出，有

$$I^2R = \Phi = h\pi dL(t_w - t_\infty)$$

电阻 R 的计算如下：

$$R = \rho\frac{L}{A} = \frac{7\times10^{-7}}{\pi(0.0015)^2} = 0.099\ \Omega$$

故热平衡为

$$(200)^2(0.099) = 4000\pi(3\times10^{-3})(t_w - 110) = 3960\ \text{W}$$

由此解得

$$t_w = 215℃$$

单位体积的生成热由下式计算：

$$I^2R = \dot{\Phi}V$$

$$\dot{\Phi} = \frac{3960}{\pi(0.0015)^2} = 560.2\times10^6\ \text{W/m}^3$$

这样由式（2-60）得导线中心的温度为

$$t_c = \frac{\dot{\Phi}r^2}{4\lambda} + t_w = \frac{560.2\times10^6\times0.0015^2}{4\times19} + 215 = 231.6\ ℃$$

6. 肋片导热

如第一章所述，传热工程包含串联着的三个环节。在这样三个环节中，经常遇到其中一个对流环节热阻较大，强化这个环节的传热，降低其热阻，对增加整个传热过程的传热量非常重要。由牛顿冷却公式可知，增加换热面积是强化对流换热的有效方法之一，工程上经常采用肋片（又叫翅片）来强化换热。

肋片是依附于基础表面上的扩展表面。肋片能够强化传热有两个原因，一是扩展表面增加了传热面积；二是扩展表面的存在破坏了对流边界层，增加了流体的扰动，使传热效果增强。

肋片有很多不同的形状，图 2-14 所示为几种典型的肋片结构。肋片可由管子整体轧制或缠绕、嵌套金属薄片并经加工制成，加工的方法有焊接、浸镀或胀管等。

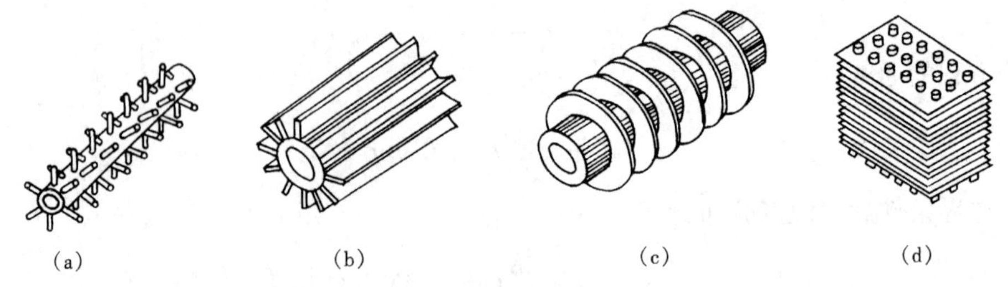

图 2-14 肋片的典型结构

(a) 针肋；(b) 直肋；(c) 环肋；(d) 大套片

肋片导热和平壁及圆筒壁的导热有很大的区别，其基本特征是在肋片伸展的方向上有表面的对流换热及辐射换热，因而热流量沿传递方向不断变化。另外，肋片表面所传递的热量都来自（或进入）肋片根部，即肋片与基础表面的相交面。我们分析肋片导热的目的是要得到肋片的温度分布和通过肋片的热流量。

(1) 通过等截面直肋的导热。从图 2-14 (b) 中取出一个矩形肋片，肋的高度为 H、厚度为 δ、宽度为 l，与高度方向垂直的横截面积为 A_c，横截面的周长为 P。参照图 2-15，设肋根的温度 t_0 已知，周围流体温度为 t_∞，肋片与环境之间有对流和辐射换热，复合表面传热系数为 h。为了简化分析，进行如下合理假定：

1) 肋片在宽度 l 方向很长，可不考虑温度沿该方向的变化。当考虑单位宽度肋片时，$l=1$。

2) 材料的导热系数 λ 及表面复合传热系数 h 为常数。

3) 肋片的导热热阻 δ/λ 与肋片表面的对流换热热阻 $1/h$ 相比很小，可以忽略。一般肋片都用金属材料制造，导热系数很大，肋片很薄，基本上都能满足这一条件。在这种情况下肋片的温度只沿高度方向发生变化，肋片的导热可以近似地认为是一维的，温度仅沿 x 方向变化。

求解肋片导热问题有两种方法，一种是将肋片表面和环境间的换热等效于肋片的内热源或热沉，按有内热源的导热问题来求解[7]。这里采用另一种方法，应用傅里叶定律对微元体直接列出能量平衡。考虑图 2-15 (b) 所示的微元，由能量守恒定律可知：

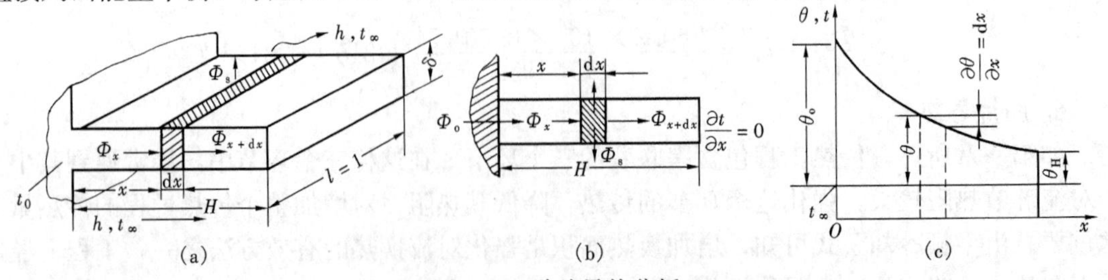

图 2-15 肋片导热分析

$$\Phi_x = \Phi_{x+\mathrm{d}x} + \Phi_s \tag{2-64}$$

式中 Φ_x——导入微元的热量；

$\Phi_{x+\mathrm{d}x}$——导出微元的热量；

Φ_s——微元和环境间的换热。

由傅里叶定律和牛顿冷却公式，上式各项分别为

$$\Phi_x = -\lambda A_c \frac{\mathrm{d}t}{\mathrm{d}x}$$

$$\Phi_{x+\mathrm{d}x} = \Phi_x + \frac{\mathrm{d}\Phi_x}{\mathrm{d}x}\mathrm{d}x = -\lambda A_c \frac{\mathrm{d}t}{\mathrm{d}x} - \lambda A_c \frac{\mathrm{d}^2 t}{\mathrm{d}x^2}\mathrm{d}x$$

式中 A_c——截面积。

微元和环境间的换热为

$$\Phi_s = hP\mathrm{d}x(t - t_\infty)$$

将上面各项代入式（2-64）得

$$\lambda A_c \frac{\mathrm{d}^2 t}{\mathrm{d}x^2} = hP(t - t_\infty) \tag{2-65}$$

令 $m = \sqrt{\frac{hP}{\lambda A_c}}, \theta = t - t_\infty$ 为过余温度，则式（2-65）变为

$$\frac{\mathrm{d}^2\theta}{\mathrm{d}x^2} = m^2\theta \tag{2-66}$$

这是一个二阶线性齐次常微分方程，通解为

$$\theta = c_1 \mathrm{e}^{mx} + c_2 \mathrm{e}^{-mx}$$

$x=0$ 处的边界条件为

$$x = 0 : \theta = \theta_0 = t_0 - t_\infty \tag{2-67}$$

另一边界条件取决于肋片端部 $x=H$ 处的条件，有如下三种可能：

1）肋片高度 H 很大，肋片端部温度趋近周围流体温度时

$$x = \infty : \theta = 0$$

2）肋片为有限高度，端部参与和周围流体换热；

3）肋片端部绝热时

$$x = H : \frac{\mathrm{d}\theta}{\mathrm{d}x} = \frac{\mathrm{d}t}{\mathrm{d}x} = 0$$

第一种情况下的特解很简单，积分常数为

$$c_1 = 0, \quad c_2 = \theta_0$$

肋片的温度分布为

$$\theta = \theta_0 \mathrm{e}^{-mx} \tag{2-68}$$

第二种情况下的特解相对复杂，求解过程可参阅文献［8～10］，最后的结果为

$$\theta = \theta_0 \frac{\cosh[m(H-x)] + h/(m\lambda)\sinh[m(H-x)]}{\cosh(mH) + h/(m\lambda)\sinh(mH)} \tag{2-69}$$

其中，双曲函数的定义为

$$\cosh(x) = \frac{\mathrm{e}^x + \mathrm{e}^{-x}}{2}, \quad \sinh(x) = \frac{\mathrm{e}^x - \mathrm{e}^{-x}}{2}, \quad \tanh(x) = \frac{\sinh(x)}{\cosh(x)}$$

相比之下，第三情况假定肋片端部绝热的结果最实用，得出的结果相对简单。由于肋片端部面积较小，这一假定所带来的误差不大。先由边界条件确定积分常数：

$$x = 0 : \theta_0 = c_1 + c_2$$

$$x=H:\theta=c_1\mathrm{e}^{mH}-c_2\mathrm{e}^{-mH}$$

解得

$$c_1=\frac{\theta_0}{1+\mathrm{e}^{2mH}},\quad c_2=\frac{\theta_0\mathrm{e}^{2mH}}{1+\mathrm{e}^{2mH}}$$

故温度分布为

$$\theta=\theta_0\frac{\mathrm{e}^{mx}+\mathrm{e}^{2mH}\mathrm{e}^{-mx}}{1+\mathrm{e}^{2mH}}=\theta_0\frac{\cosh[m(x-H)]}{\cosh(mH)} \tag{2-70}$$

此温度分布曲线见图 2-15（c）。当 $x=H$ 时

$$\theta_H=\theta_0\frac{\cosh(0)}{\cosh(mH)}=\frac{\theta_0}{\cosh(mH)}$$

下面来计算肋片表面的传热量，从肋片的结构可知，由肋片表面散入外界的全部热量都必须通过 $x=0$ 处的肋根截面，其计算式为

$$\Phi_{x=0}=-\lambda A_{\mathrm{c}}\left(\frac{\mathrm{d}\theta}{\mathrm{d}x}\right)_{x=0}=\frac{hP}{m}\theta_0\tanh(mH) \tag{2-71}$$

为了表征肋片散热的有效程度，经常要用到肋效率的概念。肋效率 η_{f} 定义如下：

$$\eta_{\mathrm{f}}=\frac{\text{实际散热量}}{\text{假设整个肋表面处于肋基温度下的散热量}}$$

对于等截面直肋，其肋效率为

$$\eta_{\mathrm{f}}=\frac{\frac{mP}{m}\theta_0\tanh(mH)}{hPH\theta_0}=\frac{\tanh(mH)}{mH}$$

故肋效率与 mH 有关，即与肋片的几何参数、材料的导热系数及表面传热系数有关。

由于肋片宽度 l 比厚度 δ 大得多，可取单位长考虑（$l=1$），这时

$$P=2+2\delta\approx 2$$

$$mH=\sqrt{\frac{hP}{\lambda A_{\mathrm{c}}}}H=\sqrt{\frac{2h}{\lambda\delta}}H$$

$$=\sqrt{\frac{2h}{\lambda\delta H}}H^{3/2}=\sqrt{\frac{2h}{\lambda A_{\mathrm{L}}}}H^{3/2}$$

其中 $A_{\mathrm{L}}=\delta H$ 是肋片纵剖面积。这样肋效率 η_{f} 既可表示为 mH 的函数，也可表示为 $[h/(\lambda A_{\mathrm{L}})]^{1/2}H^{3/2}$ 的函数。图 2-16 表示了矩形及三角形直肋的效率曲线。由图 2-16 可知，mH 越大，肋片效率越低。

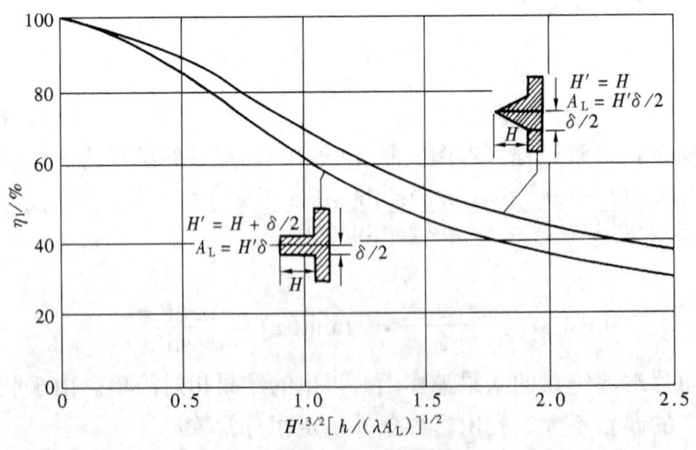

图 2-16 矩形及三角形直肋的效率曲线

对于矩形肋，由 mH 的表达式可知影响矩形肋片效率的主要因素有：

1）肋片材料的热导率 λ。热导率越大，肋片效率

越高。

2）肋片高度 H。肋片越高，肋片效率越低，故肋片不宜太高。

3）肋片厚度 δ。肋片越厚，肋片效率越高。

4）表面传热系数 h。h 越大，即对流换热越强，肋片效率越低。一般总是在表面传热系数较低的一侧加装肋片。

在上面的分析中假设肋端面的散热量为零，这对于工程中采用的大多数薄而高的肋片来说，用上述公式进行计算已足够精确。如果必须考虑肋端面的散热，也可以采用近似修正方法[11]，将肋端面面积折算到侧面上去，这时可用假想肋高 $H'=H+\delta/2$ 代替实际肋高 H。

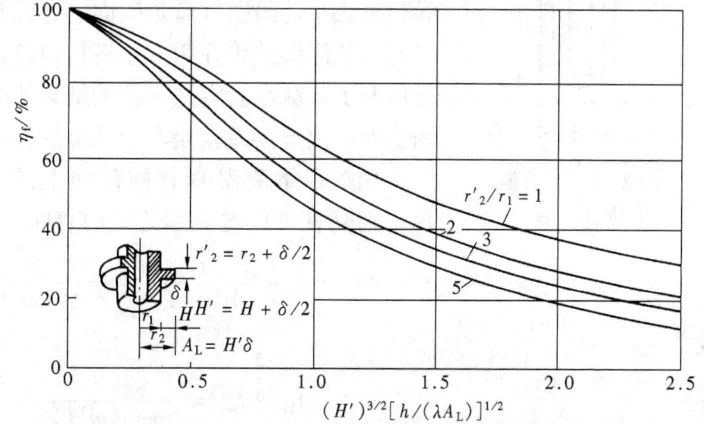

图 2-17 环形剖面肋片的效率曲线

（2）通过环肋及三角形截面直肋的导热。对环肋和三角形肋片，理论分析表明，肋效率 η_f 也是 mH 的函数，通常将 η_f 与 mH 或 $[h/(\lambda A_L)]^{1/2}H^{3/2}$ 的关系绘制成图表。

三角形直肋的效率曲线见图 2-16，环肋的效率曲线见图 2-17。

【例 2-6】 如图 2-18 所示，一厚度为 10mm，导热系数为 50W/(m·K)的不锈钢板两端维持固定温度 50℃，已知钢板两端之间的距离为 20cm，在垂直纸面方向很长。钢板上表面绝热，下表面和 20℃的空气进行对流换热，表面传热系数为 32W/(m²·K)，试导出此钢板的中心的温度。

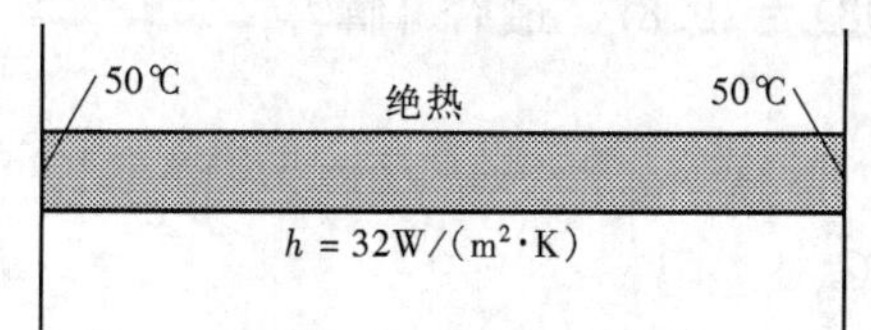

图 2-18 钢板导热问题

解 由于对称性，此问题等效为原厚度两倍，长度一半的肋片问题，温度分布为

$$\theta=\theta_0\frac{e^{mx}+e^{2ml}e^{-mx}}{1+e^{2ml}}=\theta_0\frac{\cosh[m(x-l)]}{\cosh(ml)}$$

钢板中心处 $x=l=L/2$，

$$ml=l\sqrt{\frac{hP}{\lambda A_c}}=l\sqrt{\frac{2h}{\lambda 2\delta}}=0.1\sqrt{\frac{32}{50\times 0.01}}=0.8$$

$$\theta=\theta_0\frac{\cosh(0)}{\cosh(ml)}=\frac{\theta_0}{\cosh(0.8)}=\frac{30}{1.34}=22.39\ ℃$$

故钢板中心温度为 $t=22.39+20=42.39$℃。

【例 2-7】 为了测量管道内的热空气温度和保护热电偶测温元件，采用金属测温套管，热电偶端点镶嵌在套管的端部，如图 2-19 所示。套管长 $H=100$mm，外径 $d=15$mm，壁厚

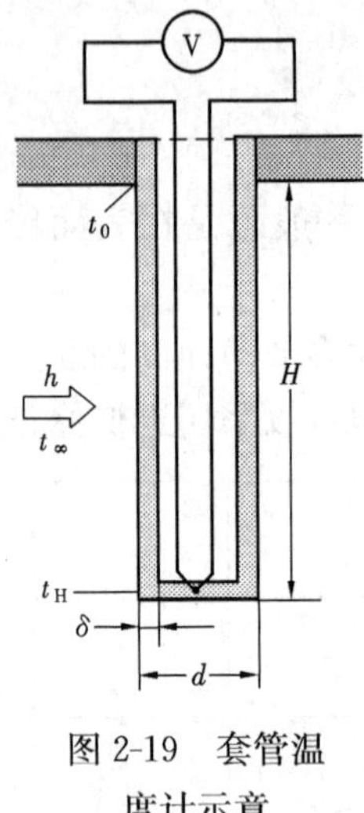

图 2-19 套管温度计示意

δ=1mm，套管材料的导热系数 λ=45W/(m·K)。已知热电偶的指示温度为 200℃，套管根部的温度 t_0=50℃，套管外表面与空气之间对流换热的表面传热系数为 h=40W/(m²·K)。试分析产生测温误差的原因并求出测温误差。

解 由于热电偶是镶嵌在套管的端部，所以热电偶指示的是测温套管端部的温度 t_H。测温套管与周围环境的热量交换情况如下：热量以对流换热的方式由热空气传给测温套管，测温套管再通过热辐射和导热将热量传给空气管道壁面。有关套管和周围环境之间的辐射换热引起的测温误差将在第七章进行讨论，这里只考虑套管的导热。在稳态情况下，测温套管热平衡的结果使测温套管端部的温度不等于空气的温度，测温误差就是套管端部的过余温度 $\theta_H = t_H - t_\infty$。

如果忽略测温套管横截面上的温度变化，并认为套管端部绝热，则套管可以看成是等截面直肋，故有

$$\theta_H = \theta_0 \frac{\cosh(0)}{\cosh(mH)} = \frac{\theta_0}{\cosh(mH)}$$

或

$$t_H - t_\infty = \frac{t_0 - t_\infty}{\cosh(mH)} \tag{a}$$

套管截面面积 $A=\pi d\delta$，套管换热周长 $P=\pi d$，根据 m 的定义，有

$$mH = \sqrt{\frac{hP}{\lambda A}}H = \sqrt{\frac{h}{\lambda\delta}}H = \sqrt{\frac{40}{45\times 0.001}}\times 0.1 = 2.98$$

查数学手册或直接由定义式计算可求得 cosh（2.98）= 9.87，最后可解得

$$t_\infty = 216.9℃$$

于是测温误差为

$$t_H - t_\infty = -16.9℃$$

由式（a）可以看出，测温误差取决于表面传热系数、套管的长度、厚度以及套管材料的导热系数。由于 $\cosh(x)$ 是增函数，mH 越大，则测温误差越小。因此，要减小测温误差，可减小套管的壁厚和导热系数，或增加套管长度，或增加气体与套管的表面传热系数。

*第三节 多维稳态导热

前面一节我们分析了简单的一维稳态导热问题，对于多维稳态导热问题，分析解法要困难得多，只有对少数几何形状、边界条件简单的情况，才能获得分析解，得出温度分布和热流密度等。对于多维导热问题，有三种可能的求解方法，即分析解法、数值解法和形状因子法。当无法得出分析解时，可采用数值解法，借助计算机求得问题的解。第三种方法是形状因子法。本节我们先简单介绍二维稳态导热问题的分析解，然后介绍求解多维稳态导热的形状因子法。对于多维问题更多的讨论可参阅文献［12，13］。

1. 二维稳态导热的分析解

考虑一矩形物体的导热，若物体在垂直纸面方向很长，则可认为是二维问题，如图2-20

所示。矩形的长和宽分别为 a 和 b，若物体的导热系数为常数，无内热源，三个边界上的温度均为 t_1，而第四个边界为复杂的温度分布，如正弦分布，则可以得到问题的分析解。问题的数学描述如下。

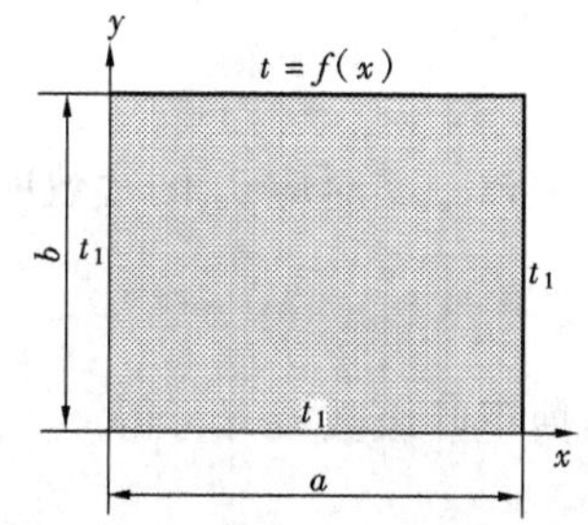

图 2-20 二维稳态导热分析

微分方程

$$\frac{\partial^2 t}{\partial^2 x}+\frac{\partial^2 t}{\partial^2 y}=0$$

边界条件

$$x=0: t=t_1; x=a; t=t_1$$

$$y=0: t=t_1; y=b: t=t_1+t_m\sin(\pi x/a)$$

t_m 可为任一不同于 t_1 的温度。为方便求解，定义过余温度为 $\theta=t-t_1$，则微分方程和边界条件变为

$$\frac{\partial^2 \theta}{\partial^2 x}+\frac{\partial^2 \theta}{\partial^2 y}=0 \tag{2-72}$$

$$x=0: \theta=0 \tag{2-73}$$

$$x=a: \theta=0 \tag{2-74}$$

$$y=0: \theta=0 \tag{2-75}$$

$$y=b: \theta=t_m\sin(\pi x/a) \tag{2-76}$$

可用分离变量法来求解此问题，设问题的解有如下形式：

$$\theta(x,y)=X(x)Y(y) \tag{2-77}$$

代入微分方程可得

$$-\frac{1}{X}\frac{d^2X}{dx^2}=\frac{1}{Y}\frac{d^2Y}{dy^2}$$

由于上式左边只与 x 有关，而右边只与 y 有关，故左右两边应恒等于同一常数 l。分析可知，只有 $l>0$ 才能满足第四个边界条件。令 $l=\beta^2$，这样可得两个常微分方程：

$$\frac{d^2X}{dx^2}+\beta^2X=0$$

$$\frac{d^2Y}{dy^2}-\beta^2Y=0$$

微分方程的特解为

$$X=c_1\cos(\beta x)+c_2\sin(\beta x)$$

$$Y=c_3e^{-\beta y}+c_4e^{\beta y}$$

代入式（2-77）得

$$\theta=[c_1\cos(\beta x)+c_2\sin(\beta x)](c_3e^{-\beta y}+c_4e^{\beta y})$$

由边界条件式（2-73）～式（2-76）得

$$c_1=0,\quad c_3=-c_4,\quad \sin(a\beta)=0$$

又由 $\sin(a\beta)=0$ 得

$$\beta_n=n\pi/a,\quad n=1,2,\cdots,\infty$$

对每一个 β，都可以得到一个特解：

$$\theta=c\sin(\beta x)(e^{\beta y}-e^{-\beta y})$$

通解是所有这些特解之和，这样通解便为无穷级数：

$$\theta(x,y)=\sum_{n=1}^{\infty}c_n\sin\frac{n\pi x}{a}\sinh\frac{n\pi y}{a} \tag{2-78}$$

其中，c_n 是对应 β_n 的常数项，由边界条件式（2-76）确定：

$$t_m\sin\frac{\pi x}{a}=\sum_{n=1}^{\infty}c_n\sin\frac{n\pi x}{a}\sinh\frac{n\pi b}{a}$$

由傅里叶级数展开可得

$$c_1=\frac{\sinh(\pi y/a)}{\sinh(\pi b/a)}t_m,\quad c_n=0,\ n=2,3,\cdots,\infty$$

最终得二维温度分布为

$$t(x,y)=\frac{\sinh(\pi y/a)}{\sinh(\pi b/a)}\sin\frac{\pi x}{a}t_m+t_1 \tag{2-79}$$

值得一提的是，若第四个边界的温度不是正弦分布，而是另一常数 t_2，如图 2-21 所示，则按照上面类似的求解过程可得，最终解不是一项，而是一无穷级数：

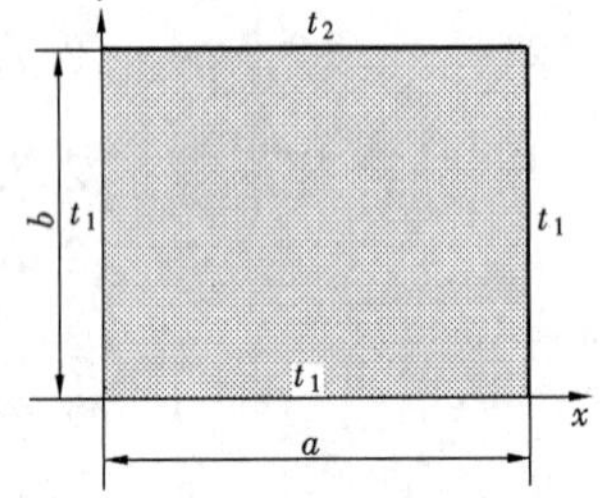

图 2-21 二维稳态导热分析

$$t=(t_2-t_1)\frac{2}{\pi}\sum_{n=1}^{\infty}\frac{(-1)^{n+1}+1}{n}\sin\frac{n\pi x}{a}\frac{\sinh(n\pi y/a)}{\sinh(n\pi b/a)}+t_1 \tag{2-80}$$

2. 形状因子法

在本章第二节中，我们得到了一些一维问题导热量的计算式，如

平壁导热：$$\Phi=\frac{\lambda A}{\delta}(t_1-t_2)$$

圆筒壁导热：$$\Phi=\frac{2\pi l\lambda(t_1-t_2)}{\ln(r_2/r_1)}$$

球壁导热：$$\Phi=\frac{4\pi\lambda(t_1-t_2)}{1/r_1-1/r_2}$$

这些热流量的计算式有个共同的特点，即两个等温面间导热热流量可以表示成

$$\Phi=\lambda S(t_1-t_2)$$

式中的 S 只与物体的形状及尺寸有关，称为形状因子，单位为 m。如对平壁导热

$$S=\frac{A}{\delta}$$

对于一般的一维情况，由本章第二节式（2-53）可知，形状因子为

$$S=\frac{1}{\int_{x_1}^{x_2}\frac{\mathrm{d}x}{A}} \tag{2-81}$$

对二维或三维导热问题，理论分析表明形状因子仍然适用。形状因子和热阻是有联系的，若已知导热热阻 R，由于

$$R=\frac{1}{\lambda S}$$

则形状因子为

$$S=\frac{1}{\lambda R}$$

对许多常见的工程问题，已通过分析解或数值解得出了其形状因子，汇总成表。表2-1给出了几种几何条件下的形状因子，更多的结果见文献［14］。

表 2-1 **几种几何条件下的形状因子 S** (m)

半无限大物体表面与水平埋管表面之间的导热	t_2, t_1, h, d	管长 $l \gg d$，$h<1.5d$ 时 $$S=\frac{2\pi l}{\cosh^{-1}\left(\frac{2h}{d}\right)}$$ 管长 $l \gg d$，$h>1.5d$ 时 $$S=\frac{2\pi l}{\ln\left(\frac{2h}{d}\right)}$$
半无限大物体表面与垂直埋管表面之间的导热	t_2, t_1, l, d	管长 $l \gg d$ 时 $$S=\frac{2\pi l}{\ln\left(\frac{4l}{d}\right)}$$
管道表面与偏心热绝缘层表面之间的导热	d_1, t_1, t_2, s, d_2	管长 $l \gg d_2$ 时 $$S=\frac{2\pi l}{\cosh^{-1}\left(\frac{d_1^2+d_2^2-4s^2}{2d_1d_2}\right)}$$
无限大物体中两圆管表面之间的导热	t_1, r_1, t_2, r_2, s	管长 $l \gg d_1$，d_2 时 $$S=\frac{2\pi l}{\cosh^{-1}\left(\frac{s^2-r_1^2-r_2^2}{2r_1r_2}\right)}$$

思 考 题

2-1 写出傅里叶导热定律表达式的一般形式，说明其适用条件及式中各符号的物理意义。

2-2 请写出直角坐标系三个坐标方向上的傅里叶定律表达式。

2-3 为什么导电性能好的金属导热性能也好?

2-4 对一个具体导热问题的完整数学描述应包括哪些方面?

2-5 何谓导热问题的单值性条件? 它包含哪些内容?

2-6 试说明在什么条件下平板和圆筒壁的导热可以按一维导热处理。

2-7 两根不同直径的蒸汽管道，外表面均敷设厚度相同、材料相同的绝热层。若两管子表面和绝热层外表面的温度相同，试问两管每米管长的热损失是否相同？

2-8 若平壁和圆管壁的材料相同，厚度相同，温度条件也相同。且平壁的表面积等于圆管的内表面积，试问哪种情况导热量大？

2-9 试用传热学观点说明为什么冰箱要定期除霜。

2-10 为什么有些物体要加装肋片？加肋一定会使传热量增加吗？

2-11 试说明影响肋片效率的主要因素。

2-12 什么是接触热阻？接触热阻的主要影响因素有哪些？

习 题

2-1 一平面墙厚度为 20 mm，导热系数为 1.3W/(m·K)，两侧面的温度分别为 1300℃和 30℃。为了使墙的散热不超过 $1830W/m^2$，计划给墙加一保温层，所使用材料的导热系数为 0.11 W/(m·K)，求保温层的厚度。

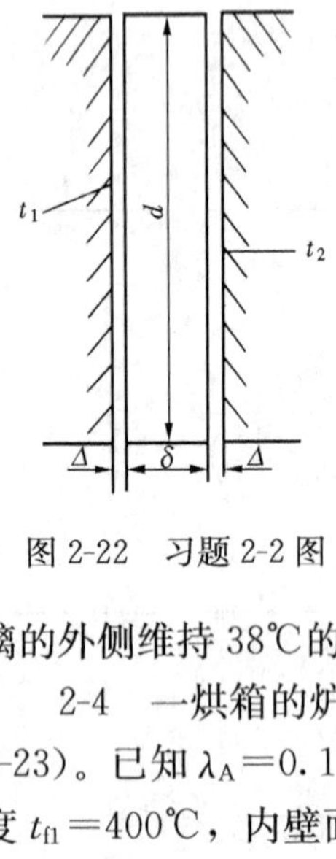

2-2 在图 2-22 所示的平板导热系数测定装置中，试件厚度 δ 远小于直径 d；由于安装制造不好，试件与冷、热表面之间存在着一厚度为 Δ=0.1mm 的空气隙。设热表面温度 t_1=180℃，冷表面温度 t_2=30℃，空气隙的导热系数可分别按 t_1、t_2 查取。试计算空气隙的存在给导热系数的测定带来的误差。通过空气隙的辐射换热可以忽略不计（实验时热流量为 Φ=58.2W，试件直径为 d=120mm)。

图 2-22 习题 2-2 图

2-3 厚度为 50mm 的铜板，一个侧面温度为 260℃，另一侧覆盖一层 25mm 厚的纤维玻璃，导热系数为 0.05W/(m·K)，纤维玻璃的外侧维持 38℃的温度。若流过复合层的热流量为 44 kW，求铜板的截面积。

2-4 一烘箱的炉门由两种保温材料 A 和 B 做成，且 $\delta_A=2\delta_B$（见图 2-23)。已知 λ_A=0.1W/(m·K)，λ_B=0.06W/(m·K)。烘箱内空气温度 t_{f1}=400℃，内壁面的总表面传热系数 $h_1=50W/(m^2\cdot K)$。为安全起见，希望烘箱炉门的外表面温度不得高于 50℃。设可把炉门导热作为一维导热问题处理，试决定所需保温材料的厚度。环境温度 t_{f2}=25℃，外表面总表面传热系数 $h_2=9.5W/(m^2\cdot K)$。

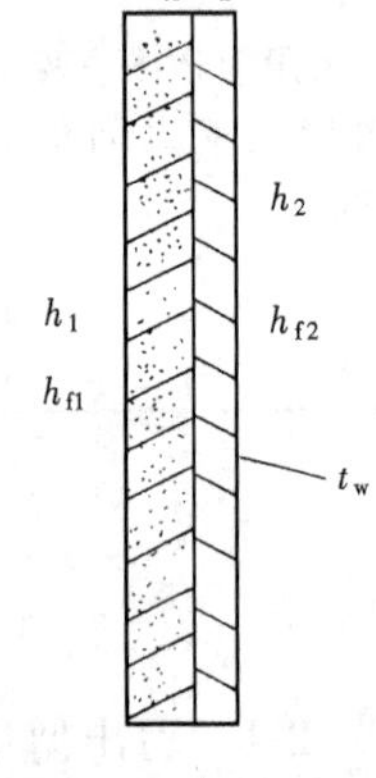

图 2-23 习题 2-4 图

2-5 一复合壁面由 20mm 厚的铜，30mm 厚石棉[导热系数为 0.166W/(m·K)]和 60mm 厚的纤维玻璃[导热系数为 0.05W/(m·K)]组成，若复合材料两侧的总温差为 500℃，求流过它的热流密度。

2-6 一种材料，其导热系数和温度的关系可以表示为 $\lambda=\lambda_0(1+\beta t^2)$。对以这种材料做成的大平壁，在第一类边界条件下，推导出其温度分布。

2-7 厚度为 4.0mm，导热系数为 16W/(m·K)的不锈钢板，两侧面覆盖有相同的保温层，保温层两外侧分别和冷热流体进行对流换热。若冷热流体的温差为 60℃，系统的总热阻为 $0.008m^2\cdot K/W$，求不锈钢两侧的温差。

2-8 一蒸汽管道，内径为 50mm，厚度为 5.0mm，导热系数为 32W/(m·K)，已知管道的内外壁温度分别为 64℃和 42℃，求单位管长的散热损失。

2-9 圆筒壁的外径为 100mm，壁厚 10mm，内、外壁的温度分别为 100℃和 60℃。测得通过管壁每米管长的热损失为 50W/m，试求此圆管材料的导热系数。

2-10 一内径为 80mm，厚度为 5.5 mm，导热系数为 45W/(m·K)的蒸汽管道，内壁温度为 250℃，外壁覆盖有两层保温层，内保温层厚 45 mm，导热系数为 0.25W/(m·K)，外保温层厚 20mm，导热系数为 0.12W/(m·K)。若最外侧的壁面温度为 30℃，求单位管长的散热损失。

2-11 蒸汽温度为 250℃，流过一内径为 72mm，厚度为 5.5mm，导热系数为 45W/(m·K)的管道，表面传热系数为 $56W/(m^2 \cdot K)$，管道外壁覆盖有保温层，厚度为 35mm，导热系数为 0.12W/(m·K)。若保温层外侧流体温度为 20℃，表面传热系数为 $15W/(m^2 \cdot K)$，求单位管长的散热损失。

2-12 蒸汽温度为 250℃，流过一内径为 80mm，厚度为 5.5mm，导热系数为 45 W/(m·K)的管道，表面传热系数为 $56W/(m^2 \cdot K)$，管道外壁覆盖有两层保温层，内保温层厚 45mm，导热系数为 0.25W/(m·K)，外保温层厚 20mm，导热系数为 0.12W/(m·K)。若保温层外侧流体温度为 20℃，表面传热系数为 $20W/(m^2 \cdot K)$，求单位管长的散热损失。

2-13 一直径为 30mm、壁温为 100℃的管子向温度为 20℃的环境散热，热损失率为 100W/m。为把热损失减小到 50W/m，有两种材料可以同时被利用。材料 A 的导热系数为 0.5W/(m·K)，可利用度为 $3.14\times10^{-3}m^3/m$；材料 B 的导热系数为 0.1 W/(m·K)，可利用度为 $4.0\times10^{-3}m^3/m$。试分析如何敷设这两种材料才能达到上述要求。假设敷设这两种材料后，外表面与环境间的表面传热系数与原来一样。

2-14 一铝制空心球，内径为 40mm，外径为 80mm，内外壁温度分别为 100℃和 50℃，求通过球壁的热流量。

2-15 有一个中空铁球，内直径为 150mm，外直径为 300mm，球内装有一种化学混合物。铁的导热系数 $\lambda=73W/(m \cdot K)$，球内、外表面的温度分别为 $t_1=248℃$ 和 $t_2=38℃$。试求化学混合物释放的热流量，以及球壁内、外表面间的中心球面上的温度。

2-16 一铝制空心球，内径为 40mm，外径为 80mm，内外壁温度分别为 100℃，外壁覆盖一层导热系数为 0.1W/(m·K)的保温层，保温层外流体的温度为 20℃，表面传热系数为 $20W/(m^2 \cdot K)$，求通过球壁的热流量。

2-17 180A 的电流通过直径为 3mm、导热系数为 $\lambda=19W/(m \cdot K)$的不锈钢导线。导线浸在温度为 100℃的液体中，表面传热系数为 $3000W/(m^2 \cdot K)$，导线的电阻率为 $70\mu\Omega \cdot cm$，长度为 1m，试求导线的表面温度及中心温度。

2-18 厚度为 10cm 的大平壁，通过电流时发热率为 $3\times10^4W/m^3$，平壁的一个表面绝热，另一表面暴露于 25℃的空气之中。若空气与壁面之间的表面传热系数为 $50W/(m^2 \cdot K)$，壁的导热系数为 3W/(m·K)，试确定壁中的最高温度。

2-19 长度为 L 的细杆，两端连接在温度分别保持 t_1 和 t_2 的壁上，杆通过对流向温度为 t_∞ 的环境散热。试推导：(1)杆内温度分布的表达式；(2)杆的总热损失。

2-20 过热蒸汽在外径为 127mm 的钢管内流过，测蒸汽温度套管的布置如图 2-24 所式。已知套管外径 $d=15mm$，厚度 $\delta=0.9mm$，导热系数 $\lambda=49.1W/(m \cdot K)$。蒸汽与套管

间的表面传热系数 $h=105\text{W}/(\text{m}^2\cdot\text{K})$。为使测温误差小于蒸汽与钢管壁温度差的 0.6%，试确定套管应有的长度。

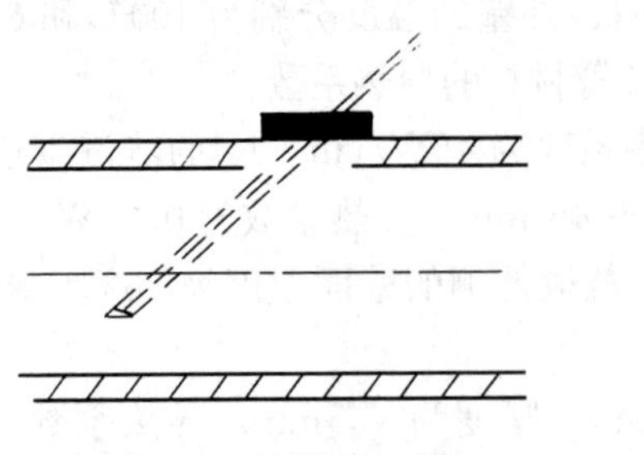

图 2-24 习题 2-20 图

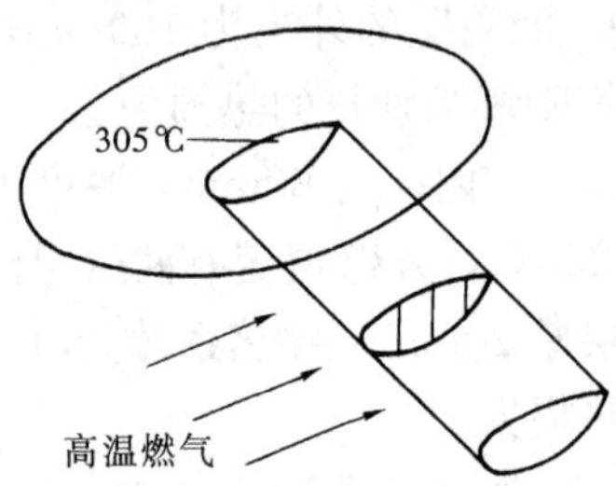

图 2-25 习题 2-22 图

2-21 有一长 1m 的薄壁空心轴，外径为 20mm，壁厚为 2mm，一端保持恒温 100℃，另一端可视为绝热。空心轴的内外表面均与 20℃的空气对流换热，表面传热系数分别为 $h_1=10\text{W}/(\text{m}^2\cdot\text{K})$和 $h_2=25\text{W}/(\text{m}^2\cdot\text{K})$。轴的导热系数 $\lambda=40\text{W}/(\text{m}\cdot\text{K})$。设该轴作轴向一维稳态导热，试以轴向距离 x 表示其温度分布。

2-22 用一柱体模拟燃汽轮机叶片的散热过程。柱长 9cm，周界为 7.6cm，截面为 1.95cm^2，柱体的一端被冷却到 305℃（见图 2-25）。815℃的高温燃气吹过该柱体，假设表面上各处的表面传热系数是均匀的，并为 $28\text{W}/(\text{m}^2\cdot\text{K})$，柱体导热系数 $\lambda=55\text{W}/(\text{m}\cdot\text{K})$，肋端绝热。试求：

(1)计算该柱体中间截面上的平均温度及柱体中的最高温度。

(2)冷却介质所带走的热量。

2-23 一厚 7cm 的平壁，一侧绝热，另一侧暴露于温度为 30℃的流体中，内热源为$0.3\times10^6\text{W}/\text{m}^3$。对流换热表面传热系数为 $450\text{W}/(\text{m}^2\cdot\text{K})$，平壁的导热系数为 $18\text{W}/(\text{m}\cdot\text{K})$。试确定平壁中的最高温度及其位置。

参 考 文 献

[1] Ozisik M N. Heat conduction. 热传导. 俞昌铭，主译. 北京：高等教育出版社，1983.

[2] 奚同赓. 无机材料热物性学. 上海：上海人民出版社，1981.

[3] Touloukian, Y. s., Powell, R. W, et. al., Thermophysical properties of matter. Vol. 1 Thermal conductivity of metallic solids, New York; IFI/Plenum Press, 1970, Vol. 2 Thermal conductivity of nonmetallic solids, New York: IFI/Plenum Press, 1972. Vol. 3 Thermal conductivity of nonmetallic liquids and gases, New York: IFI/Plenum Press, 1972.

[4] Vargaftik, N. B., Tables on the thermophysical properties of liquids and gases, 2nd ed., New York, John Wiley and Sons, Inc, 1975.

[5] 国家建筑材料工业局技术情报标准研究所. GB/T 4272—1992《设备及管道保温准则》. 北京：中国标准出版社，1992.

[6] Fletcher, L. S., Recent developments in contact heat transfer, ASME J Heat Transfer, 110(4): 1059-1070(1988).

[7] 杨世铭，陶文铨. 传热学. 3 版. 北京：高等教育出版社，1998.

[8] Kakac S, Yener, Y., Heat conduction, 2nd. ed., Washington: Hemisphere Publishing Cop., 1986.

[9] Schneider P. J. , Conduction; In: Rohsenow, W. M. ,et. al. , Handbook of heat transfer, fundamentals, 2nd ed. , New York, McGraw-Hill Book Company,1985.

[10] Look, D. C. , 1-D fin tip boundary condition corrections, Heat Transfer Engineering, 18 (2), 46-49,1997.

[11] Harper, W. B. , Brown, D. R. , Mathematical equations for heat conduction in the fins of air-cooled engines, NACA Report, 158, 1922.

[12] Carslaw, H. S. , Jaeger, J. C. , Conduction of heat in solids, 2nd. ed. , Oxford University Press, 1959.

[13] Ozisik, M. N, Boundary value problems of heat conduction, International Textbook Company, 1968.

[14] Holman, J. P. , Heat transfer, 9th. ed. , Boston: McGraw-Hill Book Company, 2002.

第三章 非稳态导热

非稳态导热是指温度场随时间变化的导热过程。许多工程实际问题都牵涉到非稳态导热过程，如动力机械的启动、停机、变工况运行，热加工、热处理过程等。绝大多数的非稳态导热过程都是由于边界条件的变化所引起的，例如一年四季或一天二十四小时大气温度的变化引起的地表层、房屋建筑墙壁温度变化与导热过程，热加工、热处理工艺中工件在加热或冷却时的温度变化和导热过程，等等。

根据温度场随时间的变化规律不同，非稳态导热分为周期性非稳态导热和非周期性非稳态导热。周期性非稳态导热是在周期性变化边界条件下发生的导热过程，如内燃机气缸的气体温度随热力循环发生周期性变化，汽缸壁的导热就是周期性非稳态导热。非周期性非稳态导热通常是在瞬间变化的边界条件下发生的导热过程，例如热处理工件的加热或冷却等，一般物体的温度随时间的推移逐渐趋近于恒定值。本书仅讨论非周期性非稳态导热。有关周期性非稳态导热的内容可参阅文献［1，2］。

第一节 非稳态导热过程

为了对非稳态导热过程有清楚的了解，我们先来分析一块初始温度均匀的平壁在边界条件突然变化时的导热情况。设平壁的初始温度为 t_0，过程开始时令其左侧表面的温度突然升高到 t_1 并维持不变，如图 3-1（a）所示，其右侧保持温度为 t_0（第一类边界条件）。在左侧温度变化后，平壁内的温度也逐渐升高，最后趋于稳定，若物体的导热系数为常数，则稳定后的温度分布如图 3-1（d）所示。

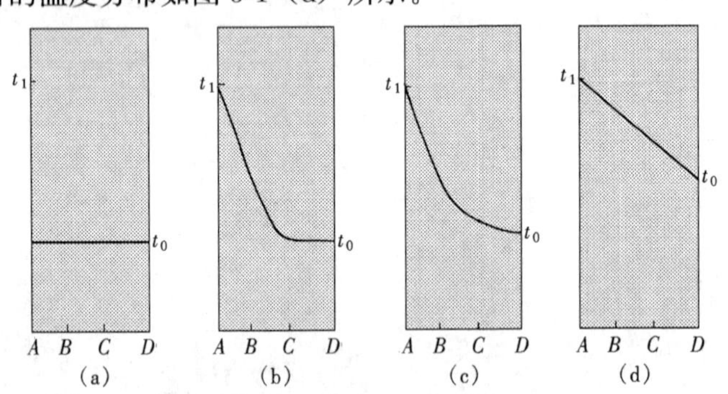

图 3-1 非稳态导热的不同时刻物体的温度分布

（a）$\tau=\tau_1$；（b）$\tau=\tau_2$；（c）$\tau=\tau_3$；（d）$\tau=\tau_4$

虽然稳定后平壁的温度分布是直线，但平壁温度在升高的过程中，温度分布并不是直线，而是超越曲线，如在 $\tau=\tau_2$ 时刻平壁的温度分布是图 3-1（b）所示的曲线，图中 CD 区间的温度还是初始温度没有改变，而 AC 区间的温度已经升高了。这里 $ABCD$ 是平壁厚度方向的几个等分截面，这几个截面的温度和通过它们的热流量随时间的变化可以用图 3-2 定性地表示。图 3-2（a）是各截面温度随时间的变化。可以看出，截面 B 的温度较截面 A 的温度要延迟一段时间才开始升高，截面 C 和截面 D 的温度又分别要更延迟一段时间才开始升高。图 3-2（b）是通过各截面的热流量随时间的变化。通过截面 A 的热流量是从最高值不断减小，而对其他各截面，在的温度开始升高之前通过此截面的热流量是零，温度开始升高之后，热流量才开始增加。这说明温度变化要积聚或消耗热量，垂直于热流方向的不同截面上热流量是不同的。但随着过程的进行，差别越来越小，当达到稳态后，通过各截面的热流量就相等了。

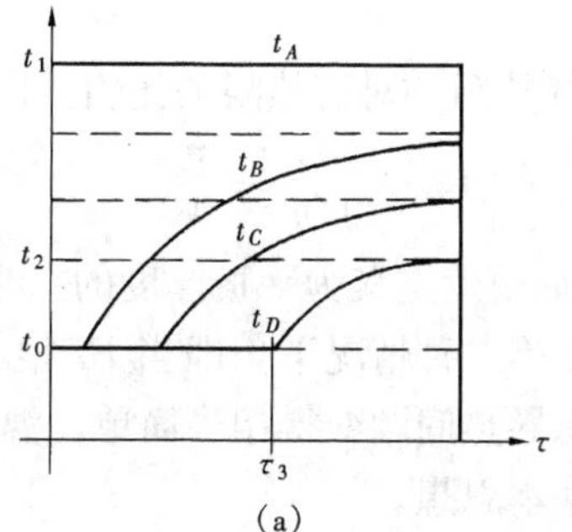

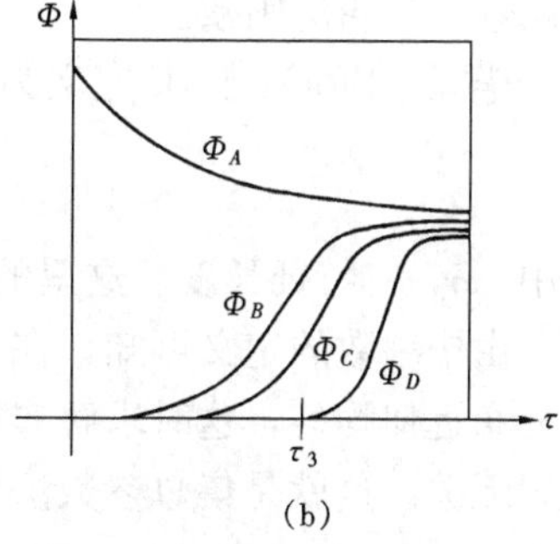

图 3-2　A、B、C、D 四个截面的温度和通过的热流量随时间的变化

(a) 温度曲线；(b) 热流量曲线

图 3-2（b）每两条曲线之间的面积代表在升温过程中两个截面之间所积聚的能量。从图 3-1 和3-2可以看出，在 $\tau=\tau_3$ 时刻之前的阶段，物体内的温度分布受初始温度分布的影响较大，称此阶段为非稳态导热过程的初始状况阶段，也称为非正规状况阶段。在 $\tau=\tau_3$ 时刻之后，初始温度分布的影响已经消失，物体内的温度分布主要受边界条件的影响，这一阶段成为非稳态导热过程的正规状况阶段。

在非稳态导热时，若物体所处的边界条件是对流边界条件（第三类边界条件），则分析时存在两个热阻，一个是边界对流热阻，另一个是物体内部的导热热阻。设有一块厚度为 2δ 的大平壁，导热系数为 λ，初始温度为 t_0，突然将它置于温度为 t_∞ 的流体中冷却，表面传热系数为 h。考虑面积热阻时，物体内部导热热阻为 δ/h，边界对流热阻为 $1/h$。这两个热阻的相对值会有三种不同的情况：① $1/h \ll \delta/\lambda$；② $1/h \gg \delta/\lambda$；③ $1/h$ 与 δ/λ 与量级相同。对应的非稳态温度场在平板中会有以下三种情况，如图 3-3 所示。

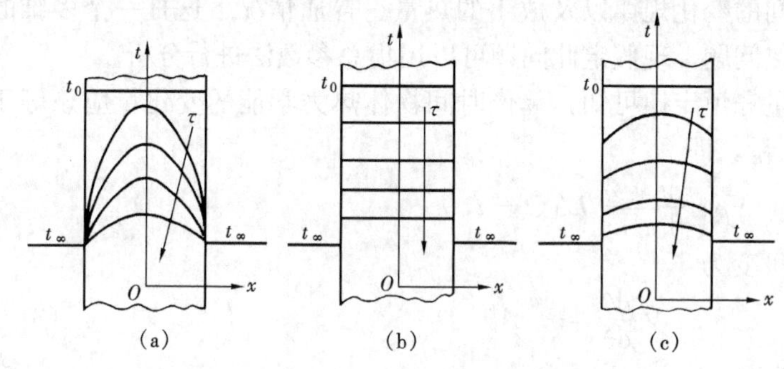

图 3-3　不同情况下的非稳态温度场

(a) $1/h \ll \delta/\lambda$；(b) $1/h \ll \delta/\lambda$；(c) $1/h \sim \delta/\lambda$

(1) $1/h \ll \delta/\lambda$，这时对流热阻很小，平壁表面温度一开始就和流体温度基本相同，传热热阻主要表现为平壁内部的导热热阻，故内部存在温度梯度，随着时间的推移，平壁的总体温度逐渐降低。如图 3-3（a）所示。

(2) $1/h \gg \delta/\lambda$，这时传热热阻主要是边界对流热阻，因而平壁表面和流体存在明显的温差。这一温差随着时间的推移和平壁总体温度的降低而逐渐减小，由于这时导热热阻很小，可以忽略不计，故同一时刻平壁内部的温度可认为是相同的，如图 3-3（b）所示。

(3) $1/h \sim \delta/\lambda$，由于导热热阻和对流热阻是同一量级，都不能忽略不计。因而，一方面，平壁表面和流体存在温差；另一方面，平壁内部也存在温度梯度，如图 3-3（c）所示。

由上面的分析可知，平壁的非稳态温度分布完全取决于导热热阻和对流热阻的比值，我们用一特征数来表示这一比值。所谓特征数，它是表征某一类物理现象或物理过程特征的无量纲数，又叫准则数。

毕渥（Biot）数 Bi 定义为导热热阻和对流热阻的比值，即

$$Bi = \frac{\delta/\lambda}{1/h} = \frac{\delta h}{\lambda} \tag{3-1}$$

式中 δ——特征长度。这里的特征长度定义为平板厚度的一半。

由毕渥数的定义可知，在上面第二种情况下，即当 Bi 很小时，同一时刻平壁内部的温度分布近似均匀，这时求解非稳态导热问题变得相当简单，温度分布只与时间有关，与空间位置无关。这就是集总参数法的基本思想。

第二节 集总参数法

根据上一节的讨论，当 Bi 很小时，物体内部的导热热阻远小于其表面的对流换热热阻，因而物体内部各点的温度在任一时刻都趋于均匀，物体的温度只是时间的函数，与坐标无关。对于这种情况下的非稳态导热问题，只需求出温度随时间的变化规律以及在温度变化过程中物体放出或吸收的热量。这种忽略物体内部导热热阻的简化分析方法称为集总参数法，即把质量与热容量汇总到一点。根据式（3-1），在三种情况下 Bi 的值将很小：①物体的导热系数相当大；②所讨论物体的几何尺寸很小；③表面传热系数很小。这几种情况都可以使用集总参数法求解非稳态导热问题。

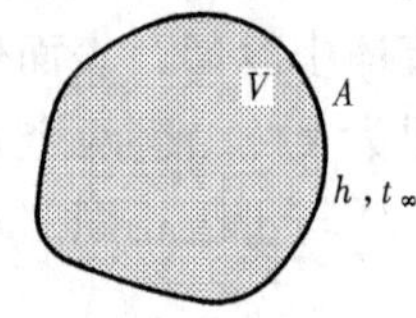

图 3-4 集总参数法示意

设有一任意形状的物体，如图 3-4 所示，体积为 V，表面面积为 A，密度 ρ、比热容 c 及导热系数 λ 为常数，无内热源，初始温度为 t_0。突然将该物体放入温度恒定为 t_∞ 的流体之中，物体表面和流体之间对流换热的表面传热系数 h 为常数，我们需要确定该物体在冷却过程中温度随时间的变化规律以及放出的热量。普通情况下这是一个多维的非稳态导热问题。现假定此问题可以用集总参数法进行分析。

由能量守恒定律可知，单位时间物体热力学能的变化量应该等于物体表面与流体之间的对流换热量，即

$$V\rho c \frac{\mathrm{d}t}{\mathrm{d}\tau} = -hA(t - t_\infty)$$

引入过余温度 $\theta = t - t_\infty$，上式可变为

$$\rho c V \frac{\mathrm{d}\theta}{\mathrm{d}\tau} = -hA\theta \tag{3-2}$$

由初始温度为 t_0 可得出初始条件为

$$\theta(0) = t - t_\infty = \theta_0$$

对式（3-2）分离变量有

$$\frac{\mathrm{d}\theta}{\theta} = -\frac{hA}{\rho c V}\mathrm{d}\tau$$

上式两边积分得

$$\int_{\theta_0}^{\theta} \frac{\mathrm{d}\theta}{\theta} = -\int_0^{\tau} \frac{hA}{\rho c V}\mathrm{d}\tau$$

得出其解为

$$\ln\frac{\theta}{\theta_0} = -\frac{hA}{\rho c V}\tau$$

或

$$\frac{\theta}{\theta_0}=\exp\left(-\frac{hA}{\rho cV}\tau\right) \tag{3-3}$$

式中指数部分可进行如下变换：

$$-\frac{hA}{\rho cV}\tau=-\frac{hV}{\lambda A}\frac{\lambda A^2}{\rho cV^2}\tau=\frac{-h(V/A)}{\lambda}\frac{a\tau}{(V/A)^2}=-Bi_V Fo_V$$

其中 V/A 具有长度量纲，可作为特征长度，记为 l；hl/λ 为毕渥数 Bi_V，$a\tau/l^2$ 是另一无量纲量，称为傅里叶数，记为 Fo_V；下标 V 表示特征长度为 V/A。很容易计算出，对于厚度为 2δ 的无限大平壁，$l=\delta$；对于半径为 R 的圆柱，$l=R/2$；对于半径为 R 的圆球，$l=R/3$。这样，整个指数是无量纲的，它是两个特征数的乘积。由集总参数法得出的物体温度随时间的变化关系为

$$\frac{\theta}{\theta_0}=\frac{t-t_\infty}{t_0-t_\infty}=\exp(-Bi_V Fo_V) \tag{3-4}$$

式（3-4）表明，物体的过余温度 θ 按负指数规律变化，在过程的开始阶段，θ 变化很快，这是由于开始阶段物体和流体之间的温差大，传热速度快造成的。随着温差的减小，θ 变化的速度也就越来越缓慢，如图 3-5（a）所示。

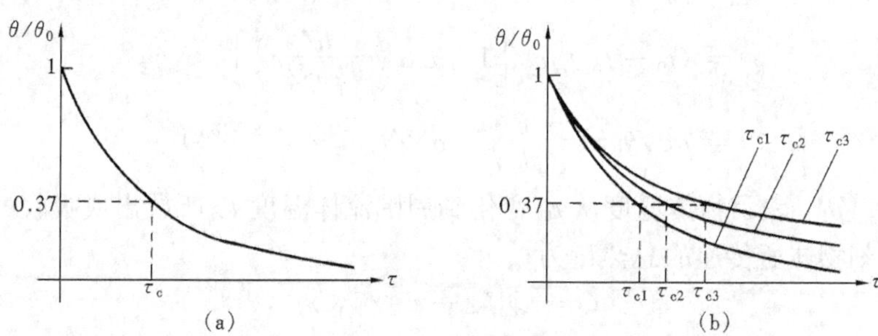

图 3-5 过余温度随时间的变化
（a）相同时间常数下；（b）不同时间常数下

进一步对指数部分进行分析可以发现，指数中 $\frac{hA}{\rho cV}$ 与 $\frac{1}{\tau}$ 的量纲相同，当 $\tau=\frac{\rho cV}{hA}$ 时，由式（3-3）可得

$$\frac{\theta}{\theta_0}=\frac{t-t_\infty}{t_0-t_\infty}=e^{-1}=36.8\%$$

故

$$\tau_c=\frac{\rho cV}{hA} \tag{3-5}$$

定义此式为时间常数，记为 τ_c。这样，当 $\tau=\tau_c$ 时，物体的过余温度为初始过余温度的 36.8%。时间常数越小，物体的温度变化就越快，物体也就越迅速地接近周围流体的温度，如图 3-5（b）所示。这说明，时间常数反映物体对周围环境温度变化响应的快慢，时间常数小的响应快，时间常数大的响应慢。

由时间常数的定义可知，影响时间常数大小的主要因素是物体的热容量 ρcV 和物体表面的对流换热条件 hA。物体的热容量越小，表面的对流换热越强，物体的时间常数越小。时间常数反映了两种影响的综合效果。利用热电偶测量流体温度，总是希望热电偶的时间常数越小

越好，因为时间常数越小，热电偶越能迅速地反映被测流体的温度变化。所以，热电偶端部的接点总是做得很小，用其测量流体温度时，也总是设法强化热电偶端部的对流换热。

如果几种不同形状的物体都是用同一种材料制作，并且和周围流体之间的表面传热系数也都相同，都满足使用集总参数法的条件，则由式（3-5）可以看出，单位体积的表面面积越大的物体，时间常数越小，在初始温度相同的情况下放在温度相同的流体中被冷却（或加热）的速度越快。例如：在体积一定和其他条件相同时，所有形状中圆球的表面积最小，因而圆球的时间常数最大，冷却（或加热）速度最慢。而做成其他形状，如柱体或长方体，则可使时间常数变小，冷却（或加热）速度加快。

物体温度随时间的变化规律确定之后，就可以计算物体和周围环境之间交换的热量。在 τ 时刻，表面热流量为

$$\Phi = hA(t - t_\infty)$$

由式（3-4）可得

$$\Phi = hA(t_0 - t_\infty)\exp(-Bi_V \cdot Fo_V) \tag{3-6}$$

从 $\tau=0$ 到 τ 时刻所传递的总热量为

$$\begin{aligned} Q &= \int_0^\tau \Phi \mathrm{d}\tau = (t_0 - t_\infty)\int_0^\tau hA\exp\left(-\frac{hA}{\rho cV}\tau\right)\mathrm{d}\tau \\ &= (t_0 - t_\infty)\rho cV\left[1 - \exp\left(-\frac{hA}{\rho cV}\tau\right)\right] \\ &= \rho cV\theta_0\left(1 - \frac{\theta}{\theta_0}\right) = \rho cV\theta_0(1 - \mathrm{e}^{-Bi_V \cdot Fo_V}) \end{aligned}$$

令 $Q_0 = \rho cV\theta_0$，表示物体温度从 t_0 变化到周围流体温度 t_∞ 所放出或吸收的总热量，则从 $\tau=0$ 到 τ 时刻物体所传递的总热量为

$$Q = Q_0(1 - \mathrm{e}^{-Bi_V \cdot Fo_V}) \tag{3-7}$$

上面的分析不管对物体冷却还是加热都适用。式（3-6）或式（3-7）中正的 Φ 或 Q 值表示 $t_0 - t_\infty > 0$，物体是被冷却的，负值表示物体是被加热的。

上节已经指出，$Bi_V = [(l/\lambda)/(1/h)]$ 是物体内部的导热热阻和表面对流热阻之比，即内外热阻之比。Bi_V 越小，表明内部导热热阻越小或外部热阻越大，从而内部温度就越均匀，集总参数法的误差就越小。对热电偶测温情况，一般使 $Bi_V = 0.001$ 量级或更小，集总参数法是非常准确的。

分析指出，对于形如平壁、柱体和球这一类的物体，若

$$Bi_V = \frac{h(V/A)}{\lambda} < 0.1M \tag{3-8}$$

则物体中各点过余温度的偏差小于 5%，可以近似使用集总参数法。式中 M 是与形状有关的因子。对无限大平板，$M=1$；对无限长圆柱，$M=1/2$；对球体，$M=1/3$。

前面已得出，对于厚度为 2δ 的无限大平壁，$l = V/A = \delta$；对于半径为 R 的圆柱，$l=R/2$；对于半径为 R 的球体，$l=R/3$，故对于厚度为 2δ 的大平壁，半径为 R 的长圆柱和半径为 R 的球体，若特征长度分别取 δ 和 R，则式（3-8）可统一为 $Bi<0.1$。

在结束本节之前，我们再来讨论傅里叶数 Fo_V 的物理意义，由定义

$$Fo_V = \frac{\tau}{l^2/a}$$

式中分子是到计算时刻为止所发生的时间。在分母中，由于 a 是热扩散系数，因此分母可视为热扰动扩散到 l^2 面积上所需的时间。这样，Fo_V 越大，热扰动就越深入地传播到物体内部，物体就越接近周围介质温度。

【例 3-1】 一温度计的水银泡是圆柱形，长 20mm，内径 4mm，测量气体表面对流换热系数 $h=12.5\text{W}/(\text{m}^2\cdot\text{K})$，若要温度计的温度与气体的温度之差小于初始过余温度的 10%，求测温所需要的时间。水银的物性为：$\lambda=10.36\text{W}/(\text{m}\cdot\text{K})$，$\rho=13\ 110\text{kg/m}^3$，$c=0.138\text{kJ}/(\text{kg}\cdot\text{K})$

解 首先判断能否用集总参数法求解，得

$$\frac{V}{A}=\frac{\pi R^2 l}{2\pi Rl+\pi R^2}=\frac{Rl}{2(l+0.5R)}=\frac{0.002\times 0.02}{2\times(0.02+0.001)}$$

$$=0.953\times 10^{-3}\text{m}$$

$$Bi_V=\frac{h(V/A)}{\lambda}=\frac{12.5\times 0.953\times 10^{-3}}{10.36}=1.15\times 10^{-3}<0.05$$

故可以用集总参数法。根据式（3-4），得

$$\frac{t-t_\infty}{t_0-t_\infty}=\frac{\theta}{\theta_0}=\exp\ (-Bi_V Fo_V)\ =\exp\ (-1.15\times 10^{-3}Fo)\ =10\%$$

解得 $$Fo_V=2002.25$$

$$\frac{\lambda\tau}{\rho c\ (V/A)^2}=\frac{10.36}{0.138\times 10^3\times 13\ 110\times\ (0.953\times 10^{-3})^2}\tau=2002.25$$

由上式解得 $\tau=333\text{s}=5.6\text{min}$

为了减小测温误差，测温时间应尽量加长。

【例 3-2】 将一个初始温度为 800℃、直径为 100mm 的钢球投入 50℃的液体中冷却，表面传热系数 $h=50\text{W}/(\text{m}^2\cdot\text{K})$。已知钢球的密度为 $\rho=7800\text{kg/m}^3$，比定压热容为 $c_p=470\text{J}/(\text{kg}\cdot\text{K})$，导热系数为 $35\text{W}/(\text{m}\cdot\text{K})$。试求钢球中心温度达到 100℃所需要的时间。

解 首先判断能否用集总参数法求解，毕渥数为

$$Bi_V=\frac{h\ (R/3)}{\lambda}=\frac{50\times\ (0.05/3)}{35}=0.023\ 8<\frac{0.1}{3}$$

故可以用集总参数法求解。根据式（3-4），

$$\frac{\theta}{\theta_0}=\frac{t-t_\infty}{t_0-t_\infty}=\mathrm{e}^{-Bi_V\cdot Fo_V}$$

将已知条件代入上式，$\dfrac{100℃-50℃}{800℃-50℃}=\mathrm{e}^{-0.023\ 8Fo_V}$

可解得 $Fo_V=113.78$，即

$$\frac{a\tau}{(R/3)^2}=113.78$$

由此可得

$$\tau=\frac{113.78\ (R/3)^2}{\dfrac{\lambda}{\rho c_p}}=\frac{113.78\times\ (0.05/3)^2}{\dfrac{35}{7800\times 470}}=3311\text{s}\approx 55\text{min}$$

即钢球中心温度达到 100℃需要 55min。

第三节　一维非稳态导热的分析解

1. 分析解

第二节中的集总参数法求解简单，但要求毕渥数必须满足一定的条件，即 $Bi_V < 0.1M$；当此条件不满足时，就必须考虑物体的几何形状和大小，不能再将物体集总为一点，这时分析求解是非常困难的，只有当几何形状及边界条件都比较简单时才可获得分析解。

第三类边界条件下大平壁、长圆柱及球体的加热或冷却是工程上常见的一维非稳态导热问题，这些简单情况下的分析解是可以得到的，其中第三类边界条件在特殊情况下可以变成第一类，甚至第二类边界条件。先来分析第三类边界条件下一维大平壁的非稳态导热。当平壁的长度和宽度远大于其厚度或平壁四周绝热时，其温度与长度、宽度方向坐标无关，仅是厚度方向坐标的函数。许多工程问题可以简化为一维的导热问题。

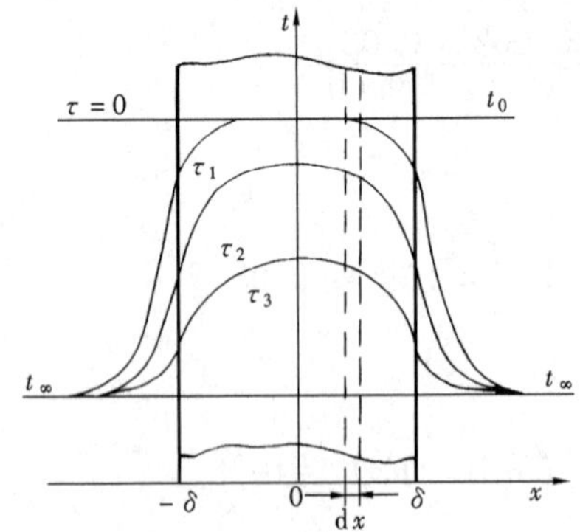

图 3-6　第三类边界条件下大平壁的一维非稳态导热

设有一大平壁，厚度为 2δ，有均匀的初始温度 t_0，现突然将其置于温度为 t_∞ 的流体中，平壁与流体间的表面传热系数 h 为常数，如图 3-6 所示。下面来确定平壁中的温度分布。

问题的数学描述，即微分方程及定解条件为

$$\frac{\partial t}{\partial \tau} = a\frac{\partial^2 t}{\partial x^2} \tag{3-9}$$

$$t(x,0) = t_0 \tag{3-10}$$

$$\left.\frac{\partial t(x,\tau)}{\partial x}\right|_{x=0} = 0 \tag{3-11}$$

$$h[t(\delta,\tau) - t_\infty] = -\lambda\left.\frac{\partial t(x,\tau)}{\partial x}\right|_{x=\delta} \tag{3-12}$$

其中，式（3-11）是对称条件所要求的。引入过余温度 $\theta = t(x,\tau) - t_\infty$，则以上四式变为

$$\frac{\partial \theta}{\partial \tau} = a\frac{\partial^2 \theta}{\partial x^2} \tag{3-13}$$

$$\theta(x,0) = \theta_0 = t_0 - t_\infty \tag{3-14}$$

$$\left.\frac{\partial \theta(x,\tau)}{\partial x}\right|_{x=0} = 0 \tag{3-15}$$

$$h\theta(\delta,\tau) = -\lambda\left.\frac{\partial \theta(x,\tau)}{\partial x}\right|_{x=\delta} \tag{3-16}$$

在第二章第三节中，曾经用分离变量法得出了二维稳态导热的分析解，现在仍然可以用分离变量法求解一维非稳态导热问题。设

$$\theta(x,\tau) = X(x)\cdot T(\tau) \tag{3-17}$$

将上式代入式（3-13）得

$$X\frac{\mathrm{d}T}{\mathrm{d}\tau} = aT\frac{\mathrm{d}^2 X}{\mathrm{d}x^2} \tag{3-18}$$

以 XaT 除上式两端得

$$\frac{1}{aT}\frac{\mathrm{d}T}{\mathrm{d}\tau}=\frac{1}{X}\frac{\mathrm{d}^2X}{\mathrm{d}x^2} \tag{3-19}$$

上式两边分别为时间 τ 和坐标 x 的函数，只有两边都恒等于同一常数时等式才能成立，因而有

$$\frac{1}{aT}\frac{\mathrm{d}T}{\mathrm{d}\tau}=D \tag{3-20}$$

$$\frac{1}{X}\frac{\mathrm{d}^2X}{\mathrm{d}x^2}=D \tag{3-21}$$

对式（3-20）积分得

$$\ln T=aD\tau+c$$

$$T=c_1\mathrm{e}^{aD\tau}$$

由于 $\tau\rightarrow\infty$时，T 必须有限，故 $D<0$。令 $D=-\beta^2$，式（3-20）和式（3-21）成为

$$\frac{\mathrm{d}T}{\mathrm{d}\tau}=-a\beta^2T \tag{3-22}$$

$$\frac{\mathrm{d}^2X}{\mathrm{d}x^2}=-\beta^2X \tag{3-23}$$

上面两式的通解为

$$T=c_1\mathrm{e}^{-a\beta^2\tau}$$

$$X=c_2\cos\beta x+c_3\sin\beta x$$

因而得

$$\theta(x,\tau)=\mathrm{e}^{-a\beta^2\tau}(A\cos\beta x+B\sin\beta x) \tag{3-24}$$

式中，$A=c_1c_2, B=c_1c_3$。由边界条件式（3-15）得

$$\frac{\partial\theta(0,\tau)}{\partial x}=\mathrm{e}^{-a\beta^2\tau}[\beta(-A\sin 0+B\cos 0)]=0$$

由上式得到 $B=0$，故式（3-24）成为

$$\theta(x,\tau)=A\mathrm{e}^{-a\beta^2\tau}\cos\beta x$$

由边界条件式（3-16）得

$$hA\mathrm{e}^{-a\beta^2\tau}\cos\beta\delta=-\lambda A\mathrm{e}^{-a\beta^2\tau}(-\beta\sin\beta\delta)$$

从而

$$\tan\beta\delta=\frac{Bi}{\beta\delta} \tag{3-25}$$

由此可解出 $\beta\delta$，但有无穷多个解，称为特征值，分别为 $\beta_1\delta$，$\beta_2\delta$，…，$\beta_n\delta$，它们对应无穷多个特解，即

$$\theta_1(x,\tau)=A_1\mathrm{e}^{-a\beta_1^2\tau}\cos\beta_1x$$

$$\theta_2(x,\tau)=A_2\mathrm{e}^{-a\beta_2^2\tau}\cos\beta_2x$$

$$\cdots$$

$$\theta_n(x,\tau)=A_n\mathrm{e}^{-a\beta_n^2\tau}\cos\beta_nx$$

通解为所有特解之和，即

$$\theta(x,\tau)=\sum_{n=1}^{\infty}A_n\mathrm{e}^{-a\beta_n^2\tau}\cos\beta_nx$$

由初始条件可得

$$\theta_0 = \sum_{n=1}^{\infty} A_n \cos\beta_n x$$

上式两边乘以 $\cos\beta_m x$，并在（0，δ）范围内积分得

$$\theta_0 \int_0^{\delta} \cos\beta_m x \, dx = \int_0^{\delta} \sum_{n=1}^{\infty} A_n \cos\beta_n x \cos\beta_m x \, dx$$

考虑式（3-25）和三角函数的性质，上式右端当 $m \neq n$ 时均为零，故得

$$A_n = \frac{\int_0^{\delta} \cos\beta_n x \, dx}{\int_0^{\delta} (\cos\beta_n x)^2 \, dx} = \theta_0 \frac{2\sin\beta_n\delta}{\beta_n\delta + \sin\beta_n\delta\cos\beta_n\delta}$$

故分析解为

$$\frac{\theta(x,\tau)}{\theta_0} = 2\sum_{n=1}^{\infty} e^{\left[-(\beta_n\delta)^2\frac{a\tau}{\delta^2}\right]} \frac{\sin(\beta_n\delta)\cos\left[(\beta_n\delta)\frac{x}{\delta}\right]}{\beta_n\delta + \sin(\beta_n\delta)\cos(\beta_n\delta)} \tag{3-26}$$

其中，$\beta_n\delta$ 是由式（3-25）确定的特征值，是 Bi 数的函数，$a\tau/\delta^2$ 是傅里叶数。这样，可认为无量纲过余温度 θ/θ_0 是傅里叶数 Fo、毕渥数 Bi 和无量纲距离 x/δ 的函数，表示为

$$\frac{\theta}{\theta_0} = \frac{t(x,\tau) - t_\infty}{t_0 - t_\infty} = f\left(Fo, Bi, \frac{x}{\delta}\right)$$

得到了温度分布，就可以计算非稳态过程所传递的热量。平板从初始温度 t_0 变化到周围介质温度 t_∞，温度变化为 $t_0 - t_\infty$，放热量为

$$Q_0 = \rho c V(t_0 - t_\infty) \tag{3-27}$$

这是非稳态过程所能传递的最大热量。

设从初始时刻至某一时刻 τ 所传递的热量为 Q，则有

$$\frac{Q}{Q_0} = \frac{\rho c \int_V [t_0 - t(x,\tau)] dV}{\rho c V(t_0 - t_\infty)}$$

$$= \frac{1}{V}\int_V \frac{t_0 - t_\infty - (t - t_\infty)}{t_0 - t_\infty} dV = 1 - \frac{1}{V}\int_V \frac{t - t_\infty}{t_0 - t_\infty} dV$$

故可得

$$\frac{Q}{Q_0} = 1 - \frac{\bar{\theta}}{\theta_0} \tag{3-28}$$

其中，$\bar{\theta} = \frac{1}{V}\int (t - t_\infty) dV$ 是 τ 时刻物体的平均过余温度。

2. 非稳态导热的正规状况阶段

由超越方程式（3-25）可知，无论 Bi 取任何值，根 β_1、β_2、…、β_n 都是正的递增数列，所以从函数形式可以看出，式（3-26）是一个快速收敛的无穷级数。计算结果表明，当傅里叶数 $Fo \geqslant 0.2$ 时，取级数的第一项来近似整个级数产生的误差小于 1%，对工程计算已足够精确。因此，当 $Fo \geqslant 0.2$ 时，可取级数的第一项来计算温度分布：

$$\frac{\theta}{\theta_0} = \frac{2\sin(\beta_1\delta)}{\beta_1\delta + \sin(\beta_1\delta)\cos(\beta_1\delta)} e^{-(\beta_1\delta)^2 Fo} \cos\left[(\beta_1\delta)\frac{x}{\delta}\right] \tag{3-29}$$

而对超越方程式（3-25），也只要求出第一个根 β_1。表 3-1 给出了某些 Bi 数时 $\beta_1\delta$ 的值。

表 3-1　一些 Bi 数值下的 $\beta_1\delta$ 值

Bi	0.01	0.05	0.1	0.5	1.0	5.0	10	50	100	∞
$\beta_1\delta$	0.099 8	0.221 7	0.311 1	0.653 3	0.860 3	1.313 8	1.428 9	1.540 0	1.555 2	1.570 8

为了分析这时温度分布的特点，将式（3-29）左右两边取对数，得

$$\ln\frac{\theta}{\theta_0}=-(\beta_1\delta)^2Fo+\ln\left\{\frac{2\sin(\beta_1\delta)}{(\beta_1\delta)+\sin(\beta_1\delta)\cos(\beta_1\delta)}\cos\left[(\beta_1\delta)\frac{x}{\delta}\right]\right\} \tag{3-30}$$

式（3-30）右边第一项是时间 τ 的线性函数，τ 的系数只与 Bi 有关，即只取决于第三类边界条件、平壁的物性与几何尺寸。而右边的第二项只与 Bi、x/δ 有关，与时间 τ 无关。由式（3-30）可以得出，当 $Fo\geqslant0.2$，平壁内所有各点过余温度的对数都随时间线性变化，并且变化曲线的斜率都相等，如图 3-7 所示。这一温度变化阶段称为非稳态导热的正规状况阶段，在此之前的非稳态导热阶段称为非正规状况阶段。在正规状况阶段，初始温度分布的影响已消失，各点的温度都按式（3-29）的规律变化。

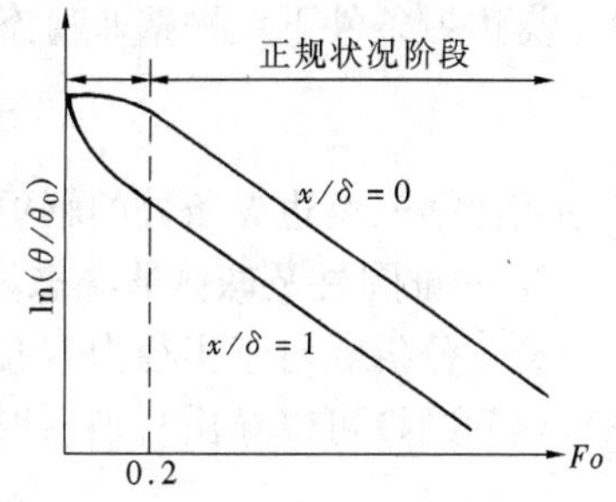

图 3-7　正规状况阶段示意

如果用 θ_m 表示平壁中心（$x/\delta=0$）的过余温度，则由式（3-29）可得

$$\frac{\theta_m(\tau)}{\theta_0}=\frac{2\sin(\beta_1\delta)}{\beta_1\delta+\sin(\beta_1\delta)\cos(\beta_1\delta)}e^{-(\beta_1\delta)^2Fo} \tag{3-31}$$

及

$$\frac{\theta(x,\tau)}{\theta_m(\tau)}=\cos\left[(\beta_1\delta)\frac{x}{\delta}\right] \tag{3-32}$$

可见，当非稳态导热进入正规状况阶段以后，虽然 θ 和 θ_m 都随时间而变化，但它们的比值与时间 τ 无关，而仅与几何位置 x/δ 及毕渥数 Bi 有关。即无论初始分布如何，无量纲温度 θ/θ_m 都是一样的。

若将式（3-30）两边对时间求导，可得

$$\frac{1}{\theta}\frac{\partial\theta}{\partial\tau}=-a\beta_1^2$$

上式左边是过余温度对时间的相对变化率，称为冷却率（或加热率）。上式说明，当 $Fo\geqslant0.2$，物体的非稳态导热进入正规状况阶段后，所有各点的冷却率或加热率都相同，且不随时间而变化，其值仅取决于物体的物性参数、几何形状与尺寸大小以及表面传热系数。

由式（3-32）令 $x=\delta$ 可以计算平壁表面温度和中心温度的比值。又由表 3-1 可知，当 $Bi<0.1$ 时，$\beta_1\delta<0.311\,1$，从而 $\cos(\beta_1\delta)>0.95$。即当 $Bi<0.1$ 时，平壁表面温度和中心温度的差别小于 5%，可以近似认为整个平壁温度是均匀的。这就是本章第二节集总参数法的界定值定为 $Bi<0.1$ 的原因。如果界定值定为 $Bi<0.01$，则 $\beta_1\delta<0.099\,8$，从而 $\cos(\beta_1\delta)>0.995$，平壁表面温度和中心温度的差别小于 0.5%，集总参数法的误差就非常小。

进入正规状况阶段后，所传递的热量也容易计算，由于

$$\frac{\bar{\theta}}{\theta_0}=\frac{1}{V}\int_V\frac{t-t_\infty}{t_0-t_\infty}dV=\frac{2\sin^2(\beta_1\delta)}{\beta_1\delta[\beta_1\delta+\sin(\beta_1\delta)\cos(\beta_1\delta)]}e^{-(\beta_1\delta)^2Fo}$$

可得出进入正规状况阶段后，从初始时刻至某一时刻 τ 所传递的热量为

$$\frac{Q}{Q_0}=1-\frac{2\sin^2(\beta_1\delta)}{\beta_1\delta[\beta_1\delta+\sin(\beta_1\delta)\cos(\beta_1\delta)]}e^{-(\beta_1\delta)^2Fo} \tag{3-33}$$

现在讨论分析解中所用的边界条件。由式（3-11）和式（3-15）可知，对平壁中心我们加了一个对称条件；由于对称条件和绝热条件的数学表达式是相同的，所以分析解适用于一侧绝热、另一侧为第三类边界条件、厚度为 δ 的一维平壁的非稳态导热。

若要计算第一类边界条件的非稳态导热，则可令 $h\to\infty$；当表面传热系数为无穷大时，平壁表面温度为流体温度。故当 $Bi\to\infty$时，分析解就是物体表面温度发生突然变化后保持不变，即第一类边界条件的解。由表 3-1 可知，当 $Bi\to\infty$时，$\beta_1\delta=\pi/2$，这样正规状况阶段第一类边界条件下大平壁非稳态导热的温度分布为

$$\frac{\theta}{\theta_0}=\frac{4}{\pi}\mathrm{e}^{-(\pi/2)^2 Fo}\cos\left(\frac{\pi}{2}\frac{x}{\delta}\right) \tag{3-34}$$

其形式比第三类边界条件的解更加简单。

3. 一维圆柱及球体非稳态导热

经过分析，对于半径为 R 的长圆柱和半径为 R 的球体在第三类边界条件下的一维非稳态导热问题，可以导出和平壁形式类似的温度分布[3]：

$$\frac{\theta(x,\tau)}{\theta_0}=\sum_{n=1}^{\infty}A_n\exp(-\mu_n^2 Fo)f_n$$

式中系数 A_n 及函数 f_n 列于表 3-2 中。表中 J_0 和 J_1 是第一类贝塞尔函数，其值可从附录 11 中查出。Bi_δ 和 Bi_R 分别为以 δ 和 R 为特征尺寸的毕渥数。

表 3-2 平壁、圆柱和球体的温度分布级数中各项表达式

	A_n	f_n	确定 μ_n 的方程
平壁	$\dfrac{2\sin\mu_n}{\mu_n\delta+\sin\mu_n\cos\mu_n}$	$\cos\left(\mu_n\dfrac{x}{\delta}\right)$	$\tan\mu_n=\dfrac{Bi_\delta}{\mu_n}$
圆柱	$\dfrac{2J_1(\mu_n)}{\mu_n[J_0^2(\mu_n)+J_1^2(\mu_n)]}$	$J_0\left(\mu_n\dfrac{r}{R}\right)$	$\mu_nJ_1(\mu_n)=Bi_RJ_0(\mu_n)$
球体	$2\dfrac{\sin\mu_n-\mu_n\cos\mu_n}{\mu_n-\sin\mu_n\cos\mu_n}$	$\dfrac{R}{r\mu_n}\sin\left(\dfrac{r\mu_n}{R}\right)$	$\tan\mu_n=\dfrac{\mu_n}{1-Bi_R}$

进入正规状况阶段后，即当傅里叶数 $Fo\geqslant0.2$ 时，无穷级数也可以用第一项来近似[4]，误差小于 1%。

非稳态过程中所传递的热量仍然按式（3-28）计算。进入正规状况阶段后，即当傅里叶数 $Fo\geqslant0.2$ 时，式中的 $\bar{\theta}/\theta_0$ 可按下式计算：

$$\frac{\bar{\theta}}{\theta_0}=A_1\exp(-\mu_1^2 Fo)B_1$$

式中，A_1 和 μ_1 由表 3-2 中当 $n=1$ 时得到，而对平壁、圆柱和球体，B_1 的计算式分别为

平壁：
$$B_1=\frac{\sin\mu_1}{\mu_1}$$

圆柱：
$$B_1=\frac{2J_1(\mu_1)}{\mu_1}$$

球体：
$$B_1=3\frac{\sin\mu_1-\mu_1\cos\mu_1}{\mu_1^3}$$

4. 近似算法及海斯勒图

（1）近似算法。当非稳态导热进入正规状况阶段后，可以按上述方法计算平壁、圆柱和球体的温度分布及传热量。然而，在计算第一特征值 μ_1 时需要解表 3-2 中所列的超越方程，这有时也显得很麻烦。因此，文献［5］中对平壁、圆柱和球体的第一特征值 μ_1、系数 A_1

和 B_1 及零阶第一类贝塞尔函数 $J_0(x)$ 提出了如下拟合公式：

$$\mu_1^2 = \left(a + \frac{b}{Bi}\right)^{-1} \tag{3-35}$$

$$A_1 = a + b(1 - e^{-cBi}) \tag{3-36}$$

$$B_1 = \frac{a + cBi}{1 + bBi} \tag{3-37}$$

$$J_0(x) = a + bx + cx^2 + dx^3 \tag{3-38}$$

而一阶第一类贝塞尔函数 $J_1(x)$ 和零阶第一类贝塞尔函数 $J_0(x)$ 的关系为

$$J_1(x) = -J'_0(x)$$

式(3-35)～式(3-38)中的常数值列于表 3-3 及表 3-4 中。

表 3-3　式(3-35)～式(3-38)中的常数

名称 \ 几何形状		无限大平壁	无限长柱体	球　体
特征值 μ_1	a	0.402 2	0.170 0	0.098 8
	b	0.918 8	0.434 9	0.277 9
系数 A_1	a	1.010 1	1.004 2	1.000 3
	b	0.257 5	0.587 7	0.985 8
	c	0.427 1	0.403 8	0.319 1
系数 B_1	a	1.000 63	1.017 3	1.029 5
	b	0.547 5	0.598 3	0.648 1
	c	0.348 3	0.257 4	0.195 3

表 3-4　计算 $J_0(x)$ 的常数

a	b	c	d
0.996 7	0.035 4	−0.325 9	0.057 7

(2) 采用海斯勒（Heisler）图计算。由于在非稳态导热的正规状况阶段只需计算级数的第一项，因此，工程技术界曾广泛使用由此而绘制的诺模图计算温度分布和传热量，其中用于确定温度分布的图线称为海斯勒（Heisler）图，由海斯勒最先在 1947 年给出。

对平壁的非稳态导热，由式（3-29）可知，即使在正规状况阶段，θ/θ_0 也仍然是 Fo、Bi 及 x/δ 的函数，即

$$\frac{\theta}{\theta_0} = f\left(Fo, Bi, \frac{x}{\delta}\right)$$

式中有四个变量：θ/θ_0、Fo、Bi 和 x/δ。在一个图中要表示四个变量是很困难的，而如果只表示三个变量就很容易，可用两个坐标加上图中一个参量来完成。因此，海斯勒图将 θ/θ_0 分解成两项乘积，即由两个图来表示温度分布：

$$\frac{\theta}{\theta_0} = \frac{\theta_m}{\theta_0} \cdot \frac{\theta}{\theta_m} \tag{3-39}$$

式中右边两项可分别由式（3-31）和式（3-32）计算得到。由式（3-31）和式（3-32）可得下面函数关系：

$$\frac{\theta_m}{\theta_0} = f(Fo, Bi), \quad \frac{\theta}{\theta_m} = f\left(Bi, \frac{x}{\delta}\right)$$

对于平壁，上面两个函数关系分别表示在图 3-8 和图 3-9 中。实际计算时，只需要根据 Fo，Bi 和 x/δ，分别由这两个图查出 θ_m/θ 和 θ/θ_m，就可由式（3-39）计算出 θ/θ_0，从而得

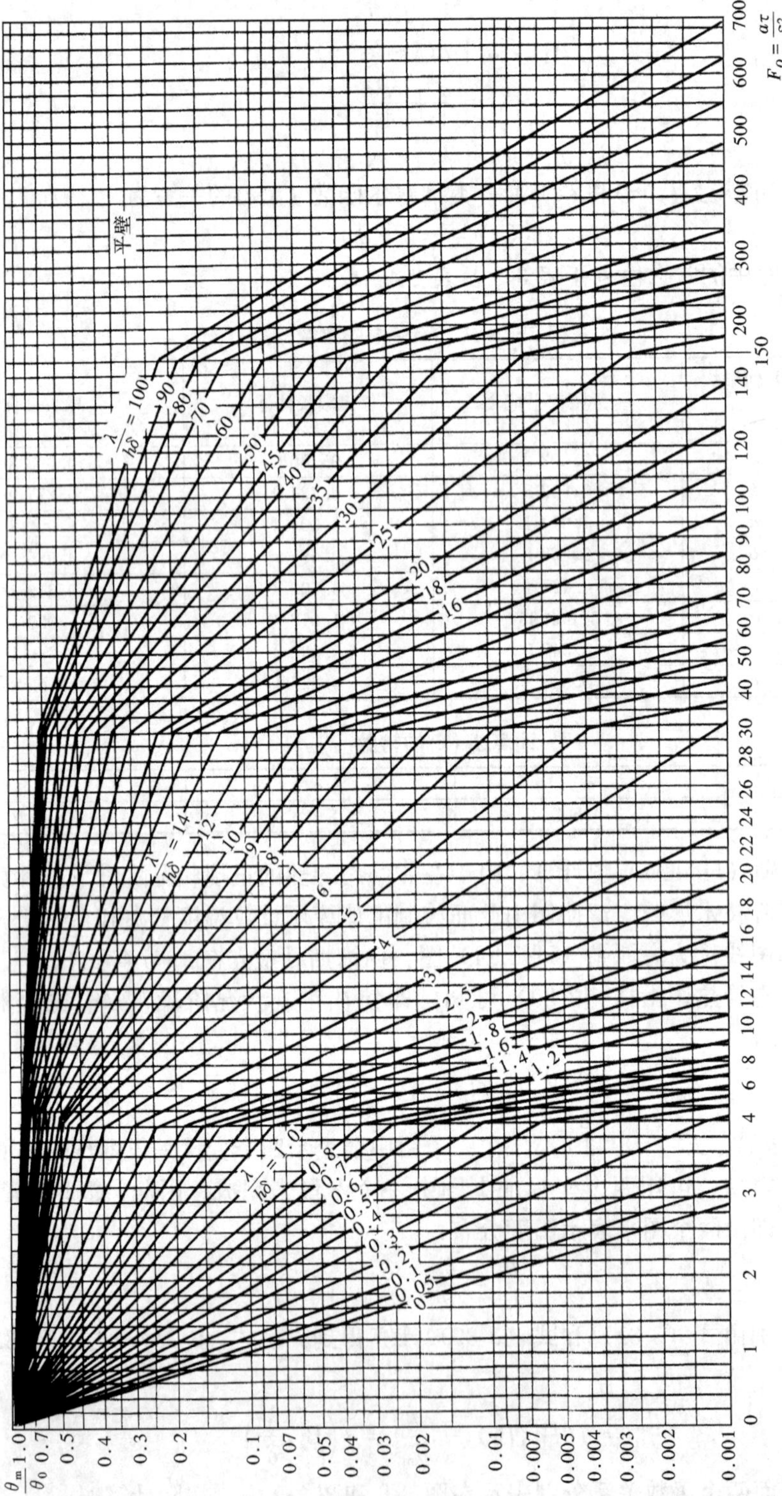

图 3-8 厚度为 2δ 的无限大平壁的中心温度诺模图

出温度分布。

进入正规状况阶段后，从初始时刻至某一时刻 τ 所传递的热量由式（3-33）计算。由此式可以看出：

$$\frac{Q}{Q_0}=f(Bi,Bi^2Fo)$$

式中只有三个变量，它们是 Q/Q_0、Bi 及 Bi^2Fo，因此，只需一个图就可以计算传热量。对于平壁，传热量的计算如图 3-10 所示。

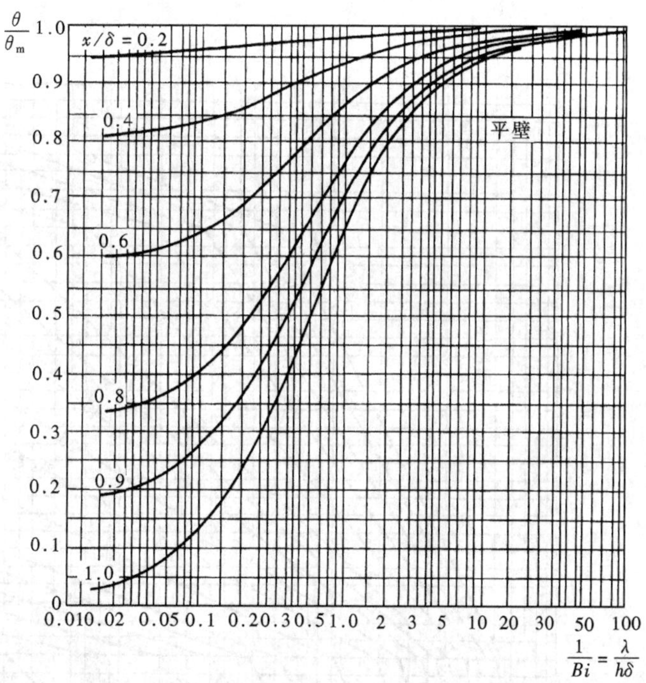

图 3-9 厚度为 2δ 的无限大平壁 θ/θ_m 曲线

对于无限长圆柱和球体，分析结果表明，当 $Fo\geqslant0.2$ 时，非稳态导热过程也都进入正规状况阶段，分析解可以近似地取无穷级数的第一项，其结果可以类似地制成诺模图。无限长圆柱体的一维非稳态导热的诺模图如图3-11～图 3-13 所示，其使用方法和平壁的一维非稳态导热的诺模图相同。更多的其他条件下的结果可参阅文献［6］。

【例 3-3】 一块铝板厚为 50mm，具有均匀的初始温度 $t_0=200$℃，突然放入温度为 70℃的对流环境中，表面传热系数 $h=525\text{W}/(\text{m}^2\cdot\text{K})$。对铝板，导热系数 $\lambda=215\text{W}/(\text{m}\cdot\text{K})$，密度为 $2700\text{kg}/\text{m}^3$，比热容 $c=948\text{J}/(\text{kg}\cdot\text{K})$。求 1min 后距离表面 12.5mm 处铝板的温度和此时单位面积铝板上散出的总热量。

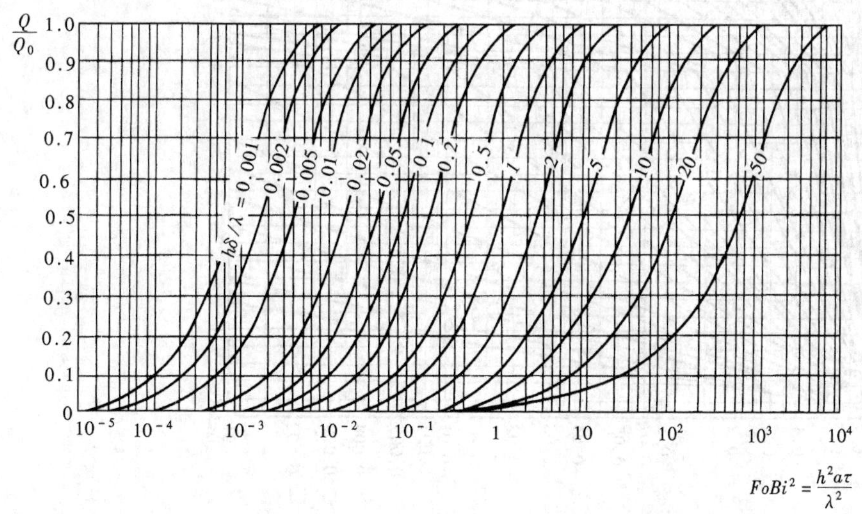

图 3-10 厚度为 2δ 的无限大平壁 Q/Q_0 曲线

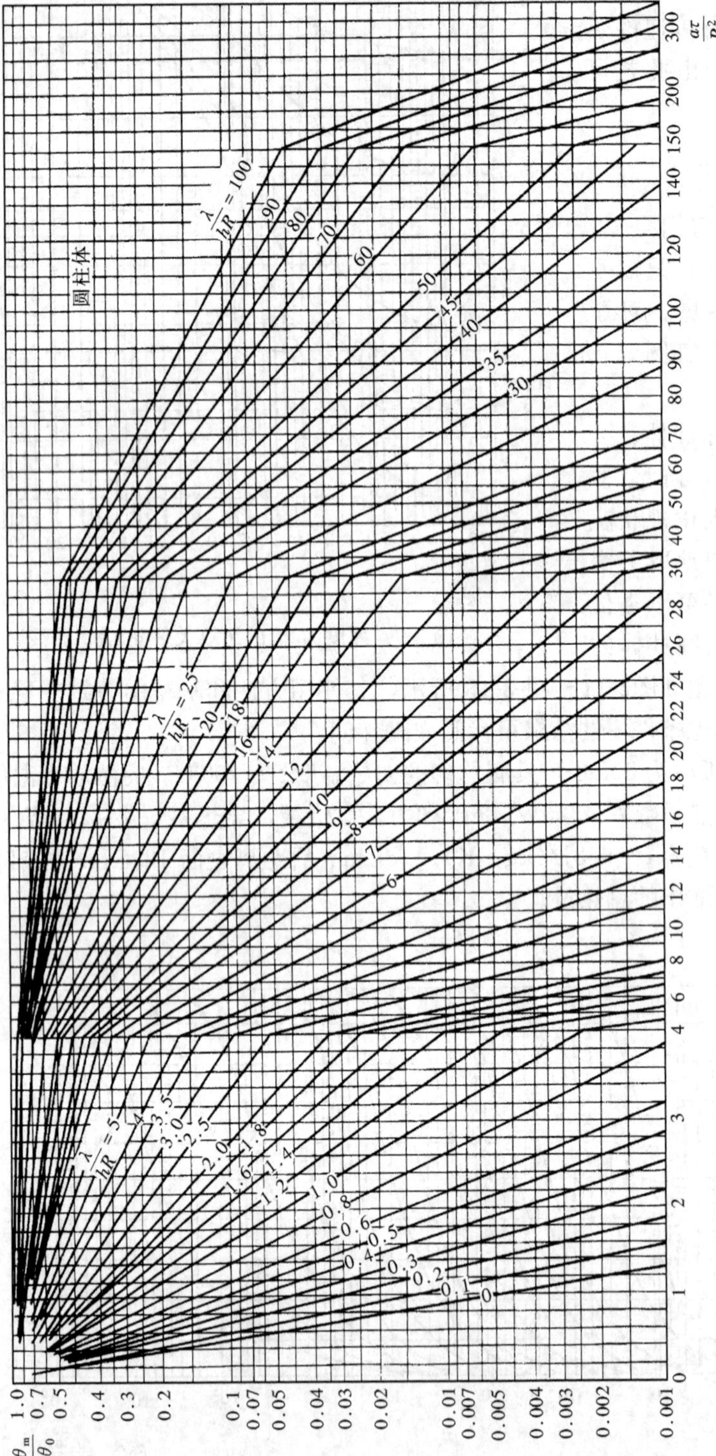

图 3-11 无限长圆柱体中心温度 θ_m/θ_0

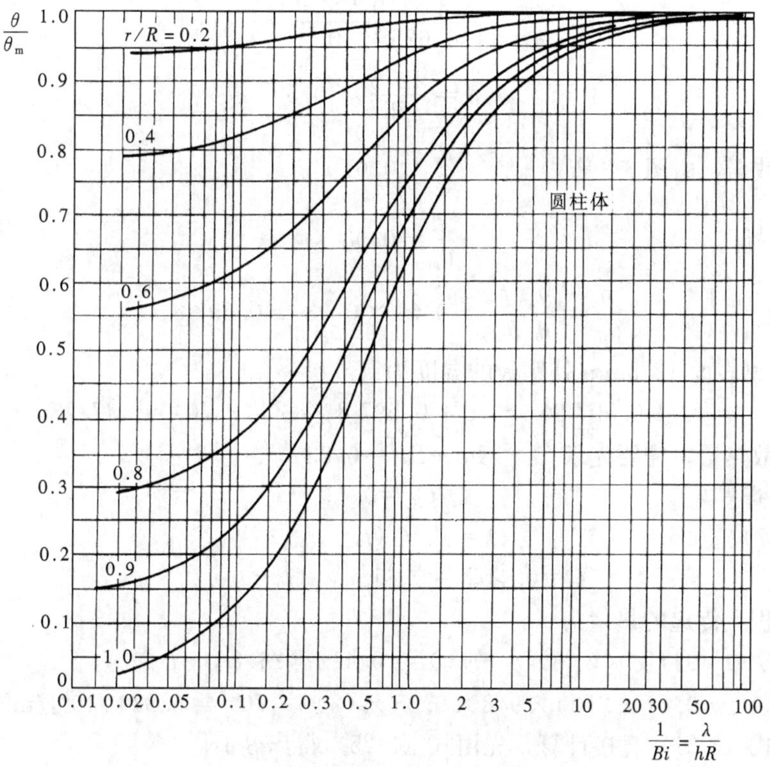

图 3-12　无限长圆柱体的 θ/θ_m

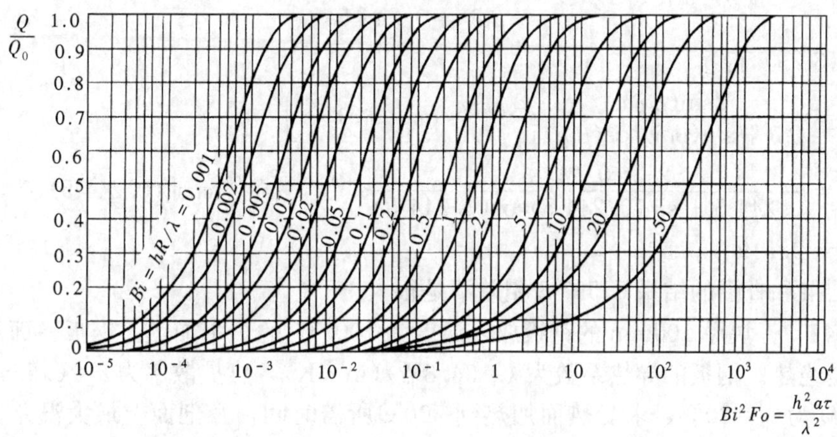

图 3-13　无限长圆柱体的 Q/Q_0

解　先求出毕渥数 Bi 和傅里叶数 Fo：

$$Bi=\frac{h\delta}{\lambda}=\frac{525\times0.025}{215}=0.061$$

因而 $1/Bi=16.38$。热扩散率为

$$a=\frac{\lambda}{\rho c}=\frac{215}{2700\times948}=8.4\times10^{-5}\,\mathrm{m^2/s}$$

$$Fo=\frac{a\tau}{\delta^2}=\frac{8.4\times10^{-5}\times60}{0.625\times10^{-3}}=8.064$$

$$x/\delta=\frac{12.5}{25}=0.5$$

根据以上数据，由图 3-8 查得 $\frac{\theta_m}{\theta_0}=0.61$

由图 3-9 查得 $\frac{\theta}{\theta_m}=0.98$

$$\frac{\theta}{\theta_0}=\frac{\theta_m}{\theta_0}\frac{\theta}{\theta_m}=0.61\times0.98=0.5978$$

1min 后距离表面 12.5mm 处铝板的温度为

$$t=t_\infty+0.5978\theta_0=70+0.5978\times(200-70)=147.7℃$$

要求总的散热量，需要先求 $Fo\cdot Bi^2=0.03$

由图 3-10 查得 $Q/Q_0=0.41$

由式（3-27） $Q_0=\rho cV\ (t_0-t_\infty)$

$$Q=0.41Q_0=0.41\rho cV\ (t_0-t_\infty)$$

则单位面积上传递的热量为

$$\begin{aligned}Q/A&=0.41\rho c(V/A)(t_0-t_\infty)=0.41\rho c(2\delta)(t_0-t_\infty)\\&=0.41\times2700\times948\times0.05\times(200-70)=6.82\times10^6\text{J/m}^2\end{aligned}$$

讨论：按式（3-31）直接计算，先由式（3-25）得出 $\beta_1\delta$：

$$\tan\beta\delta=\frac{0.061}{\beta\delta}$$

解得 $\beta_1\delta=0.2445$

由式（3-29）得

$$\begin{aligned}\frac{\theta}{\theta_0}&=\frac{2\sin(\beta_1\delta)}{\beta_1\delta+\sin(\beta_1\delta)\cos(\beta_1\delta)}e^{-(\beta_1\delta)^2Fo}\cos\left[(\beta_1\delta)\frac{x}{\delta}\right]\\&=\frac{2\sin(0.2445)}{0.2445+\sin(0.2445)\cos(0.2445)}e^{-(0.2445)^2\times8.064}\cos[(0.2445)(0.5)]\\&=0.619\end{aligned}$$

这一结果和查图的结果 0.597 8 相差不是很大。

【例 3-4】 一块厚 100mm 的钢板放入温度为 1000℃ 的炉中加热。钢板一面加热，另一面可认为是绝热。钢板的导热系数为 $\lambda=34.8\text{W/(m}\cdot\text{K)}$，热扩散率为 $a=0.555\times10^{-5}\text{m}^2/\text{s}$，初始温度为 $t_0=20℃$，求受热面加热到 500℃所需时间，及剖面上最大温差。加热过程的表面传热系数为 $h=174\text{W/(m}^2\cdot\text{K)}$。

解 这一问题相当于厚 200mm 平板对称受热问题，必须先求 θ_m/θ_0，再由 θ_m/θ_0 和 Bi 查图 3-8 求 Fo，从而得出加热所需要的时间。由已知条件得

$$\frac{\theta_w}{\theta_0}=\frac{t_\infty-t_w}{t_\infty-t_0}=\frac{1000-500}{1000-20}=0.51$$

$$Bi=\frac{h\delta}{\lambda}=\frac{174\times0.1}{34.8}=0.5,\quad \frac{1}{Bi}=2,\quad \frac{x}{\delta}=1.0$$

从图 3-9 查得 $\frac{\theta_w}{\theta_m}=0.8$

由此可算得中心温度

$$\frac{\theta_m}{\theta_0}=\frac{\theta_w}{\theta_0}\Big/\frac{\theta_w}{\theta_m}=\frac{0.51}{0.8}=0.637$$

由 θ_m/θ_0 和 Bi 从图 3-8 查得 $Fo=1.2$，故加热所需要的时间

$$\tau=Fo\frac{\delta^2}{a}=1.2\times\frac{0.1^2}{0.555\times10^{-5}}=2.16\times10^3\text{s}=0.6\text{h}$$

再求中心温度，即绝热面温度。由于 $\theta_m/\theta_0=0.637$，所以

$$t_m=0.637\theta_0\times(20-1000)+1000=376℃$$

剖面最大温差为　　$\Delta t_{max}=500-376=124℃$

讨论：由 θ_m/θ_0 和 Bi 查图 3-8 求 Fo 时，线条太紧密，不容易得到精确的结果，可考虑按式（3-29）直接计算，同样先求 Bi 数和 θ_w/θ_0：

$$Bi=\frac{h\delta}{\lambda}=0.5,\quad \frac{\theta_w}{\theta_0}=0.51$$

查表 3-1 得 $\beta_1\delta=0.6533$，由式（3-29）得

$$0.51=\frac{2\sin0.6533}{0.6533+\sin0.6533\cos0.6533}\exp(-0.6533^2Fo)\cos0.6533$$

$$0.51=1.0701\exp(-0.4268Fo)\times0.7981$$

解得 $Fo=1.196$。

可见，直接计算的关键在于获得 $\beta_1\delta$，若不能由表 3-1 查得 $\beta_1\delta$，则其值必须解超越方程式（3-25）得到。

* 第四节　半无限大物体的非稳态导热

半无限大物体指的是在 $x=0$ 处有固定的边界，可以向 x 轴正方向及 y、z 方向无限延伸的物体。

1. 第一类边界条件

如图 3-14 所示一半无限大物体，初始温度均匀为 t_0，在 $\tau=0$时刻，$x=0$ 的表面温度突然升高到 t_w 并保持不变，我们来确定物体内部温度分布，并由此确定任一位置处的热流量。

描述这一问题的微分方程和边界条件为

$$\frac{\partial t}{\partial\tau}=a\frac{\partial^2t}{\partial x^2}\tag{3-40}$$

$$\tau=0:t(x,0)=t_0\tag{3-41}$$

$$x=0:t(x,\tau)=t_w\tag{3-42}$$

$$x\to\infty:t(x,\tau)=t_0\tag{3-43}$$

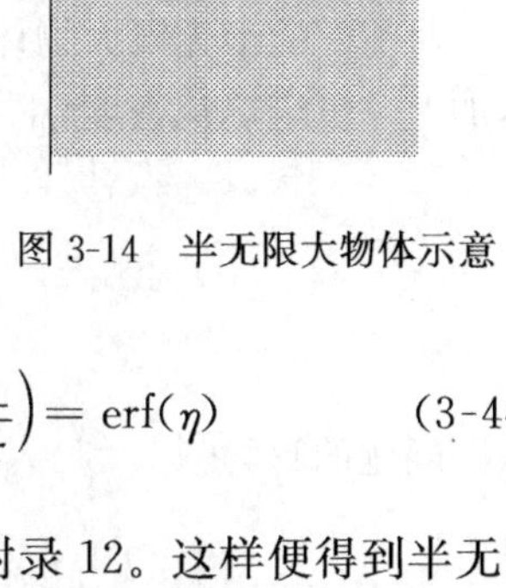

图 3-14　半无限大物体示意

由拉普拉斯变换可得这一问题的分析解为

$$\frac{\theta}{\theta_0}=\frac{t-t_w}{t_0-t_w}=\frac{2}{\sqrt{\pi}}\int_0^{\frac{x}{2\sqrt{a\tau}}}\exp(-\eta^2)\text{d}\eta=\text{erf}\left(\frac{x}{2\sqrt{a\tau}}\right)=\text{erf}(\eta)\tag{3-44}$$

其中无量纲变量 $\eta=\dfrac{x}{2\sqrt{a\tau}}$，erf($\eta$)称为误差函数，其值见附录 12。这样便得到半无限

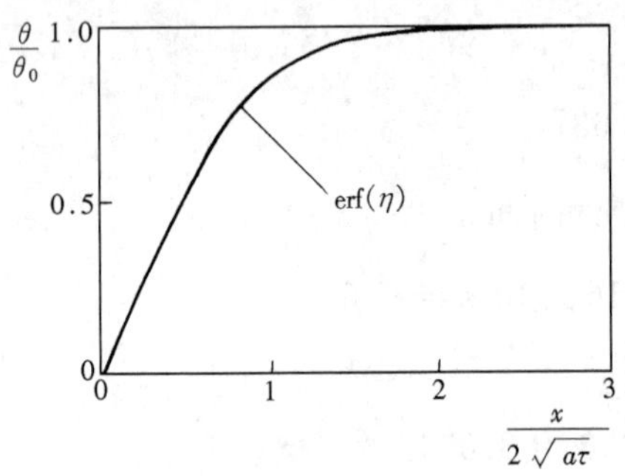

图 3-15 半无限大物体中的温度分布

大物体中的温度分布，如图 3-15 所示。

由附录 12，当 $\eta=2$ 时，$\mathrm{erf}(\eta)=0.99532$，从而 $\theta/\theta_0=99.53\%$；故当 $\eta\geqslant 2$，即 $\frac{x}{2\sqrt{a\tau}}\geqslant 2$ 时，x 处的温度仍为 t_0，由此得两个重要参数如下所示。

（1）几何位置。如果 $x\geqslant 4\sqrt{a\tau}$，则 τ 时刻 x 处的温度可认为尚未变化。由这一结果可将半无限大物体提升为一个概念，即对初始温度均匀，厚度为 2δ 的平壁，当一个侧面的温度突然变化到另一个温度时，若 $\delta\geqslant 4\sqrt{a\tau}$，则在 τ 时刻之前平壁可采用半无限大模型。

（2）惰性时间。如果时间 $\tau\leqslant\frac{x^2}{16a}$，则此时 x 处的温度可认为完全不变，故 $\frac{x^2}{16a}$ 称为惰性时间。

有了温度分布后，任一时刻半无限大物体任一位置处的热流密度为

$$q_x=-\lambda\frac{\partial t}{\partial x}=-\lambda(t_0-t_w)\frac{\partial}{\partial x}[\mathrm{erf}(\eta)]=\lambda\frac{t_w-t_0}{\sqrt{\pi a\tau}}\mathrm{e}^{-x^2/(4a\tau)} \tag{3-45}$$

表面处（$x=0$）的热流密度为

$$q_w=\lambda\frac{t_w-t_0}{\sqrt{\pi a\tau}} \tag{3-46}$$

在 $[0,\tau]$ 时间内流过面积为 A 的表面的总热量为

$$Q=A\int_0^\tau q_w\mathrm{d}\tau=A\int_0^\tau\frac{\lambda(t_w-t_0)}{\sqrt{\pi a\tau}}\mathrm{d}\tau=2A\sqrt{\frac{\tau}{\pi}}\sqrt{\rho c\lambda}(t_w-t_0) \tag{3-47}$$

式中 $\sqrt{\rho c\lambda}$——吸热系数，代表物体的吸热能力。

式（3-46）和式（3-47）表明，对半无限大物体在第一类边界条件下的非稳态导热，界面上的瞬时热流量与时间的平方根成反比，而在 $[0,\tau]$ 时间内交换的总热量则与时间的平方根成正比。

2. 第三类边界条件

对前面的半无限大物体，若初始温度分布同样均匀为 t_0，在 $\tau=0$ 时刻，$x=0$ 的表面突然加上一恒定热流密度 q_0 并保持不变，则初始条件和边界条件为

$$\tau=0: t(x,0)=t_0 \tag{3-48}$$

$$x=0: q_0=-\lambda\frac{\partial t(x,\tau)}{\partial x} \tag{3-49}$$

$$x\to\infty: t(x,\tau)=t_0 \tag{3-50}$$

这一问题的解为[7]

$$t-t_0=\frac{2q_0\sqrt{a\tau/\pi}}{\lambda}\exp\left(\frac{-x^2}{4a\tau}\right)-\frac{q_0x}{\lambda}\left(1-\mathrm{erf}\frac{x}{2\sqrt{a\tau}}\right) \tag{3-51}$$

*第五节 二维及三维非稳态导热分析

一些特殊条件下的二维和三维非稳态导热可以得出分析解。这些二维和三维物体可以看成是由两个或三个无限大平壁垂直相交，或由无限大平壁和无限长圆柱垂直相交而成的。例如，矩形截面的无限长柱体可以由两个无限大平壁垂直相交而成；矩形截面的有限长柱体（或称垂直六面体）是由三个无限大平壁垂直相交而成；有限长圆柱是由一个无限长圆柱和一个无限大平壁垂直相交而成，如图 3-16 所示。

考虑一维、二维、第三类边界条件下的无限长方柱体的非稳态导热。柱体的横截面边长分别为 $2\delta_1$ 和 $2\delta_2$（见图 3-17），初始温度为 t_0。过程开始时将其置于温度为 t_∞ 的流体中，柱体和流体间的表面传热系数 h 已知。由对称性可只考虑四分之一个截面，微分方程及定解条件为

$$\frac{\partial\Theta}{\partial\tau}=a\left(\frac{\partial^2\Theta}{\partial x^2}+\frac{\partial^2\Theta}{\partial y^2}\right) \tag{3-52}$$

其中，$\Theta=\dfrac{t-t_\infty}{t_0-t_\infty}=\dfrac{\theta}{\theta_0}$。

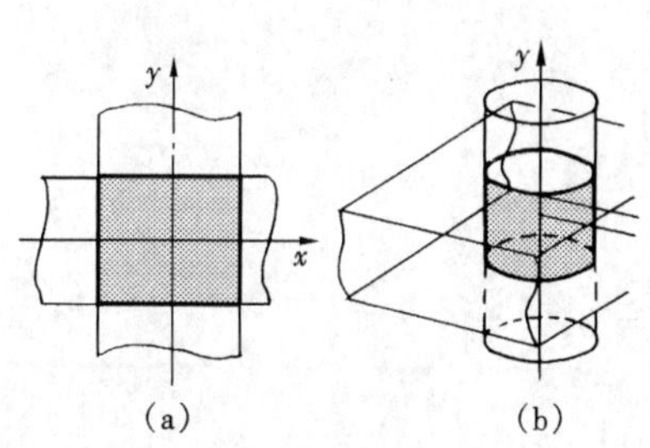

图 3-16 几种特殊形状的物体

(a) 无限长方柱；(b) 短圆柱

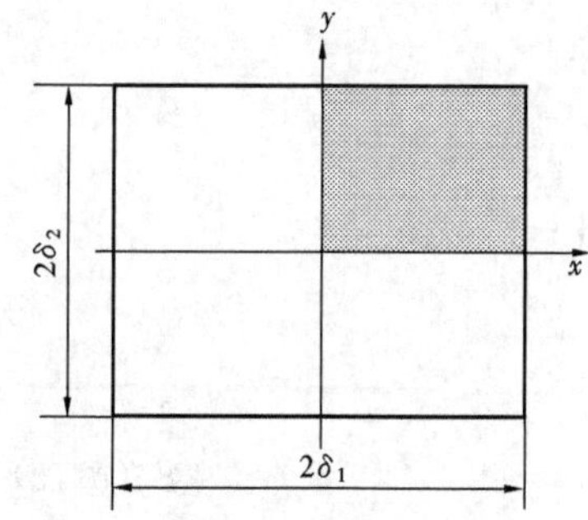

图 3-17 无限长方柱体的坐标选取

初始条件为

$$\Theta(x,y,0)=1 \tag{3-53}$$

边界条件为

$$\Theta(\delta_1,y,\tau)+\frac{\lambda}{h}\frac{\partial\Theta(x,y,\tau)}{\partial x}\bigg|_{x=\delta_1}=0 \tag{3-54}$$

$$\Theta(x,\delta_2,\tau)+\frac{\lambda}{h}\frac{\partial\Theta(x,y,\tau)}{\partial y}\bigg|_{y=\delta_2}=0 \tag{3-55}$$

$$\frac{\partial\Theta(x,y,\tau)}{\partial x}\bigg|_{x=0}=0 \tag{3-56}$$

$$\frac{\partial\Theta(x,y,\tau)}{\partial y}\bigg|_{y=0}=0 \tag{3-57}$$

先不急于求解上面的定解问题，而考虑两块单独的无限大平板在第三类条件下的非稳态导热问题，两平板的厚度分别为 $2\delta_1$ 和 $2\delta_2$，定解条件与方柱体相同。若分别以无量纲过余

温度 $\Theta_x(x, \tau)$及 $\Theta_y(y, \tau)$来表示它们的温度分布，那么它们必须满足各自的微分方程及定解条件，即

对平板 1：

$$\frac{\partial\Theta_x}{\partial\tau}=a\frac{\partial^2\Theta}{\partial x^2} \tag{3-58}$$

初始条件：

$$\Theta_x(x,0)=1 \tag{3-59}$$

边界条件：

$$\left.\frac{\partial\Theta_x(x,\tau)}{\partial x}\right|_{x=0}=0 \tag{3-60}$$

$$\Theta_x(\delta_1,\tau)+\frac{\lambda}{h}\left.\frac{\partial\Theta_x(x,\tau)}{\partial x}\right|_{x=\delta_1}=0 \tag{3-61}$$

对平板 2：

$$\frac{\partial\Theta_y}{\partial\tau}=a\frac{\partial^2\Theta_y}{\partial y^2} \tag{3-62}$$

初始条件：

$$\Theta_y(y,0)=1 \tag{3-63}$$

边界条件：

$$\left.\frac{\partial\Theta_y(y,\tau)}{\partial y}\right|_{y=0}=0 \tag{3-64}$$

$$\Theta_y(\delta_2,\tau)+\frac{\lambda}{h}\left.\frac{\partial\Theta_y(y,\tau)}{\partial y}\right|_{y=\delta_2}=0 \tag{3-65}$$

现在来证明上面两个解的乘积就是无限长方柱体的解，即

$$\Theta(x,y,\tau)=\Theta_x(x,\tau)\Theta_y(y,\tau) \tag{3-66}$$

首先证明式（3-66）满足微分方程式（3-52）：

$$\begin{aligned}\frac{\partial\Theta}{\partial\tau}&=\frac{\partial(\Theta_x\cdot\Theta_y)}{\partial\tau}\\&=\Theta_x\frac{\partial\Theta_y}{\partial\tau}+\Theta_y\frac{\partial\Theta_x}{\partial\tau}\\&=a\Theta_x\frac{\partial^2\Theta_y}{\partial y^2}+a\Theta_y\frac{\partial^2\Theta_x}{\partial x^2}\\&=a\left(\frac{\partial^2(\Theta_x\cdot\Theta_y)}{\partial x^2}+\frac{\partial^2(\Theta_x\cdot\Theta_y)}{\partial y^2}\right)\\&=a\left(\frac{\partial^2\Theta}{\partial x^2}+\frac{\partial^2\Theta}{\partial y^2}\right)\end{aligned}$$

故微分方程得到满足。下面再证明式（3-66）满足定解条件式（3-53）～式（3-57）：

$$\Theta(x,y,0)=\Theta_x(x,0)\cdot\Theta_y(y,0)=1\times1=1$$

故式（3-53）满足。进一步证明式（3-54）也得到满足：

$$\begin{aligned}&\Theta(\delta_1,y,\tau)+\frac{\lambda}{h}\frac{\partial\Theta(x,y,\tau)}{\partial x}\bigg|_{x=\delta_1}\\&=\Theta_x(\delta_1,\tau)\Theta_y(y,\tau)+\frac{\lambda}{h}\Theta_y(y,\tau)\frac{\partial\Theta_x(x,\tau)}{\partial x}\bigg|_{x=\delta_1}\\&=\Theta_y(y,\tau)\left[\Theta_x(\delta_1,\tau)+\frac{\lambda}{h}\frac{\partial\Theta_x(x,\tau)}{\partial x}\bigg|_{x=\delta_1}\right]\\&=\Theta_y(y,\tau)\cdot0\\&=0\end{aligned}$$

同理，可以证明式(3-66)也满足定解条件式(3-55)～式(3-57)，从而证明了$\Theta(x,y,\tau)=\Theta_x(x,\tau)\Theta_y(y,\tau)$确实是无限长方柱体的导热微分方程的解。这一方法称为乘积法。

乘积法可适用于第一类边界条件中边界温度为定值且初始温度为常数的情况，但并不适用于一切边界条件。表3-5中给出了一些用乘积法表示的二维和三维非稳态导热问题的温度分布。表中$P(x,\tau)$为无限大平壁的无量纲温度函数，$S(x,\tau)$为半无限大物体的无量纲温度函数，$C(r,\tau)$为无限长圆柱体的无量纲温度函数。

表3-5　　二维和三维非稳态导热问题的乘积法

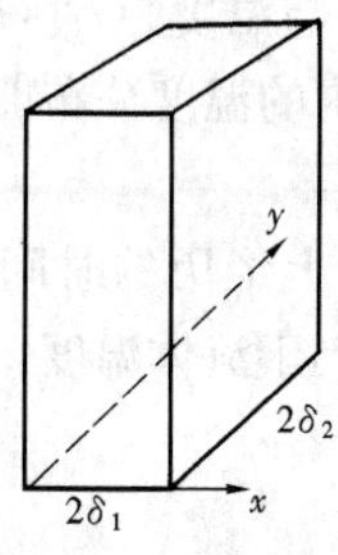 无限长方柱体 $\Theta(x,y,\tau)=P(x,\tau)P(y,\tau)$	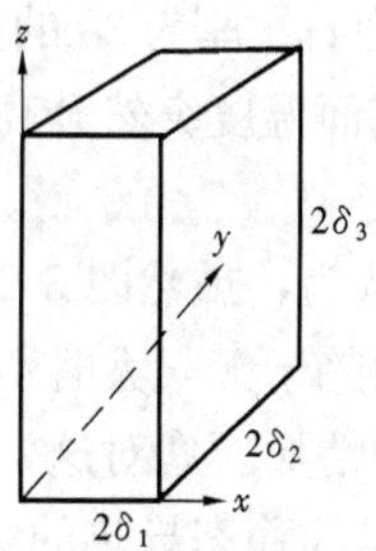 垂直六面体 $\Theta(x,y,\tau)=P(x,\tau)P(y,\tau)P(z,\tau)$
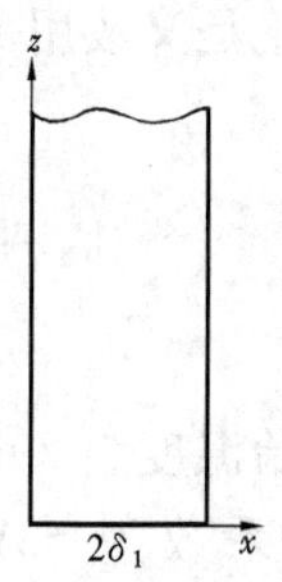 半无限高平壁 $\Theta(x,z,\tau)=S(z,\tau)P(x,\tau)$	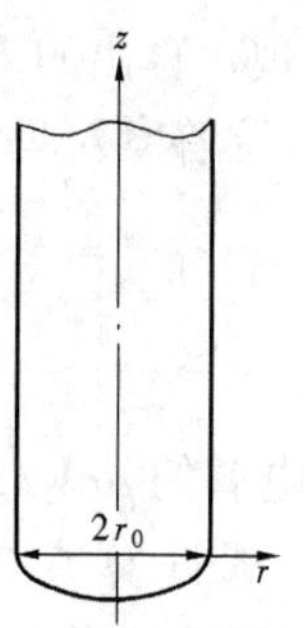 半无限长圆柱体 $\Theta(z,r,\tau)=S(z,\tau)C(r,\tau)$

续表

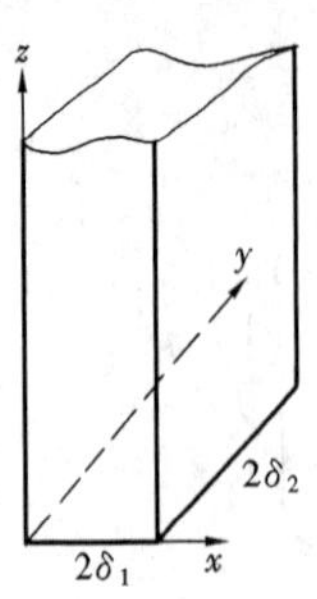半无限长方柱体 $\Theta(x,y,z,\tau)=P(x,\tau)P(y,\tau)S(z,\tau)$	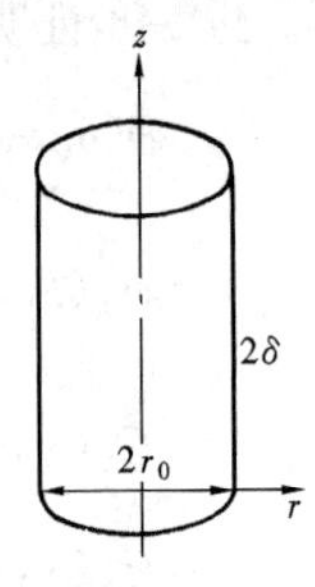短圆柱体 $\Theta(z,r,\tau)=P(z,\tau)C(r,\tau)$

思　考　题

3-1　什么是非稳态导热的正规状况阶段？有什么特点？

3-2　请写出傅里叶数 Fo 及毕渥数 Bi 的表达式并说明它们的物理意义。

3-3　试以第三类边界条件下无限大平壁的非稳态导热为例说明傅里叶数 Fo 及毕渥数 Bi 对平壁内温度分布的影响。

3-4　初温为 t_0、厚为 2δ 的大平壁一侧绝热，另一侧：(a) 与温度为 t_1（$t_1>t_0$）的流体相接触；(b) 壁面温度突然升高为 t_1。试画出几个时刻大平壁内的温度分布曲线，并比较其异同。

3-5　有人认为，虽然图 3-9 中 θ/θ_m 与 Fo 数无关，但实际上经历的时间不同，θ/θ_m 也应不同，当时间趋于无限大时 θ/θ_m 应趋于 1，且各处温度均应趋于流体温度，因此该图不能用于时间甚大的情形。您对这一种说法有什么看法？

3-6　什么是非稳态导热的集总参数法？其使用条件是什么？

3-7　有人说，对于非稳态导热问题，当 $Bi<0.1$ 时用集总参数分析法求解，当 $Bi>0.1$ 时用诺模图求解，您对这种说法有什么看法？

3-8　某同学拟用集总参数分析法求解一长圆柱的非稳态导热问题，为此他算出了 Fo 数和 Bi 数。结果发现，算出的 Bi 数值不满足使用该法的条件。于是又改用 Bi 数及 Fo 数查诺模图算出答案。这答案对吗？为什么？

习　　题

3-1　一支热电偶的 $\rho cV/A$ 之值为 2.094kJ/(m^2·K)，初始温度为 20℃，后将其置于 320℃的气流中。试计算在气流与热电偶之间的表面传热系数为 58W/(m^2·K)及 116W/(m^2·K)的两种情形下，热电偶的时间常数，并画出两种情形下热电偶读数的过余温度随时间的变化曲线。

3-2　一个重量为 5.5kg 的铝球，初始温度为 290℃，突然浸入 15℃的流体中，表面传热系数为 58W/(m^2·K)。求铝球冷却到 90℃所需要的时间。

3-3 一块厚度 10mm 的大平壁(满足集总参数分析法求解的条件),初温为 300℃,密度为7800kg/m^3,比热容为 0.47kJ/(kg·℃),导热系数为 45W/(m·K),一侧有恒定热流 q=100W/m^2 流入,另一侧与 20℃的空气对流换热,表面传热系数为 70W/(m^2·K)。试求3min 后平壁的温度。

3-4 有一块金属,外表面积为 0.03m^2,体积为 0.000 45m^3,导热系数为 30W/(m·K),热扩散率为 1.25×10^{-6}m^2/s,初始温度为 20℃,过程开始时用一电锯缓慢把它等分成两半。电机消耗的功率为 500W。与此同时,金属表面被 18℃的冷却液冷却,表面传热系数为 100W/(m^2·K)。试求:(1) 15min 后金属的温度;(2)达到稳态时金属的温度。设本题可用集总参数法求解。

3-5 一具有内部加热装置的物体与空气处于热平衡。在某一瞬间,加热装置投入工作,其作用相当于强度为 $\dot{\Phi}$ 的内热源。设物体与周围环境的表面传系数为常数 h,内热阻可以忽略,其他几何、物性参数均已知,试列出其温度随时间变化的微分方程式并求解之。

3-6 一根直径为 50mm 的长铜棒,加热到 32℃后,浸入到-1.5℃的液槽中。若经3min 后,棒的温度为 4.5℃。试求对流换热的表面传热系数。已知铜棒的热物性参数为 ρ=8900kg/m^3,c=380J/(kg·K),λ=380W/(m·K)。

3-7 一根体温计的水银泡长 10mm,直径 4mm,护士将它放入病人口中之前,水银泡维持 18℃;放入病人口中时,水银泡表面的表面传热系数为 85W/(m^2·K)。如果要求测温误差不超过 0.2℃,试求体温计放入口中后,至少需要多长时间,才能将它从体温为 39.4℃的病人口中取出。已知水银泡的物性参数为 ρ=13 520kg/m^3,c=139.4J/(kg·K),λ=8.14W/(m·K)。

3-8 一块厚 20mm 的钢板,加热到 500℃后置于 20℃的空气中冷却。设冷却过程中钢板两侧面的平均表面传热系数为 35W/(m^2·K),钢板的导热系数为 45W/(m·K),热扩散率为 1.37×10^{-5}m^2/s,试确定使钢板冷却到与空气相差 10℃时所需的时间。

3-9 热处理工艺中,用银球试样来测定淬火介质在不同条件下的冷却能力。今有两个直径为 20mm 的银球,加热到 650℃后分别置于 20℃的盛有静止水的大容器及 20℃的循环水中。用热电偶测得,当银球中心温度从 650℃变化到 450℃时,其降温速率分别为180℃/s及 360℃/s。试确定两种情况下银球表面与水之间的表面传热系数。已知在上述温度范围内银的物性参数为 ρ=10 500kg/m^3,c=262J/(kg·K),λ=360W/(m·K)。

3-10 设有五块厚 30mm 的无限大平板,分别由银、铜、钢、玻璃及软木做成,初始温度为 20℃,两侧面温度突然上升到 60℃,试计算使中心温度上升到 56℃各板所需的时间。五种材料的热扩散率依次为 170×10^{-6}、103×10^{-6}、12.9×10^{-6}、0.59×10^{-6}和 0.155×10^{-6}m^2/s。由此计算可以得出什么结论?

3-11 一块厚 30mm 的大铜板,初始温度为 300℃,突然将其一侧面置于 80℃的流体中,而另一侧面绝热。6min 时,冷却面的温度降为 140℃。试计算对流表面传热系数。

3-12 一块厚 10 mm 的大铝板,初始温度为 400℃,突然将其浸入 90℃的流体中,表面传热系数为 1400W/(m^2·K)。试求使铝板中心温度降低到 180℃所需要的时间。

3-13 一截面尺寸为 10cm×5cm 的长钢棒(18-20Cr/8-12Ni),初始温度为 20℃,然后长边的一侧突然被置于 200℃的气流中,h=125W/(m^2·K),而另外三个侧面绝热。试确定 6min 后长边的另一侧中点的温度。钢棒的 ρ、c、λ 可近似取用 20℃时之值。

3-14 一直径为 11mm 的长铝棒，初始温度为 300℃，突然将其浸入 50℃的流体中，表面传热系数为 1200W/(m^2·K)。试求使铝棒中心温度降低到 80℃所需要的时间，并计算单位长铝棒的传热量。

3-15 一直径为 10mm 的碳钢球，初始温度为 220℃，突然将其浸入 10℃的油中，表面传热系数为 5000W/(m^2·K)。试求使钢球中心温度降低到 120℃所需要的时间。

3-16 一直径为 0.3m 的长圆柱形钢坯，被水平地送入 6m 长的炉子，且匀速前进。进炉前钢坯温度为 200℃，炉内气体温度为 1500℃，与钢坯间的表面传热系数为 102W/(m^2·K)。要求钢坯中心线温度加热到不低于 750℃，试求钢坯连续经过炉子的最大速度。设 $a=1.5\times10^{-5}$m^2/s，$\lambda=52$W/(m·K)。

3-17 一种测量导热系数的瞬态法是基于半无限大物体的导热过程而设计的。设有一块厚金属，初温为 30℃，然后其一侧表面突然与温度为 100℃的沸水相接触。在离开此表面 10mm 处由热电偶测得 2min 后该处的温度为 65℃。已知材料的密度为 2200kg/m^3，比热容为 700J/(kg·K)，试计算该材料的导热系数。

3-18 夏天高速公路的路面在日光长时间的曝晒下可达 50℃的温度。假设突然一阵雷雨把路面冷却到 20℃并保持不变。雷雨持续了 10min。试计算在此降雨期间单位面积上所放出的热量。高速公路混凝土的物性可取为密度为 2300kg/m^3，导热系数为 1.4W/(m·K)，比热容为 880J/(kg·K)。作为一种估算，假设雷雨前路面以下相当厚的一层混凝土均处于 50℃，分析这一假设对计算得到的放热量的影响。

3-19 在寒冷地区埋设地下水管时应考虑冬天地层下结冰的可能性。为使水管安全工作，水管应埋设在结冰层以下。作为一种估算，可以采用这样的简化模型，即把地球表面层看成为半无限大的物体，而冬天则用较长时间内地球表面突然处于较低的平均温度这样一种物理过程来模拟。设某处地层的热扩散率为 1.65×10^{-7}m^2/s，地球表面温度由原来均匀的 15℃突然下降到 −20℃并达 50 天之久。试估算为使埋管上不出现霜冻而必须的最浅埋设深度。

图 3-18 习题 3-20 图

3-20 图 3-18 所示钢圆柱的直径 $D=0.3$m，长度 $L=0.6$m，导热系数 $\lambda=30$W/(m·K)，热扩散率 $a=6.25\times10^{-6}$m^2/s，初始温度均匀为 20℃。若把圆柱放入炉温为 1020℃、表面传热系数为 200W/(m^2·K)的加热炉内，试问加热 1.4h 后，中心 1 和表面 2、3、4 各点的温度为多少?

3-21 一钢锭的尺寸为 $2\delta_1=0.5$m，$2\delta_2=0.7$m，$2\delta_3=1$m。钢锭的导热系数为 40W/(m·K)，$a=0.722\times10^{-5}$m^2/s，试求钢锭放入 1200℃的加热炉内 4h 后，钢锭的最低温度和最高温度。已知钢锭的初始温度 $t_0=$ 20℃，在加热炉内钢锭表面的表面传热系数为 348W/(m^2·K)。

3-22 一立方体铝块，边长 100mm，初始温度为 300℃，突然将其浸入 100℃的流体中，表面传热系数为 900W/(m^2·K)。求 1min 后铝块的中心温度。

3-23 一直径为 500mm、高为 800mm 的钢锭，初温为 30℃，被送入 1200℃的炉子中加热。设各表面同时受热，且表面传热系数 $h=180$W/(m^2·K)，$\lambda=40$W/(m·K)，$a=8\times10^{-6}$m^2/s。试确定 3h 后钢锭高 400mm 处的截面上半径为 0.13m 处的温度。

参 考 文 献

[1]　章熙民，任泽霈，梅飞鸣. 传热学. 2 版. 北京：中国建筑工业出版社，1993.

[2]　陈启高. 建筑热物理基础. 西安：西安交通大学出版社，1991.

[3]　Kakac S，Yener Y. Heat conduction，2nd. ed. Washington：Hemisphere Publishing Cop.，1986.

[4]　Grigull U，Sandner H. Heat conduction，Washington：Hemisphere Publishing Cop.，1984.

[5]　Campo A，Rapid determination of spatio-temporal temperatures and heat transfer in simple bodies cooled by convection：Usage of calculators in lieu of Heisler-Grober charts. Int. Comm. Heat Mass Transfer. 1983. 24 (4)：553-564.

[6]　Schneider J P. Temperature response charts. New York：John Wiley and Sons，Inc. 1963.

[7]　Holman，J P. Heat transfer，9th. ed. Boston：McGraw-Hill Book Company，2002.

第四章 对流换热原理

在绪论中已经指出，对流换热是发生在流体和与之接触的固体壁面之间的热量传递过程，是属于发生在流体中的热量传递过程，有着广泛的工程应用领域。在这一过程中，热量主要以热传导和热对流的方式进行。本章简述对流换热过程的基本原理，介绍确定表面传热系数 h 的方法。

首先，将质量守恒、动量守恒和能量守恒的基本定律与斯托克斯黏性定律和傅里叶热传导定律相结合，并应用于流体系统，导出支配流体速度场和温度场的控制方程，即对流换热微分方程组。其次，运用相似理论及量纲分析方法对换热过程的参数进行归类处理，将物性量、几何量和过程量按物理过程的特征组合成无量纲数，以减少所研究问题的变量数目，给求解对流换热问题带来较大的方便；并介绍通过方程的无量纲化和实验研究而得到常用准则及准则关系式的方法。再次，引入边界层的概念，对完全的对流换热微分方程组进行简化，得出特定条件下对流换热问题的分析解。最后，对于紊流流动换热现象的特征及其处理方法进行简单的介绍。

第一节 对流换热概述

1. 对流换热过程

对流换热是发生在流体和与之接触的固体壁面之间的热量传递过程，是宏观的热对流与微观的热传导的综合传热过程。由于涉及流体的运动使热量的传递过程变得较为复杂，分析处理较为困难。因此，在对流换热过程的研究和应用上，常常采用实验和数值分析的处理方法。下面我们以简单的对流换热过程为例，对对流换热过程的特征进行粗略的分析。

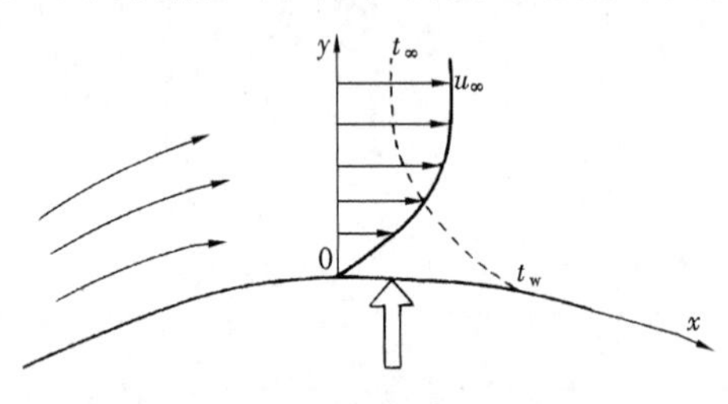

图 4-1 对流换热过程示意

图 4-1 所示为一个简单的对流换热过程。它表示了流体以来流速度 u_∞ 和来流温度 t_∞ 流过一个温度为 t_w 的固体壁面的流动换热问题。这里选取流体沿壁面流动的方向为 x 坐标，垂直壁面方向为 y 坐标。

由于固体壁面对流体分子的吸附作用，使得壁面上的流体是处于不流动或不滑移的状态（此论点对于极为稀薄的流体是不适用的）。又由于流体分子相互之间的穿插扩散和（或）相互之间的吸引，造成流体之间的相互牵制。这种相互的牵制作用就是流体的黏性力，在其作用下会使流体的速度在垂直于壁面的方向上发生改变。由于流体的分子在固体壁面上被吸附而处于不流动的状态，因而使流体速度从壁面上的零速度值逐步变化到来流的速度值。同时，通过固体壁面的热流也会在流体分子的作用下向流体扩散（热传导），并不断地被流体的流动带到下游（热对流），因而也导致紧靠壁面处的流体温度逐步从壁面温度变化到来流温度。这里，我们把流体在壁面附近的速度和温度分布也示意性地表示在图 4-1 中。

2. 对流换热过程的分类

由于对流换热是发生在流体和固体界面上的热交换过程，流体的流动和固体壁面的几何形状以及相互接触的方式都会不同程度影响对流热交换的效果，由此也构成了许许多多复杂的对流换热过程。因此，为了研究问题的条理性和系统性，以及更便于把握对流换热过程的实质，我们按不同的方式将对流换热过程进行分类。然后再分门别类地进行分析处理。

在传热学中对流换热过程的习惯性分类方式是：

按流体运动是否与时间相关可分为非稳态对流换热和稳态对流换热；

按流体运动的起因可分为自然对流换热和强制对流换热；

按流体与固体壁面的接触方式可分为内部流动换热和外部流动换热；

按流体的运动状态可分为层流流动换热和紊流流动换热；

按流体在换热中是否发生相变或存在多相的情况可分为单相流体对流换热和多相流体对流换热。

对于实际的对流换热过程，按照上述的分类，总是可以将其归入相应的类型之中。例如，在外力推动下流体的管内流动换热是属于强制内部流动换热，可以为层流亦可为紊流，也可以有相变发生，使之从单相流动变为多相流动；再如，竖直的热平板在空气中冷却过程是属于外部自然对流换热（或称大空间自然对流换热），可以为层流亦可为紊流，在空气中冷却不可能有相变，应为单相流体换热；但是如果是在饱和水中则会发生沸腾换热，这就是带有相变的多相换热过程。

3. 表面传热系数和对流换热微分方程

在绪论中提到对流换热的热流密度可以按照牛顿冷却公式来计算，即 $q_c = h(t_w - t_\infty)$，式中的 h 称表面传热系数(亦称对流换热系数)，其单位是 $W/(m^2 \cdot K)$。采用这样的书写形式是为了使热流的方向与流体温度的降落方向一致。如果 $t_w > t_\infty$，则热流方向从固体壁面指向流体；如果 $t_w < t_\infty$ 则相反。仔细分析一下这个公式，不难看出该式只不过是定义了一个表面传热系数而已，并不能直接去解决对流换热问题。但是，利用这个定义的直接好处是，把研究复杂对流换热问题集中到研究和确定表面传热系数上，使复杂问题从形式上得到简化；同时，由于表面传热系数是表示单位时间单位换热面积在单位温度差下的换热量，因而可以用来衡量各种对流换热过程换热性能的差异，这也就是表面传热系数这个定义沿用至今的道理。

表面传热系数如何确定呢？分析一下流体在壁面上的特征也许会有帮助。前面已经提到，壁面上的流体分子层由于受到固体壁面的吸附是处于不滑移的状态，其流速应为零，那么通过它的热流量只能依靠导热的方式传递。由傅里叶定律传导的热流密度为 $q_w = -\lambda \left.\frac{\partial t}{\partial y}\right|_{y=0}$，而从过程的热平衡可知，这些通过壁面流体层传导的热流量最终是以对流换热的方式传递到流体中去的，因而有 $q_w = q_c$。于是得到如下关系：

$$q_c = h(t_w - t_\infty) = -\lambda \left.\frac{\partial t}{\partial y}\right|_{y=0} \quad 或 \quad h = -\frac{\lambda}{\Delta t} \left.\frac{\partial t}{\partial y}\right|_{y=0} \tag{4-1}$$

其中，$\Delta t = t_w - t_\infty$。

式（4-1）称为对流换热微分方程，它给出了计算对流换热壁面上热流密度的公式，也确定了表面传热系数与流体温度场之间的关系。它清晰地告诉我们：要求解一个对流换热问题，获得该问题的表面传热系数或交换的热流量，就必须首先获得流场的温度分布，即温度场，然后确定壁面上的温度梯度，最后计算出在参考温差下的表面传热系数。因此，对流换热问题犹如导热问题一样，寻找流体系统的温度场的支配方程，并力图求解方程而获得温度场是处理对流换热问题的主要工作。由于流体系统中流体的运动影响着流场的温度分布，因而流体系统的速度分布（速度场）也是要同时确定的。这也就是说，速度场的场方程也必须找出，并加以求解。不幸的是，对于较为复杂的对流换热问题，在建立了流场方程之后，分析求解几乎是不可能的。此时，实验求解和数值求解是常常被采用的。尽管如此，实验关系式的形式及准则的确定还是建立在场方程的基础上的，数值求解的代数方程组也是从场方程或守恒定律推导得出的。

下面我们将针对一个对流换热过程的流场从质量守恒定律、动量守恒定律和能量守恒定律出发结合傅里叶（Fourier）导热定律和斯托克斯（Stokes）黏性定律推导出流场的支配方程组。

第二节　层流流动换热的微分方程组

对流换热过程是流体中的热量传递过程，涉及流体运动造成的热量的携带和流体分子运动的热量的传导（或扩散）。因此，流体的温度场与流体的速度场密切相关。要确立温度场和速度场就必须找出支配方程组，它们应该是，从质量守恒定律导出的连续性方程、从动量守恒定律导出的动量微分方程和从能量守恒定律导出的能量微分方程。从一般意义上讲，推导这些方程应该尽量少限制性条件，但是为了突出方程推导的物理实质而又不失一般性，这里选取二维不可压缩的常物性流体流场来进行微分方程组的推导工作。

1. 连续性方程

图 4-2 所示为一个二维流体流场，从中选取一个微元体 $dxdy\cdot 1$，并设定 x 方向的流体流速为 u，而 y 方向上的流体流速为 v，流体的密度为 ρ。将质量守恒定律应用于微元体，必然存在如下质量平衡关系：

单位时间流进和流出微元体的质量流量之差＝微元体质量随时间的变化率

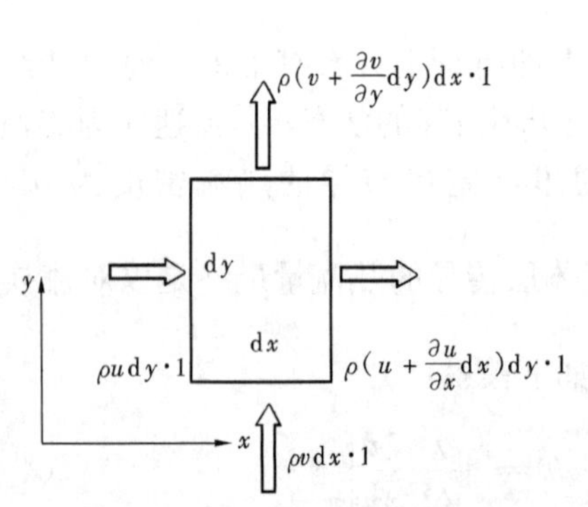

图 4-2　推导二维连续性方程流场示意

从 x 方向进入微元体的质量流量为 $\rho u dy\cdot 1$，流出则为 $\left(\rho u+\frac{\partial \rho u}{\partial x}dx\right)dy\cdot 1$，从 y 方向进入微元体的质量流量为 $\rho v dx\cdot 1$，流出则为

$$\left(\rho v+\frac{\partial \rho v}{\partial y}dy\right)dx\cdot 1$$

单位时间流进和流出微元体的质量流量之差为

$$-\left(\frac{\partial \rho u}{\partial x}+\frac{\partial \rho v}{\partial y}\right)dxdy\cdot 1$$

同时，微元体质量随时间的变化率应为 $\frac{\partial \rho}{\partial \tau}dxdy\cdot 1$。

从质量平衡关系可以得出连续性方程

$$\frac{\partial \rho}{\partial \tau}+\frac{\partial \rho u}{\partial x}+\frac{\partial \rho v}{\partial y}=0 \tag{4-2}$$

对于稳态流场

$$\frac{\partial \rho u}{\partial x}+\frac{\partial \rho v}{\partial y}=0 \tag{4-3}$$

对于不可压缩的常物性流场

$$\frac{\partial u}{\partial x}+\frac{\partial v}{\partial y}=0 \tag{4-4}$$

2. 动量方程

流体的运动应服从动量守恒定律，对于二维不可压缩流场，微元体$\mathrm{d}x\mathrm{d}y\cdot 1$的动量平衡关系应为

微元体内动量随时间的改变量＝因流体流动引起的微元体动量改变量＋作用于微元体上的外力之和

由于动量是矢量，为了便于分析常常采用其分量形式，对于二维流场就有 x 和 y 两个方向上的动量分量。

（1）因流体运动引起的微元体动量改变量。由图 4-3 可见，从 x 方向进入微元体质量流量在 x 方向上的动量为 $\rho u\mathrm{d}y\cdot 1\cdot u$，而从 x 方向流出微元体的质量流量在 x 方向上的动量则为

$$\left(\rho u+\frac{\partial \rho u}{\partial x}\mathrm{d}x\right)\mathrm{d}y\cdot 1\cdot\left(u+\frac{\partial u}{\partial x}\mathrm{d}x\right)$$

同时注意到，从 y 方向进入微元体的质量流量在 x 方向上的动量为 $\rho v\mathrm{d}x\cdot 1\cdot u$，而从 y 方向流出微元体的质量流量在 x 方向上的动量则为

$$\left(\rho v+\frac{\partial \rho v}{\partial y}\mathrm{d}y\right)\mathrm{d}x\cdot 1\cdot\left(u+\frac{\partial u}{\partial y}\mathrm{d}y\right)$$

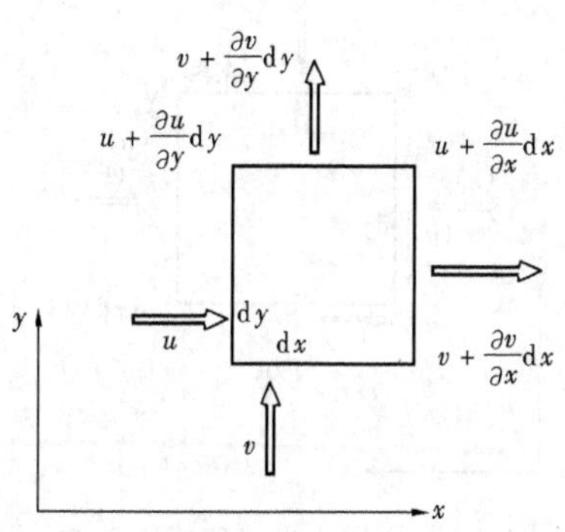

图 4-3 流场中微元体速度变化示意

把进入微元体的动量流量减去离开元体的动量流量，结果就是 x 方向上的动量改变量：

$$-\rho\left(u\frac{\partial u}{\partial x}+v\frac{\partial u}{\partial y}\right)\mathrm{d}x\mathrm{d}y\cdot 1 \tag{1a}$$

注意：在化简过程中利用了连续性方程，忽略了高阶小量。

同理，导出 y 方向上的动量改变量

$$-\rho\left(u\frac{\partial v}{\partial x}+v\frac{\partial v}{\partial y}\right)\mathrm{d}x\mathrm{d}y\cdot 1 \tag{1b}$$

（2）作用于微元体上的外力。作用于微元体上的力可以分为表面力和体积力。

体积力是由于重力场、电场或磁场作用于微元体上的结果。为了分析上的便利和简明，设定单位体积流体的体积力为 F，那么相应在 x 和 y 方向上的分量分别为 F_x 和 F_y。于是作用于微元体上的体积力在 x 方向为

$$F_x\mathrm{d}x\mathrm{d}y\cdot 1 \tag{2a}$$

而在 y 方向为

$$F_y \mathrm{d}x\mathrm{d}y \cdot 1 \tag{2b}$$

表面力是作用于微元体表面上的力。通常用作用于单位表面积上的力来表示，称之为应力。由于力作用的表面和作用力本身均为矢量，那么应力应该是一个二阶张量。在物理空间中面矢量和力矢量各自有三个相互独立的分量（和方向），因而对应组合可构成应力张量的九个分量。于是应力张量可表示为

$$\tau_{ij} = \begin{bmatrix} \tau_{11} & \tau_{12} & \tau_{13} \\ \tau_{21} & \tau_{22} & \tau_{23} \\ \tau_{31} & \tau_{32} & \tau_{33} \end{bmatrix}$$

式中 τ_{ij}——应力张量，$i=1, 2, 3$；$j=1, 2, 3$，下标 i 表示作用面的方向，下标 j 则表示作用力的方向。

通常将作用力和作用面方向一致的应力分量称为正应力，而不一致的称为切应力。

对于讨论的二维流场应力只剩下四个分量，记为

$$\begin{bmatrix} \sigma_x & \tau_{xy} \\ \tau_{yx} & \sigma_y \end{bmatrix}$$

式中 σ_x——x 方向上的正应力（力与面的方向一致）；

σ_y——y 方向上的正应力（力与面的方向一致）；

τ_{xy}——作用于 x 表面上的 y 方向上的切应力；

τ_{yx}——作用于 y 表面上的 x 方向上的切应力。

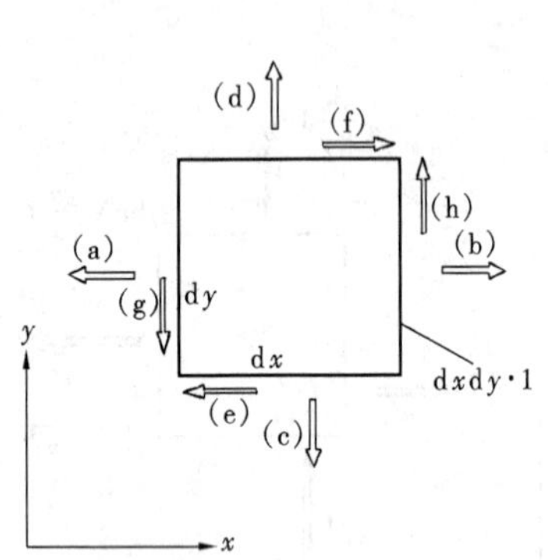

图 4-4 流场中微元体受力示意

(a) $\sigma_x \mathrm{d}y \cdot 1$；(b) $\left(\sigma_x + \frac{\partial \sigma_x}{\partial x}\mathrm{d}x\right)\mathrm{d}y \cdot 1$；

(c) $\sigma_y \mathrm{d}x \cdot 1$；(d) $\left(\sigma_y + \frac{\partial \sigma_y}{\partial y}\mathrm{d}y\right)\mathrm{d}x \cdot 1$；

(e) $\tau_{yx} \mathrm{d}x \cdot 1$；(f) $\left(\tau_{yx} + \frac{\partial \tau_{yx}}{\partial y}\mathrm{d}y\right)\mathrm{d}x \cdot 1$；

(g) $\tau_{xy} \mathrm{d}y \cdot 1$；(h) $\left(\tau_{xy} + \frac{\partial \tau_{xy}}{\partial x}\mathrm{d}x\right)\mathrm{d}y \cdot 1$

从图 4-4 显示的微元体上的应力作用情况可以看出：作用在 x 方向上表面力的净值为

$$\frac{\partial \tau_{yx}}{\partial y}\mathrm{d}x\mathrm{d}y \cdot 1 + \frac{\partial \sigma_x}{\partial x}\mathrm{d}x\mathrm{d}y \cdot 1 \tag{a}$$

而作用在 y 方向上表面力的净值为

$$\frac{\partial \tau_{xy}}{\partial x}\mathrm{d}x\mathrm{d}y \cdot 1 + \frac{\partial \sigma_y}{\partial y}\mathrm{d}x\mathrm{d}y \cdot 1 \tag{b}$$

由于流体黏性的作用，在应力的作用下流体的微元可以发生相应的变形。斯托克斯提出了归纳速度变形率与应力之间的关系的黏性定律，即

$$\tau_{xy} = \tau_{yx} = \mu\left(\frac{\partial u}{\partial y} + \frac{\partial v}{\partial x}\right), \quad \sigma_x = -p + 2\mu\frac{\partial u}{\partial x}, \quad \sigma_y = -p + 2\mu\frac{\partial v}{\partial y}$$

上式是针对二维问题的形式，式中 μ 为流体的动力黏性系数。将它们代入式（a）、式（b），得出作用在微元体上表面力的净值表达式：

在 x 方向上为

$$\left[-\frac{\partial p}{\partial x} + \mu\left(\frac{\partial^2 u}{\partial x^2} + \frac{\partial^2 u}{\partial y^2}\right)\right]\mathrm{d}x\mathrm{d}y \cdot 1 \tag{3a}$$

在 y 方向上为

$$\left[-\frac{\partial p}{\partial y}+\mu\left(\frac{\partial^2 v}{\partial x^2}+\frac{\partial^2 v}{\partial y^2}\right)\right]\mathrm{d}x\mathrm{d}y\cdot 1 \tag{3b}$$

（3）微元体中流体动量随时间的变化率。对于常物性不可压缩流体，微元体中流体动量随时间的变化率，在 x 方向上可以表述为

$$\rho\frac{\partial u}{\partial \tau}\mathrm{d}x\mathrm{d}y\cdot 1 \tag{4a}$$

在 y 方向上可以表述为

$$\rho\frac{\partial v}{\partial \tau}\mathrm{d}x\mathrm{d}y\cdot 1 \tag{4b}$$

（4）动量方程。现在将式（1a）、式（2a）、式（3a）、式（4a）和式（1b）、式（2b）、式（3b）、式（4b）分别代入动量平衡式，经整理得出分量形式的动量微分方程：
在 x 方向上

$$\rho\left(\frac{\partial u}{\partial \tau}+u\frac{\partial u}{\partial x}+v\frac{\partial u}{\partial y}\right)=F_x-\frac{\partial p}{\partial x}+\mu\left(\frac{\partial^2 u}{\partial x^2}+\frac{\partial^2 u}{\partial y^2}\right) \tag{4-5a}$$

在 y 方向上

$$\rho\left(\frac{\partial v}{\partial \tau}+u\frac{\partial v}{\partial x}+v\frac{\partial v}{\partial y}\right)=F_y-\frac{\partial p}{\partial y}+\mu\left(\frac{\partial^2 v}{\partial x^2}+\frac{\partial^2 v}{\partial y^2}\right) \tag{4-5b}$$

这就是二维不可压缩常物性流体的动量微分方程，它是流场速度分布的支配方程。通过与连续性方程联立，在给定的初、边值条件下可以求出流场的速度分布和压力分布。由于动量方程产生于微元体的动量守恒，因而方程各项的物理意义是十分明确的。方程的左边表征流场的惯性力（亦为动量的当地改变量与位移改变量），方程右边的第一项表征流场的体积力，第二项表征流场静压力的变化，而最后一项表征流场的黏性力（亦为黏性扩散引起的动量变化）。方程（4-5）可以改写成：
在 x 方向上

$$\rho\frac{\mathrm{D}u}{\mathrm{D}\tau}=F_x-\frac{\partial p}{\partial x}+\mu\left(\frac{\partial^2 u}{\partial x^2}+\frac{\partial^2 u}{\partial y^2}\right) \tag{4-6a}$$

在 y 方向上

$$\rho\frac{\mathrm{D}v}{\mathrm{D}\tau}=F_y-\frac{\partial p}{\partial y}+\mu\left(\frac{\partial^2 v}{\partial x^2}+\frac{\partial^2 v}{\partial y^2}\right) \tag{4-6b}$$

式中　记号 $\frac{\mathrm{D}}{\mathrm{D}\tau}$——流场的全导数或称真导数，表示在流场中物理量随时间的真实改变的速率。

设流场中某物理量 ϕ，则三维形式的全微分为

$$\mathrm{d}\phi=\frac{\partial \phi}{\partial \tau}\mathrm{d}\tau+\frac{\partial \phi}{\partial x}\mathrm{d}x+\frac{\partial \phi}{\partial y}\mathrm{d}y+\frac{\partial \phi}{\partial z}\mathrm{d}z$$

其总的变化率也就是全导数为

$$\frac{\mathrm{d}\phi}{\mathrm{d}\tau}=\frac{\mathrm{D}\phi}{\mathrm{D}\tau}=\frac{\partial \phi}{\partial \tau}+u\frac{\partial \phi}{\partial x}+v\frac{\partial \phi}{\partial y}+w\frac{\partial \phi}{\partial z}$$

式中　u、v、w——x，y，z 三个方向上的流体流速，$u=\frac{\mathrm{d}x}{\mathrm{d}\tau}$，$v=\frac{\mathrm{d}y}{\mathrm{d}\tau}$，$w=\frac{\mathrm{d}z}{\mathrm{d}\tau}$。

从物理意义上理解，$\dfrac{\partial \phi}{\partial \tau}$表示物理量随时间的当地变化率，而 $u\dfrac{\partial \phi}{\partial x}+v\dfrac{\partial \phi}{\partial y}+w\dfrac{\partial \phi}{\partial z}$ 则表示因流体运动而造成的物理量随时间的变化率。如果是一个稳态系统，则有 $\dfrac{\partial \phi}{\partial \tau}=0$；如果是一个固体系统，则有 $u\dfrac{\partial \phi}{\partial x}+v\dfrac{\partial \phi}{\partial y}+w\dfrac{\partial \phi}{\partial z}=0$。

3. 能量方程

流场中的温度分布无疑反映了流场能量分布的状态，受着能量守恒定律的制约。因而支配流场温度场的场方程——能量微分方程可以通过对流场中微元体进行能量平衡分析而得出。对于二维不可压缩常物性流体流场而言，微元体 $\mathrm{d}x\mathrm{d}y\cdot 1$ 在热力学上属于一个非稳定流动的开口系统，其能量平衡关系式为

$$Q=\frac{\mathrm{d}U}{\mathrm{d}\tau}+q_{m,\mathrm{out}}\left(h+\frac{1}{2}c^2+gz\right)_{\mathrm{out}}-q_{m,\mathrm{in}}\left(h+\frac{1}{2}c^2+gz\right)_{\mathrm{in}}+W_{\mathrm{t}} \tag{4-7}$$

式中　Q——以传导方式进入微元体的净的热流量；

U——微元体的热力学能；

q_m——质量流率，下标 in 及 out 分别表示流进及流出；

h——流体的比焓；

$\frac{1}{2}c^2$——流体的动能，即 $\frac{1}{2}c^2=\frac{1}{2}(u^2+v^2)$；

gz——势能；

W_{t}——微元体对外所做的净功。

考虑到流体流过微元体时动能及势能的变化可以忽略不计，且流体也不对外做功，上式可以简化为

$$Q=\frac{\mathrm{d}U}{\mathrm{d}\tau}+q_{m,\mathrm{out}}h_{\mathrm{out}}-q_{m,\mathrm{in}}h_{\mathrm{in}} \tag{a}$$

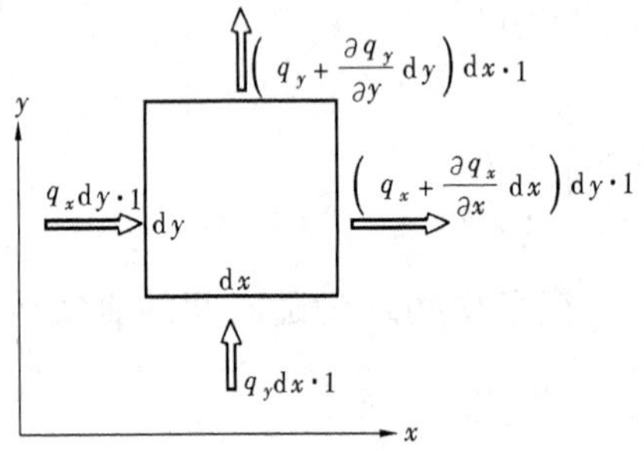

下面我们将导出微元体能量方程相应的各项。

（1）以热传导方式进入微元体的净的热流量。由图 4-5 可知，x 方向和 y 方向净导入微元体的热流量分别为 $-\dfrac{\partial Q_x}{\partial x}\mathrm{d}x$ 和 $-\dfrac{\partial Q_y}{\partial y}\mathrm{d}y$。引入傅里叶定律有 $Q_x=-\lambda\dfrac{\partial t}{\partial x}\mathrm{d}y\cdot 1$ 和 $Q_y=-\lambda\dfrac{\partial t}{\partial y}\mathrm{d}x\cdot 1$，代入上式可以得到单位时间内总的净导入微元体的热流量

图 4-5　以传导方式进入微元体的热流量

$\left(q_y+\frac{\partial q_y}{\partial y}\mathrm{d}y\right)\mathrm{d}x\cdot 1$

y

$q_x\mathrm{d}y\cdot 1$

$\left(q_x+\frac{\partial q_x}{\partial x}\mathrm{d}x\right)\mathrm{d}y\cdot 1$

$\mathrm{d}y$

$\mathrm{d}x$

$q_y\mathrm{d}x\cdot 1$

x

$$Q=\lambda\left(\frac{\partial^2 t}{\partial x^2}+\frac{\partial^2 t}{\partial y^2}\right)\mathrm{d}x\mathrm{d}y\cdot 1 \tag{b}$$

（2）流体流出、流进微元体所造成的焓差。以 x 方向为例，单位时间内通过截面 x 处流入微元体的焓为 $H_x=\rho c_p t u\mathrm{d}y\cdot 1$，通过截面 $x+\mathrm{d}x$ 处流出微元体的焓为 $H_{x+\mathrm{d}x}=\rho c_p\left(t+\dfrac{\partial t}{\partial x}\mathrm{d}x\right)\left(u+\dfrac{\partial u}{\partial x}\mathrm{d}x\right)\mathrm{d}y\cdot 1$，两者相减，得 x 方向流出微元体的净焓差为

$$H_{x+dx}-H_x=\rho c_p\left(u\frac{\partial t}{\partial x}+t\frac{\partial u}{\partial x}\right)dxdy\cdot 1$$

同理，y 方向上流出微元体的净焓差为

$$H_{y+dy}-H_y=\rho c_p\left(v\frac{\partial t}{\partial y}+t\frac{\partial v}{\partial y}\right)dxdy\cdot 1$$

于是，单位时间内流体流出、流进微元体所造成的焓差为

$$q_{m,\mathrm{out}}h_{\mathrm{out}}-q_{m,\mathrm{in}}h_{\mathrm{in}}=\rho c_p\left[\left(u\frac{\partial t}{\partial x}+v\frac{\partial t}{\partial y}\right)+t\left(\frac{\partial u}{\partial x}+\frac{\partial v}{\partial y}\right)\right]dxdy\cdot 1$$

$$=\rho c_p\left(u\frac{\partial t}{\partial x}+v\frac{\partial t}{\partial y}\right)dxdy\cdot 1 \tag{c}$$

应该指出，在上式的化简过程中也利用了连续性方程和忽略了高阶小量。

（3）微元体内流体的热力学能的变化量。单位质量流体的热力学能为 $u=c_V t$。如果利用流体不可压缩的条件，近似认为 $c_p=c_V$，则单位时间内微元体内流体的热力学能的变化为

$$\frac{dU}{d\tau}=\rho c_p\frac{dt}{d\tau}dxdy\cdot 1 \tag{d}$$

（4）能量方程。将所导出的各项式（b）、式（c）、式（d）代入微元体能量平衡方程式（a），经整理得出

$$\rho c_p\left(\frac{\partial t}{\partial \tau}+u\frac{\partial t}{\partial x}+v\frac{\partial t}{\partial y}\right)=\lambda\left(\frac{\partial^2 t}{\partial x^2}+\frac{\partial^2 t}{\partial y^2}\right) \tag{4-8}$$

这就是二维不可压缩常物性流场的能量微分方程，对于稳态流场方程变为

$$\rho c_p\left(u\frac{\partial t}{\partial x}+v\frac{\partial t}{\partial y}\right)=\lambda\left(\frac{\partial^2 t}{\partial x^2}+\frac{\partial^2 t}{\partial y^2}\right) \tag{4-9}$$

从前面的推导过程不难看出，方程式（4-8）各项的物理意义是十分明确的。方程左边三项中，第一项为流体能量随时间变化项，另外两项为流体热对流项；方程右边项为热传导（热扩散）项。当流体不流动时，流体流速为零，能量方程便退化为导热微分方程，即 $\rho c_p\frac{\partial t}{\partial \tau}=\lambda\left(\frac{\partial^2 t}{\partial x^2}+\frac{\partial^2 t}{\partial y^2}\right)$。由此不难看出，固体中的热传导过程是介质中传热过程的一个特例。

4. 层流流动换热的微分方程组

上面我们基于质量守恒、动量守恒和能量守恒的原则分别导出了常物性不可压缩流体二维层流流动与换热的连续性方程、动量方程和能量方程，它们是支配对流换热过程的场方程。在此可以归纳如下：

$$\frac{\partial u}{\partial x}+\frac{\partial v}{\partial y}=0$$

$$\rho\left(\frac{\partial u}{\partial \tau}+u\frac{\partial u}{\partial x}+v\frac{\partial u}{\partial y}\right)=F_x-\frac{\partial p}{\partial x}+\mu\left(\frac{\partial^2 u}{\partial x^2}+\frac{\partial^2 u}{\partial y^2}\right)$$

$$\rho\left(\frac{\partial v}{\partial \tau}+u\frac{\partial v}{\partial x}+v\frac{\partial v}{\partial y}\right)=F_y-\frac{\partial p}{\partial y}+\mu\left(\frac{\partial^2 v}{\partial x^2}+\frac{\partial^2 v}{\partial y^2}\right)$$

$$\rho c_p\left(\frac{\partial t}{\partial \tau}+u\frac{\partial t}{\partial x}+v\frac{\partial t}{\partial y}\right)=\lambda\left(\frac{\partial^2 t}{\partial x^2}+\frac{\partial^2 t}{\partial y^2}\right) \tag{4-10}$$

对于给定的流场在相应的边值条件下，联立求解连续性方程和动量方程可以获得流场的速度分布和压力分布。在速度场已知的情况下求解能量微分方程，最终可以获得流场的温度分布。此时，再引入换热微分方程 $h=-\frac{\lambda}{\Delta t}\frac{\partial t}{\partial n}\Big|_{n=0}$ （n 为壁面法线方向的坐标），最后可以求出流体与固体壁面之间的表面传热系数，从而解决给定的对流换热问题。

令人遗憾的是，对于大多数对流换热问题，尤其是流体流动状态从层流转变为紊流之后的换热问题，采用直接求解微分方程的分析办法几乎是不可能的。因此，对流换热问题的求解往往是一件较为复杂的工作。通常求解对流换热问题有如下几个途径：

(1) 分析求解。主要针对一些简单问题，如二维的边界层层流流动、库特流动和管内层流流动换热等，都可以通过数学分析的办法来求解。具体的求解方法读者可以通过阅读传热学方面的书籍而获得。

(2) 实验研究。由于对流换热的复杂性，实验研究是求解对流换热问题的主要方法，尤其是对于紊流换热问题、有相变的换热问题，或者几何结构复杂的换热问题，实验求解几乎是唯一的途径。虽然，数值分析方法得到发展，但其结果还是要通过实验来加以验证。因此，本教材将主要讨论对流换热过程的实验研究方法和所得的实验关系式的应用。

(3) 数值求解。随着计算机应用的普及和数值计算方法的发展，对流换热过程的数值分析越来越成为一种主要的求解方法，其结果的可信度越来越高。数值求解方法主要是将对流换热方程组在离散的控制体中变为代数方程组，然后编制出相应的计算机程序，通过计算机求出离散的温度分布，用于表示计算区域连续的温度分布。由于对流换热过程的数值分析较为复杂，有兴趣的读者可以参阅流体流动和传热数值计算方面的文献。

第三节　对流换热过程的相似理论

由于对流换热是复杂的热量交换过程，所涉及的变量参数比较多，常常给分析求解和实验研究带来困难。为此，人们常采用相似原则对换热过程的参数进行归类处理，将物性量、几何量和过程量按物理过程的特征组合成无量纲的数，它们常被称为无量纲准则。这样做的结果不仅减少了所研究问题的变量数目，而且给求解对流换热问题（包括分析求解、实验求解及数值求解）带来了较大的方便。下面我们将具体讨论对流换热过程的相似分析方法。

1. 无量纲形式的对流换热微分方程组

对于数学模型已经确立的对流换热过程，过程的相似分析是比较简单的。通常的做法是，首先选取对流换热过程中有关变量的特征值，将所有变量无量纲化，进而导出无量纲形式的对流换热微分方程组。于是，出现在无量纲方程组中的系数项就是我们所需要的无量纲数（或称无因次数），也就是无量纲准则，它们是变量特征值和物性量的某种组合。从方程中不难看出，流场中的任一无量纲变量均可表示为其余无量纲变量和无量纲准则的函数形式。现在，我们以流体流过平板的对流换热问题为例来进行换热过程的相似分析。

流体平行流过平板的对流换热过程如图 4-6 所示，来流速度为 u_∞，来流温度 t_∞，平板长度 L，平板温度 t_w，流体流过平板的压力降为 Δp。对于二维不可压缩流体的稳定流动，

如果流体物性为常数，且忽略体积力项，按图中所示坐标的流场支配方程为

$$\left.\begin{aligned}&\frac{\partial u}{\partial x}+\frac{\partial v}{\partial y}=0\\&\rho\left(u\frac{\partial u}{\partial x}+v\frac{\partial u}{\partial y}\right)=-\frac{\partial p}{\partial x}+\mu\left(\frac{\partial^2 u}{\partial x^2}+\frac{\partial^2 u}{\partial y^2}\right)\\&\rho\left(u\frac{\partial v}{\partial x}+v\frac{\partial v}{\partial y}\right)=-\frac{\partial p}{\partial y}+\mu\left(\frac{\partial^2 v}{\partial x^2}+\frac{\partial^2 v}{\partial y^2}\right)\\&\rho c_p\left(u\frac{\partial t}{\partial x}+v\frac{\partial t}{\partial y}\right)=\lambda\left(\frac{\partial^2 t}{\partial x^2}+\frac{\partial^2 t}{\partial y^2}\right)\end{aligned}\right\}\tag{4-11}$$

若两个对流换热现象相似，它们的温度场、速度场、黏度场、热导率场、壁面几何因素等都应分别相似，即要求在对应瞬间、对应点上各物理量分别成比例。但由于各影响因素彼此不是孤立的，它们之间存在着由对流换热微分方程组所规定的关系，故各相似倍数之间也必定有特定的制约关系，它们的值不是随意的。下面我们来寻找这些相似倍数之间的关系。

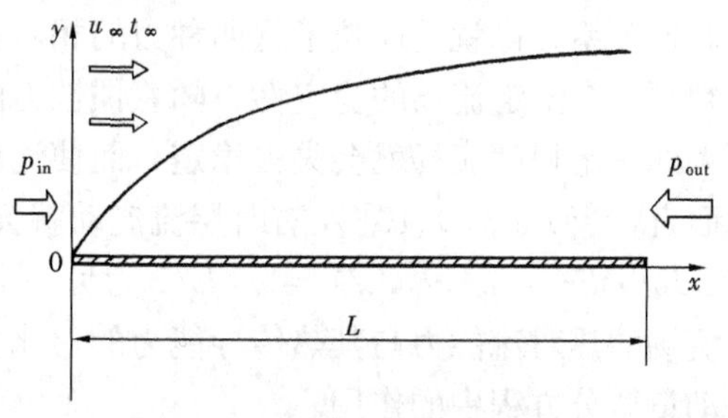

图 4-6　流体流过平板示意

今选取板长 L，来流流速 u_∞，温度差 $\Delta t=t_w-t_\infty$ 和压力降 $\Delta p=p_{in}-p_{out}$ 为变量的特征值，于是该换热过程的无量纲变量为 $U=u/u_\infty$，$V=v/u_\infty$，$X=x/L$，$Y=y/L$，$P=p/\Delta p$，$\Theta=(t-t_\infty)/(t_w-t_\infty)$。用这些无量纲变量去取代方程组中的相应变量，可得出无量纲变量组成的方程组：

$$\left.\begin{aligned}&\frac{u_\infty}{L}\left(\frac{\partial U}{\partial X}+\frac{\partial V}{\partial Y}\right)=0\\&\frac{\rho u_\infty^2}{L}\left(U\frac{\partial U}{\partial X}+V\frac{\partial U}{\partial Y}\right)=-\frac{\Delta p}{L}\frac{\partial P}{\partial X}+\frac{\mu u_\infty}{L^2}\left(\frac{\partial^2 U}{\partial X^2}+\frac{\partial^2 U}{\partial Y^2}\right)\\&\frac{\rho u_\infty^2}{L}\left(U\frac{\partial V}{\partial X}+V\frac{\partial U}{\partial Y}\right)=-\frac{\Delta p}{L}\frac{\partial P}{\partial Y}+\frac{\mu u_\infty}{L^2}\left(\frac{\partial^2 V}{\partial X^2}+\frac{\partial^2 V}{\partial Y^2}\right)\\&\frac{\rho c_p u_\infty \Delta T}{L}\left(U\frac{\partial \Theta}{\partial X}+V\frac{\partial \Theta}{\partial Y}\right)=\frac{\lambda\Delta t}{L^2}\left(\frac{\partial^2 \Theta}{\partial X^2}+\frac{\partial^2 \Theta}{\partial Y^2}\right)\end{aligned}\right\}\tag{4-12}$$

从上式中不难看出，方程中的系数均由变量的参考值组成，它们各自表征其所在项的物理特征，如 $\frac{\rho u_\infty^2}{L}$ 表征流场的惯性力，$\frac{\mu u_\infty}{L^2}$ 表征流场的黏性力，$\frac{\rho c_p u_\infty \Delta T}{L}$ 表征流场的热对流能量，$\frac{\lambda\Delta t}{L^2}$ 表征流场的热传导能量。把上式变成无量纲形式，有

$$\frac{\partial U}{\partial X}+\frac{\partial V}{\partial Y}=0$$

$$U\frac{\partial U}{\partial X}+V\frac{\partial U}{\partial Y}=-Eu\frac{\partial P}{\partial X}+\frac{1}{Re}\left(\frac{\partial^2 U}{\partial X^2}+\frac{\partial^2 U}{\partial Y^2}\right)$$

$$U\frac{\partial V}{\partial X}+V\frac{\partial V}{\partial Y}=-Eu\frac{\partial P}{\partial Y}+\frac{1}{Re}\left(\frac{\partial^2 V}{\partial X^2}+\frac{\partial^2 V}{\partial Y^2}\right)$$

$$U\frac{U\Theta}{\partial X}+V\frac{\partial\Theta}{\partial Y}=\frac{1}{Re\cdot Pr}\left(\frac{\partial^2\Theta}{\partial X^2}+\frac{\partial^2\Theta}{\partial Y^2}\right) \tag{4-13}$$

在无量纲方程中出现了几个无量纲的准则，下面将对这几个无量纲准则的物理量组成和它们各自的物理意义加以说明。

$Eu=\Delta p/(\rho u_\infty^2)$，定义为欧拉（Euler）数，它反映了流场压力降与其动压头之间的相对关系，体现了在流动过程中动量损失率的相对大小。这也和流场阻力系数的定义式 $c_D=\Delta p/\left(\frac{1}{2}\rho u_\infty^2\right)$ 在实质上是一样的，即 $c_D=2Eu$。

$Re=\rho u_\infty L/\mu=u_\infty L/\nu$，称为雷诺（Reynold）数，表征了给定流场的惯性力与其黏性力的对比关系，也就是反映了这两种力的相对大小，式中 ν 为流体的运动黏度。利用雷诺数可以判别一个给定流场的稳定性，随着惯性力的增大和黏性力的相对减小，雷诺数就会增大，而大到一定程度流场就会失去稳定，而使流动从层流变为紊流。对于这里讨论的流体流过平板而言，当 $Re=5\times10^5$ 左右时层流流动就会变为紊流流动。

$Re\cdot Pr=\rho c_p u_\infty L/\lambda=u_\infty L/a$ 为另一个准则，称为贝克来准则，记为 Pe，它反映了给定流场的热对流能力与其热传导能力的对比关系。它在能量微分方程中的作用相当于雷诺数在动量微分方程中的作用。

$Pr=\nu/a$ 称为普朗特（Prandtl）数，是贝克来数和雷诺数之比，它反映了流体的动量扩散能力与其热量扩散能力的对比关系，是一个无量纲的物性准则。

这里再将换热微分方程 $h=-\frac{\lambda}{\Delta t}\left.\frac{\partial t}{\partial y}\right|_{y=0}$ 按流过平板相应的坐标系，采用上述的无量纲变量将其无量纲化，得到 $Nu=-\left.\frac{\partial\Theta}{\partial Y}\right|_{Y=0}$，式中 $Nu=hL/\lambda$，称为努塞尔（Nusselt）数，它反映了给定流场的换热能力与其导热能力的对比关系。这是一个在对流换热计算中必须要加以确定的准则。

此外，还可以定义斯坦顿（Stanton）数，$St\equiv\frac{Nu}{Re\cdot Pr}=\frac{h}{\rho c_p u}$，它是一种修正的努塞尔数，其物理意义可视为流体实际的换热热流密度与可传递之最大热流密度之比。

在运用相似理论时，应该注意，只有属于同一类型的物理现象才有相似的可能性，也才能谈相似问题。所谓同类现象，就是指用相同形式和内容的微分方程（控制方程＋单值性条件方程）所描述的现象。判断两个现象是否相似的条件是：凡同类现象，单值性条件相似，同名已定特征数相等，那么现象必定相似。据此，如果两个现象彼此相似，它们的同名相似特征数就相等。

读者一定注意到，努塞尔准则 Nu 与非稳态导热分析中的毕渥数 Bi 形式上是相似的。但是，一定要注意，Nu 中的 L_f 为流场的特征尺寸，λ_f 为流体的导热系数；而 Bi 中的 L_s 为固体系统的特征尺寸，λ_s 为固体的导热系数。它们虽然都表示边界上的无量纲温度梯度，但前者在流体侧而后者在固体侧，如图 4-7 所示。显然，这两个准则的物理意义也是各不相同，毕渥数所表征的是物体与环境间的换热能力与其自身的导热能力之间的对比关系。

2. 无量纲方程组的解及换热准则关系式

对方程式（4-12）无论采取什么方式求解，总可以得出如下形式的速度场和温度场的函数形式：

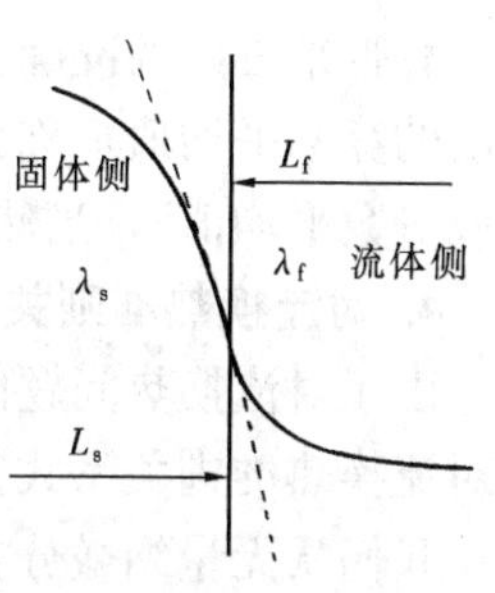

图 4-7　Nu 和 Bi 准则的物理意义

速度分布：$U = f_u(Re, Eu, P, X, Y)$，　$V = f_v(Re, Eu, P, X, Y)$

压力分布：$P = f_p(Eu, X, Y)$，　$Eu = f_e(Re)$

温度分布：$\Theta = f_\theta(Re, Pr, U, V, X, Y)$

分析上面的函数关系，不难得到温度分布的最终表达式，$\Theta = f_\theta\ (Re,\ Pr,\ X,\ Y,)$，对其求 Y 的偏导数，并令 $Y=0$，得出 $\left.\dfrac{\partial \Theta}{\partial Y}\right|_{Y=0} = f'_\theta(Re, Pr, X) = -Nu_x$。如果取从 0 到 X 之间的 Nu_x 的平均值，应有

$$\overline{Nu_x} = f'_\theta(Re, Pr) \tag{4-14}$$

从上式不难看出，在计算几何形状相似的流动换热问题时，如果只是求取其平均的换热性能，就可以归结为确定几个准则之间的某种函数关系，最后得出平均的表面传热系数和总体的换热热流量。

同时还应看到，由于无量纲准则是由过程量、几何量和物性量组成的，从而使实验研究的变量数目显著减少，这对减少实验工作量和实验数据处理时间是至关重要的。尤其是通过实验所获得的这种准则关系式还可以推广应用于同一类型的流动换热问题中去。如，前面所讨论的流体平行流过平板的换热问题，只要通过实验获得了相应的准则关系式，就能对这样一类问题在选定特征尺寸和特征流速之后利用该关系式来进行相应的换热计算。

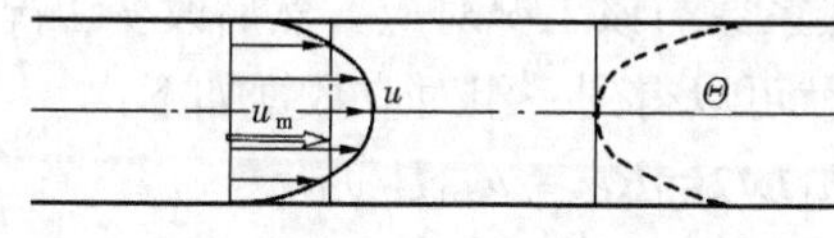

图 4-8　管内流动换热示意

[图中 u_m 流体平均流速；$\Theta = (t-t_w)\ /\ (t_f-t_w)$ 无量纲流体温度]

如果讨论的是流体在管内流动时的换热问题，如图 4-8 所示，在研究该问题时，通常采用管道的内直径 d 作为特征尺寸，而用管道内截面上的平均流速 u_m 作为特征流速，相应的无量纲准则为 $Nu = hd/\lambda, Re = u_m d/\nu$，对应的准则关系式为 $Nu = f'_\theta(Re, Pr)$。该关系式也能通过实验研究得出具体的准则关系式，且能适用于同一类型的流动换热问题。

3. 特征尺寸、特征流速和定性温度

我们在对流动换热微分方程组进行无量纲化时，选定了对应变量的特征值，然后进行无量纲化的工作，这些特征参数是流场的代表性的数值，分别表征了流场的几何特征、流动特征和换热特征。这里再做一点分析。

特征尺寸　它反映了流场的几何特征，对于不同的流场特征尺寸的选择是不同的。如，对于流体平行流过平板，选择沿流动方向上的长度尺寸；对于管内流体流动，选择垂直于流动方向的管内直径；对于流体绕流圆柱体流动，选择流动方向上的圆柱体外直径。

特征流速　它反映了流体流场的流动特征，是可以参照的特征参数，且易于确定。不同的流场其流动特征不同，所选择的特征流速是不同的。如，流体流过平板，来流速度被选择为特征流速；流体管内流动，管子截面上的平均流速可作为特征流速；流体绕流圆柱体流动，来流速度可选择为特征流速。

定性温度　无量纲准则中的物性量是温度的函数，确定物性量数值的温度称为定性温度。对于不同的流场定性温度的选择是不同的，这得根据确定该温度是否方便以及能否给换热计算带来较好的准确性来选取。一般的做法是，外部流动常选择来流流体温度和固体壁面温度的算术平均值，称为膜温度；内部流动常选择管内流体进出口温度的平均值（算术平均值或对数平均值），当然也有例外。

4. 对流换热准则关系式的实验获取方法

由于对流换热问题的复杂性，实验研究是解决换热问题的主要方法。在工程上大量使用的对流换热准则关系式都是通过实验获得的。这里对实验研究的方法做一个简单的介绍。

我们从无量纲微分方程组推出了一般化的准则关系式 $\overline{Nu_x} = f'_\theta(Re, Pr)$。但这是一个原则性的式子，要得到某种类型的对流换热问题在给定范围内的具体的准则关系式，在多数情况下还必须通过实验的办法来确定。关于如何去进行实验，如何测量实验数据，以及如何整理实验数据而得出准则关系式，下面就以流体流过平板的换热问题为例来进行简单的讨论。

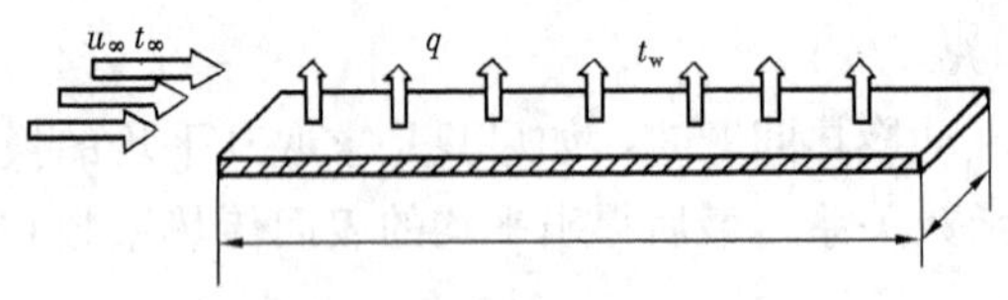

图 4-9 平板对流换热实验装置

图 4-9 所示为平板在风洞中进行换热实验的示意图，相关的物理量标识在图中。为了得出该换热问题的准则关系式，必须测量的物理量有：流体来流速度 u_∞，来流温度 t_∞，平板表面温度 t_w，平板的长度 L 和宽度 B，以及平板的加热量 Q（通过测量电加热器的电流 I 和电压 U 而得出）。当我们获得这些物理量之后就能够从热平衡关系式求出表面传热系数，即由 $Q=I \cdot U=h(t_w-t_\infty)LB$ 得到 $h = IU/[(t_w - t_\infty)LB]$。

由于我们是在寻找准则关系式，必须在不同的工况下获得不同的表面传热系数值。所以在某一实验工况下测量上述物理量，并计算出表面传热系数与该工况对应，然后改变工况又得出对应的另一个表面传热系数值。如此进行 N 次，就可以得到一组对应数据如下：

$$
\begin{array}{lcl}
h_1 \Leftrightarrow u_{\infty 1} & & Nu_1 = h_1 L/\lambda \Leftrightarrow Re_1 = u_{\infty 1} L/\nu \\
h_2 \Leftrightarrow u_{\infty 2} & & Nu_2 = h_2 L/\lambda \Leftrightarrow Re_2 = u_{\infty 2} L/\nu \\
h_3 \Leftrightarrow u_{\infty 3} & \text{将它们无量纲化得} & Nu_3 = h_3 L/\lambda \Leftrightarrow Re_3 = u_{\infty 3} L/\nu \\
\vdots & & \vdots \\
h_N \Leftrightarrow u_{\infty N} & & Nu_N = h_N L/\lambda \Leftrightarrow Re_N = u_{\infty N} L/\nu
\end{array}
$$

假设认为准则关系式有 $Nu=c_1Re^n$ 这样的形式。这是一种先验的处理办法，但是，这给拟合准则关系式带来较大的方便。对此式两边取对数，有 $\lg Nu=\lg c_1+n\lg Re$，从而使关系式变为线性关系式，如 $y=a+nx$ 的形式。这样就使整理实验数据变得较为容易。

最小二乘法是常用的线性拟合方法，原理和计算公式简述如下：

假定线性关系为 $y=a+nx$，做 k 次实验得到 $y'_i=a+nx_i$，式中与假定关系比较的偏差为 $W = \sum_{i=1}^{k}(y'_i - y_i)^2$。为了使 W 值最小，应有 $\frac{\partial W}{\partial n} = 0, \frac{\partial W}{\partial a} = 0$。于是得到求解 a、n 的方程式为

$$n\sum_{i=1}^{k} x_i^2 + a\sum_{i=1}^{k} x_i = \sum_{i=1}^{k} x_i y_i, n\sum_{i=1}^{k} x_i + ak = \sum_{i=1}^{k} y_i$$

式中 $y_i = \lg Nu_i, x_i = \lg Re_i$。

求出 a、n 之后，假定线性关系确立，最后得到 $Nu=c_1Re^n$ 形式的准则关系式。

采用几何作图的方法也可以求出 a、n 的数值，如图 4-10 所示。

如果考虑物性对换热的影响，换热准则关系式可写成 $Nu=cRe^nPr^m$ 的形式。此时，可

在得出 $Nu=c_1Re^n$ 关系式的基础上用实验找到 Nu/Re^n（即 c_1）与 Pr 对应的实验数据，而后采用上述办法获得关系式中的 c 和 m 值，从而确定 $Nu=cRe^nPr^m$ 这一准则关系。

这里再次强调，无量纲准则中的特征流速和特征尺寸的选用应按照换热过程的类型来决定。其原则是，能代表流场特征，且易于通过实验获取。这里特征流速选为 u_∞，特征尺寸选为 L，符合上述原则。对于几何结构比较复杂的对流换热过程，特征尺寸无法从已知的几何尺度中选取，通常的做法是采用当量尺寸，如图 4-11 所示。如异形管槽内的流动换热，其当量直径定义为

$$d_e=\frac{4f}{P}$$

式中 f——流体的通流面积；

P——流体的润湿周边。

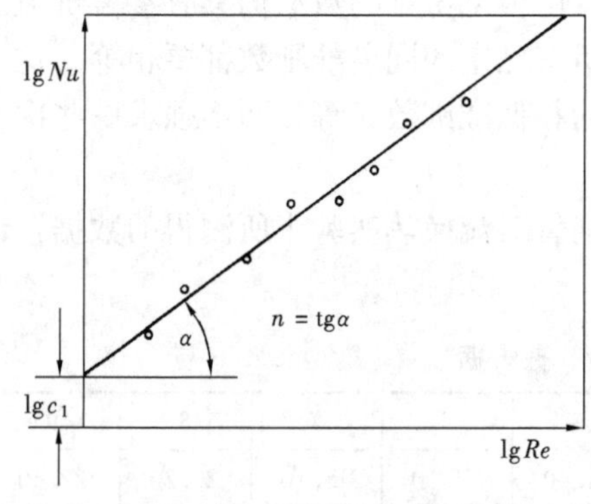

图 4-10 准则关系式的作图确定示意

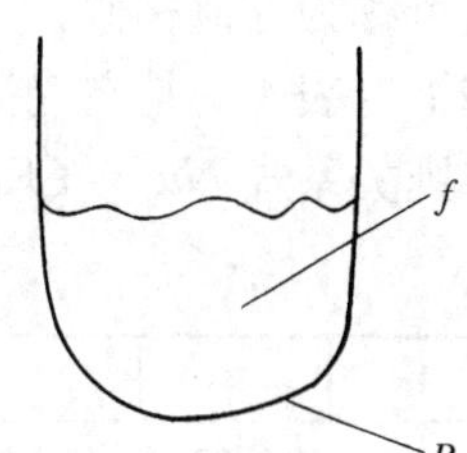

图 4-11 流场当量尺寸示意

有时，在确定特征流速时也同样会遇到困难，如自然对流换热、流过管束的对流换热以及异形管道中的对流换热等。这些都将按照实际情况或工程上约定的办法来处理。

此外，无量纲准则中的物性量的取值温度，也就是定性温度，这里采用了膜温度 $t_m=(t_w+t_\infty)/2$。不同的换热类型定性温度的选取也是不同的，这都会在后面介绍实验关系式的应用时明确指出。

通过实验获得的准则关系式，不仅能够应用于实验所采用的对流换热问题，而且还可以推广应用于同类型对流换热问题。譬如，流体平行流过平板的对流换热，我们是在某种流体中进行的实验，所得到的准则关系式可以用于同类型不同温度的同种流体，或者其他流体；亦可用于同类型不同长度、不同流速的平板。值得注意的是，实验是在一定的范围内进行的，相应的雷诺数和普朗特数就有一定的范围，在推广应用时一定要予以指明。

【例 4-1】 为了解某空气预热器的换热性能，用尺寸为实物 1/8 的模型来预测。模型中用 40℃的空气模拟空气预热器中 133℃的空气。空气预热器中空气的流速为 6.03m/s，问模型中空气的流速应该为多少？如果模型中测得的表面传热系数为 412W/(m² · K)，则空气预热器中对应的表面传热系数为多少？

解 由相似理论，要使模型与实物中的对流换热现象相似，就应使它们的同名相似准则数相等。以下用下标 m 表示模型的参数，下标 p 表示实物的参数。

(1) 求模型中空气的流速

由相似原理，$Re_m = Re_p$，即$\frac{u_m l_m}{\nu_m} = \frac{u_p l_p}{\nu_p}$，可得 $u_m = u_p \frac{l_p \nu_m}{l_m \nu_p}$

查附录5得空气的物性参数：40℃时 $\nu_m = 16.96 \times 10^{-6} m^2/s$，$\lambda_m = 0.0276 W/(m \cdot K)$；133℃时 $\nu_p = 26.98 \times 10^{-6} m^2/s$，$\lambda_p = 0.0344 W/(m \cdot K)$。计算得 $u_m = 30.32 m/s$。

(2) 空气预热器的表面传热系数

显然，应有 $Nu_m = Nu_p$，即 $\frac{h_m l_m}{\lambda_m} = \frac{h_p l_p}{\lambda_p}$

则

$$h_p = h_m \frac{l_m \lambda_p}{l_p \lambda_m} = 64.19 \ W/(m^2 \cdot K)$$

说明：由相似原理，模型和实物中空气的普朗特数也应该相等。但本题中两者的温度不同，40℃时的 $Pr_m = 0.699$，133℃时的 $Pr_p = 0.685$。两者其实相差不大，近似相等，可认为模型和实物中的对流换热是基本相似的，由模型得到的数据仍具有参考价值。

另外，根据相似原理，两个相似现象的所有已定的同名准则数都要相等。这一点在实际中是很难做到的。这时，我们只要做到主要的相似准则数相等，而不强求一些次要的准则数都相等。这可称为近似相似。

【例4-2】 表4-1是空气横向绕流单根圆管对流换热实验中所测得的数据，试将表中数据整理为准则关系式 $Nu = CRe^m$ 的形式。

表4-1 实验数据

	1	2	3	4	5	6	7	8	9	10
$Re \times 10^{-3}$	5.00	6.87	8.04	9.55	11.60	14.00	15.10	20.20	22.40	25.00
Nu	37.8	45.1	50.6	56.4	62.5	70.0	74.5	86.1	90.9	100.0

解 本题就是要得到 C 和 m 的具体数值。可以先转换为 $\lg Nu = m \lg Re + \lg C$ 的形式，相应的数据转换见表4-2。

表4-2 数据转换

	1	2	3	4	5	6	7	8	9	10
$\lg Re$	3.699	3.837	3.905	3.980	4.064	4.146	4.179	4.305	4.350	4.398
$\lg Nu$	1.577	1.654	1.704	1.751	1.796	1.845	1.872	1.935	1.959	2.000

这里采用作图法。在图中先标上实验数据点，如图4-12所示，再作一条最接近这些点的一条直线。该直线的斜率约为 $m = 0.60$。

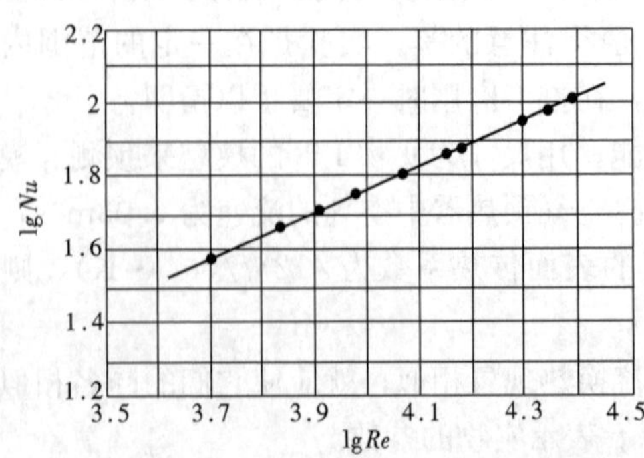

图4-12 例4-2图

C 则可按照 $C = Nu/Re^{0.60}$ 来计算。在直线上取若干个点，如点1，可得 $C_1 = 37.8/5000^{0.6} = 0.228$；点6可得 $C_2 = 70.0/14\ 000^{0.6} = 0.228$；点10可得 $C_3 = 100.0/25\ 000^{0.6} = 0.230$。最后求它们的平均值得 $C = 0.229$。

所求准则关系式为 $Nu = 0.229 Re^{0.6}$

说明：作图法有一定的人为误差。也可以采用最小二乘法，准确度要高些。

第四节 边界层理论

1. 边界层的概念

当流体流过固体壁面时，由于被壁面吸附的流体分子层是处于不滑移的状态，因而在流体黏性力的作用下，近壁流体流速在垂直于壁面的方向上会从壁面处的零速度逐步变化到来流速度，如图 4-13 所示。流体流速变化的剧烈程度，即该方向上的速度梯度，与流体的黏性力和速度的大小密切相关。普朗特通过观察发现，对于低黏度的流体，如水和空气等，在以较大的流速流过固体壁面时，在壁面上流体速度发生显著变化的流体层是非常薄的。

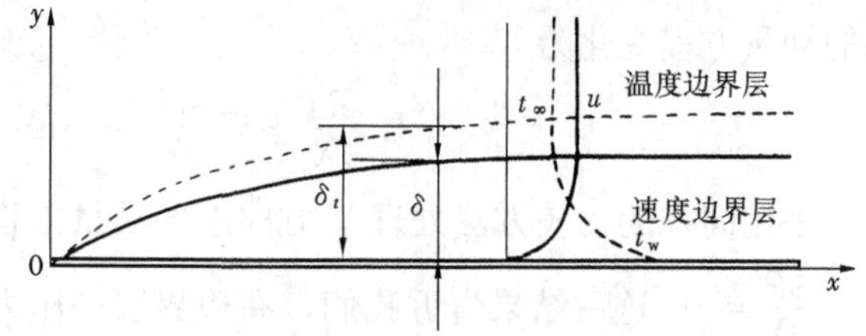

图 4-13 边界层概念示意

因而他把在垂直于壁面的方向上流体流速发生显著变化的流体薄层定义为**速度边界层或流动边界层**，而把边界层外流体速度变化比较小的流体流场视为势流流动区域。引入边界层的概念之后，流体流过固体壁面的流场就人为地分成两个不同的区域，其一是边界层流动区，这里流体的黏性力与流体的惯性力共同作用，引起流体速度发生显著变化；其二是势流区，这里流体黏性力的作用非常微弱，可视为无黏性的理想流体流动，也就是势流流动。

我们说边界层是壁面上方流速发生显著变化的薄层，但其边缘所在的位置却是模糊的。在实际分析边界层问题时，人们通常约定当速度变化达到 $u/u_\infty=0.99$ 时的空间位置为速度边界层的外边缘。那么，从这个人为确定的边缘到平板壁面之间的距离就是边界层的厚度 $\delta(x)$。随着流体流动沿 x 方向（主流方向）向前推进，边界层的厚度也会逐步增大。

当流体流过平板，而平板的温度 t_w 与来流流体的温度 t_∞ 不相等时，对于空气和水这样的低黏性流体，其热扩散系数也很小，在壁面上方也能形成温度发生显著变化的薄层，常称为**温度边界层或热边界层**。仿照速度边界层的约定规则，当壁面与流体之间的温差达到壁面与来流流体之间的温差的 0.99 倍，即 $\dfrac{t_w-t}{t_w-t_\infty}=0.99$ 时，此时的空间位置就是热边界层的外边缘。那么，从该边缘到壁面之间的距离就是热边界层的厚度，记为 $\delta_t(x)$。如果整个平板都保持温度 t_w，那么，$x=0$ 时 $\delta_t(x)=0$，且随着 x 值的增大逐步增厚。在同一位置上热边界层厚度与速度边界层厚度的相对大小与流体的普朗特数 Pr 有关，也就是与流体的热扩散特性和动量扩散特性的相对大小有关。

2. 边界层微分方程组

按照普朗特的边界层为一个薄层的假设，以及满足这一假设下的流场特征，前述对流换热微分方程组［见式 (4-12)］就可以在边界层问题中得以简化。

由边界层假设 $\delta(x)/x \ll 1$，可以得出 $Y/X \ll 1$。如果设定 x 的数量级为 1，那么 Y 的数量级定义为 Δ（一个小量）；在设定主流方向上的无量纲速度 $U=u/u_\infty$ 的数量级为 1 的情况下，由连续性方程 $\dfrac{\partial U}{\partial X}+\dfrac{\partial V}{\partial Y}=0$ 可以得出 V 的数量级为 Δ。在此基础上对 X 方向上的动量微分方程进行数量级分析，可以得出如下近似关系式：

$$1\frac{1}{1}+\Delta\frac{1}{\Delta}=-\frac{1}{1}+\frac{1}{Re}\left(\frac{1}{1^2}+\frac{1}{\Delta^2}\right) \tag{a}$$

按照边界层假设，在边界层中惯性力与黏性力应有相同的数量级，则 $\frac{1}{Re}\left(\frac{1}{1^2}+\frac{1}{\Delta^2}\right)$ 的数量级应为1，不难判明雷诺数 Re 的数量级为$\frac{1}{\Delta^2}$，这与前面所说的雷诺数足够大是一致的。将雷诺数的数量级代入式（a）中，并且忽略方程中数量级等于或小于 Δ 的相应项，X 方向上的动量方程变化为

$$U\frac{\partial U}{\partial X}+V\frac{\partial U}{\partial Y}=-Eu\frac{\partial P}{\partial X}+\frac{1}{Re}\frac{\partial^2 U}{\partial Y^2}$$

采用同样的比较方法处理 Y 方向上的动量方程，由于方程各项的数量级均为 Δ，由此得出 $-\frac{\partial P}{\partial Y}=0$。这一结果告诉我们，在边界层中压力不随 Y 的变化而变化，仅仅是 X 的函数。于是边界层的动量微分方程就由两个变为一个，即

$$U\frac{\partial U}{\partial X}+V\frac{\partial U}{\partial Y}=-Eu\frac{\mathrm{d}P}{\mathrm{d}X}+\frac{1}{Re}\frac{\partial^2 U}{\partial Y^2} \tag{4-15}$$

同样地，对能量方程进行数量级比较，有

$$1\frac{1}{1}+\Delta\frac{1}{\Delta}=\frac{1}{Re\cdot Pr}\left(\frac{1}{1^2}+\frac{1}{\Delta^2}\right) \tag{b}$$

按照数量级一致原则，$1/(Re\cdot Pr)$ 的数量级为 Δ^2。于是得出无量纲边界层能量微分方程：

$$U\frac{\partial \Theta}{\partial X}+V\frac{\partial \Theta}{\partial Y}=\frac{1}{Re\cdot Pr}\frac{\partial^2 \Theta}{\partial Y^2} \tag{4-16}$$

将以上无量纲边界层微分方程转化为有量纲的形式，即为

$$\left.\begin{aligned}&\frac{\partial u}{\partial x}+\frac{\partial v}{\partial y}=0\\&\rho\left(u\frac{\partial u}{\partial x}+v\frac{\partial u}{\partial y}\right)=-\frac{\mathrm{d}p}{\mathrm{d}x}+\mu\frac{\partial^2 u}{\partial y^2}\\&\rho c_p\left(u\frac{\partial \theta}{\partial x}+v\frac{\partial \theta}{\partial y}\right)=\lambda\frac{\partial^2 \theta}{\partial y^2}\end{aligned}\right\} \tag{4-17}$$

式中 θ——流体过余温度，$\theta=t-t_\infty$。

微分方程组经过在边界层中简化后，由于动量方程和能量方程分别略去了主流方向上的动量扩散项 $\frac{\partial^2 u}{\partial x^2}$ 和热量扩散项 $\frac{\partial^2 \theta}{\partial x^2}$，从而构成上游影响下游而下游不影响上游的物理特征。这就使得动量方程和能量方程变成了抛物线型的非线性偏微分方程；由于动量方程由两个变成为一个，且$\frac{\mathrm{d}p}{\mathrm{d}x}$项可在边界层的外边缘上利用伯努利方程变成 $-\rho u_\infty\frac{\mathrm{d}u_\infty}{\mathrm{d}x}$ 的形式，于是方程组在给定的边值条件下可以进行分析求解，所得结果称为边界层问题的**精确解**。

对于外掠平板的层流流动，主流场速度是均速 u_∞，温度是均温 t_∞，并假定平板为恒温 t_w。此问题的定解条件可以表示为

$$y=0:u=v=0,\quad t=t_w$$
$$y=\infty:u=u_\infty,\quad t=t_\infty$$

解出温度场后可求得流体外掠平板的层流流动问题的局部表面传热系数 h_x 的表达式为（具体求解过程参阅相关文献）

$$h_x=0.332\frac{\lambda}{x}\left(\frac{u_\infty x}{\nu}\right)^{1/2}\left(\frac{\nu}{a}\right)^{1/3} \tag{4-18}$$

或者以无量纲数的形式改写为局部 Nusselt 数的表达式：

$$Nu_x=0.332Re_x^{1/2}Pr^{1/3} \tag{4-19}$$

此时有$\frac{dp}{dx}=0$,式(4-17)中的动量方程与能量方程具有完全相同的数学形式,且边界条件的形式也一样,故 $\frac{u-u_w}{u_\infty-u_w}$ 与$\frac{t-t_w}{t_\infty-t_w}$ 两者的分布完全相同。温度边界层的厚度 $\delta_t(x)$与速度边界层的厚度 $\delta(x)$的相对大小则取决于普朗特数的大小$\left(Pr=\frac{\nu}{a}=\frac{\mu c_p}{\lambda}\right)$。

3. 边界层积分方程组

事实上，用分析法求解边界层微分方程组在数学上仍然有不少的复杂性。Th. Von Karman 于 1921 年提出了动量边界层积分方程，Г. Н. Кружилин 于 1936 年完成了一套对能量、动量积分方程的解法，所得的结果称为边界层问题的**近似解**。

边界层积分方程一般可由两种方法获得：其一是将动量守恒定律和能量守恒定律应用于控制体；其二是对边界层微分方程直接进行积分。下面采用后一方法来进行推导。

如图 4-14 所示，以常物性不可压缩流体沿平板的二维稳定流动为例。边界层能量微分方程为

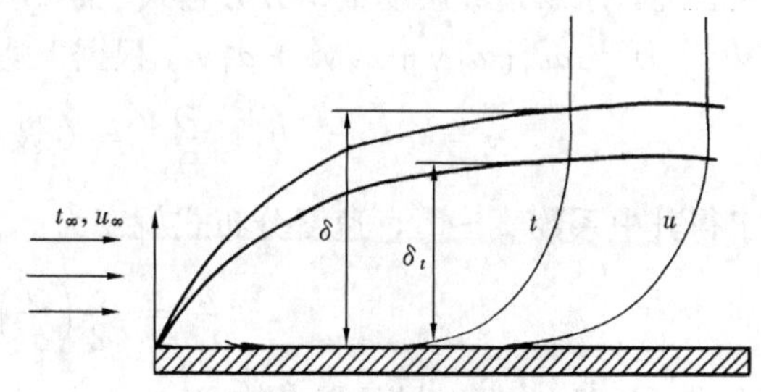

图 4-14 边界层积分方程的推导

$$u\frac{\partial t}{\partial x}+v\frac{\partial t}{\partial y}=a\frac{\partial^2 t}{\partial y^2}$$

对任一固定 x，将能量方程从 $y=0$ 到 $y=\delta_t$ 积分得

$$\int_0^{\delta_t}u\frac{\partial t}{\partial x}dy+\int_0^{\delta_t}v\frac{\partial t}{\partial y}dy=\int_0^{\delta_t}a\frac{\partial^2 t}{\partial y^2}dy \tag{a}$$

由分部积分法得

$$\int_0^{\delta_t}v\frac{\partial t}{\partial y}dy=vt\Big|_0^{\delta_t}-\int_0^{\delta_t}t\frac{\partial v}{\partial y}dy=v_{\delta_t}t_\infty-\int_0^{\delta_t}t\frac{\partial v}{\partial y}dy$$

再由连续性方程，有

$$v_{\delta_t}=\int_0^{\delta_t}\frac{\partial v}{\partial y}dy=-\int_0^{\delta_t}\frac{\partial u}{\partial x}dy\text{ 及}\int_0^{\delta_t}t\frac{\partial v}{\partial y}dy=-\int_0^{\delta_t}t\frac{\partial u}{\partial x}dy$$

因此，式（a）左边第二项变为

$$\int_0^{\delta_t}v\frac{\partial t}{\partial y}dy=-\int_0^{\delta_t}t_\infty\frac{\partial u}{\partial x}dy+\int_0^{\delta_t}t\frac{\partial u}{\partial x}dy \tag{b}$$

将式（b）代入式（a）左边，则式（a）左边可以进一步变成

$$\int_0^{\delta_t}\left(u\frac{\partial t}{\partial x}+t\frac{\partial u}{\partial x}\right)\mathrm{d}y-\int_0^{\delta_t}\left[\frac{\partial(ut_\infty)}{\partial x}\right]\mathrm{d}y=\int_0^{\delta_t}\frac{\partial}{\partial x}(ut-ut_\infty)\mathrm{d}y=\frac{\mathrm{d}}{\mathrm{d}x}\int_0^{\delta_t}(ut-ut_\infty)\mathrm{d}y$$

当 $y=\delta_t$ 时，$\frac{\partial t}{\partial y}=0$，式（a）右边可变为

$$\int_0^{\delta_t}a\frac{\partial^2 t}{\partial y^2}\mathrm{d}y=-a\left(\frac{\partial t}{\partial y}\right)_{y=0}$$

最后可得平板边界层的能量积分方程为

$$\frac{\mathrm{d}}{\mathrm{d}x}\int_0^{\delta_t}u(t_\infty-t)\mathrm{d}y=a\left(\frac{\partial t}{\partial y}\right)_{y=0} \tag{4-20}$$

类似地可导出动量积分方程为

$$\rho\frac{\mathrm{d}}{\mathrm{d}x}\int_0^{\delta}u(u_\infty-u)\mathrm{d}y=\mu\left(\frac{\partial u}{\partial y}\right)_{y=0}=\tau_w \tag{4-21}$$

式中 τ_w——x 处的局部壁面切应力。

上两方程有 4 个未知量：u、t、δ 和 δ_t，在求解时必须补充两个方程，这就是关于 u、t 分布的假设。可以看出：①边界层积分方程不要求守恒方程对边界层中每一个微元都成立，只需对整个边界层的控制容积守恒方程成立；②对边界层中的速度分布、温度分布的函数形式需作出假设，函数形式一般为多项式近似。故此，其所得到的解被称为近似解。

首先，求解边界层动量积分方程式（4-21）。假设边界层内的速度分布近似为三次多项式 $u(x,y)=a_0+a_1y+a_2y^2+a_3y^3$，根据下述边界条件：

$$y=0:u=0,\quad \frac{\partial^2 u}{\partial y^2}=0\ \text{及}\ y=\delta:u=u_\infty,\quad \frac{\partial u}{\partial y}=0$$

可求得其中系数 $a_0\sim a_3$，速度分布式就变为

$$\frac{u}{u_\infty}=\frac{3}{2}\left(\frac{y}{\delta}\right)-\frac{1}{2}\left(\frac{y}{\delta}\right)^3 \tag{4-22}$$

代入式（4-21），解以局部雷诺数 $Re_x=\rho u_\infty x/\mu$ 的形式表示为

速度边界层厚度 $$\delta=4.64xRe_x^{-1/2} \tag{4-23}$$

局部壁面切应力 $$\tau_w=0.323\rho u_\infty^2Re_x^{-1/2} \tag{4-24}$$

从式（4-23）中不难发现，要使边界层的厚度远小于流动方向上的尺度[即 $\delta(x)/x\ll1$]，也就是所说的边界层是一个薄层，这就要求雷诺数必须足够的大（$Re\gg1$）。因此，对于流体流过平板，满足边界层假设的条件就是雷诺数足够大。由此也就知道，当速度很小、黏性很大时，或在平板的前沿，边界层是难以满足薄层性条件的。

值得注意的是，随着 x 的增大，$\delta(x)$ 也逐步增大，同时黏性力对流场的控制作用也逐步减弱，从而使边界层内的流动变得紊乱。此时，本来处于层流流动状态的层流边界层就会变成紊乱无序的紊流边界层（见图 4-15）。我们把边界层从层流过渡到紊流的 x 值称为临界值，记为 x_c，其所对应的雷诺数称为临界雷诺数，即 $Re_c=u_\infty x_c/\nu$。实验研究的数据表明，流体平行流过平板的

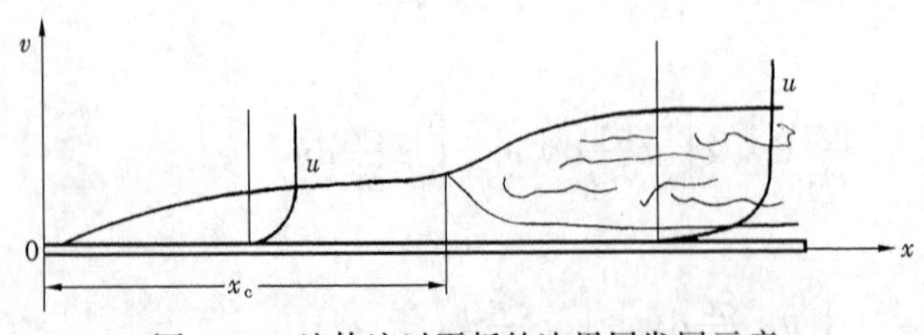

图 4-15 流体流过平板的边界层发展示意

临界雷诺数大约是 $Re_c=5\times10^5$。当然，这一数据与来流速度的紊流程度和平板前沿的几何形状密切相关，因而临界雷诺数的数值会在一定范围内变动。

最后，求解边界层能量积分方程式（4-20）。假设边界层内的温度分布近似为三次多项式 $t(x,y)=b_0+b_1y+b_2y^2+b_3y^3$，根据下述边界条件：

$$y=0:t=t_w,\quad \frac{\partial^2 t}{\partial y^2}=0 \text{ 及 } y=\delta_t:t=t_\infty,\quad \frac{\partial t}{\partial y}=0$$

可求得其中系数 $b_0\sim b_3$，以过余温度 $\theta=t-t_w$ 的形式，温度分布式变为

$$\frac{\theta}{\theta_\infty}=\frac{3}{2}\left(\frac{y}{\delta_t}\right)-\frac{1}{2}\left(\frac{y}{\delta_t}\right)^3 \tag{4-25}$$

令 $\xi=\delta_t/\delta$，代入式（4-20），整理可得

$$\delta\xi\frac{\mathrm{d}}{\mathrm{d}x}\left[\delta\left(\frac{3}{20}\xi^2-\frac{3}{280}\xi^4\right)\right]=\frac{3a}{2u_\infty}$$

假定 $\xi<1$，则 $\frac{3}{280}\xi^4\ll\frac{3}{20}\xi^2$，上式可以简化为 $\delta\xi\frac{\mathrm{d}}{\mathrm{d}x}(\delta\xi^2)=10\frac{a}{u_\infty}$。再将式（4-23）代入，整理可得

$$\xi^3+\frac{4}{3}x\frac{\mathrm{d}\xi^3}{\mathrm{d}x}=\frac{13}{14Pr}$$

如果对流换热过程从平板前沿 $x=0$ 处开始，则解得温度边界层的厚度为

$$\xi=\frac{\delta_t}{\delta}=\frac{1}{1.026}Pr^{-1/3} \tag{4-26}$$

应该指出，此结果仅适用于 $Pr>1$ 的流体，大多数流体属于此类；对于 Pr 数略小于 1 的气体，如空气 $Pr\approx0.7$，此式可近似适用；而对于液态金属，因 $Pr\ll1$，此式不适用。

由此式可以看出，热边界层是否满足薄层性的条件，除了 Re_x 足够大之外，还取决于普朗特数的大小。当普朗特数非常小时（$Pr\ll1$），热边界层相对于速度边界层就很厚，反之则很薄。

另外，热边界层也会因为速度边界层从层流转变为紊流而出现紊流热传递状态下的热边界层。按照普朗特的假设，在紊流状态下速度边界层与热边界层具有相同的数量级，即 $\delta_t(x)/\delta(x)\approx1$。

利用对流换热微分方程，$h_x=-\frac{\lambda}{\theta}\frac{\partial\theta}{\partial y}\Big|_{y=0}=\frac{3\lambda}{2\delta\xi}$，可得

局部表面传热系数

$$h_x=0.332\frac{\lambda}{x}Re_x^{1/2}Pr^{1/3} \tag{4-27}$$

局部 Nusselt 数

$$Nu_x=0.332Re_x^{1/2}Pr^{1/3} \tag{4-28}$$

局部壁面切应力

$$\tau_w=0.323\rho u_\infty^2Re_x^{-1/2} \tag{4-29}$$

局部壁面切应力与流体的动压头之比为一无量纲数，称为范宁（Fanning）摩擦系数，简称摩擦系数，其表达式为

$$c_f = \frac{\tau_w}{\left(\frac{1}{2}\rho u_\infty^2\right)} = 0.646 Re_x^{-1/2} \tag{4-30}$$

在工程实际中进行换热计算时，通常需要计算全板长的平均表面传热系数。设板长为 L，由 $h = \frac{1}{L}\int_0^L h_x \mathrm{d}x$，可得平均表面传热系数为

$$h = 0.664 \frac{\lambda}{L} Re_L^{1/2} Pr^{1/3} \tag{4-31}$$

$$Nu = 0.664 Re^{1/2} Pr^{1/3} \tag{4-32}$$

可以看出，$h = 2h_L$。

【例 4-3】 试用动量守恒定律导出不可压缩流体沿平板作二维稳定流动时的边界层动量积分方程。假定流体的物性可视为常数。

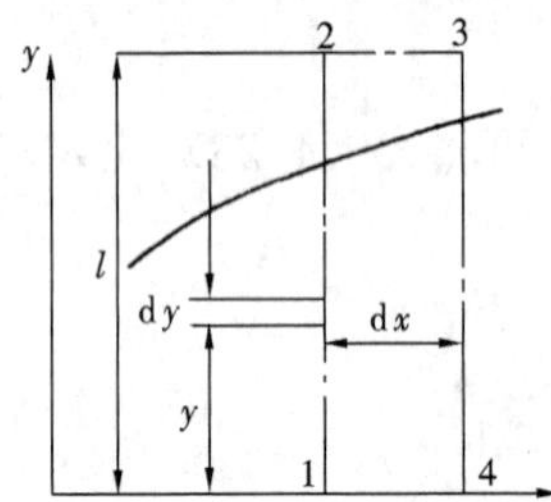

图 4-16 动量积分方程的推导

解 如图 4-16 所示，取控制体 1234。根据动量守恒定律，在 x 方向上流经控制体的动量变化率，应等于 x 方向上的外力之和。

由 12 面进入控制体的动量为 $\rho\int_0^l u^2 \mathrm{d}y$，由 34 面带出控制体的动量为 $\rho\int_0^l u^2 \mathrm{d}y + \rho\frac{\mathrm{d}}{\mathrm{d}x}\left(\int_0^l u^2 \mathrm{d}y\right)\mathrm{d}x$。

由 12 面进入控制体的质量流率为 $\rho\int_0^l u\mathrm{d}y$，由 34 面带出控制体的质量流率为 $\rho\int_0^l u\mathrm{d}y + \rho\frac{\mathrm{d}}{\mathrm{d}x}\left(\int_0^l u\mathrm{d}y\right)\mathrm{d}x$。根据质量守恒定律，后者与前者之差应为由 23 面进入控制体的质量流率，即 $\rho\frac{\mathrm{d}}{\mathrm{d}x}\left(\int_0^l u\mathrm{d}y\right)\mathrm{d}x$，它所带入控制体的动量为 $\rho u_\infty \frac{\mathrm{d}}{\mathrm{d}x}\left(\int_0^l u\mathrm{d}y\right)\mathrm{d}x$。

因而，x 方向上的动量变化率应为上述三个部分的代数和，即

$$\rho\frac{\mathrm{d}}{\mathrm{d}x}\left(\int_0^l u^2\mathrm{d}y\right)\mathrm{d}x - \rho u_\infty \frac{\mathrm{d}}{\mathrm{d}x}\left(\int_0^l u\mathrm{d}y\right)\mathrm{d}x$$

应用分部积分法，可整理为

$$\rho\frac{\mathrm{d}}{\mathrm{d}x}\left(\int_0^l u^2\mathrm{d}y\right)\mathrm{d}x - \rho\left[\frac{\mathrm{d}}{\mathrm{d}x}\left(\int_0^l u_\infty u\mathrm{d}y\right)\mathrm{d}x - \frac{\mathrm{d}u_\infty}{\mathrm{d}x}\left(\int_0^l u\mathrm{d}y\right)\mathrm{d}x\right] \tag{a}$$

x 方向上作用于控制体的外力计有，14 面上的摩擦力 $\tau_w \mathrm{d}x$，12 面上的压力 $p_x = p \cdot l$，34 面上的压力 $p_{x+\mathrm{d}x} = \left(p + \frac{\mathrm{d}p}{\mathrm{d}x}\mathrm{d}x\right)l$，其代数和为

$$-\tau_w \mathrm{d}x - l\frac{\mathrm{d}p}{\mathrm{d}x}\mathrm{d}x \tag{b}$$

根据动量守恒定律，式（a）、式（b）两式应该相等，整理可得

$$\rho\frac{\mathrm{d}}{\mathrm{d}x}\int_0^l (u_\infty - u)u\mathrm{d}y + \rho\frac{\mathrm{d}u_\infty}{\mathrm{d}x}\int_0^l (u_\infty - u)\mathrm{d}y = \tau_w$$

因为在边界层的主流区部分，$u = u_\infty$，上式的积分限可以改为 $0 \sim \delta$：

$$\rho \frac{\mathrm{d}}{\mathrm{d}x}\int_0^\delta (u_\infty - u)u\mathrm{d}y + \rho \frac{\mathrm{d}u_\infty}{\mathrm{d}x}\int_0^\delta (u_\infty - u)\mathrm{d}y = \tau_\mathrm{w}$$

流体流过平板时，$\mathrm{d}u_\infty/\mathrm{d}x=0$，最后可得 $\rho \frac{\mathrm{d}}{\mathrm{d}x}\int_0^\delta (u_\infty - u)u\mathrm{d}y = \tau_\mathrm{w}$

【例 4-4】 在 1.2 大气压力下，温度为 27℃的空气以 2m/s 的速度流过壁面温度为 53℃、长度为 1m 的平板。试计算距前沿分别为 30、50cm 处的边界层厚度、局部表面传热系数，并求单位板宽的换热量。

解 由理想气体状态方程计算气体的密度为 $\rho=p/RT=1.41\text{kg/m}^3$。

按定性温度 $t_\mathrm{m}=(27+53)/2=40$℃，由附录 5 查取空气的物性参数：

$$\lambda = 2.76\times10^{-2}\text{W/(m}\cdot\text{K)},\mu = 19.1\times10^{-6}\text{kg/(m}\cdot\text{s)},Pr = 0.699$$

在 $x=30$cm 处，$Re_x=\rho u x/\mu=4.43\times10^4<5\times10^5$，为层流。

边界层厚度按式(4-23)计算，$\delta(x)=4.64xRe_x^{-1/2}=0.6$mm

局部表面传热系数按式(4-27)计算，$h_x=0.332\frac{\lambda}{x}Re_x^{1/2}Pr^{1/3}=5.71\text{W/(m}^2\cdot\text{K)}$

在 $x=50$cm 处，$Re_x=7.38\times10^4<5\times10^5$，为层流。

$$\delta(x)=8.54\text{mm},\ h_x=4.42\text{W/(m}^2\cdot\text{K)}$$

在 $x=1$m 处，$Re_x=1.476\times10^5<5\times10^5$，仍为层流。

$h_x=3.14\text{W/(m}^2\cdot\text{K)}$，全板长平均表面传热系数 $h=6.28\text{W/(m}^2\cdot\text{K)}$

单位板宽换热量 $\Phi=h(t_\mathrm{w}-t_\infty)\cdot L\cdot 1=163.3$W。

*第五节 紊 流 流 动 换 热

1. 紊流流动现象及表述

雷诺在管内流动实验中发现，流速较小时，注入的红墨水的流动按照平行于管子轴线的直线方向进行；随着流速的逐步增大，红墨水的轨迹线开始变形扭曲；而当流速超过某一临界值时，红墨水迅速扩散。该实验揭示了两种流动状态的存在，即层流与紊流。层流比较平稳，流层之间不发生混杂，动量与能量的传输主要依靠分子的扩散作用；而在紊流中，由于速度脉动现象在各个方向上都可能发生，因此，动量和能量的交换不仅发生在主流方向上，而且同时也发生在与主流垂直的方向上，并且，这种脉动的效果比分子的动量与能量扩散作用要剧烈得多。

从层流过渡到紊流是一个十分复杂的过程，主要取决于雷诺数的大小。层流的稳定性除了与雷诺数的大小有关外，还与壁面的粗糙度、来流的紊流度、沿程压力梯度以及流道的几何形状有关。实验表明，对于光滑平板的层流边界层，当来流充分稳定，且不存在压力梯度时，其临界雷诺数可高达 $3\times10^5\sim5\times10^5$。又如，当航天器返回大气层时，由于不存在压力的脉动，且表面十分光滑，临界雷诺数可高出几个数量级。一般地说，对于平板，临界雷诺数取 $Re_x=60\ 000$；对于圆管，临界雷诺数取 $Re_d=2300$。

研究表明，当紊流现象发生时，在流体的主体运动之外，还存在着紊乱而随机的流体微团的漩涡运动，并成为一种新的动量与能量的传递方式，称为动量和能量的紊流涡扩散。在主体流动与漩涡运动的综合作用下，我们采用测试工具所能记录到的场量参数就是一系列随时间变化的脉动量，如图 4-17 所示。这样的流场结构给紊流现象的研究与应用造成了极大的困难。

如果以一定的时间尺度来考虑紊流参量的脉动，就会发现它们仍然存在着稳定的时间平均值。因此，某一物理量 ϕ 在某一瞬间的值，可以表示成其平均值 $\overline{\phi}$ 与脉动值 ϕ' 之和，即 $\phi=\overline{\phi}+\phi'$。

从流动与传热的观点来看，紊流具有如下两个方面的特征：其一是速度分布的平坦化。如圆管内的流动，层流情况下的速度剖面呈抛物面形状，而紊流情况下的时均速度剖面，在管子中心部分相对平坦，只是在管子壁面处变化剧烈，如图 4-18 所示。

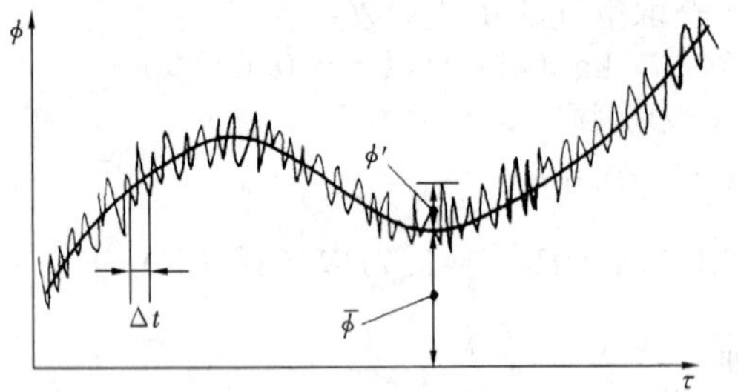

图 4-17 紊流流动中场量随时间的脉动

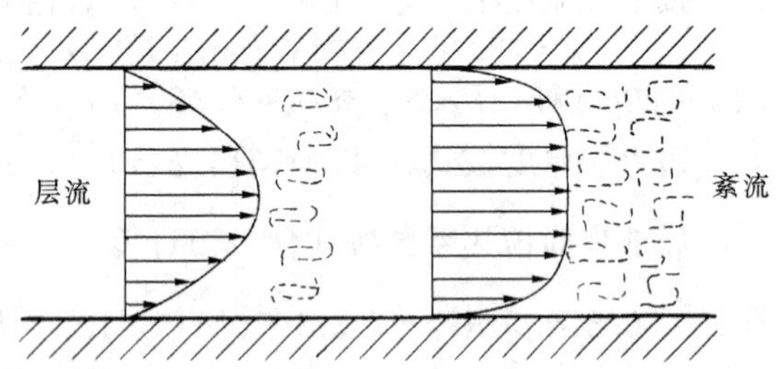

图 4-18 圆管内流动的速度剖面

其二是壁面的摩擦阻力增加与表面传热系数的增大。从上图还可以看出，紊流情况下的边界层的厚度明显地比层流情况下要小，意味着热量传递的阻力减小，对增强传热是有利的。但另一方面，由于强烈的摩擦，壁面摩擦阻力增加，管子的沿程压力损失加大，意味着将消耗更多的动力。

2. 紊流时均方程

原则上，在层流流动时推导出的微分方程组，也应该适用于紊流流动，但要求解杂乱无章的瞬态流动过程，实际上是不可行的。因此，层流流动的微分方程组不能适用于紊流流动。一种较为现实的方法是，建立紊流时均量的控制微分方程组，求解各紊流时均场量；同时，要结合考虑到脉动量及其脉动强度的影响。

推导紊流时均方程组的具体方法是，对描述瞬态流动过程的连续性方程、动量方程以及能量方程，在数学上分别进行时均化处理。在推导过程中，注意运用以下的数学关系式：按照定义，对于单变量 ϕ，应有 $\overline{\phi}=\int_{\tau}^{\tau+\Delta\tau}\phi\,\mathrm{d}\tau$，$\overline{\phi}'=0$，$\overline{\phi^2}=\overline{\phi}^2+\overline{\phi'^2}$ 以及 $\overline{\dfrac{\partial\phi}{\partial\eta}}=\dfrac{\partial\overline{\phi}}{\partial\eta}$ 成立；对于双变量，应有 ϕ、ψ，有 $\overline{\phi\psi}=\overline{\phi}\,\overline{\psi}+\overline{\phi'\psi'}$。

以二维不可压缩流体的流动为例。紊流时均动量方程为

$$\left.\begin{aligned}\rho\left(\frac{\partial\overline{u}}{\partial\tau}+\overline{u}\frac{\partial\overline{u}}{\partial x}+\overline{v}\frac{\partial\overline{u}}{\partial y}\right)&=-\frac{\partial\overline{p}}{\partial x}+\frac{\partial}{\partial x}\left(\mu\frac{\partial\overline{u}}{\partial x}-\rho\overline{u'^2}\right)+\frac{\partial}{\partial y}\left(\mu\frac{\partial\overline{v}}{\partial y}-\rho\overline{u'v'}\right)\\\rho\left(\frac{\partial\overline{v}}{\partial\tau}+\overline{u}\frac{\partial\overline{v}}{\partial x}+\overline{v}\frac{\partial\overline{v}}{\partial y}\right)&=-\frac{\partial\overline{p}}{\partial y}+\frac{\partial}{\partial x}\left(\mu\frac{\partial\overline{v}}{\partial x}-\rho\overline{u'v'}\right)+\frac{\partial}{\partial y}\left(\mu\frac{\partial\overline{v}}{\partial y}-\rho\overline{v'^2}\right)\end{aligned}\right\}\quad(4\text{-}33)$$

与层流动量方程相比，它增加了脉动相关量的微分项。与图 4-3 对照，不难发现新增加的四项为

$\frac{\partial}{\partial x}(\rho\,\overline{u'^2})$ 是单位时间在 x 方向进出微元体的 x 向的净脉动动量；

$\frac{\partial}{\partial y}(\rho\,\overline{u'v'})$ 是单位时间在 y 方向进出微元体的 x 向的净脉动动量；

$\frac{\partial}{\partial x}(\rho\,\overline{u'v'})$ 是单位时间在 x 方向进出微元体的 y 向的净脉动动量；

$\frac{\partial}{\partial y}(\rho\,\overline{v'^2})$ 是单位时间在 y 方向进出微元体的 y 向的净脉动动量。

根据牛顿第二运动定律，必然有一个与动量变化率大小相等、方向相反的力存在，而且可以把它们分别看成是 x 向脉动量所造成的紊流法向应力与切向应力：

$$\sigma'_x = -\rho\overline{u'^2},\quad \tau'_{yx} = -\rho\overline{u'v'}$$

以及 y 向脉动量所造成的紊流法向应力与切向应力：

$$\sigma'_y = -\rho\overline{v'^2},\quad \tau'_{xy} = -\rho\overline{u'v'}$$

一般把上述应力 σ'_x、σ'_y、τ'_{yx}、τ'_{xy} 称为雷诺应力，紊流时均动量方程也称为紊流时均雷诺方程。所以，紊流动量方程与层流动量方程相比，差别仅在于动量方程中增加了一项雷诺应力。由于宏观微团的脉动动量交换要比分子动量交换大得多，因而在边界层的主要区域内，雷诺应力要大于层流应力。

时均值的能量方程可用同样的方法得到。二维不可压缩流体紊流流动的能量方程为

$$\rho c_p\left(\frac{\partial\bar{t}}{\partial\tau}+\bar{u}\,\frac{\partial\bar{t}}{\partial x}+\bar{v}\,\frac{\partial\bar{t}}{\partial y}\right)=\frac{\partial}{\partial x}\left(\lambda\,\frac{\partial\bar{t}}{\partial x}-\rho c_p\,\overline{u't'}\right)+\frac{\partial}{\partial y}\left(\lambda\,\frac{\partial\bar{t}}{\partial y}-\rho c_p\,\overline{v't'}\right)\tag{4-34}$$

上式右侧括号内的两项分别表示分子扩散机制下导热传递的热流量以及紊流涡扩散机制下微团脉动传递的热流量。

1877 年，Boussinesq 首先提出了紊流黏性的概念。他把动量方程中的紊流切应力和层流进行类比，即

$$\tau'_{xy} = -\rho\overline{u'v'} = \rho\varepsilon_{\mathrm{m}}\,\frac{\partial\bar{u}}{\partial y}\tag{4-35}$$

式中　ε_{m}——紊流动量扩散率。

同样地，将能量方程中微团脉动传递的热流量和层流进行类比，即

$$q_{\mathrm{t}} = \rho c_p\,\overline{v't'} = -\rho c_p\varepsilon_{\mathrm{h}}\,\frac{\partial\bar{t}}{\partial y}\tag{4-36}$$

式中　ε_{h}——紊流热扩散率。

ε_{m}、ε_{h} 两者的比值称为紊流普朗特数 $Pr_{\mathrm{t}}=\frac{\varepsilon_{\mathrm{m}}}{\varepsilon_{\mathrm{h}}}$。应该指出，$\varepsilon_{\mathrm{m}}$、$\varepsilon_{\mathrm{h}}$、$Pr_{\mathrm{t}}$ 与 a、ν、Pr 不一样，它们不是流体的物性参数，其值与流体紊流的强弱、距壁面的距离以及壁面粗糙度等因素有关。

从形式上看，紊流时均方程与层流方程相差不大，但进一步分析就会发现，由于时均方程中脉动项的出现，使得未知变量数超过了方程数，方程组不封闭，给求解紊流对流换热问题带来了极大的困难。

3. 混合长度理论

多年来，关于紊流流动的一个重要的研究方向就是提出适当的紊流模型，把时均方程中出现的紊流脉动项转化为时均值的关系式，或者是由附加的微分方程来解决，使得方程组封闭，从理论上可以进行求解。研究的方法主要有两类，一是以统计理论为基础的经典方法，二是半经验理论的近似方法。

在半经验理论的近似方法中，主要有普朗特动量传递模型（1925 年）、泰勒涡量传递模型（1933 年）和卡门局部相似模型（1930 年）等。其中普朗特动量传递模型是最早、最基本的一种模型，其主要思想是关于紊流混合长度的理论，下面我们对此作一简单介绍。

普朗特认为，紊流黏性系数应与紊流结构有关。他根据气体分子运动论中得出的结论，即分子黏性正比于分子的平均自由程和平均速度，提出紊流黏性正比于紊流脉动的混合长度 l_m 和脉动速度。他还假设，流体微团在移动距离 l_m 的时段内，保持微团原有的一切流动特性（如平均速度等）；而在移动距离 l_m 之后，便与其他微团混合，改变原有的流动特性。根据这一假设，便可求出微团的脉动速度。考虑一个二维的平行流动脉动过程，如图 4-19 所示，微团从 A 点脉动至 B 点。在 A 点时其 x 向的速度为 $u=\overline{u}+u'$；由于微团在脉动的过程中保持原有的速度，因此微团到达 B 处后对 B 处所产生的脉动速度，即为 A、B 两处时均速度之间的差值，即

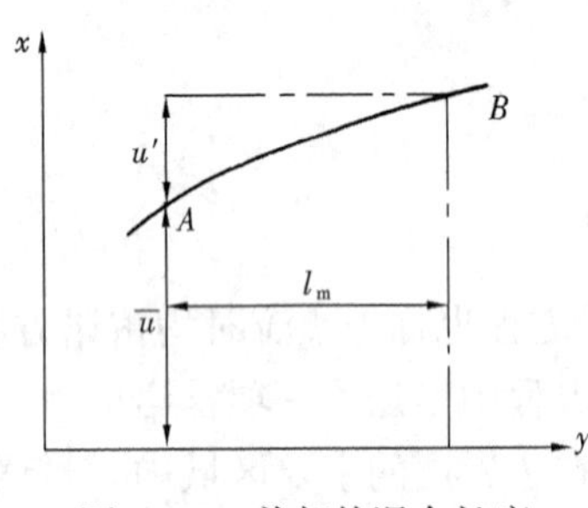

图 4-19 普朗特混合长度

$$u' \approx l_m \frac{d\overline{u}}{dy}$$

由流动的连续性知，x 向的脉动 u' 必然引起 y 向的脉动 v'，并且 u'、v' 具有相同的数量级，即有

$$u'v' \propto l_m^2 \left(\frac{d\overline{u}}{dy}\right)^2$$

令上式右侧变号，并与比例常数一并包括在 l_m 内，则紊流雷诺应力可以表示为

$$\tau'_{xy} = -\rho\overline{u'v'} = \rho\, l_m^2 \left(\frac{d\overline{u}}{dy}\right)\left|\frac{d\overline{u}}{dy}\right|$$

与式（4-34）相比较，则得

$$\varepsilon_m = l_m^2 \frac{d\overline{u}}{dy} \tag{4-37}$$

当然，到此为止，混合长度 l_m 仍是一个待定量。实验表明，紊流特性在接近壁面处有显著的变化。在边界层内，速度是随着与壁面距离的减小而迅速变小的。在壁面处速度为零，相应的紊流动量扩散率 ε_m 也必为零。因此，假设混合长度与距壁面的距离 y 成正比，即

$$l_m = \kappa y$$

式中 κ——比例常数。

显然，所有假设的可靠性最终集中在 κ 值的准确性上。大量的实验表明，在近壁紊流区，$\kappa=0.41$ 为常数；在边界层紊流核心区的外侧部分（$y>0.2\delta$ 时），实验点离开直线 l_m

$=0.41y$ 而接近于一条水平线（见图4-20）。由此可以看出，在此区域内混合长度正比于边界层厚度，为

$$l_m = 0.085\delta$$

这样，紊流动量交换系数 ε_m 就成为完全确定的值，从而使得紊流时均动量方程具备了求解的理论基础。

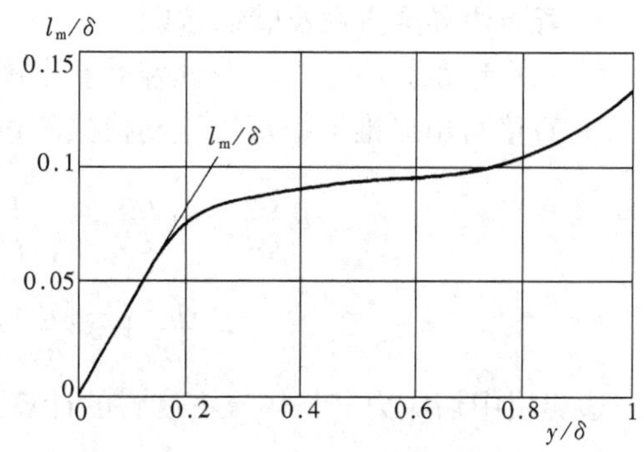

图 4-20　混合长度实验曲线

4. 双方程模型

普朗特混合长度理论是在解决边界层问题中产生的，因而难以适应主流区的计算。它有一个显著的缺点，从式（4-37）可以看出，当时均速度梯度为零时，紊流动量交换系数也为零。实际上，此时它仍有相当强度，即使在边界层内，如管子中心线上的流动，紊流动量交换系数也并不为零，只不过减弱 20%左右。

如果按照所提出的附加微分方程的数目来对各种紊流模型进行分类，则普朗特混合长度理论属于零微分方程模型。它无需通过微分方程来求解。

双微分方程模型的提出，就是为了消除普朗特混合长度理论的上述缺点。该模型认为，紊流动量扩散率取决于紊流动能的时均值 $k=\frac{1}{2}(\overline{u'^2}+\overline{v'^2}+\overline{w'^2})$ 和紊流动能耗散率 ε，即

$$\varepsilon_m = c_D k^2/\varepsilon$$

其中紊流动能 k 和紊流动能耗散率 ε 则取决于由 Navier-Stokes 方程进行时均处理而导出的如下两个微分方程：

$$\frac{\partial k}{\partial \tau}+\frac{\partial}{\partial x_j}(u_j k)=\frac{\partial}{\partial x_j}\left[\left(\nu+\frac{\varepsilon_m}{\sigma_k}\right)\frac{\partial k}{\partial x_j}\right]+P-\varepsilon \tag{4-38}$$

$$\frac{\partial \varepsilon}{\partial \tau}+\frac{\partial}{\partial x_j}(u_j \varepsilon)=\frac{\partial}{\partial x_j}\left[\left(\nu+\frac{\varepsilon_m}{\sigma_\varepsilon}\right)\frac{\partial \varepsilon}{\partial x_j}\right]+(c_1 P-c_2\varepsilon)\frac{\varepsilon}{k} \tag{4-39}$$

上式中 $P \equiv -\overline{u'_i u'_j}\frac{\partial \overline{u}_i}{\partial x_j}=\varepsilon_m\frac{\partial \overline{u}_i}{\partial x_j}\left(\frac{\partial \overline{u}_i}{\partial x_j}+\frac{\partial \overline{u}_j}{\partial x_i}\right)$。为了书写简单，这里采用了 Einstein 简化约定：$i=1$，2，3，变量 u_i 分别表示 u，v，w；$j=1$，2，3，则表示对应的 3 项之和。有关经验常数见表 4-3。

表 4-3　双方程模型中所使用的常数

c_D	c_1	c_2	σ_k	σ_ε	σ_T
0.09	1.44	1.92	1.00	1.30	0.90

表中常数 σ_T 用于对能量方程式的求解，在求得紊流动量扩散率 ε_m 之后，根据类比关系可近似假定紊流热扩散率为 $\varepsilon_h=\varepsilon_m/\sigma_T$；$\sigma_T$ 实质上也就是紊流普朗特数 Pr_t。

双方程模型中不再出现时均速度的梯度，因而普朗特混合长度理论的缺点也就不存在了。双方程模型也称为 $k-\varepsilon$ 模型，在紊流模型的发展上是一个巨大的进步，现广泛地应用于紊流流动与换热的数值计算中。

5. 紊流边界层方程及壁面法则

引入紊流动量扩散率 ε_m 和紊流热扩散率 ε_h 的概念后，可以仿照层流边界层微分方程式(4-17)直接写出二维平板紊流流动换热的边界层微分方程：

$$\bar{u}\frac{\partial \bar{u}}{\partial x}+\bar{v}\frac{\partial \bar{u}}{\partial y}=-\frac{1}{\rho}\frac{\mathrm{d}\bar{p}}{\mathrm{d}x}+\frac{\partial}{\partial y}\left[(\nu+\varepsilon_m)\frac{\partial \bar{u}}{\partial y}\right] \tag{4-40}$$

$$\bar{u}\frac{\partial \bar{t}}{\partial x}+\bar{v}\frac{\partial \bar{t}}{\partial y}=\frac{\partial}{\partial y}\left[(a+\varepsilon_h)\frac{\partial \bar{t}}{\partial y}\right] \tag{4-41}$$

边界层中切应力 τ 与热流密度 q 的计算式分别为

$$\tau=\rho(v+\varepsilon_m)\frac{\partial \bar{u}}{\partial y}\text{ 及 }q=-\rho c_p(a+\varepsilon_h)\frac{\partial \bar{t}}{\partial y} \tag{4-42}$$

一般认为，紊流边界层为三层结构，沿着离开壁面的法线方向，依次是层流底层、缓冲层和充分发展的紊流层。我们现在来考察充分发展的紊流层中最靠近壁面的那一部分，即位于缓冲层上方的一部分(见图4-21)。这一区域紊流起着主导的作用，而流体的惯性作用却很小以至于可以忽略不计，这样一来，边界层动量方程式(4-40)就简化为

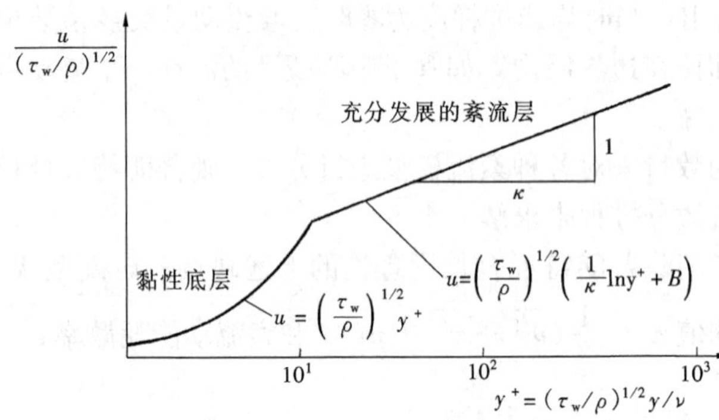

图 4-21　紊流边界层内的速度分布

$$\frac{\mathrm{d}}{\mathrm{d}y}\left\{(\nu+\varepsilon_m)\frac{\mathrm{d}u}{\mathrm{d}y}\right\}\approx\frac{\mathrm{d}}{\mathrm{d}y}\left(\varepsilon_m\frac{\mathrm{d}u}{\mathrm{d}y}\right)=0$$

为简单起见，在上式中略去了时均值的符号。对该式积分可得

$$\varepsilon_m\frac{\mathrm{d}u}{\mathrm{d}y}=\frac{\tau_w}{\rho}=\text{const}$$

这表明该层内的应力为常数。应用混合长度理论式(4-37)，并注意到 $l_m=\kappa y$，则有

$$\frac{\mathrm{d}u}{\mathrm{d}y}=\frac{(\tau_w/\rho)^{1/2}}{\kappa y}$$

对上式再次积分，便可得到一对数形式的速度分布函数：

$$\frac{u}{(\tau_w/\rho)^{1/2}}=\frac{1}{\kappa}\ln\left\{\frac{(\tau_w/\rho)^{1/2}y}{\nu}\right\}+B \tag{4-43}$$

式(4-43)称为速度的壁面法则。根据实验数据，其中常数(κ，B)可取为(0.41，5.0)。

经过类似的推导，我们可以从边界层能量方程式(4-41)得到

$$\frac{v_t}{\sigma_T}\frac{\mathrm{d}t}{\mathrm{d}y}=\frac{(\tau_w/\rho)^{1/2}}{\sigma_T}\kappa y\frac{\mathrm{d}t}{\mathrm{d}y}=-\frac{q_w}{\rho c_p}=\text{const}$$

这表明该层内的热流密度也为常数。积分可得

$$\frac{(\tau_w/\rho)^{1/2}\rho c_p(t_w-t)}{q_w\sigma_T}=\frac{1}{\kappa}\ln\left\{\frac{(\tau_w/\rho)^{1/2}y}{\nu}\right\}+B+P_{fn}\left(\frac{Pr}{\sigma_T}\right) \tag{4-44}$$

此式称为温度的壁面法则。其中 $P_{fn}\left(\frac{Pr}{\sigma_T}\right)=9.24\left\{\left(\frac{Pr}{\sigma_T}\right)^{3/4}-1\right\}$ 为一个修正函数，它用来消

除 Pr 数的增加所带来的影响，称为 Jayatillaka P—函数[7]。

6. 紊流边界层换热的比拟分析

到目前为止，在紊流模型方面虽已取得了不少进展，但从根本上来说，紊流模型还没有彻底得到解决，尚有待于进一步地研究。正由于此，紊流换热难于精确地分析求解，仅能用于数值计算，或者以类比方法得出一些近似结果。下面介绍紊流边界层换热的比拟分析方法。

由于紊流动量和能量的交换都起因于速度的横向脉动，可以说一个起因产生两种结果，由此可以预见，动量交换与能量交换之间必然存在着某种类比的关系。

雷诺于 1874 年最早研究了紊流流动的这种可比拟的特性。雷诺作了一个十分简化的假定，认为整个流场是由单一的高度紊流区构成，那么，动量和热量的分子扩散传递机制相对于流体微团的涡扩散机制而言是弱的，所以 $\nu \ll \varepsilon_m$ 及 $a \ll \varepsilon_h$，从而切应力 τ 与热流密度 q 的计算式分别为

$$\tau = \rho \varepsilon_m \frac{d\overline{u}}{dy} \text{ 及 } q = -\rho c_p \varepsilon_h \frac{d\overline{t}}{dy}$$

两者的比值为

$$\frac{q}{\tau} = -c_p \frac{d\overline{t}}{d\overline{u}} \tag{4-45}$$

并假设紊流普朗特数 $Pr_t = \varepsilon_h/\varepsilon_m = 1$，认为边界层内平行于壁面的任一面上，热流密度与切应力的比值为常数，即 $q/\tau = q_w/\tau_w$，将上式从壁面至边界层外缘积分可得

$$\frac{q_w}{\tau_w} = \frac{c_p(t_w - t_\infty)}{u_\infty} \tag{4-46}$$

上式即为雷诺比拟的表达式。

雷诺的假设忽略了紊流边界层中的层流底层和缓冲层，而实际上在紧靠壁面处，层流底层总是存在的。

普朗特对比拟理论进行了改进。他将流场视为两部分，即层流底层和紊流核心，只是忽略缓冲层。如图 4-22 所示，层流底层的厚度为 δ_b，其外边缘处流体的速度和温度分别设为 u_b 和 t_b。在此层内 $\varepsilon_m = \varepsilon_h \approx 0$，从而

$$\tau = \mu \frac{d\overline{u}}{dy} \text{ 及 } q = -\lambda \frac{d\overline{t}}{dy}$$

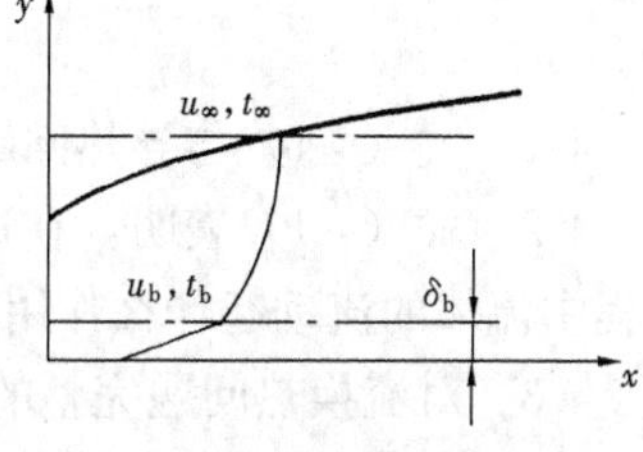

图 4-22　紊流边界层二层结构模型

按照普朗特对紊流边界层两层结构的假设，对式（4-45）从壁面至边界层外缘积分可得

$$\frac{q_w}{\tau_w} = c_p \frac{t_w - t_\infty}{u_\infty} \frac{1}{1 + (Pr - 1)u_b/u_\infty} \tag{4-47}$$

又因为 $q_w = h(t_w - t_\infty)$，上式可改写为

$$Nu_x = \frac{\tau_w}{\rho u_\infty^2} Re_x \frac{Pr}{1 + (Pr - 1)u_b/u_\infty} \tag{4-48}$$

式（4-44）与式（4-45）即为普朗特比拟的表达式。它表达了紊流换热热量或表面传热系数与摩擦力（且应力）之间的联系，故可通过壁面处的摩擦力或摩擦系数来计算换热量或表面

传热系数。

（1）流体流过平板时的紊流换热。平板的摩擦系数为 $c_f \equiv \tau_w / \left(\frac{1}{2}\rho u_\infty^2\right)$，代入式(4-48)则有

$$Nu_x = \frac{c_f}{2} Re_x$$

对平板上紊流边界层阻力系数的测定得到了以下阻力系数计算式：

$$c_f = 0.0588 Re_x^{-1/5} (5 \times 10^5 < Re_x < 10^7) \tag{4-49}$$

由流体力学知 $u_b/u_\infty = 2.12 Re_x^{-1/10}$，故局部努塞尔数的计算式为

$$Nu_x = \frac{0.0294 Re_x^{0.8} Pr}{1 + 2.12 Re_x^{-0.1}(Pr - 1)} (5 \times 10^5 < Re_x < 10^7) \tag{4-50}$$

（2）圆管内的紊流换热。对于管径为 d 的管内紊流流动，$\tau_w = \frac{f}{8}\rho u_m^2$，$u_m$ 为截面平均流速，f 为管内摩擦因子，雷诺数为 $Re = \rho u_m d/\mu$。

例如，对于光滑管内的流动，有如下阻力系数计算关联式：

$$f = 0.316 Re^{-1/4} (3 \times 10^3 < Re < 2 \times 10^5) \tag{4-51}$$

由流体力学知 $u_b/u_\infty = 2.44 Re_x^{-1/8}$，因此，对应的努塞尔数的计算式为

$$Nu = \frac{0.0395 Re^{3/4} Pr}{1 + 2.44 Re^{-1/8}(Pr - 1)} (3 \times 10^3 < Re < 2 \times 10^5) \tag{4-52}$$

该式的计算结果与实验数据基本吻合。

思　考　题

4-1　式（4-1）与导热问题的第三类边界条件有什么区别？

4-2　式（4-1）表明，在边界上垂直于壁面的热量传递完全依靠导热，那么在对流换热过程中流体的流动起什么作用？

4-3　对流换热问题完整的数学描写应包括什么内容？既然对大多数实际对流换热问题尚无法求得其精确解，那么建立对流换热问题的数学描写有什么意义？

4-4　从对对流换热过程的了解，解释物性对表面传热系数 h 的影响。

4-5　什么是流动边界层？什么是热边界层？为什么它们的厚度之比与普朗特准则数 Pr 有关？

4-6　边界层中温度变化率的绝对值何处最大？对于一定换热温差的同一流体，为何能用 $\left(\frac{\partial t}{\partial y}\right)_{y=0}$ 绝对值的大小来判断表面传热系数的大小？

4-7　与完全的能量方程相比，边界层能量方程最重要的特点是什么？

4-8　流体沿平板作层流流动，热边界层是否越来越厚？其局部表面传热系数值是否越来越小？

4-9　高黏度的油类流体，沿平板作低速流动，该情况下边界层理论是否仍然适用？

4-10　试简述 Nu 数、Pr 数及 Bi 数的物理意义，Nu 数与 Bi 数的区别在哪里？

4-11 当一个由若干个有量纲的物理量所组成的实验数据转换成数目较少的无量纲量后，这个实验数据的性质与地位起了什么变化？

4-12 同一种流体流过直径不同的两根管道。A管的内径是B管的内径的2倍，B管中流体的流量是A管中流量的2倍。试问两管中的流动现象是否相似？若不相似，应该如何调整流量才能使之相似？

4-13 流体在圆管中流动和流体在槽道内流动是否满足几何相似？若不满足，为什么可以用同一准则方程式？

4-14 紊流强制对流换热时，在其他条件相同的情况下，粗糙管的表面传热系数要大于光滑管的表面传热系数，为什么？

4-15 试根据图4-15粗略地画出流体外掠平板时局部表面传热系数 h_x 的沿程变化。

习 题

4-1 对于油、空气及液态金属，分别有 $Pr\gg1$、$Pr\ll1$ 及 $Pr=1$。试就外掠等温平板的层流边界层流动问题，画出三种流体边界层中速度分布与温度分布的大致图像（要能显示出 δ 与 δ_t 的相对大小)。

4-2 对于流体外掠平板的流动，试利用数量级分析的方法，从动量方程引出边界层厚度的如下变化关系式：$\delta/x\approx1/\sqrt{Re_x}$。

4-3 流体在两平行平板间作层流充分发展的对流换热（见图4-23)。试画出下列三种情形下充分发展区域截面上的流体温度分布曲线：

(1) $q_{w1}=q_{w2}$；(2) $q_{w1}=2q_{w2}$；(3) $q_{w1}=0$。

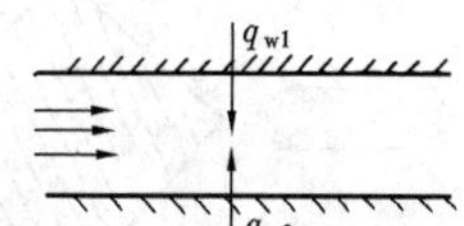

图4-23 习题4-3图

4-4 温度20℃的空气，以10m/s的速度流过平板，试分别确定从平板前缘算起，进入过渡区（$Re=2\times10^5$）和进入紊流区（$Re=5\times10^5$）的距离。

4-5 流体流过平板，如果边界层内速度分布形式为 $u(x,y)=a_0+a_1y/\delta$，温度分布形式为 $t(x,y)=b_0+b_1y/\delta_t$，且全板长上有换热。试求 δ、C_f、δ_t 和 h_x。

4-6 试根据能量守恒定律，推导不可压缩流体沿平板作二维稳定流动时的边界层能量积分方程。

4-7 何谓当量直径？试计算边长为 a 的等边三角形截面和内、外直径分别为 d 与 D 的环形截面的当量直径。

4-8 试计算下列情形下的当量直径：

(1) 边长为 a 及 b 的矩形通道；

(2) 同 (1)，但 $b\gg a$；

(3) 在一个内径为 D 的圆形筒体内布置了 n 根外径为 d 的圆管，流体在圆管外作纵向流动。

4-9 温度20℃的水以0.3m/s的速度流过温度保持40℃、长为0.5m的平板，试计算平板末端速度边界层和热边界层的厚度，并将它们分别与平板长度相比较。

4-10 在1.5atm压力下温度为20℃的空气以3m/s的速度流过表面温度为40℃的平板。试求距平板前沿20cm和40cm和60cm处的速度边界层厚度，温度边界层厚度和局部表面传热系数。

4-11 温度30℃的空气以5m/s的速度流过边长为0.9m的正方形平板，如果平板保持90℃，试计算平板表面的热损失。

4-12 温度40℃的润滑油以0.08m/s的速度流过温度为120℃，长为1m的平板。试确定平板末端边界层的厚度、热边界层的厚度以及单位宽度表面的对流换热量。

4-13 柴油以0.13kg/s的质量流率在内直径$d=10$mm、长$L=1$m管内流动。柴油的进口温度60℃，壁面温度保持100℃，试计算柴油的出口温度。

4-14 有人曾经给出下列流体外掠正方形柱体（其一界面与流体来流方向垂直）的换热实验数据（见表4-4）：

表4-4 实 验 数 据

Nu	41	125	117	202
Re	5000	20 000	41 000	90 000
Pr	2.2	3.9	0.7	0.7

采用$Nu=CRe^nPr^m$的关系式来整理数据并取$m=1/3$，试确定其中的常数c与指数n。在上述Re及Pr范围内，当方形柱体的截面对角线与来流方向平行时，可否用此式进行计算，为什么？

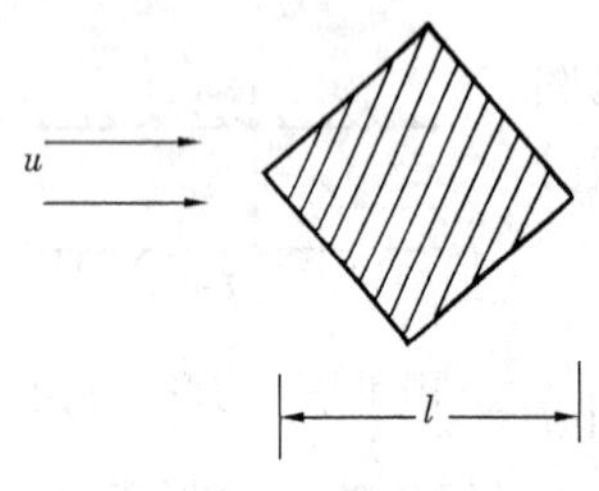

图4-24 习题4-15图

4-15 对于空气掠如图4-24所示的正方形截面柱体（$l=0.5$m）的情形，有人通过试验测得了下列数据：$u_1=15$m/s，$h_1=40$W/(m^2·K)；$u_2=20$m/s，$h_2=50$W/(m^2·K)，其中h为平均表面传热系数。对于形状相似但$l=1$m的柱体，试确定当空气流速为15m/s及20m/s时的平均表面传热系数。设在所讨论的情况下空气的对流换热准则方程具有以下形式$Nu=cRe^nPr^m$，且四种情形下定性温度之值均相同，特征长度为l。

4-16 将一块尺寸为0.2m×0.2m的薄平板平行地置于由风洞造成的均匀气体流场中。在气流速度$u=40$m/s的情况下用测力仪测得，要使平板维持在气流中需对它施加0.075N的力。此时气流温度$t_\infty=20$℃，平板两表面的温度$t_w=120$℃。试据比拟理论确定平板两个表面的对流换热量。气体压力为1.013×10^5Pa。

4-17 对置于气流中的一块很粗糙的表面进行传热试验，测得如下的局部表面传热特性的结果：$Nu_x=0.04Re_x^{0.9}Pr^{1/3}$，其中特性长度$x$为计算点离开平板前缘的距离。试计算当气流温度$t_\infty=27$℃、流速$u_\infty=50$m/s时，离开平板前缘$x=1.2$m处的切应力。已知平壁温度$t_w=73$℃。

4-18 已知管内稳态对流换热的能量微分方程为$\frac{1}{r}\left(\frac{\partial t}{\partial r}+r\frac{\partial^2 t}{\partial r^2}\right)=\frac{u}{a}\frac{\partial t}{\partial x}$。取内径$d$、流体平均速度$u_m$和温差$\Delta t=t_m-t_w$为变量参考值，试将方程无纲量化，并获得无量纲数。

4-19 温度30℃水流经一根长的直管，管内径0.3m，水流平均速度为0.3m/s。试计算：(1) 摩擦系数f；(2) 壁面切应力τ_w；(3) 表面传热系数h。

参 考 文 献

[1] 王补宣. 工程传热传质学：上册. 北京：科学出版社，1982.
[2] 杨世铭，陶文铨. 传热学. 3版. 北京：高等教育出版社，1998.
[3] 戴锅生. 传热学. 北京：高等教育出版社，1991.
[4] 俞佐平，陆煜. 传热学. 3版. 北京：高等教育出版社，1995.
[5] 章熙民，任泽霈，梅飞鸣. 传热学. 北京：中国建筑工业出版社，1987.
[6] 埃克尔特 E R G，德雷克 R M. 传热与传质分析. 航青，译. 北京：科学出版社，1983.
[7] Holman，J P. Heat transfer，9th ed. Boston：McGraw-Hill Book Company，2002.
[8] Kreith F.，Bohn M. S. Principles of heat transfer，4th. ed. New York：Harper & Row，Publishers，1986.
[9] Incropera F. P.，DeWitt D. P. Introduction to heat transfer，3rd. ed. New York：John Wiley & sons，1996.
[10] 江宏俊. 流体力学：上册. 北京：高等教育出版社，1985.
[11] 赵学端，廖其奠. 粘性流体力学. 北京：机械工业出版社，1983.
[12] 王启杰. 对流传热与传质分析. 西安：西安交通大学出版社，1991.
[13] 程尚模，黄素逸. 传热学. 北京：高等教育出版社，1990.
[14] 陈维汉，许国良，靳世平. 传热学. 武汉：武汉理工大学出版社，2004.

第五章 对流换热计算

由于对流换热微分方程组的复杂性，除少数简单的对流换热问题可以通过分析求解微分方程而得出相应的速度分布和温度分布之外，大多数对流换热问题的分析求解是十分困难的。因此，在对流换热的研究中常常采用实验研究的方法来解决复杂的对流换热问题。

本章首先讨论工程上常见的单相流体对流换热的计算问题，如管内流动，平行流过平板以及绕流圆柱（管）的强制对流换热，大空间和受限空间的自然对流换热。其次，在工程上和日常生活中还存在着大量发生相变的传热过程，如蒸汽的凝结、液体的沸腾、液体的蒸发、液体的凝固以及固体的熔化等。这里仅仅讨论流体在对流换热过程中发生相变传热的情况，即液体的沸腾和蒸汽的凝结换热过程，包括沸腾换热和凝结换热的特征、作用机制及相应的分析求解方法。由于流体在与固体壁面进行热交换的过程中发生相的变化，在相变的过程中流体潜热的释放或吸收会使这种热交换过程的强度远大于同种流体无相变时的换热强度。

在介绍实验关系式时，都会指出关系式的特征尺寸、特征流速、定性温度，以及适用的雷诺数和普朗特数的范围。读者在使用准则关系式时应特别注意这一点。

第一节 管（槽）内流体强制对流换热计算

1. 管（槽）内流动换热的特点

流体在管内流动属于内部流动过程，其主要特征是，流动存在着两个明显的流动区段，即流动进口（或发展）区段和流动充分发展区段，如图 5-1 所示。

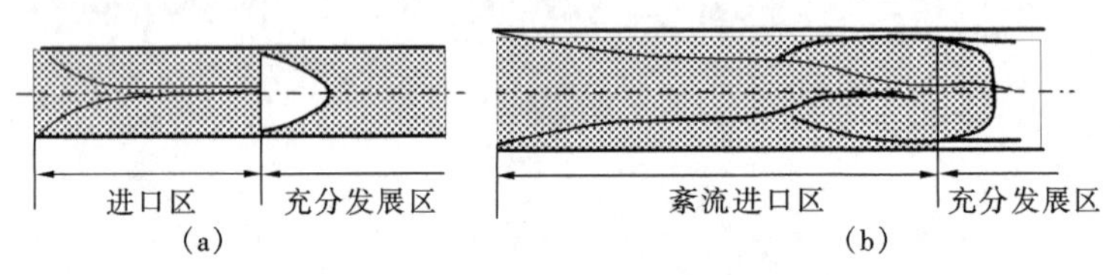

图 5-1 流体管内流动换热示意

(a) 管内层流流动速度分布；(b) 管内紊流流动速度分布

在流体流入管内与管壁面接触时，由于流体黏性力的作用，在接近管壁处同样也会形成流动边界层。随着流体逐步地深入管内，边界层的厚度也会逐步增厚，当边界层的厚度等于管子的半径时，边界层在管子中心处汇合，此时管内流动成为定型流动。那么，从管子进口到边界层汇合处之间的这段管长称为管内流动进口区，之后进入定型流动的区域称为流动充分发展区。

如果边界层在管中心处汇合时流体流动仍然保持层流，那么进入充分发展区后也就继续保持层流流动状态，从而构成流体管内层流流动过程。如果边界层在管中心处汇合时流体已经从层流流动完全转变为紊流流动，那么进入充分发展区后就会维持紊流流动状态，从而构成流体管内紊流流动过程。如果边界层汇合时正处于流动从层流向紊流过渡的区域，那么其后的流动就会是过渡性的不稳定的流动，称为流体管内过渡流动过程。实验研究表明，当管内流动的雷诺数 $Re \leqslant 2200$ 时为层流流动，当管内流动的雷诺数 $Re \geqslant 10^4$ 时为紊流流动，而雷诺数在 $2200 < Re < 10^4$ 之间时管内流动处于过渡流动区域。上述关系式中的雷诺数定义为 $Re = u_m d/\nu$，式中 u_m 为管内流体的截面平均流速，d 为管子的内径，ν 为流体的运动黏度。

当流体温度和管壁温度不同时，在管子的进口区域同时也有热边界层在发展，随着流体向管内深入，热边界层最后也会在管中心汇合，从而进入热充分发展的流动换热区域，在热边界层汇合之前也就必然存在热进口区段。随着流动从层流变为紊流，热边界层亦有层流和紊流热边界层之分。

管内流动进口区的长度对于层流和紊流是不一样的。层流时流动进口段的长度 l 由如下关系决定：

$$\frac{l}{d} \approx 0.06Re \tag{5-1}$$

而层流时的热进口段长度为

$$\begin{aligned} &\text{对于} \quad t_w = \text{const}, \quad \frac{l_t}{d} \approx 0.055RePr \\ &\text{对于} \quad q_w = \text{const}, \quad \frac{l_t}{d} \approx 0.07RePr \end{aligned} \tag{5-2}$$

紊流时流动进口段和热进口段长度几乎是一样的，有

$$\frac{l}{d} \approx 0.623Re^{1/4} \text{ 或 } \frac{l}{d} \approx 50 \tag{5-3}$$

由于在进口段流动边界层和热边界层是逐步发展的，随着边界层的逐步增厚，流体与管壁之间的表面传热系数也从进口处的最大值逐步减小，当流动进入充分发展阶段之后表面传热系数趋于一个定值。如果边界层在汇合之前从层流变为紊流，由于在紊流中同时存在流体微团的动量和热量的交换，换热性能就比层流为好。随着紊流边界层的发展，表面传热系数又逐步减小，边界层汇合后表面传热系数同样趋于一个定值。图 5-2 所示为管内流动换热流体温度沿流动方向变化的示意。

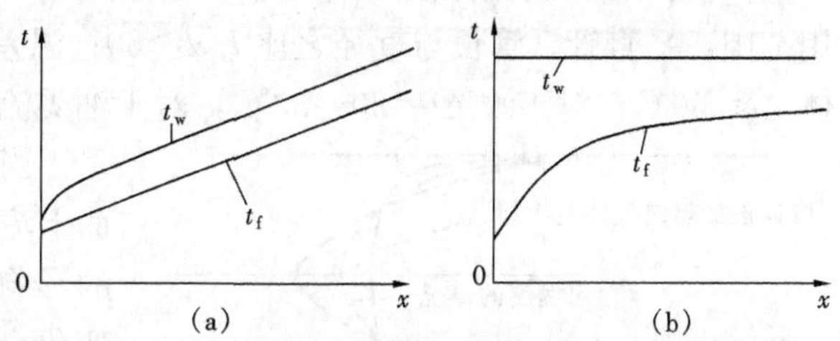

图 5-2 管内流动换热流体温度沿流动方向的变化
(a) 壁面热流密度恒定（q_w=const）；
(b) 壁面温度恒定（t_w=const）

对于管内流动而言，流体的温度在流动方向上始终是变化的，通过对管内流体微元的热平衡计算可以求出温度沿流动方向的变化规律。

对于管壁热流为常数 q_w=const 时流体温度随流动方向线性变化，且与管壁之间的温差保持不变，有

$$t_f(x) = t'_f + \frac{4q_w x}{\rho c_p u_m d} \tag{5-4}$$

式中 $t_f(x)$——管内流体在 x 处截面上的平均温度 $t_f(x) = \int_{A_c} \rho c_p u t \mathrm{d}A \Big/ \int_{A_c} \rho c_p u \mathrm{d}A$；

t'_f——流体进口平均温度。

当管壁温度为常数 t_w=const 时，流体的温度随流动方向按如下指数规律变化：

$$t_f = t_w + (t'_f - t_w)\exp\left(-4St\frac{x}{d}\right) \tag{5-5}$$

利用在整个管长内的流动换热平衡关系式，$(\pi d^2/4)\rho c_p u_m(t'_f - t''_f) = h\pi dl\Delta t_m$，可以得出计算表面传热系数的平均温差的表达式：

$$\Delta t_m = \frac{(t''_f - t_w) - (t'_f - t_w)}{\ln\dfrac{t''_f - t_w}{t'_f - t_w}} \tag{5-6}$$

式中 t'_f——流体进口温度；

t''_f——流体出口温度。

由于这一表达式中含有对数函数，人们常将该温差称为对数平均温差。当流体与管壁之间的温差比较小时，或者管子长度不是特别长时，即 $0.5 \leqslant (t''_f - t_w)/(t'_f - t_w) \leqslant 2.0$ 时，为了工程计算的方便，常用算术平均温差来代替对数平均温差，即 $\Delta t_m = t_f - t_w$，其中 $t_f = (t'_f + t''_f)/2$，由此造成的误差小于 4%。

2. 管内强制对流换热的准则关系式

在分析了管内流体流动换热的一些特征之后，我们就可以对不同流动状态的管内流动换热进行换热计算。这一工作可以在给出相应的准则关系式的基础上进行。

(1) 管内紊流换热准则关系式。管内流体处于旺盛的紊流状态时，换热计算可采用下面推荐的 Dittus-Boelter 准则关系式：

$$Nu = 0.023Re^{0.8}Pr^n (Re = 10^4 \sim 1.2\times 10^5) \tag{5-7}$$

其中特征尺寸为管径 d，特征速度取管内流体的平均流速 u_m，流体的定性温度为平均温度 $t_f = (t'_f + t''_f)/2$，当流体被加热（$t_w > t_f$）时 $n=0.4$，而流体被冷却（$t_w < t_f$）时 $n=0.3$。适用范围：平直管，管长与直径之比 $l/d \geqslant 60$；温差 $\Delta t = t_w - t_f$ 较小，所谓小温差是指对于气体 $\Delta t \leqslant 50$℃；对于水 $\Delta t = 20 \sim 30$℃，对于油类流体 $\Delta t \leqslant 10$℃；普朗特数 $Pr = 0.7 \sim 120$。

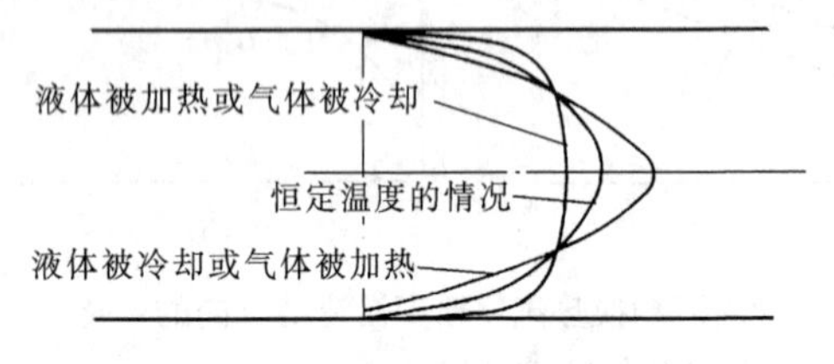

图 5-3 管内流动换热条件下温度对速度分布的影响

当流体与管壁之间的温差较大时，因管截面上流体温度变化比较大，流体的物性受温度的影响会发生改变。尤其是流体黏性因温度而变化会导致管截面上流体速度的分布也发生相应的变化，而它的改变进而会影响流体与管壁之间的热量传递和交换。流体截面速度分布受温度分布影响的示意图可从图 5-3 中观察到。

因此，在大温差情况下计算换热时准则式右边要乘以物性修正项。对于液体乘以 $(\mu_f/\mu_w)^n$，液体被加热时 $n=0.11$，液体被冷却时 $n=0.25$（物性量的下标表示取值的定性温度）；对于气体则乘以 $(T_f/T_w)^n$，气体被加热时 $n=0.55$，气体被冷却时 $n=0.0$（此处温度用大写字符是表示取绝对温标下的数值）。

如果管子不是平直管，这对流体流动和换热也会产生影响。在弯曲的管道中流动的流体，在弯曲处由于离心力的作用会形成垂直于流动方向的二次流动，从而加强流体的扰动，带来换热的增强。如果管道弯曲的部分比较少，这种影响可以忽略不计。图 5-4 所示为弯曲管的流动情况。

弯曲管道内的流体流动换热必须在平直管计算结果的基础上乘以一个大于 1 的修正系数

c_R。在流体为气体时 $c_R=1+1.77(d/R)$；在流体为液体时 $c_R=1+10.3(d/R)^3$ 。式中 R 为弯曲管的曲率半径。

当管子的管长与管径之比 $l/d<60$ 时，属于短管内的流动换热，进口段的影响不能忽视。此时亦应在按照长管换热计算出结果的基础上乘以相应的修正系数 c_l。对于带有尖角入口的短管，推荐的入口效应修正系数为 $c_l=1+(d/l)^{0.7}$ 。实际上，不同入口条件的管内流动会对入口段的换热带来不同的影响，图 5-5 所示为不同的入口条件对入口段局部表面传热系数的影响。

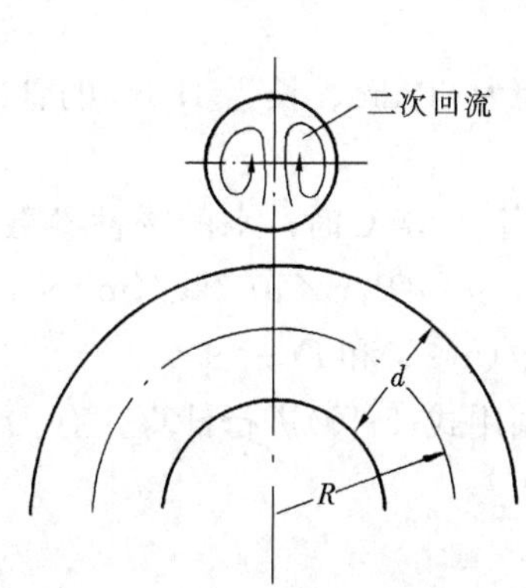

图 5-4 弯曲管道流动情况示意

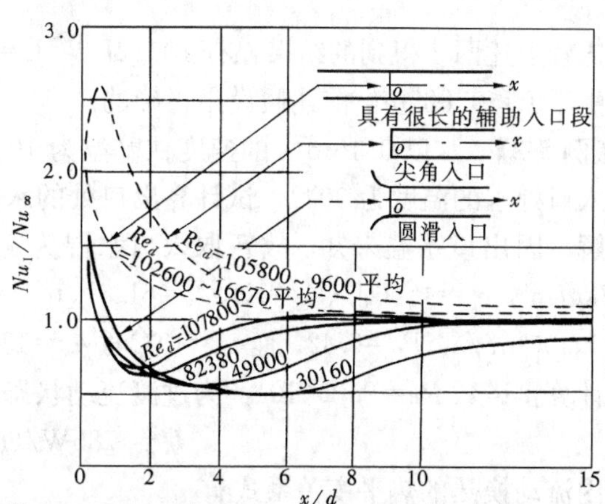

图 5-5 入口段局部表面传热系数随 x/d 的变化

(2) 管内层流换热准则关系式。当雷诺数 $Re<2200$ 时管内流动处于层流状态，由于层流时流体的进口段比较长，因而管子长度的影响通常直接从计算公式中体现出来。这里给出 Sieder-Tate的准则关系式：

$$Nu=1.86\left(Re\cdot Pr\frac{d}{l}\right)^{1/3}\left(\frac{\mu_f}{\mu_w}\right)^{0.14}\quad (Re<2200) \tag{5-8}$$

此公式的适用范围是：$Re<2200$，$Pr>0.6$，$Re\cdot Pr\dfrac{d}{l}>10$；同样是用于平直管，式中准则的特征尺寸、特征流速和定性温度都仍然与式（5-7）相同。

(3) 管内过渡流区换热准则关系式。当雷诺数处于 $2200<Re<10^4$ 的范围内时，管内流动属于层流到紊流的过渡流动状态，流动十分不稳定，从而给流动换热计算带来较大的困难。因此，工程上常常避免采用管内过渡流动区段。这里推荐两个准则关系式：

对于气体， $$Nu=0.0214(Re^{0.8}-100)Pr^{0.4}\left[1+\left(\frac{d}{l}\right)^{2/3}\right]\left(\frac{T_f}{T_w}\right)^{0.45} \tag{5-9}$$

适用范围为 $Re=2200\sim10^4$，$Pr=0.6\sim6.5$，$T_f/T_w=0.5\sim1.5$。

对于液体， $$Nu=0.012(Re^{0.87}-280)Pr^{0.4}\left[1+\left(\frac{d}{l}\right)^{2/3}\right]\left(\frac{Pr_f}{Pr_w}\right)^{0.11} \tag{5-10}$$

适用范围为 $Re=2200\sim10^4$，$Pr=1.5\sim200$，$Pr_f/Pr_w=0.05\sim20$。

以上两准则式的特征尺寸、特征流速和定性温度均与式（5-7）相同。

【例 5-1】 空气以 2m/s 的速度在内径为 10mm 的管内流动，入口处空气的温度为 20℃，管壁温度为 120℃，试确定将空气加热至 60℃所需管子的长度。

解 定性温度为 $t_f=\frac{1}{2}(20+60)=40℃$，查出空气的物性参数为：$\rho=1.128\text{kg/m}^3$，$c_p=1.005\text{kJ/(kg·K)}$，$\lambda=2.76\times10^{-2}\text{W/(m·K)}$，$\mu_f=19.1\times10^{-6}\text{kg/(m·s)}$，$Pr=0.699$。而当 $t_w=120℃$时，查得 $\mu_w=22.8\times10^{-6}\text{kg/(m·s)}$。

雷诺数 $Re=\rho ud/\mu=1.18\times10^3<2200$，为层流。又因 $RePr\cdot d/L=8.25/L$，如果 $L<0.825\text{m}$，则$RePr\cdot d/L>10$，可用式(5-8)进行计算，得 $h=10.12L^{-1/3}$。

由能量平衡有 $h\pi dL(t_w-t_f)=u_m\frac{\pi d^2}{4}\rho c_p(t_f''-t_f')$，代入数据得 $hL=2.83$。

比较上述两步得到的结果，有 $10.12L^{-1/3}L=2.83$，最后解得 $L=0.148\text{m}$。

由于 $L<0.825\text{m}$，前述假设是正确的。

【例 5-2】 水以 0.15m/s 的速度在壁温为 10℃、内直径为 60mm、长为 1.2m 的管内流动，入口处水的温度为 30℃，试计算出口处的水温。

解 因出口水温未知，故暂取入口水温为定性温度。当 $t=30℃$时，水的物性参数 $\rho=995.7\text{kg/m}^3$，$c_p=4.17\text{kJ/(kg·K)}$，$\lambda=61.8\times10^{-2}\text{W/(m·K)}$，$\mu=801.6\times10^{-6}\text{kg/(m·s)}$，$\nu=0.80^5\times10^{-6}\text{m}^2/\text{s}$，$Pr=5.42$；而 $t_w=10℃$时 $\mu_w=1306\times10^{-6}\text{kg/(m·s)}$和 $Pr_w=9.52$。

计算雷诺数 $Re=9.3\times10^3$，为过渡流动状态，因而可利用式(5-10)进行计算，有

$$h=785\text{W/(m}^2\cdot\text{K)}$$

由管内流动换热的热平衡关系式有

$$h\pi dL\left[\frac{1}{2}(t_f'+t_f'')-t_w\right]=\frac{\pi d}{4}\rho u_m c_p(t_f'-t_f'')$$

代入数据，解得 $t_f''=27.7℃$。

重新取定性温度 $t_f=(30+27.7)/2=28.9℃$。本应以 28.9℃作为定性温度，查取水的物性参数重复以上计算，求出 t_f''。但因 28.9℃与 30℃相差较小，物性参数变化不大，故可不重新计算，最终认为出口水温为 $t_f''=27.7℃$。

【例 5-3】 水在 $\phi20\times1\text{mm}$ 的管内流动，入口温度为 80℃，质量流率为 0.5kg/s，管壁温度为 20℃，欲将水冷却至 50℃，试确定所需管长。

解 当 $t_f=(t_f'+t_f'')/2=65℃$时，水的物性参数为：$\rho=980.5\text{kg/m}^3$，$c_p=4.183\text{kJ/(kg·K)}$，$\lambda=66.4\times10^{-2}\text{W/(m·K)}$，$\nu=0.447\times10^{-6}\text{m}^2/\text{s}$，$Pr=2.77$，$\mu=438\times10^{-6}\text{kg/(m·s)}$。当 $t_w=20℃$时 $\mu_w=1004\text{kg/(m·s)}$。

计算流体流速 $u_m=q_m/\left(\frac{\pi d^2}{4}\rho\right)=2\text{m/s}$，所以有雷诺数为 $Re=\frac{u_m d}{\nu}=8.05\times10^4$ 为紊流流动。选用式(5-7)计算表面传热系数有 $h=10\ 470\text{W/(m}^2\cdot\text{K)}$。

最后由能量平衡方程，计算管子长度有

$$L=\frac{q_m c_p(t_f'-t_f'')}{h\pi d(t_f-t_w)}=2.36\ \text{m}$$

第二节 流体外掠物体的对流换热计算

1. 流体平行流过平板时的换热计算

流体平行流过平板的流动换热过程如图5-6所示，是典型的边界层流动问题，对于边界

层层流流动换热可以通过边界层微分方程组的求解获得相应的准则关系式，而紊流问题也可以通过求解边界层积分方程而得出相应的准则关系式。这里不对其进行详细的分析，而是给出其结果。

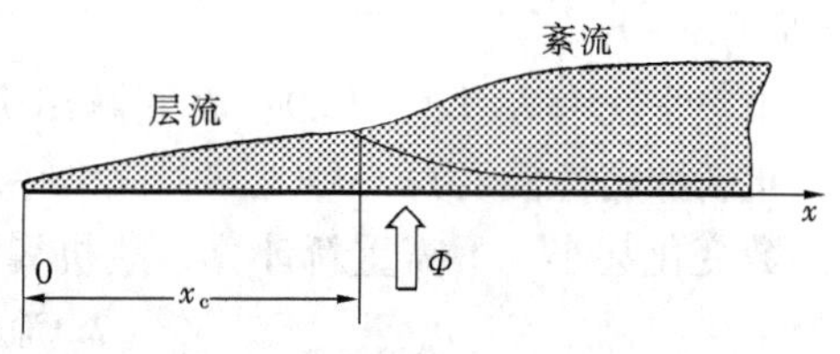

图 5-6 流体流过平板换热示意

当雷诺数 $Re_x \leqslant 5\times 10^5$ 时，边界层内为层流流动，其换热计算的准则关系式如下：

局部努塞尔数： $Nu_x = 0.332 Re_x^{0.5} Pr^{1/3}$ (5-11)

平均努塞尔数： $\overline{Nu_x} = 0.664 Re_x^{0.5} Pr^{1/3}$

当雷诺数 $Re_x \geqslant 5\times 10^5$ 时，边界层内流动由层流变为紊流，如果将整个平板都视为紊流状态，其换热计算的准则关系式如下：

局部努塞尔数 $Nu_x = 0.029 Re_x^{0.8} Pr^{1/3}$ (5-12)

平均努塞尔数： $\overline{Nu_x} = 0.037 Re_x^{0.8} Pr^{1/3}$

实际上流体流过平板时都是逐步从层流过渡到紊流的，因而计算整个平板的换热时，必须将前面一段按照层流计算，而后面一段按照紊流计算。于是综合计算关系式应为

$$\overline{Nu_x} = [0.664 Re_{x_c}^{0.5} + 0.037(Re_x^{0.8} - Re_{x_c}^{0.8})] Pr^{1/3}$$

当 $Re_{x_c} = 5\times 10^5$ 时，可简化为

$$\overline{Nu_x} = (0.037 Re_x^{0.8} - A) Pr^{1/3} \quad (5\text{-}13)$$

式中 $A = 0.037 Re_{x_c}^{0.8} - 0.664 Re_{x_c}^{0.5}$。如果 $Re_{x_c} = 5\times 10^5$，则 $A = 871$。

以上准则关系式中的特征尺寸为 x，表示从平板前沿的 $x=0$ 到平板 x 处的距离，如果计算整个平板的换热，其特征尺寸为 $x=L$；特征流速为 u_∞；而定性温度 $t_m = (t_w + t_\infty)/2$，常称为膜温度。

【例 5-4】 温度 20℃的空气，以 10m/s 的速度流过平板，试分别确定从平板前缘算起，进入过渡区($Re_1 = 2\times 10^5$)和进入紊流区($Re_2 = 5\times 10^5$)的距离。

解 查出 20℃时空气的运动黏度为 $\nu = 15.06\times 10^{-6}\,\mathrm{m^2/s}$

假设进入过渡区的距离为 L_1，由雷诺数 $Re_1 = \dfrac{uL_1}{\nu} = 2\times 10^5$，计算出 $L_1 = 0.30\mathrm{m}$；

假设进入紊流区的距离为 L_2，由雷诺数 $Re_2 = \dfrac{uL_2}{\nu} = 5\times 10^5$，计算出 $L_2 = 0.75\mathrm{m}$。

【例 5-5】 将机翼近似当作沿飞行方向长为 2m 的平板，飞机以 100m/s 的速度飞行，空气的压力为 0.8atm、温度为 0℃，如果机翼表面吸收太阳的能量为 750W/m²，试在设定机翼温度是均匀的条件下确定机翼热稳态下的温度。

解 由于机翼温度 T_w 待求，故取流体温度作为定性温度。在 $T_\infty = 0℃$时空气的物性参数为$\lambda = 2.44\times 10^{-2}\,\mathrm{W/(m\cdot K)}$，$\mu = 17.2\times 10^{-6}\,\mathrm{kg/(m\cdot s)}$，$Pr = 0.707$。空气密度$\rho = \dfrac{p}{RT} = 1.035\mathrm{kg/m^3}$。

空气流过机翼的雷诺数为 $Re = \dfrac{u_\infty L\rho}{\mu} = 12.03\times 10^6$，已进入紊流边界层。利用流过平板的紊流计算公式 $Nu = (0.037 Re_L{}^{0.8} - 871) Pr^{1/3}$，于是表面传热系数为 $h = \dfrac{\lambda}{L}(0.037 Re_L{}^{0.8} - 871) Pr^{1/3} =$

176W/(m²·K)。

由热平衡有 $h(T_w - T_\infty)=\Phi_r$，解出机翼温度为 $t_w=\Phi/h+t_\infty=4.26$℃。

重新取定性温度为 $t=(t_w-t_\infty)/2=2.13$℃，与以上所取定性温度相差不大，空气的物性参数变化甚小，不需重新计算，故机翼温度为 4.26℃。

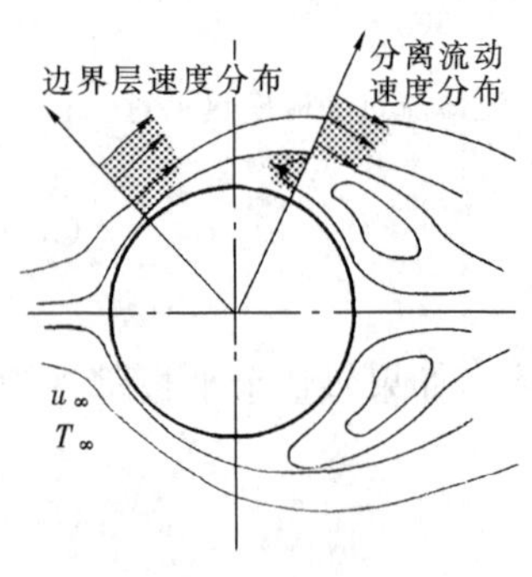

图 5-7 流体绕流圆柱体的流动示意

2. 流体横向掠过圆柱体（单管）时的换热计算

流体横向掠过圆柱体的流动如图 5-7 所示。按照势流理论，流体在圆柱体的前部流速会逐步增大而流体的压力会逐步减小；流体在圆柱体的后部流速会逐步减小而流体的压力会逐步增大。由于流体黏性力的作用，在圆柱体的前部会形成流动边界层，速度会从势流流速逐步改变到壁面上的零速度，这种速度改变是以消耗流体动量为代价的，这样的过程特征一直会保持到势流流速达到最大值（在圆柱体前部）。在其后的增压减速过程中（在圆柱体后部），流体中的动量会逐步地再转变为流场的压力，此时在边界层中流动流体因动量的耗散而没有足够的动量来转化成为与边界层外势流区压力相同的压力，因而会在边界层中形成从外到内的压差，在此压差的作用下会产生从外向内的流体流动，从而导致流体在边界层中发生分离，其结果是在圆柱体后方形成回流。实际上，由于边界层的发展与分离，势流区的外轮廓已经不是圆柱形，因而使流动的增压减速过程提前，进而使流动分离位置也提前。如果流体在分离之前流动边界层已经从层流发展到紊流，由于紊流边界层中紊流动量交换的加强，从而会使边界层流动的分离向后推移。观测结果给出，绕流圆柱的流动当 $Re<10$ 时流动不会发生分离现象；当 $10\leqslant Re\leqslant 10^5$ 时流动分离点在 $80°\leqslant\varphi\leqslant 85°$ 之间；而当 $Re>10^5$ 时流动分离点在 $\varphi=140°$ 处。这里定义的雷诺数为 $Re=u_\infty d/\nu$，式中，u_∞ 为来流速度，d 为圆柱体外直径。

这样一种流场的流动特征必然会影响到流场的换热性能。图 5-8 所示为绕流圆柱体的表面传热系数沿着圆柱体壁面变化的情况。在圆柱体的前端 $\varphi=0$ 处表面传热系数 h_φ 最大，而分离点 $\varphi=82°$ 处表面传热系数 h_φ 最小；如果在边界层从层流变为紊流，那么转变点处有一个表面传热系数 h_φ 的最低点，紊流边界层的分离点 $\varphi=140°$ 是另一个表面传热系数 h_φ 的最低点。从中不难看出，沿着圆柱体表面的表面传热系数是变化的，而且变化较为剧烈。总体而言，换热性能在分离点前要比分离点后要好。换热性能的变化会在等热流加热的情况下引起圆柱体表面的温度变化，而这种变化在高温下会造成圆柱体（或管壁）较大的内应力，从而影响换热设备的安全运行。但是，对于工程上的大多数换热问题，只需要了解其总的换热性能，因而这里仅给出计算流体掠过圆柱体的平均表面传热系数的准则关系式。

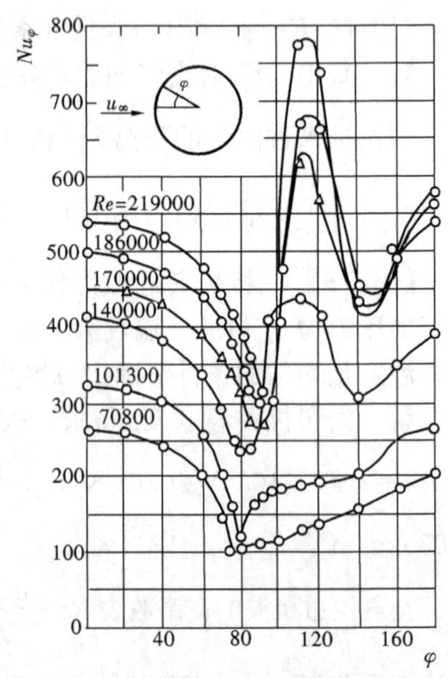

图 5-8 绕流圆柱体的局部表面传热系数

常用的准则关系式的形式为

$$Nu = cRe^{n}Pr^{m}\left(\frac{Pr_{\mathrm{f}}}{Pr_{\mathrm{w}}}\right)^{0.25} \tag{5-14}$$

式中，准则的特征流速为流体最小截面处的最大流速 $u_{\max}$；特征尺寸为圆柱体外直径 d；定性温度除 Pr_{w} 按壁面温 t_{w} 取值之外皆用流体的膜温度 t_{f}；$(Pr_{\mathrm{f}}/Pr_{\mathrm{w}})^{0.25}$是在选用 t_{f} 为定性温度时考虑热流方向不同对换热性能产生影响的一个修正系数。此外，式中的 n 和 m 的数值由表 5-1 按不同条件来给定。

表 5-1　流体绕流单圆柱体时的常数 c、n 及 m 数值表

条件及范围	c	n	m	用于空气及烟气的简化公式
$5<Re<10^3$ $0.60<Pr<350$	0.5	0.5	0.38	$Nu=0.44Re^{0.5}$
$10^3<Re<2\times10^5$ $0.60<Pr<350$	0.26	0.6	0.38	$Nu=0.22Re^{0.6}$
$2\times10^5<Re<2\times10^6$ $0.60<Pr<350$	0.023	0.8	0.37	$Nu=0.02Re^{0.8}$

如果流体流动方向与圆柱体轴线的夹角（也称冲击角，见图 5-9）在 $30°<\beta<90°$的范围内时，平均表面传热系数可按下式计算：

$$h_{\beta} = h_{\beta=90°}(1-0.54\cos^{2}\beta) \tag{5-15}$$

式中　h_{β}，$h_{\beta=90°}$——$\beta<90°$，$\beta=90°$时的平均表面传热系数。

此式表明，流体冲击角越小表面传热系数越差，当 $\beta=0$ 时，换热性能最差。此时，也可按流体平行流过圆柱体表面进行换热计算，也就是可以采用流体流过平板换热的计算公式

3. 流体横向流过管束的换热计算

管束（长圆柱体束）是由很多根长管子（长圆柱体）按照一定的排列规则组合而成，常常是热交换设备的组件，工程上使用管束要比使用单管为多。管束的排列方式很多，最常见的排列方式有顺排和叉排两种。图 5-10 所示为这两种排列方式的几何结构和相关的尺寸。不管哪一种排列方式，流动情况都比单管时要复杂，这是因为管子之间相对紧密的排列造成各自流场间的相互影响，从而也就影响到流体与管壁之间的换热。

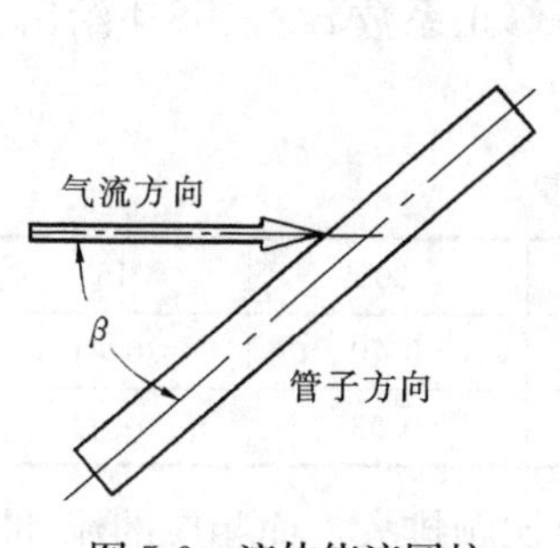

图 5-9　流体绕流圆柱体的冲击角

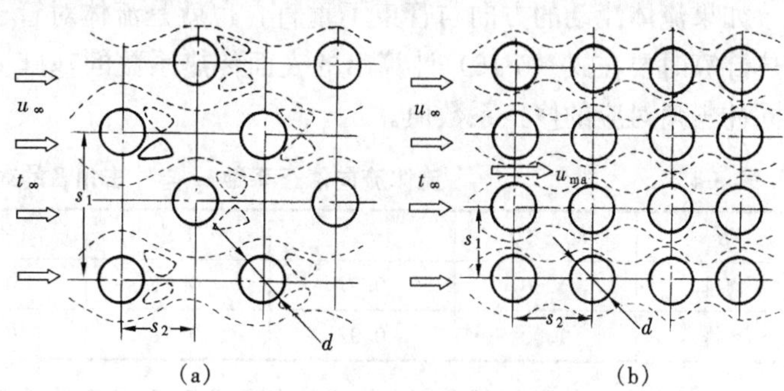

图 5-10　流体绕流管束时的流动特征及几何尺寸

(a) 叉排管束；(b) 顺排管束

流体流过顺排或叉排管束的第一排管面时的流动和换热情况与流过单管的情形是相似的。但从第二排开始，顺排时管子的前后都处于前一排管的回流区中，流动和换热不同于第一排管；对于叉排排列，尽管从第二排管以后，流动情况与单管时看似相同，但由于前排造成的流场扰动会使流动和换热情形差别较大。这些都导致后排管的换热要好于第一排管，但从第三排管以后各排排管之间的流动与换热的特征就没有多少差异了。但是前几排管的换热性能上的差异，对于整个管束换热性能的影响，会随着管排排数的增加而减弱。实验结果表明，当管排排数超过 10 排之后，换热性能就基本稳定不变了。

流体横向掠过管束的平均表面传热系数可采用如下形式准则关系式计算：

$$Nu = cRe^n Pr^m \left(\frac{s_1}{s_2}\right)^p \left(\frac{Pr_f}{Pr_w}\right)^{0.25} \varepsilon_z \tag{5-16}$$

式中 s_1、s_2——垂直于流动方向和沿着流动方向上的管子之间的距离；

ε_z——管排数目的修正系数。

式（5-16）考虑了管子排列和管排数目对换热的影响。准则关系式的特征尺寸为管外直径，特征流速为管排流道中最窄处的流速，定性温度为流体平均温度。式中的 c、n、m 及 p 的具体数值和空气中的简化计算式，均列于表 5-2 中。管排修正系数由表 5-3 给出。

表 5-2 绕流管束换热准则关系式的系数值表

排列规则	适用范围		准则方程中的常数				空气、烟气简化公式
			c	n	m	p	$Pr=0.7$
顺排	$Re=10^3\sim2\times10^5$		0.27	0.63	0.36	0	$Nu=0.24Re^{0.63}$
	$Re>2\times10^5$		0.021	0.84	0.36	0	$Nu=0.018Re^{0.84}$
叉排	$Re=10^3\sim2\times10^5$	$s_1/s_2\leqslant2$	0.35	0.60	0.36	0.20	$Nu=0.31Re^{0.60}(s_1/s_2)^{0.2}$
		$s_1/s_2>2$	0.40	0.60	0.36	0	$Nu=0.35Re^{0.60}$
	$Re>2\times10^5$		0.022	0.84	0.36	0	$Nu=0.019Re^{0.84}$

表 5-3 管排修正系数 ε_z 与排数数目 z 的对应值表

排数	1	2	3	4	5	6	7	8	9	10
顺排	0.64	0.80	0.87	0.90	0.92	0.94	0.96	0.98	0.99	1.00
叉排	0.68	0.75	0.83	0.89	0.92	0.95	0.97	0.98	0.99	1.00

如果流体流动的方向与管束不垂直，也就是流体对管子的冲击角 $\beta<90°$ 的情况，在进行换热计算时要在式（5-16）计算出的表面传热系数的基础上乘以修正系数 c_β。表 5-4 给出了不同冲击角对应的修正系数值。

表 5-4 流体流向修正系数 c_β 与冲击角 β 的对应值表

β	80°～90°	70°	60°	45°	30°	15°
顺排	1.00	0.97	0.94	0.83	0.70	0.41
叉排	1.00	0.97	0.94	0.78	0.53	0.41

一般而言，在相同的条件下，叉排情况下的表面传热系数要比顺排大，而相应的流动阻力也比顺排时大。如果综合考虑换热性能和流动特性两种排列方式是相差不大的，关键是选择合理的使用范围。因此，在采用什么排列方式时除了实际的运行要求之外，还要通过可用

能损失率分析来进行两种排列方式的流动特征与换热性能的综合分析比较，最后获得各种排列方式最佳的运行参数和几何尺寸，这是可以通过熵（或炯）分析来实现的。

【例 5-6】 一通有电流的直径为 0.2mm 的金属丝，被 20℃的空气以 30m/s 的速度横向垂直吹过。由金属的电阻推知，金属丝的温度为 21.5℃。改变气流速度，使金属丝的温度变成 23.6℃。求这时的气流速度。

解 由 t_f=20℃查得空气物性值：λ=0.025 9W/(m·K)，$\nu=15.06\times10^{-6}m^2/s$，$Pr$=0.703。

计算 $Re=ud/\nu=398.4$，$h=0.5Re^{0.5}Pr^{0.38}\cdot\lambda/d=1130.43W/(m^2\cdot K)$，$\Phi=h\pi dL(t_w-t_\infty)=1130.43\times\pi\times0.000\,2\times L\times(21.5-20)=1.065L$ W；

速度改变后，$h=\dfrac{\Phi}{\pi dL(T_w-T_\infty)}=\dfrac{1.064L}{\pi\times0.000\,2\times L\times(23.6-20)}=471.01W/(m^2\cdot K)$，仍采用原来的系数取值有 $Nu=hd/\lambda=0.5Re^{0.5}Pr^{0.38}$，解得 $Re_m=27.67$，从而流速 $u=Re_m\nu/d=2.08m/s$。

【例 5-7】 在速度 u_0=5m/s、温度为 20℃的空气流中，沿流动方向平行地放有一块长 L=20cm、温度为 60℃的平板。如用垂直流动方向放置半周长为 20cm 的圆柱代替平板，问此时的表面传热系数为平板的几倍(其他条件不变)。

解 由 t_f=20℃查得空气的物性值：λ=0.025 7W/(m·K)，$\nu=15.06\times10^{-6}m^2/s$，$Pr$=0.703，$Pr_w$=0.696；$t_m$=40℃查得空气的物性值：$\lambda$=0.027 6W/(m·K)，$\nu=16.96\times10^{-6}m^2/s$，$Pr$=0.699。

对于平壁：$Re=uL/\nu=58\,962<5\times10^5$，为层流流动，表面传热系数为 $h=0.664Re^{\frac{1}{2}}Pr^{\frac{1}{3}}\dfrac{\lambda}{L}=19.7W/(m^2\cdot K)$。

对于圆柱：$d_0=2L/\pi=0.127m$，$Re=u_0d_0/\nu=42164.67$，查得 $c=0.26$，$n=0.6$，$m=0.38$，则表面传热系数为 $h=0.26Re^{0.6}Pr^{0.38}(Pr/Pr_w)^{0.25}\cdot\lambda/d_0=27.6W/(m^2\cdot K)$。

以上结果表明，横掠圆柱比纵掠平壁，其表面传热系数增加了 40.2%。

【例 5-8】 一顺排管束，管子外径 d_0=0.02m，s_1=0.03m，s_2=0.04m。热空气横掠管束，入口温度为 300℃，出口温度为 100℃，最大质量流率为 10kg/(m²·s)，管子外表面温度为 40℃。求表面传热系数和管子的排数。

解 由流体平均温度为 t_f=200℃，查空气的物性值：λ_f=0.039 3W/(m·K)，$\mu_f=26.0\times10^{-6}kg/(m\cdot s)$，$Pr_f$=0.68，以及 Pr_w=0.699。

计算雷诺数为 $Re_{max}=m_{max}d_0/\mu_f=7690$，则可由下式计算出表面传热系数：

$$h=0.27\frac{\lambda_f}{d_0}Re_f^{0.63}Pr_f^{0.36}\left(\frac{Pr_f}{Pr_w}\right)^{0.25}=128.6W/(m^2\cdot K)$$

列间单位宽度空气的质量流量为 $q_m=q_{max}(s_1-d)\times1=10\times(0.03-0.02)\times1=0.1kg/s$，且查出空气的比热为 c_p=1026J/(kg·K)，于是每列换热量为

$$\Phi=q_mc_p(t''_f-t'_f)=0.1\times1026\times(300-100)=20\,520W/\text{列}$$

于是每列管排数 $z=\dfrac{\Phi}{h\pi d\Delta t}=\dfrac{20520}{128.6\times\pi\times0.02\Delta t}$，式中 Δt 为对数平均温差，由下式计算：$\Delta t=\dfrac{t''_f-t'_f}{\ln\dfrac{t''_f-t_w}{t'_f-t_w}}=\dfrac{300-100}{\ln\dfrac{300-40}{100-40}}=136.4$，代入上式得 z=18.6，取 19 排。

由于排数大于10，排数修正 $\varepsilon_z=1.0$，所以表面传热系数不变：$h=128.6\text{W}/(\text{m}^2\cdot\text{K})$。

第三节　自然对流换热计算

自然对流是流场因温度分布不均匀导致的密度不均匀分布在重力场的作用下产生的流体运动。而在固体壁面与流体之间因温度差而引起的自然对流中发生的热量交换过程就被称为该壁面上的自然对流换热。由于在自然对流换热过程中，流体的流动是由温度差引起，因而流体运动与换热是密切相关的。图5-11所示为几种自然对流换热的情况，前三种为大空间自然对流换热过程，后两种为受限空间的自然对流换热过程。在自然界、现实生活中以及工程上，物体的自然冷却或加热都是以自然对流换热的方式实现的，由于自然对流换热的换热强度比较弱，尤其是在空气环境下，同时还存在着与之数量级相同的辐射换热，而且在温度比较高的情况下，辐射换热的强度还比自然对流换热的强度要强很多。因此，在自然对流换热的实际计算中辐射换热是不可以随意忽略的。

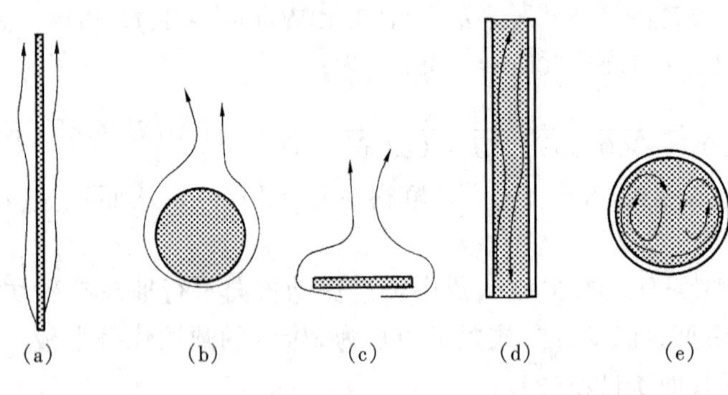

图5-11　流体与固体壁面之间的自然对流换热过程
(a) 竖直平板（竖管）；(b) 水平管；(c) 水平板；
(d) 竖直夹层；(e) 横圆管内侧

1. 大空间自然对流的流动与换热特征

由于自然对流过程中流体的运动是由温度差引起的，因而流体与换热是密不可分的。为了讨论自然对流的流动特征和换热性能，这里以竖直平板在空气中的自然冷却过程为例来进行分析，如图5-12所示。竖直平板在空气中冷却，由于空气的黏度很小，因温度差引起的流体流动的范围十分有限。在垂直于壁面的方向上流体的速度从平板壁面处的 $u_w=0$，逐步增大到最大值 u_{max}，再往后又逐步减小到 $u_\infty=0$。这种流体速度变化的区域相对于流体沿着平板上升方向（图中的 x 方向）的尺度是很薄的，因而可以称之为自然对流的速度边界层，其厚度 $\delta(x)$ 仍然采用在流体强制对流边界层中的约定方法。它与强制对流的速度边界层很相似，但也有显著的差别，其不同于在强制对流边界层中速度只是从平板壁面处的 $u_w=0$ 变化到最大值 $u_{max}=u_\infty$，即等

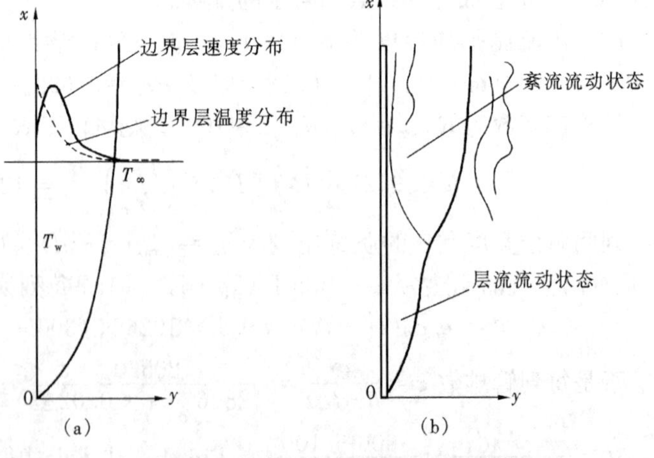

图5-12　竖直平板在空气中冷却过程
(a) 速度分布和温度分布；(b) 自然对流边界层的发展

于来流速度。

与速度边界层同时存在的还有温度发生显著变化的薄层，也就是温度从 T_w 逐步变化到环境温度 T_∞ 的热边界层，其厚度与速度边界层大致相当。应该注意到，自然对流的热边界层与强制对流的热边界层没有明显的差别。热边界层的厚度也是随着流动方向上尺寸（x）的增大而逐渐增大，这也使得竖直平板的换热性能会从平板底部开始随着 x 的增大而逐渐减弱。值得注意的是，在工程上人们常常对整个平板的平均换热性能感兴趣，因而在这一节中，我们主要在讨论自然对流的流动和换热特征的基础上给出计算平均换热性能的准则关系式。从竖直平板的底部开始发展的自然对流边界层，除边界层厚度逐步增大之外，其边界层中的惯性力相对于黏性力也会逐步增大，从而导致边界层中的流动失去稳定，而由层流流动变化到紊流流动。图 5-12 示意性地显示了这种流动状态的变化。犹如强制对流的边界层从层流变为紊流取决于无量纲准则雷诺数 Re 一样，自然对流边界层从层流变为紊流也取决于另一个无量纲准则格拉晓夫数 Gr。此无量纲准则将从自然对流的微分方程式的无量纲化中产生，这一点我们将在下面讨论。

2. 竖直平板自然对流换热的微分方程组

从上述的讨论可以看出，在大空间中竖直平板自然对流换热是属于边界层流动换热的类型。前面导出的流动换热的边界层微分方程组在这里也应该是适用的。必须注意的是，在自然对流情况下流体的流动是由体积力（浮升力）的作用而产生的，因而体积力的影响必须反映在动量方程中。按照图 5-12 给出的坐标系，自然对流换热的边界层方程组的形式如下：

$$\frac{\partial u}{\partial x}+\frac{\partial v}{\partial y}=0$$

$$\rho\left(u\frac{\partial u}{\partial x}+v\frac{\partial u}{\partial y}\right)=F_x-\frac{\mathrm{d}p}{\mathrm{d}x}+\mu\frac{\partial^2 u}{\partial y^2}$$

$$\rho c_p\left(u\frac{\partial \theta}{\partial x}+v\frac{\partial \theta}{\partial y}\right)=\lambda\frac{\partial^2 \theta}{\partial y^2}$$

$$F_x=-\rho g$$

式中 F_x——动量方程中的压力梯度，按其在 y 方向上变化的特征，在边界层外部可以求出 $\frac{\mathrm{d}p}{\mathrm{d}x}=-\rho_\infty g$。

于是动量方程变为

$$\rho\left(u\frac{\partial u}{\partial x}+v\frac{\partial u}{\partial y}\right)=g(\rho_\infty-\rho)+\mu\frac{\partial^2 u}{\partial y^2}$$

为了将方程中的密度差用温度差来表示，引入体积膨胀系数

$$\beta=\frac{1}{v}\left(\frac{\partial v}{\partial T}\right)_p\approx\frac{1}{\rho}\left(\frac{\rho_\infty-\rho}{T-T_\infty}\right)=\frac{\rho_\infty-\rho}{\rho\theta}$$

式中 v——流体的比体积，等于流体密度 ρ 的倒数（体积膨胀系数对于理想气体为其绝对温度值的倒数，即 $\beta=1/T$，大多数一般气体可利用此式）。

将此式代入动量方程后，自然对流换热过程的微分方程组变为

$$\frac{\partial u}{\partial x}+\frac{\partial v}{\partial y}=0$$

$$\rho\left(u\frac{\partial u}{\partial x}+v\frac{\partial u}{\partial y}\right)=\rho g\beta\theta+\mu\frac{\partial^2 u}{\partial y^2} \tag{5-17}$$

$$\rho c_p\left(u\frac{\partial\theta}{\partial x}+v\frac{\partial\theta}{\partial y}\right)=\lambda\frac{\partial^2\theta}{\partial y^2}$$

为了获得计算自然对流换热的准则关系式，这里还是采用相似分析的办法将方程组无量纲化。引入变量参考值，如竖直平板高度 L、特征流速 u_a、温度差 $\theta_w=t_w-t_\infty$ 之后，可以得出无量纲变量，$X=\frac{x}{L}$，$Y=\frac{y}{L}$，$U=\frac{u}{u_a}$，$V=\frac{v}{u_a}$，$\Theta=\frac{\theta}{\theta_w}$，其中 $\theta=t-t_\infty$。于是得到竖板自然对流换热的无量纲微分方程组：

$$\frac{\partial U}{\partial X}+\frac{\partial V}{\partial Y}=0$$

$$U\frac{\partial U}{\partial X}+V\frac{\partial U}{\partial Y}=\frac{g\beta\theta_w L}{u_a^2}\Theta+\frac{\nu}{u_a L}\frac{\partial^2 U}{\partial Y^2}$$

$$U\frac{\partial\Theta}{\partial X}+V\frac{\partial\Theta}{\partial Y}=\frac{a}{u_a L}\frac{\partial^2\Theta}{\partial Y^2}$$

在方程组中有三个由变量参考值和物性组成的无量纲数，由于在自然对流时参考流速不易确定，必须用其他参考值予以表示。从自然对流的机理上考虑，流体的运动是由于浮升力引起的，因而惯性力与浮升力应有相同的数量级。这就导致动量方程右边第一项系数 $g\beta\theta_w L/u_a^2$ 的数量级为 1，这样就得出参考速度 $u_a=\sqrt{g\beta\theta_w L}$。这个速度实质上就是在浮升力作用下流体从平板的底部运动到顶部可能达到的最大流速。于是第二个无量纲数 $\frac{\upsilon}{u_a L}=\sqrt{\frac{1}{Gr}}$，而第三个无量纲数 $\frac{a}{u_a L}=\sqrt{\frac{1}{Gr\cdot Pr^2}}$，其中，$Gr=\frac{g\beta\theta_w L^3}{\nu^2}$ 称为格拉晓夫数（Grashof）。则方程组的最终形式为

$$\begin{aligned}&\frac{\partial U}{\partial X}+\frac{\partial V}{\partial Y}=0\\&U\frac{\partial U}{\partial X}+V\frac{\partial U}{\partial Y}=\Theta+\sqrt{\frac{1}{Gr}}\frac{\partial^2 u}{\partial y^2}\\&U\frac{\partial\Theta}{\partial X}+V\frac{\partial\Theta}{\partial Y}=\sqrt{\frac{1}{Gr\cdot Pr^2}}\frac{\partial^2\Theta}{\partial Y^2}\end{aligned}\tag{5-18}$$

从无量纲方程组中可以看出，格拉晓夫数 Gr 所处的位置与雷诺数 Re 在强制对流边界层方程中的位置是一样的，因而其物理意义反映了流体温差引起的浮升力所导致的自然对流流场中的流体惯性力与其黏性力之间的对比关系。

这里要进一步指出，在自然对流的流场中只要有流体运动的存在也就有惯性力的存在，也就有黏性力的存在，且沿着竖板高度 x 方向发生相对的改变。如果将格拉晓夫数 $Gr=g\beta\theta_w L^3/\upsilon^2$ 中的 L 用 x 代替，那么格拉晓夫数就可以反映惯性力和黏性力的相对变化的情况。当格拉晓夫数相当大，约 $Gr>10^9$ 时，自然对流边界层就会失去稳定而从层流状态转变为紊流状态。所以格拉晓夫数 Gr 在自然对流过程中的作用相当于雷诺数 Re 在强制对流过程中的作用，其大小能确定边界层的流动状态。

对于竖直平板自然对流换热问题，从无量纲方程组中可以得出计算平均表面传热系数的准则关系式的函数形式，$Nu=f(Gr,Pr)$，其他类型的自然对流换热问题也同样可以有这样准则关系式的形式。利用分析求解或实验研究的方法就可以导出准则关系式的具体形式。下面将给出几种典型的自然对流换热问题的准则关系式。

3. 大空间自然对流换热计算

工程上大空间自然对流换热计算关系式常采用如下形式：

$$Nu = c(Gr \cdot Pr)^n \tag{5-19}$$

式中的 c、n 值针对不同的自然对流换热问题由表 5-5 给出。同时，表中还给出了对应换热过程的特征尺寸和适用范围。公式中准则的物性量取值的定性温度为 $t_m = (t_w + t_\infty)/2$，且此公式仅仅用于恒壁温的情形，即 $t_w = \text{const}$。

表 5-5　各种自然对流换热的 c、n 值和特征尺寸及适用范围

壁面形状和位置	示意图	流动状态	c	n	特征尺寸	适用范围 $Gr \cdot Pr$
竖板或竖管（圆柱体）		层流 紊流	0.59 0.10	1/4 1/3	板（管）高 L	$10^5 \sim 10^9$ $10^9 \sim 10^{12}$
水平放置圆管（圆柱体）		层流	0.53	1/4	外直径 d	$10^5 \sim 10^9$
热面向上或冷面向下的水平板		层流 紊流	0.54 0.10	1/4 1/3	正方形边 长方形取两边平均值 圆盘取 $0.9d$； 窄长条取短边	$10^5 \sim 2\times10^7$ $2\times10^7 \sim 3\times10^{10}$
热面向下或冷面向上的水平板		层流	0.27	1/4	（同上）	$3\times10^5 \sim 3\times10^{10}$

以上计算公式使用起来不够方便，尤其是采用计算机进行换热过程计算时，此时可以采用 Churchill 和 Chu 提出的适用范围大的计算公式。

对于竖板：

$$Nu = \left\{0.825 + \frac{0.387(Gr \cdot Pr)^{1/6}}{[1 + (0.492/Pr)^{9/16}]^{8/27}}\right\}^2 \tag{5-20}$$

式中准则的特征尺寸为板高 L，定性温度为膜温度 t_m，适用范围是 $Gr \cdot Pr = 10^{-1} \sim 10^{12}$。

对于水平圆柱体：

$$Nu = \left\{0.60 + \frac{0.387(Gr \cdot Pr)^{1/6}}{[1 + (0.559/Pr)^{9/16}]^{8/27}}\right\}^2 \tag{5-21}$$

式中准则的特征尺寸为圆柱体外直径 d、定性温度为膜温度 t_m、适用范围是 $Gr \cdot Pr = 10^{-5} \sim 10^{12}$。

以上准则关系均可适用于壁面温度保持均匀恒定的情形，如果是壁面的热流密度保持均匀一致，换热计算的目的就变成计算壁面的温度及其沿壁面的变化。由于不知道壁面的温度，流体和壁面的温度差也就不知道，因而格拉晓夫数 Gr 也就无从获得。为此我们定义一个带星号的格拉晓夫数，即 $Gr^* = Gr \cdot Nu = g\beta q_w L^4/(\lambda\nu^2)$，于是恒热流下的自然对流换热可用 $Nu = c(Gr^* \cdot Pr)^n$ 形式的公式进行计算。对于竖板自然对流换热：

$$\begin{aligned} &\text{层流}\quad Gr^* \cdot Pr = 10^5 \sim 10^{11}:\ Nu = 0.60(Gr^* \cdot Pr)^{1/5} \\ &\text{紊流}\quad Gr^* \cdot Pr = 2\times10^{13} \sim 10^{16}:\ Nu = 0.17(Gr^* \cdot Pr)^{1/4} \end{aligned} \tag{5-22}$$

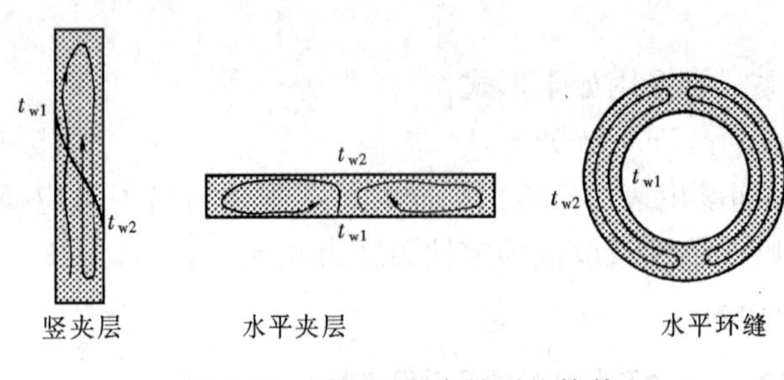

图 5-13 受限空间自然对流换热

4. 受限空间自然对流换热计算

有些自然对流换热过程受到固体表面的限制而形成受限空间中的自然对流换热。这里以竖夹层为例说明其流动与换热的特征，图 5-13 所示为竖夹层自然对流换热过程的示意。从中可以看出，在两壁面存在温度差时流体就会产生自然对流，但由于受到壁面空间的限制，而形成环状流动。这样一种自然对流情况也会显著地影响壁面之间的换热。在受限空间中流体的流动和换热与两壁面温差的大小、两壁面的相对位置、形状大小、放置方式以及流体物性等因素密切相关，这里不再作进一步深入的讨论。作为工程应用，下面给出几种受限空间自然对流换热计算的准则关系式。

(1) 竖夹层。为了计算竖夹层自然对流换热，定义：换热计算公式为 $q = h(t_{w1} - t_{w2})$，式中 t_{w1}、t_{w2}分别为两壁面的温度；格拉晓夫数 $Gr = g\beta(t_{w1} - t_{w2})\delta^3/\nu^2$，式中 δ 为夹层宽度；竖夹层高度为 H。那么，对于恒壁温条件下空气在竖夹层的换热准则关系式为

$$
\begin{aligned}
&\text{当 } Gr < 2000 \text{ 时：} && Nu = 1 \\
&\text{当 } 2\times10^3 < Gr < 2\times10^5 \text{ 时：} && Nu = 0.18Gr^{1/4}(H/\delta)^{-1/9} \\
&\text{当 } 2\times10^5 < Gr < 1.1\times10^7 \text{ 时：} && Nu = 0.065Gr^{1/3}(H/\delta)^{-1/9}
\end{aligned}
\tag{5-23}
$$

公式中准则的定性温度为 $t_m = (t_{w1} + t_{w2})/2$。

(2) 水平夹层。水平夹层中在恒壁温情况下的空气自然对流换热计算公式为

$$
\begin{aligned}
&\text{当 } 10^4 < Gr < 4\times10^5 \text{ 时：} && Nu = 0.195Gr^{1/4} \\
&\text{当 } Gr > 4\times10^5 \text{ 时：} && Nu = 0.068Gr^{1/3}
\end{aligned}
\tag{5-24}
$$

公式中准则的定性温度为 $t_m = (t_{w1} + t_{w2})/2$。

(3) 水平环缝

$$Nu = \left(0.2 + 0.145\frac{\delta}{d_1}Gr\right)^{0.25}\exp\left(-0.02\frac{\delta}{d_1}\right) \tag{5-25}$$

该公式适用于 $\delta/d_1 = 0.55 \sim 2.65$，其中 d_1 为环缝内径，定性温度为 $t_m = (t_{w1} + t_{w2})/2$。

【例 5-9】 长 1m、宽 1m 的平板竖直放置在 20℃的空气中，板的一侧表面绝热，而另一侧表面的温度保持在 60℃。求该板的对流散热量。如该板未绝热的一侧水平朝上或朝下放置，此时该板的自然对流散热量又将是多少？

解 由 $t_m = (60+20)/2 = 40℃$，查空气的物性值：$\nu_m = 16.96\times10^{-6}\,m^2/s$，$\lambda_m = 0.0276\,W/(m\cdot K)$，$Pr_m = 0.699$。

在竖放的情况下：$(Gr\cdot Pr)_m = \left(\frac{g\beta\Delta tL^3}{\nu^2}Pr\right)_m = 3.047\times10^9 > 10^9$，为紊流流动，其表面传热系数为$h = 0.10(Gr\cdot Pr)_m^{1/3}\cdot\lambda_m/L = 4.0W/(m^2\cdot K)$。故可以计算出散热量为

$$\Phi = hA\Delta T = 4\times(1\times1)\times(60-20) = 160W$$

在热面朝上水平放置的情况下，由于是方形平板，特征尺寸同于竖直放置的情况，故表面传热系数计算式为 $h = 0.10(Gr\cdot Pr)_m^{1/3}\cdot\lambda_m/L = 4.0W/(m^2\cdot K)$，则散热量为

$$\Phi = hA\Delta T = 6.0 \times (1\times1)\times(60-20) = 160\mathrm{W}$$

在热面朝下水平放置的情况下，表面传热系数则为 $h=0.27(Gr\cdot Pr)_{\mathrm{m}}^{1/4}\cdot\lambda_{\mathrm{m}}/L=1.75\mathrm{W/(m^2\cdot K)}$。相应散热量为

$$\Phi = hA\Delta T = 1.75 \times (1\times1)\times(60-20) = 70\mathrm{W}$$

【例 5-10】　外直径 d=25mm 的输电线，水平置于温度 t_f=25℃的大气中，每米导线的电阻为 $400\times10^{-5}\Omega$，如果输电线输送 100A 的电流，试确定输电线的表面温度。

解　因 t_w 未知，先取定性温度 30℃，此时空气的物性为 $\lambda=2.6\times10^{-2}\mathrm{W/(m^2\cdot K)}$，$\nu=16\times10^{-6}\mathrm{m^2/s}$，$Pr=0.701$。

对于 1m 长的导线，散热量为 $\Phi=I^2R=h\pi d\ (t_w-t_\infty)$，代入已知数据整理得出 $h\ (t_w-25)=509.3$。

通常电线周围的自然对流为层流，故采用水平圆柱体层流换热公式计算表面传热系数，即 $h=0.53\ (Gr\cdot Pr)^{\frac{1}{4}}\cdot\lambda/d$，整理得出 $h=3.453\ (t_w-25)^{\frac{1}{4}}$。

两者联立解出 t_w=79.3℃。

重取定性温度，即 t_m=（79+25）/2=52℃≈50℃。查出物性量为 $\lambda=2.83\times10^{-2}\mathrm{W/(m\cdot K)}$，$\nu=17.95\times10^{-6}\mathrm{m^2/s}$，$Pr=0.698$。重新计算表面传热系数有 $h=9.2\mathrm{W/(m^2\cdot K)}$。代入 $h\ (t_w-25)=509.3$ 式中，解出 $t_w=\dfrac{609.3}{9.2}+25=80.4$℃。所设 t_w=79.3℃与所求 t_w=80.4℃相差甚小，故认为电线的壁面温度为 t_w=80.4℃。

最后计算 $Gr\cdot Pr$ 数值，以校对是否为层流自然对流，有

$Gr\cdot Pr=\dfrac{9.81\times\ (79-25)\ \times\ (25\times10^{-3})^3}{(273+50)\ \times\ (17.95\times10^{-6})^2}\times0.698=5.5\times10^4<10^9$，与所作的层流假设一致。

【例 5-11】　为减少热损失，我国东北地区常采用两层玻璃窗，窗子尺寸为 $1.2\times1.3\mathrm{m^2}$，两层间的距离为 120mm，测得两侧的温度分别为 10℃和−10℃。试计算通过夹层的热损失。

解　由 t_m=（t_1+t_2）/2=0℃，查得空气的物性参数为 $\lambda=2.44\times10^{-2}\mathrm{W/(m\cdot K)}$，$\nu=13.28\times10^{-6}\mathrm{m^2/s}$，$Pr=0.707$。计算得 $Gr_m=\dfrac{g\beta(t_1-t_2)\delta^3}{\nu^2}=7.04\times10^6$。

用竖夹层公式 $Nu_m=0.065Gr_m^{1/3}\left(\dfrac{h}{\delta}\right)^{-1/9}$，计算表面传热系数 $h=1.96\mathrm{W/(m^2\cdot K)}$，最后得出通过夹层的热损失为 $\Phi=hA\ (t_1-t_2)\ =61.2\mathrm{W}$。

【例 5-12】　水平环形夹层，外表面和内表面间的直径分别为 10cm 和 4cm，温度分别为 20℃和 40℃，中间充满水，试确定通过每米长环形夹层的热量。

解　由 t_m=（t_1+t_2）/2=30℃，可查出水的物性参数：$\lambda=61.8\times10^{-2}\mathrm{W/(m\cdot K)}$，$\nu=0.805\times10^{-6}\mathrm{m^2/s}$，$Pr=5.42$，$\beta=3.2\times10^{-4}\mathrm{K^{-1}}$。

由环形夹层的厚度为 $\delta=\dfrac{1}{2}\ (d_2-d_1)\ =3\mathrm{cm}$，计算出 $Gr_m=\dfrac{g\beta(t_2-t_1)\delta^3}{\nu^2}=2.62\times10^6$，于是选用环缝公式 $Nu_m=\left(0.2+0.145\dfrac{\delta}{d_1}Gr_m\right)^{0.25}\exp\left(-0.02\dfrac{\delta}{d_1}\right)$计算表面传热系数，得出 $h=468.85\mathrm{W/(m^2\cdot K)}$。

*第四节 液体沸腾换热计算

1. 液体沸腾过程的分类和特征

在一定压力下液体与高于其饱和温度的壁面接触时就有可能在壁面上产生沸腾现象。液体沸腾时，液体的蒸汽泡首先在加热壁面的局部位置上产生，并逐步长大，直到在浮力和表面张力的共同作用下汽泡脱离加热表面。此时，在汽泡脱离的地方马上就有新的汽泡生成并开始成长，过程得以重复进行。离开加热壁面的汽泡随后就有可能上升到液体的表面（如果液体温度 t_l 始终保持大于液体的饱和温度 t_s），也可能消失在液体中（如果液体温度 t_l 不能始终保持大于液体的饱和温度 t_s）。这些产生汽泡的地方常称为汽化核心，它会随着壁面温度 t_w 的升高，也就是壁面的过热度 $\Delta t_s = t_w - t_s$ 的增加而越来越多。汽化核心增多，产生的汽泡就多，液体因汽泡的运动而产生的扰动就会加强，因而使沸腾过程变得越来越强烈，同时沸腾换热的强度也就越来越高。这就是大容器沸腾过程的主要特征，这实质上是大空间自然对流沸腾过程。在沸腾过程中如果汽泡不能上升到汽液界面，而在液体中破裂，这是液体温度 t_l 不能始终保持大于液体的饱和温度 t_s 造成的，这种沸腾称为过冷沸腾；反之，液体温度 t_l 始终保持大于液体的饱和温度 t_s，汽泡能够上升到汽液界面，则称为饱和沸腾。由于在过冷沸腾中汽泡的破裂会发出声音，因而可以从沸腾过程中的声响来判断沸腾换热过程所处的状态。

与自然对流沸腾过程相对应的是液体的沸腾过程发生在流体强制对流的过程中，我们称之为强制对流沸腾。此外，还有一类沸腾过程发生在受限空间之中，典型的是管内沸腾过程，管内沸腾也有强制与自然对流两种。本教材对于复杂的沸腾换热过程不作深入的讨论，仅对大容器沸腾换热进行分析并给出近似的计算公式，使读者对沸腾换热过程有一个初步的认识和了解。

2. 液体中汽泡存在的条件

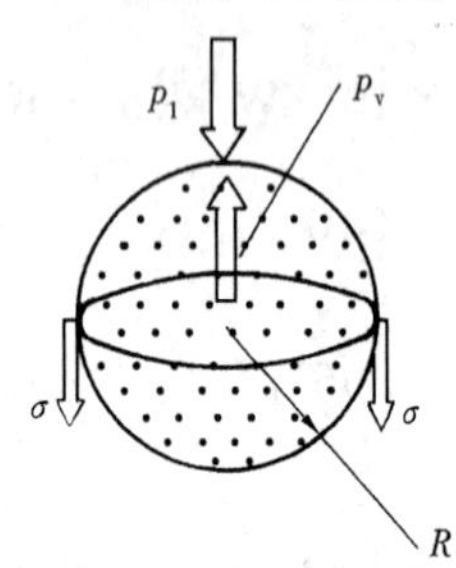

图 5-14 液体中汽泡的受力分析

汽泡为什么会在壁面上产生，且能够在液体中存在呢？这里我们作一个简单的分析。汽泡在液体中的存在是一个动态的热力学过程，它必须满足力平衡和热平衡条件。图 5-14 所示为汽泡在液体中的受力情况，从中不难看出，汽泡受到液体的压力和汽、液界面上的表面张力的共同作用，只有表面张力 σ 小于或等于汽泡内蒸汽与汽泡外液体之间的压力差值 $p_v - p_l$ 时，汽泡才能生长或存在。因而，从汽泡力平衡有 $\pi R^2(p_v - p_l) \geqslant 2\pi R\sigma$，其中 R 为汽泡的半径，化简后得到

$$R \geqslant \frac{2\sigma}{p_v - p_l} \tag{5-26}$$

由热力学的相平衡方程 $\frac{dp}{dT} = \frac{\gamma}{(1/\rho_v - 1/\rho_l)T_s}$，在压力不大，且 $\rho_l \gg \rho_v$ 的情况下，可以得到其差分表达式为 $\frac{p_v - p_l}{T_v - T_s} = \frac{\gamma \rho_v}{T_s}$，式中，$T_v - T_s$ 为蒸汽和液体饱和温度之差，温度用大写字母 T 以表示采用热力学温标 K；ρ 为密度，其下标 v 和 l 分别表示蒸汽和液体的数值。将它代入到力平衡方程中，经整理得出汽泡存在的条件为

$$R \geqslant \frac{2\sigma T_s}{\gamma\rho_v(T_v - T_s)} \tag{5-27}$$

再来讨论汽泡热平衡的情况。如果蒸汽泡要在液体中存在或者长大，汽、液界面上的液体温度必须等于或大于蒸汽的温度，即 $t_l \geqslant t_v$，以保持液体的汽化和同时向蒸汽传热。否则，蒸汽就会因向液体传热而凝结，蒸汽量的减小使汽泡内蒸汽压力下降，这就导致汽泡以缩小的方式来加大汽泡内的蒸汽压力以满足力平衡条件。但是，从汽泡力平衡的关系式可见，汽泡的缩小又要求比原来更高的蒸汽压力才能克服表面张力以重新达到力平衡的状态，而此时汽泡内原有压力下的饱和蒸汽在压力提高的条件下又会继续凝结，从而加速了蒸汽的凝结过程，进而也就加速了汽泡的缩小过程。所以汽泡内的蒸汽一旦出现凝结，力平衡一旦遭到破坏，汽泡就会迅速破灭。

对照蒸汽泡力平衡和热平衡的条件，液体中蒸汽泡存在的条件是液体必须要有一定的过热度，即 $\Delta t_s = t_l - t_s$。这是因为由热平衡条件液体温度必须大于或等于蒸汽温度 $t_l \geqslant t_v$，而蒸汽温度至少应为其压力对应的饱和温度；同时力平衡条件要求，只要汽泡半径不是无穷大，蒸汽压力必须大于液体压力，显然蒸汽的温度就必然大于液体的饱和温度 $t_v > t_s$，也就必然要求满足 $t_l > t_s$ 这样的条件。由于液体在加热面上温度最高，几乎等于加热壁面的温度，因而液体在这里存在着最大的过热度 $(\Delta t_s)_{max} = t_w - t_s$，将其代入式（5-27），可以得到容许汽泡存在的汽泡最小半径 $R_{min} = \dfrac{2\sigma T_s}{\gamma\rho_v (\Delta t_s)_{max}}$。这样我们就不难理解汽泡为什么总是首先从加热壁面上产生的道理。事实上，尽管在加热壁面上允许最小汽泡存在，但对于光滑而又不存在任何吸附气体的表面，要产生出汽泡也是很困难的。所幸的是大多数实际的加热壁面都不是非常平滑的，也不可能没有吸附气体，那些吸附着气体的凸凹不平的地点就是有可能首先产生汽泡的地方。我们称这些地点为汽化核心。一旦第一个汽泡在汽化核心处产生，当其成长后脱离壁面时必然留下残余的蒸汽，这些残余的蒸汽就成为第二个汽泡发展的原始小汽泡。随着过热度增加，允许存在的最小汽泡半径会越小，可以成为汽化核心的地点就会越多，从而沸腾换热强度也就越大。这就是核态沸腾的机理的定性描述。

3. 大容器沸腾曲线分析

为了观察大容器沸腾现象和了解其特征，这里做一个沸腾实验。把一个加热器浸没在饱和水中，使之温度逐步增加，并观察加热器表面上的沸腾过程，同时得出加热热流密度 q 与过热度 $\Delta t_s = t_w - t_s$ 的关系曲线，这就是饱和水大容器沸腾曲线，如图 5-15 所示。从图中可见，沸腾曲线可以分为四个主要的区域：

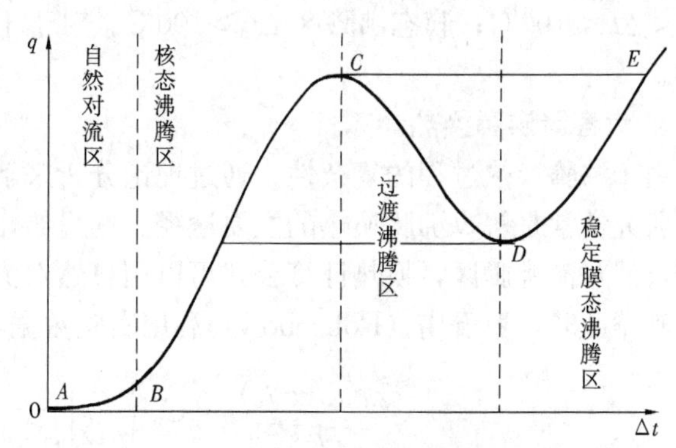

图 5-15 饱和水大容器沸腾曲线图

自然对流沸腾区（图中的 AB 线段）——这里加热面的温度较低，壁面附近的液体的过热度较小，而液体的总体温度低于饱和温度，壁面上能产生的汽泡的地方很少，处于较低强度的过冷沸腾状态。流体的运动主要是自然对流造成的，因而壁面与流体之间的热交换也以自然对流换热为主。由于存在一定程度的沸腾现象，在该区段的换热强度要比单纯的自然对流换热强。

核态沸腾区（图中的 BC 线段）——在此区段中随着液体过热度的增加，液体的总体温度也不断地升高而达到或大于饱和温度。加热壁面上产生汽泡的地点（常称之为汽化核心）逐步增多，汽泡不断地在壁面上产生、长大、跃离，并在液体浮升力的作用下运动，最后上升到液体的自由面。由于汽泡数目的增加，其运动导致液体的剧烈扰动，其跃离过程也造成液体对壁面的冲刷，这些都会使沸腾换热过程得到加强。由于核态沸腾具有传热温差小换热热流密度大的特征，因而是工程上乐于采用的沸腾换热过程。

过渡沸腾区（图中的 CD 线段）——经过 C 点之后，随着过热度的进一步增加而使汽化核心的数目增加到使其产生的汽泡很容易结合成汽膜，从而使换热强度下降。由于过热度还不是很大，由汽泡形成的汽膜并不十分稳定，总是存在不断地产生和破裂的状态之下。因此，整体的沸腾换热过程是属于核态沸腾和膜态沸腾并存的过渡沸腾区域。

膜态沸腾区（图中 DE 线段）——在过渡沸腾区的后期，过热度再继续提高，局部的汽膜就会相互结合，最终使整个加热面全部被汽膜覆盖，从而形成稳定的膜态沸腾。此时液体完全不能与加热壁面接触，热量的传递过程变为加热面与蒸汽之间的对流换热和加热面与汽膜表面之间的辐射换热。这里有一个换热系数和热流密度的最小值。随着过热度的增加，辐射换热的作用加强，膜态沸腾的换热系数和热流密度又会以较快的速率增加。

我们来注意一下图中的 C 点和 E 点，它们虽然处于同一热流密度的位置上，但壁面与液体饱和温度之间的温度差却大不相同。在 C 点上过热度只有十几度，而 E 点上的过热度却逾千度，达到了加热面不能承受的温度。如果加热壁面对液体的加热过程采用的是恒热流密度的方式，即控制热流的加热方式，那么当逐步增大热流密度达到临界热流密度后，只要热流密度再略有增加，加热壁面的温度就会出现飞升，即跳到 E 点之后所对应的过热度值。这种温度飞升的现象在工程上是不允许的，这会导致加热设备的破坏。因而，对于恒热流加热的热利用设备，如工业锅炉，其沸腾换热过程都应设计在临界热流密度之下运行。对于能够控制温度的加热壁面，即恒壁温的情况，就不会出现上述的温度飞升的现象。但从沸腾换热的效果上及工作的稳定性上考虑，应避免采用过渡沸腾区段或膜态沸腾区段作为沸腾换热设计工况和运行状态。

图 5-15 是针对水在常压下的沸腾过程而绘制成的大容器沸腾曲线，在四个区段中过热度的范围大致为：自然对流沸腾区 $\Delta t_s < 4℃$；核态沸腾区 $4℃ < \Delta t_s < 25℃$；过渡沸腾区 $25℃ < \Delta t_s < 100℃$；膜态沸腾区 $\Delta t_s > 100℃$。对于不同的液体四个区段的过热度范围也是不同的。

4. 大容器沸腾换热计算

由于沸腾换热过程的复杂性，通过理论分析来解决沸腾换热问题几乎是不可能的，因而实验研究常常是解决沸腾换热的主要途径。这里给出工程上常用的沸腾换热的计算关系式。对于自然对流沸腾区，换热计算公式可以用自然对流换热准则关系式来进行估算。液体处于核态沸腾区时，罗逊诺（Rohsenow）利用实验数据，整理成如下的计算公式：

$$\frac{c_{p,1}(t_w - t_s)}{\gamma} = C_{wl}\left\{\frac{q}{\mu_l \gamma}\left[\frac{\sigma}{g(\rho_l - \rho_v)}\right]^{1/2}\right\}^{1/3} Pr_l^n \tag{5-28}$$

式中　$c_{p,l}$——饱和液体的比热容，J/（kg·K）；

γ——饱和温度 t_s 下液体的汽化潜热，J/kg；

μ_l——饱和液体的动力黏度，kg/（m·s）；

ρ_l、ρ_v——液体和蒸汽的密度，kg/m³；

Pr_l——饱和液体的普朗特数；

σ——汽—液界面的表面张力，N/m；

g——当地重力加速度，m/s²；

C_{wl}——与壁面和液体种类相关的系数。

蒸汽的定性温度取 $t_m=(t_w+t_s)/2$。

对于式中的 n 值，多数液体可取 1.7，而水的 n 值可取 1.0。系数 C_{wl} 和水的表面张力 σ 的数值见表 5-6 和表 5-7。

表 5-6　系数 C_{wl} 数值表

液体—壁面组合	C_{wl}	液体—壁面组合	C_{wl}	液体—壁面组合	C_{wl}
水—镍	0.006	水—研磨后的不锈钢	0.0080	苯—铬	0.010
水—铜	0.013	水—化学浸湿后的不锈钢	0.0133	35%KOH—铜	0.0054
水—铂	0.013	酒精—铬	0.027	50%KOH—铜	0.0027
水—磨光铜	0.0128				

表 5-7　水的表面张力 σ

饱和温度（℃）	表面张力 σ（$\times10^{-3}$N/m）	饱和温度（℃）	表面张力 σ（$\times10^{-3}$N/m）
0	75.6	150	48.7
20	72.8	200	37.8
40	69.6	250	36.2
60	66.2	300	14.4
80	62.6	350	3.8
100	58.7	374.15	0.0

利用上式计算大空间核态沸腾计算结果的误差比较大，如水的核态沸腾的实验结果与用关系式计算的结果大约有 40%左右的误差，且由温差计算热流误差更大。因而在工程计算时一定要注意这一点，最好采用本领域常用的经验公式进行计算。

由于工程上热力设备的沸腾换热都设计在核态沸腾区，且大都接近于临界热流密度值附近，因而计算临界热流密度 q_c 十分重要。这里推荐如下的实验关系式：

$$q_c=\frac{\pi}{24}r\rho_v\left[\frac{\sigma g(\rho_l-\rho_v)}{\rho_v^2}\right]^{1/4}\left(1+\frac{\rho_v}{\rho_l}\right)^{1/2} \tag{5-29}$$

式中，物性量的下标 v 和 l 分别表示取饱和液体和饱和蒸汽的值。

此外，对于稳定的膜态沸腾过程，其表面传热系数也是可以计算的。下面给出水平圆管外膜态沸腾换热的计算公式：

$$h_c=0.62\left[\frac{g\gamma\rho_v(\rho_l-\rho_v)\lambda_v^3}{\mu_v d(t_w-t_s)}\right]^{1/4} \tag{5-30}$$

式中，除 ρ_l 和 γ 的值由饱和温度确定外，其余物性量均以平均温度 $t_m=(t_w+t_s)/2$ 为定性温度，特征尺寸取圆管的外直径 d。由于膜态沸腾时加热壁面温度很高，壁面与液膜之间的辐射换热是不能忽略的，总的表面传热系数为 $h^{4/3}=h_c^{4/3}+h_r^{4/3}$，式中 h_r 为圆管与液膜之间的辐射换热表面传热系数。

【例 5-13】 大容器中饱和水的压力为 1.434×10^5Pa，其中放置的加热镍棒的表面温度为 120℃。试计算加热镍棒与水之间的表面传热系数。

解 由参数表可知，在 1.434×10^5Pa 下各物性参数值为 $t_s=110$℃，$c_{p,1}=4.233$kJ/(kg·K)，$\sigma=569.0\times10^{-4}$N/m，$\rho_l=951.0$kg/m³，$\mu_l=259.0\times10^{-6}$kg/(m·s)，$Pr_l=1.6$，$\rho_v=0.8265$kg/m³，$\gamma=2229.9$kJ/kg。

由表 5-6 查得，$C_{wl}=0.006$，$n=1.0$。由核态沸腾换热计算式

$$\frac{c_{p,1}(t_w-t_s)}{\gamma}=C_{wl}\left\{\frac{q}{\mu_1\gamma}\left[\frac{\sigma}{g(\rho_l-\rho_v)}\right]^{1/2}\right\}^{1/3}Pr_l^n$$

得到

$$q=\frac{(4.233\times10^3)^3\times10^3\times259.0\times10^{-6}}{(2.2299\times10^6)^2\times0.006^3\times1.6^3}\sqrt{\frac{9.81\times(951.0-0.8265)}{569.0\times10^{-4}}}=1.81\times10^5$$

于是加热镍棒与水之间的表面传热系数为

$$h=\frac{q}{t_w-t_l}=\frac{18.1\times10^5}{10}=18.1\times10^4\ \mathrm{W/(m^2\cdot K)}$$

【例 5-14】 饱和水的压力为 1.434×10^5Pa，在大容器中受到镍制加热器的加热。在达到核态沸腾时，试计算最大热流密度和最大温差。

解 压力 1.434×10^5Pa 所对应的饱和水及蒸汽的物性参数分别为 $t_s=110$℃，$\rho_l=951.0$kg/m³，$\gamma=2229.9$kJ/kg，$c_{p,1}=4.233$kJ/kg，$Pr=1.60$，$\mu_l=259.0\times10^{-6}$kg/(m·s)，$\rho_v=0.8265$kg/m⁵，以及由表 5-6 查得 $C_{wl}=0.006$，而从表 6-7 查出 $\sigma=569\times10^{-4}$N/m，对于水 $n=1$。

在此情况下的最大热流密度为 $q_c=\frac{\pi}{24}r\rho_v\left[\frac{\sigma g(\rho_l-\rho_v)}{\rho_v^2}\right]^{1/4}=1.27\times10^6\ \mathrm{W/m^2}$。

由核态沸腾计算式 $\frac{c_{p,1}\Delta t}{r}=C_{wl}\left[\frac{q}{\mu_l r}\sqrt{\frac{\sigma}{g(\rho_l-\rho_v)}}\right]^{1/3}Pr^n$，代入数据解 $\Delta t_{max}=8.9$℃。

故最大热流密度为 1.27×10^6W/m² 时的最大温差为 8.9℃。

【例 5-15】 电加热器的不锈钢加热管浸没在大容器的水中，在加热管的外表面上发生核态沸腾。水的压力为 1.434×10^5Pa，加热管直径为 3mm，其比电阻为 $1.1\times10^{-6}\Omega\cdot$m。假定水过热 20℃，试计算通过加热管的最大电流，及在此条件下的临界热流密度。

解 在 1.434×10^5Pa 压力下对应的饱和水温度为 $t_s=110$℃，而过热水温度为 $t=110+20=130$℃。在过热水温度为 130℃时的物性参数：$\rho_l=934.8$kg/m³，$\sigma=528.8\times10^{-4}$N/m，$\rho_v=1.497$kg/m³，$\gamma=2173.8$kJ/kg。

在此情况下临界热流密度为

$$q_c=\frac{3.14}{24}\times2.1738\times10^6\times1.497\times\left[\frac{528.8\times10^{-4}\times9.81(934.8-1.497)}{1.497^2}\right]^{1/4}$$

$$=1.63\times10^6\mathrm{W/m^2}$$

电加热器的电阻为 $R=C\frac{L}{A}=1.1\times10^{-6}\times\frac{L}{\pi d^2/4}=0.15L\quad\Omega$

由加热器的热平衡关系有 $q\pi dL=I^2R$，解出

$$I=\left(\frac{q\pi dL}{R}\right)^{1/2}=313.7\text{A}$$

故通过加热管的最大电流为 313.7A，此时临界热流密度为

$$q_c=1.63\times10^6\,\text{W/m}^2$$

*第五节 蒸汽凝结换热计算

1. 蒸汽凝结过程及其换热性能

蒸汽与温度低于其饱和温度的固体壁面接触时，就会放出汽化潜热而凝结成液体依附于壁面上。如果冷凝液能够很好地浸润固体壁面，也就是润湿角 $\theta<90°$，那么冷凝液就会沿着固体壁面铺开而形成液膜，称为膜状凝结；如果冷凝液不能很好地浸润固体壁面，也就是润湿角 $\theta>90°$，那么冷凝液就会在壁面上形成一个个珠状的液滴，称为珠状凝结。

在膜状凝结时由于冷凝壁面被冷凝液覆盖，蒸汽凝结放出的汽化潜热必须通过液膜之后才能经过壁面传出，因而成为凝结换热的主要热阻。如果冷凝壁面是水平放置，那么随着凝结过程的进行液膜厚度是逐步增加的，由此导致冷凝液膜的热阻也逐步增大；如果冷凝壁面是竖直安放，那么冷凝液膜会在重力作用下向下流动，形成一个流动的液膜层，随着沿途蒸汽的不断凝结液膜也会逐步增厚，变成一个类似于流体边界层的流动换热的模式。显然，在竖直壁面上部的换热性能就要好于竖直壁面的下部。图 5-16 所示为蒸汽在冷凝壁上的凝结过程示意。

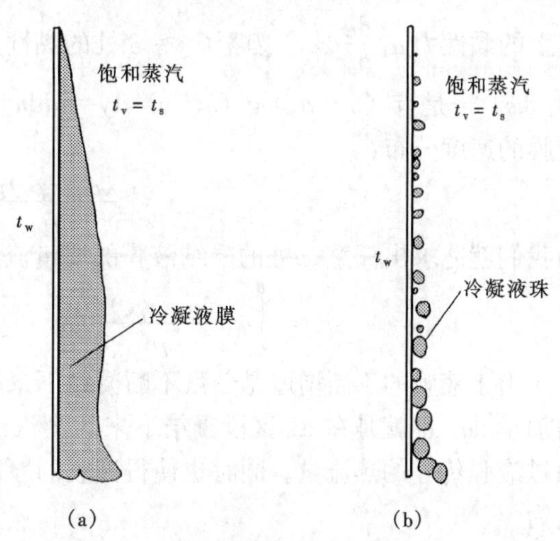

图 5-16 蒸汽在冷凝壁面上的凝结过程示意

(a) 膜状凝结；(b) 珠状凝结

在珠状凝结时，由于冷凝液不能完全覆盖冷凝壁面，蒸汽有机会直接与冷凝壁面直接接触，放出的潜热而凝结成液体。因此，珠状凝结的换热性能要远比膜状凝结为好。如果冷凝壁面水平放置，壁面迟早会被冷凝液覆盖；如果冷凝壁面是垂直安放，液滴会在重力作用之下而沿着壁面向下滚动，使得冷凝壁面始终能与蒸汽直接接触，保持良好的热交换性能。实验表明，珠状凝结的表面传热系数要比膜状凝结大许多倍乃至一个数量级。

实际上，由于几乎所有的纯净蒸汽都能很好地润湿清洁的冷凝壁面，要使冷凝壁面长时间处于珠状凝结状态是十分困难的。因而工业上大多数冷凝器都是在膜状凝结的状况下运行。鉴于珠状凝结良好的换热性能，寻求性能优良的非浸湿表面的研究工作仍然在不懈地进行着。

2. 凝结换热的分析与计算

在竖直平板或者水平圆柱体表面的蒸汽凝结过程是膜状凝结换热的典型问题。这里主要

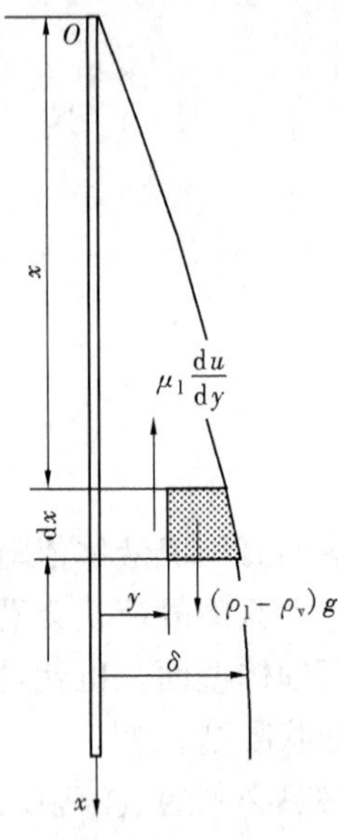

图 5-17 竖板凝结流动换热示意图

讨论竖直壁面上纯蒸汽层流膜状凝结的分析模型，它由努塞尔(Nusselt) 在 1916 年提出。图 5-17 所示为一个竖板膜状凝结模型的结构及坐标系，x 方向代表液膜流动的方向，y 方向则代表液膜厚度的方向。随着在 x 方向上不断地有蒸汽凝结下来而使液膜逐步增厚，形成一个类似边界层的流动模式。

在分析这种液膜的流动和换热时，努塞尔做了如下的假设：①纯净的饱和蒸汽，且物性为常数；②蒸汽处于静止状态，且忽略蒸汽与液膜之间的摩擦力；③忽略液膜的惯性力而使液膜所受的黏性力与重力平衡；④液膜与蒸汽之间无温度差，故液膜表面温度等于蒸汽的饱和温度 $t_\delta=t_s$；⑤液膜内温度分布为线性，使通过液膜的传热只存在导热方式而不存在对流方式；⑥液膜表面平整无波动；⑦忽略液膜过冷。

在液膜任意位置处取一个如图 5-17 所示的微元体，并设定在平板的深度方向为一单位长度，液膜厚度为 δ，液膜的密度为 ρ_l，动力黏度为 μ_l，蒸汽密度为 ρ_v，温度为 $t_v=t_s$，壁面温度为 t_w。按照努塞尔假设，微元体体积上的重力 $\rho_l g$ $(\delta-y)$ dx 应该等于作用其上的黏性力 $\mu_l\frac{du}{dy}dx$（忽略了 $y=\delta$ 处的黏性力，μ_l 为液膜的动力黏度）和浮升力 $\rho_v g$ $(\delta-y)$ dx，于是有 $(\rho_l-\rho_v)$ g $(\delta-y)$ $dy=\mu_l du$。利用边界条件，当 $y=0$ 时 $u=0$，可以得出液膜的速度分布：

$$u=\frac{(\rho_l-\rho_v)g}{\mu_l}(\delta y-y^2/2) \tag{5-31}$$

而我们就能求出任意 x 处的凝结液膜的质量流量，即

$$q_m=\int_0^\delta\rho_l\left[\frac{(\rho_l-\rho_v)g}{\mu_l}(\delta y-y^2/2)\right]dy=\frac{\rho_l(\rho_l-\rho_v)}{3\mu_l}g\delta^3 \tag{5-32}$$

由于液膜的不断增厚是蒸汽不断凝结下来的结果，那么从 x 到 dx 之间液膜质量流量的增加量 dq_m 也就是在 dx 区段凝结下来的蒸汽流量，其放出的汽化潜热也就是在 dx 区段内通过液膜传导的热流量。同时也使得液膜的厚度从 δ 增加到 $\delta+d\delta$。于是，液膜质量流量增量为

$$dq_m=\frac{d}{dx}\left[\frac{\rho_l\ (\rho_l-\rho_v)\ g\delta^3}{3\mu_l}\right]dx=\frac{\rho_l\ (\rho_l-\rho_v)\ g\delta^2 d\delta}{\mu_l}$$

而蒸汽放出的潜热通过液膜传导的热流量为

$$\gamma dq_m=\frac{\rho_l(\rho_l-\rho_v)g\delta^2 d\delta}{\mu_l}\gamma=\lambda_l\frac{t_s-t_w}{\delta}dx \tag{5-33}$$

此式考虑了液膜温度线性分布的假设。应用边界条件，当 $x=0$ 时 $\delta=0$，对上式积分得到液膜厚度随流动方向变化的关系式：

$$\delta=\left[\frac{4\mu_l\lambda_l x(t_s-t_w)}{g\gamma\rho_l(\rho_l-\rho_v)}\right]^{1/4} \tag{5-34}$$

考虑到对流换热研究的习惯，引入表面传热系数来表示热流量。按照液膜的热平衡有 $d\Phi=h_x$ (t_s-t_w) $dx=\lambda_l\frac{(t_s-t_w)}{\delta}dx$。从中可以得出局部表面传热系数为 $h_x=\lambda/\delta$，代入式

(5-34) 得出竖板膜状凝结换热的局部表面传热系数的表达式：

$$h_x=\left[\frac{\rho_l(\rho_l-\rho_v)g\gamma\lambda_l^3}{4\mu_l x(t_s-t_w)}\right]^{1/4} \tag{5-35}$$

沿着竖板全长积分，进而得到整个竖板的平均表面传热系数为 $h=\frac{1}{L}\int_0^L h_x\mathrm{d}x=\frac{4}{3}h_{x=L}$，即

$$h=0.943\left[\frac{\rho_l(\rho_l-\rho_v)g\gamma\lambda_l^3}{\mu_l L(t_s-t_w)}\right]^{1/4} \tag{5-36}$$

式 (5-36) 也可表示为无量纲形式，在定义努塞尔数之后得到

$$Nu=\frac{hL}{\lambda_l}=0.943\left[\frac{\rho_l(\rho_l-\rho_v)g\beta\gamma L^3}{\mu_l\lambda_l(t_s-t_w)}\right]^{1/4} \tag{5-37}$$

如果凝结壁面是与水平方向成一定的倾斜角度 φ 时，只要将计算公式中的重力加速度用修正数值 $g'=g\sin\varphi$ 代替即可。

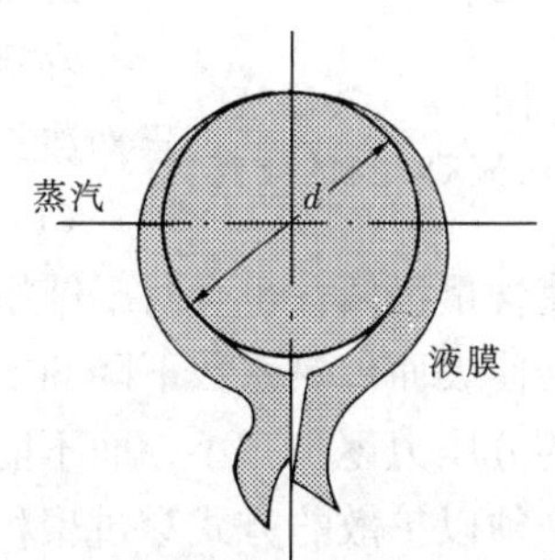

图 5-18 水平管外膜状凝结过程

由于凝结液膜的表面多少要受到蒸汽运动的影响，要维持平滑的状态是很困难的。液膜的波动可使膜状凝结的换热能力提高 20%左右。因此，在工程上采用如下关系式来计算：

$$h=1.13\left[\frac{\rho_l(\rho_l-\rho_v)g\gamma\lambda_l^3}{\mu_l L(t_s-t_w)}\right]^{1/4} \tag{5-38}$$

此外，水平管管外膜状凝结过程如图 5-18 所示，也是工程上常用的凝结换热过程。努塞尔对这一过程进行了类似于竖板膜状凝结的分析，得出相应的换热计算关系式：

$$h=0.725\left[\frac{\rho_l(\rho_l-\rho_v)g\gamma\lambda_l^3}{\mu_l d(t_s-t_w)}\right]^{1/4} \tag{5-39}$$

式中 d——水平管外直径。

如果在水平管的竖直平面上为多管布置（见图 5-19），其数量为 n，那么水平管管外膜状凝结换热的计算公式则为

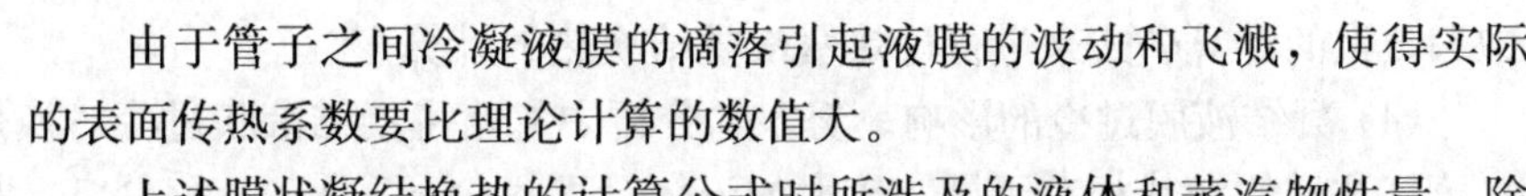

$$h=0.725\left[\frac{\rho_l(\rho_l-\rho_v)g\gamma\lambda_l^3}{\mu_l nd(t_s-t_w)}\right]^{1/4} \tag{5-40}$$

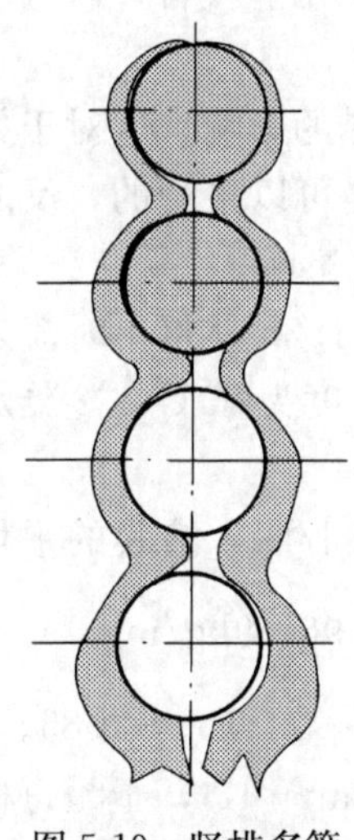
图 5-19 竖排多管管外膜状凝结

由于管子之间冷凝液膜的滴落引起液膜的波动和飞溅，使得实际的表面传热系数要比理论计算的数值大。

上述膜状凝结换热的计算公式时所涉及的液体和蒸汽物性量，除汽化潜热在蒸汽饱和温度下取值外，其余均在膜温度 $t_m=(t_s+t_w)/2$ 下取值。

如果凝结壁面足够高，或者凝结液体的量特别大，那么凝结液膜就可能出现紊流状态，如图 5-20 所示。这种紊流状态就会导致较高的换热强度。液膜边界层从层流转换为紊流主要取决于液膜的雷诺数的大小，其定义为 $Re_\delta=4\rho_l u_L\delta/\mu_l$，式中 u_L 为液膜离开竖直平板时的平均流速，4δ 为液膜当量直径（定义为液膜四倍横截面积除以润湿周边）。又因为液膜底部 $x=L$ 处单位竖板宽的质量流量 $q_m=\rho_l u_L\delta$（从液膜流动情况看），或 $q_m=hL\Delta t/\gamma$（从凝结换热情况看），于是我们得出可计算的雷诺数表达式

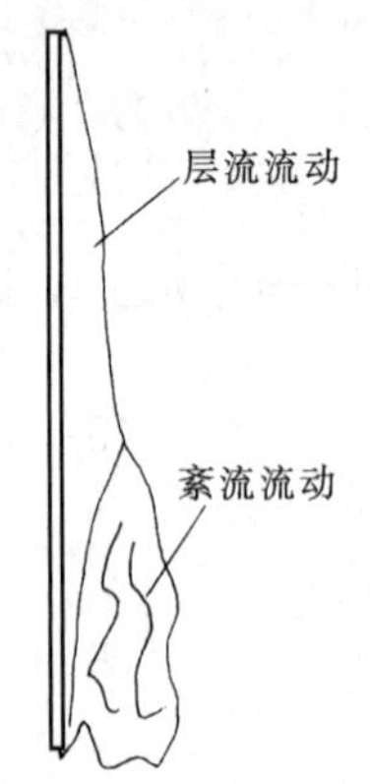

图 5-20 冷凝液膜流动状态的改变

$$Re_{\delta}=\frac{4hL\Delta t}{\mu_{l}\gamma} \tag{5-41}$$

式中 $\Delta t=t_{s}-t_{w}$。

通常计算竖板膜状凝结换热时，首先按照层流膜状凝结换热计算出整个竖板的平均表面传热系数值 h，再计算出相应的液膜雷诺数值 Re_{δ}。如果液膜雷诺数值 $Re_{\delta}>1600$，则表明液膜流动已经从层流过渡到紊流，此时可以用如下公式计算表面传热系数：

$$h=0.007\,43\left[\frac{L(t_{s}-t_{w})}{\mu_{l}\gamma}\left(\frac{g\rho_{l}^{2}\lambda_{l}^{3}}{\mu_{L}^{2}}\right)^{5/6}\right]^{2/3} \tag{5-42}$$

3. 影响膜状凝结换热诸多因素的讨论

在进行膜状凝结换热分析时忽略了诸多的影响因素，实际上这些因素对凝结换热的影响是不容忽视的，下面将分别进行讨论。

(1) 不凝结气体的影响。蒸汽中含有不能凝结的气体，如空气，即使含量很低，也会对凝结换热产生很大的影响。例如，水蒸气中含重量含量占 1%的空气就会使表面传热系数下降 60%。这是因为，在靠近液膜表面的蒸汽侧，随着蒸汽的凝结蒸汽的分压力逐步减小，而不能凝结的气体的分压力将逐步增大，这样，蒸汽要达到液膜表面就必须以扩散的方式穿过聚积在界面附近的不能凝结的气体层；同时，蒸汽分压力的下降使相应的饱和温度下降，从而减小了凝结的推动力 Δt_{s}。因此，在冷凝设备中，排除不凝结气以保证其正常工作是非常重要的。

(2) 蒸汽流速的影响。在理论分析中忽略了蒸汽流速的影响，因而只适用于蒸汽流速较低的情况。当蒸汽流速较高时，如水蒸气，流速大于 10m/s 时，蒸汽对液膜表面的黏性作用力就不能忽略。一般而言，当蒸汽流动方向与液膜向下的流动方向一致时，会使液膜变薄，表面传热系数增大；方向不一致时则使液膜变厚而导致表面传热系数减小，但蒸汽流速更大一些时因汽流撕破液膜而使液膜变薄导致换热能力加强。

(3) 过热蒸汽的影响。前面的公式是用于饱和蒸汽的，如果蒸汽过热会使凝结换热能力有所提高。此时只要将计算公式中的汽化潜热用过热蒸汽与饱和凝结液的焓差代替，就可用饱和蒸汽的计算公式来进行过热蒸汽凝结换热的计算。

(4) 凝结液膜过冷的影响。努塞尔分析中忽略了凝结液膜过冷对换热的影响，这对于如水蒸气这样的潜热相对于显热较大的流体，即 $\gamma/[c_{p}(t_{s}-t_{w})]\gg 1$，是可以接受的，反之则应以 $\gamma'=\gamma+0.68c_{p}(t_{s}-t_{w})$ 代替计算公式中的 γ，以考虑液膜过冷的影响。

【例 5-16】 由 22 根水平管组成的冷凝器，管外径为 18mm，管长 1.2m。每小时流入冷凝器的干饱和水蒸气为 1100kg，其压力为 2.7×10^{5}Pa。假设管外壁温度为 60℃。冷凝水的温度与蒸气饱和温度相同。试问冷凝器能否将蒸汽全部冷凝？

解 压力为 2.7×10^{5}Pa 对应的饱和蒸汽温度为 130℃，$\gamma=2173.8$kJ/kg，液膜的平均温度 $t_{m}=\frac{130+60}{2}=95$℃。由附录查得 95℃液膜的物性参数为 $\rho_{l}=961.9\text{kg/m}^{3}$，$c_{p}=4.214$kJ/(kg·K)，$\lambda_{l}=0.682$W/(m²·K)，$\mu_{l}=298.7\times10^{-6}$kg/(m·s)，$Pr_{e}=1.85$。

由式 (5-39) 可以求得管外凝结表面传热系数为 $h=8.42\times10^{3}$W/(m²·K)，于是每根管的冷凝液量为 $q_{m}=\frac{2\pi dl\Delta t}{r}=0.018$kg/s。

由于液膜雷诺数 $Re=\frac{4\ (q_m/2)}{\mu}=\frac{4\times 0.009}{298.7\times 10^{-6}}=120.5<1600$，故管外冷凝液为层流流动状态，所用公式正确。这样，就可以从已知蒸汽量计算出所需的管子数量有 $n=G/q_m=$ 1100/3600/0.018=16.975 31（根）。因此，22 根水平管组成的冷凝器完全可以将 1100 kg 水蒸气全部凝结。

【例 5-17】 温度为 42℃的干饱和水蒸气在温度为 28℃的竖壁上冷凝。试计算从竖壁顶部往下 0.3、0.6、0.9m 高度处的液膜厚度和局部表面传热系数。

解 液膜的平均温度为 35℃，查附录得 35℃液膜物性参数为 $\rho_l=994.0\text{kg/m}^3$，$\lambda_l=0.627\text{W/(m·K)}$，$\mu_l=727.4\times 10^{-6}\text{kg/(m·s)}$，且由附录查得 42℃时的 $\gamma=2402.1\text{kJ/kg}$。

由式（5-34）冷凝液膜的厚度为

$$\delta_x=\left[\frac{4\mu_l\cdot\lambda_l(t_s-t_w)x}{\rho_l g r}\right]^{1/4}=\left[\frac{4\times 727.4\times 10^{-6}\times 0.627\times 14}{994\times 9.81\times 2402.1\times 10^3}\right]\times x^{1/4}$$

$$=1.022\times 10^{-3}x^{1/4}$$

于是不同位置处的液膜厚度分别为

$$\delta_{0.3}=1.022\times 10^{-3}\times 0.3^{0.25}=0.756\times 10^{-3}\text{m}$$

$$\delta_{0.6}=1.022\times 10^{-3}\times 0.6^{0.25}=0.900\times 10^{-3}\text{m}$$

$$\delta_{0.9}=1.022\times 10^{-3}\times 0.9^{0.25}=0.995\times 10^{-3}\text{m}$$

膜状凝结的局部表面传热系数由式（5-35）计算，有

$$h_x=\left[\frac{gr\rho_l^2\lambda_l^3}{4\mu_l(t_s-t_w)x}\right]^{1/4}=\frac{3.445\times 10^3}{x^{0.25}}$$

于是对应高度上的局部表面传热系数分别为

$$h_{0.3}=\frac{3.445\times 10^3}{0.3^{0.25}}=4.655\times 10^3\quad\text{W/(m}^2\cdot\text{K)}$$

$$h_{0.6}=\frac{3.445\times 10^3}{0.6^{0.25}}=3.914\times 10^3\quad\text{W/(m}^2\cdot\text{K)}$$

$$h_{0.9}=\frac{3.445\times 10^3}{0.9^{0.25}}=3.537\times 10^3\quad\text{W/(m}^2\cdot\text{K)}$$

【例 5-18】 一竖直冷却面置于饱和水蒸气中，如将冷却面的高度增加为原来的 n 倍，其他条件不变，且液膜仍为层流，问平均表面传热系数和凝结液量如何变化？

解 由竖板凝结换热的计算公式知，表面传热系数与竖板高度之间的关系为 $h\sim H^{-1/4}$，因而两种板高表面传热系数之比为 $\frac{h_n}{h_1}=\frac{(nH)^{-1/4}}{H^{-\frac{1}{4}}}=n^{-1/4}=\frac{1}{\sqrt[4]{n}}$。

由冷凝液膜的质量流量公式 $m=\frac{hF\Delta t}{\gamma}=\frac{hHb\Delta t}{\gamma}$（式中 b 为板宽），可以得出两种情况的质量流量之比为 $\frac{m_n}{m_1}=\frac{h_nH_n}{h_1H_1}=\frac{1}{\sqrt[4]{n}}n=n^{3/4}$。

思考题

5-1 什么是内部流动？什么是外部流动？

5-2 试说明管槽内对流换热的入口效应并简单解释其原因。

5-3 对流动现象而言，外掠单管的流动与管道内的流动有什么不同？

5-4 对于外掠管束的换热，整个管束的平均表面传热系数只有在流动方向管排必大于一定值后方与排数无关，试分析其原因。

5-5 什么叫大空间自然对流换热？什么叫受限空间自然对流换热？这与强制对流中的外部流动及内部流动有什么异同？

5-6 如果把一块温度低于环境温度的大平板竖直地置于空气中，试画出平板上流体流动及局部表面传热系数分布的图像。

5-7 什么叫膜状凝结，什么叫珠状凝结？膜状凝结时热量传递过程的主要阻力在什么地方？

5-8 在努塞尔关于膜状凝结理论分析的多条假定中，最主要的简化假定是哪两条？

5-9 有人说，在其他条件相同的情况下，水平管外的凝结换热一定比竖直管强烈，这一说法一定成立吗？

5-10 试说明大容器沸腾的 $q—\Delta t$ 曲线中各部分的换热机理。

5-11 对于热流密度可控及壁面温度可控的两种换热情形，分别说明控制热流密度小于临界热流密度及温差小于临界温差的意义，并针对上述两种情形分别举出一个工程应用实例。

5-12 在你学习过的对流换热中，表面传热系数计算式中显含换热温差的有哪几种换热方式？其他换热方式中不显含温差是否意味着与温差没有任何关系？

5-13 在图 5-15 所示的沸腾曲线中，为什么稳定膜态沸腾部分的曲线会随 Δt 的增加而迅速上升？

5-14 如果以后你工作中遇到一种对流换热现象需要作计算，但你以前并未学过，当你决定从参考资料中去寻找换热准则（特征数）方程时，你应当注意些什么？

习题

5-1 设某一电子件的外壳可以简化成图 5-21 所示的形状，截面呈正方形，上、下表面绝热，而两侧竖壁分别维持在 t_h 及 t_c （$t_h > t_c$）。试定性地画出空腔截面上空气流动的图像。

5-2 一种输送大电流的导线母线的截面形状如图 5-22 所示，内管为导体，其中通以大电流，外管起保护导体的作用。设母线水平走向，内外管间充满空气，试分析内管中所产生的热量是怎样散失到周围环境中的，并定性地画出截面上空气流动的图像。

5-3 在高速飞行部件中广泛采用的钝体是一个轴对称的物体（见图 5-23）。试据你所掌握的流动与传热知识，画出钝体表面上沿 x 方向的局部表面传热系数的大致图像，并分析滞止点 S 附近边界层流动的状态（层流或紊流）。

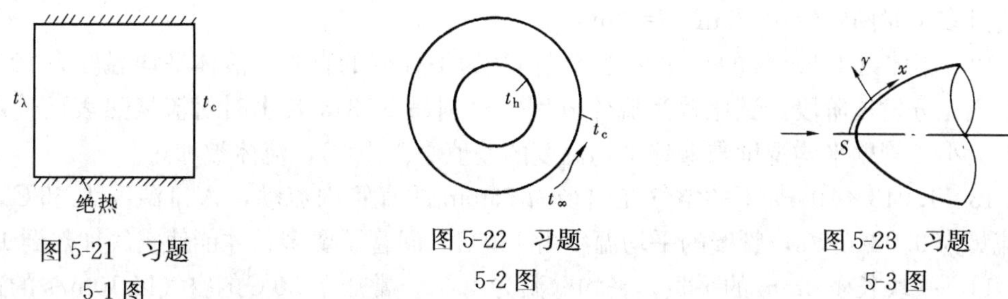

图 5-21 习题 5-1 图　　图 5-22 习题 5-2 图　　图 5-23 习题 5-3 图

5-4 一常物性的流体同时流过温度与之不同的两根直管 1 与 2，且 $d_1=2d_2$。流动与换热均已处于紊流充分发展区域。试确定在下列两种情形下两管内平均表面传热系数的相对大小：

(1) 流体以同样流速流过两管；

(2) 流体以同样的质量流量流过两管。

5-5 变压器油在内径为 30mm 的管子内冷却，管子长 2m，流量为 0.313kg/s。变压器油的平均物性可取为 $\rho=885\text{kg/m}^3$，$\nu=3.8\times10^{-5}\text{m}^2/\text{s}$，$Pr=490$。试判断流动状态及换热是否已进入充分发展区。

5-6 发电机的冷却介质从空气改为氢气后可以提高冷却效率，试对氢气与空气的冷却效果进行比较。比较的条件是：管道内紊流对流换热，通道几何尺寸、流速均相同，定性温度为 50℃，气体均处于常压下，不考虑温差修正。50℃氢气的物性数据如下：$\rho=0.0755\text{kg/m}^3$，$\lambda=19.42\times10^{-2}\text{W/(m·K)}$，$\mu=9.41\times10^{-6}\text{kg/(m·s)}$，$c_p=14.36\text{kJ/(kg·K)}$。

5-7 平均温度为 100℃、压力为 120kPa 的空气，以 1.5m/s 的流速流经内径为 25mm 的电加热管子。试估计在换热充分发展区的对流换热表面传热系数。均匀热流边界条件下管内层流充分发展对流换热区 $Nu=4.36$。

5-8 水以 0.5kg/s 的质量流量流过一个内径为 2.5cm、长 15m 的直通道，入口水温为 10℃。管子除了入口处很短的一段距离外，其余部分每个截面上的壁温都比当地平均水温高 15℃。试计算水的出口温度，并判断此时的热边界条件。

5-9 水以 1.2m/s 的平均流速流过内径为 20mm 的长直管。(1) 管子壁温为 75℃，水从 20℃加热到 70℃；(2) 管子壁温为 15℃，水从 70℃冷却到 20℃。试计算两种情形下的表面传热系数，并讨论造成差别的原因。

5-10 一螺旋管式换热器的管子内径 $d=12\text{mm}$，螺旋数为 4，螺旋直径 $D=150\text{mm}$。进口水温 $t'=20℃$，管内平均流速 $u_m=0.6\text{m/s}$，平均内壁温度为 80℃。试计算冷却水出口温度。

5-11 现代储蓄热能的一种装置的示意图如图 5-24 所示。一根内径为 25mm 的圆管被置于一正方形截面的石蜡体中心，热水流过管内使石蜡熔解，从而把热水的显热转化成石蜡的潜热而储蓄起来。热水的入口温度为 60℃，流量为 0.15kg/s。石蜡的物性参数为：熔点为 27.4℃，熔化潜热 $L_s=244\text{kJ/kg}$，固体石蜡的密度 $\rho_s=770\text{kg/m}^3$。假设圆管表面温度在加热过程中一直处于石蜡的熔点，试计算把该单元中的石蜡全部熔化，热

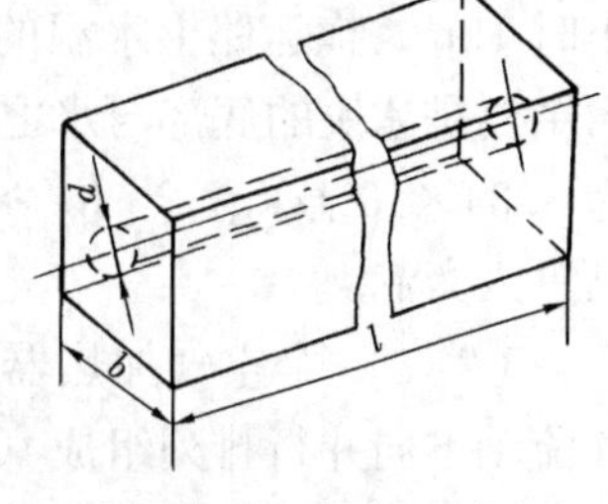

图 5-24 习题 5-11 图

水需流过多长时间？$b=0.25\text{m}$，$l=3\text{m}$。

5-12　流体以 1.5m/s 的平均速度流经内径为 16mm 的直管，液体平均温度为 10℃，换热已进入充分发展阶段。试比较当流体分别为氟利昂 R134a 及水时对流换热表面传热系数的相对大小。管壁平均温度与液体平均温度的差值小于 10℃，流体被加热。

5-13　1.013×10^5Pa 下的空气在内径为 76mm 的直管内流动，入口温度为 65℃，入口体积流量为 $0.022\text{m}^3/\text{s}$，管壁的平均温度为 180℃。问管子要多长才能使空气加热到 115℃？

5-14　一块长 400mm 的平板，平均壁温为 40℃。常压下 20℃的空气以 10m/s 的速度纵向流过该板表面。试计算离平板前缘 50、100、200、300、400mm 处的热边界层厚度、局部表面传热系数及平均表面传热系数。

5-15　温度为 0℃的冷空气以 6m/s 的流速平行地吹过一太阳能集热器的表面。该表面呈方形，尺寸为 1m×1m，其中一个边与来流方向相垂直。如果表面平均温度为 20℃，试计算由于对流而散失的热量。

5-16　在一摩托车引擎的壳体上有一条高 2cm、长 12cm 的散热片（长度方向系与车身平行）。散热片表面温度为 150℃。如果车子在 20℃的环境中逆风前进，车速为 30km/h，而风速为 2m/s，试计算此时肋片的散热量（风速与车速相平行）。

5-17　一个亚音速风洞实验段的最大风速可达 40m/s。为了使外掠平板的流动达到 5×10^5 的 Re 数，问平板需多长。设来流温度为 30℃，平板壁温为 70℃。如果平板温度是用低压水蒸气在夹层中凝结来维持，当平板垂直于流动方向的宽度为 20cm 时，试确定水蒸气的凝结量。风洞中的压力可取为 1.013×10^5Pa。

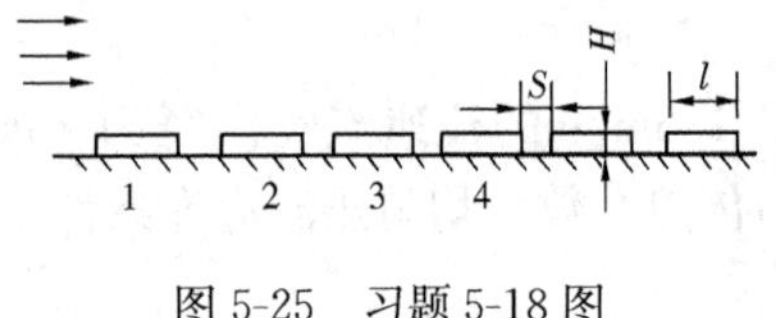

图 5-25　习题 5-18 图

5-18　为保证微处理机的正常工作，采用一个小风机将气流平行地吹过集成电路块表面，如图 5-25 所示。试分析：(1) 如果每个集成电路块的散热量相同，在气流方向上不同编号的集成电路块的表面温度是否一样，为什么？对温度要求较高的组件应当放在什么位置上？(2) 哪些无量纲量影响对流换热？

5-19　飞机的机翼可近似地看成是一块置于平行气流中的长 2.5m 的平板，飞机的飞行速度为每小时 400km，空气压力为 0.7×10^5Pa，空气温度为 −10℃。机翼顶面吸收的太阳辐射为 800W/m^2，而其自身辐射略而不计。试确定处于稳态时机翼的温度（假设温度是均匀的）。如果考虑机翼的本身辐射，这一温度应上升还是下降？

5-20　为解决世界上干旱地区的用水问题，曾召开过数次世界性会议进行讨论，有一个方案是把南极的冰山拖到干旱地区去。那种宽阔且平整的冰山是最适宜于拖运的。设要把一座长 1km、宽 0.5km、厚 0.25km 的冰山拖运到 6000km 以外的地区去，平均拖运速度为每小时 1km。拖运路上水温的平均值为 10℃。作为一种估算，在拖运中冰与环境的作用可认为主要是冰块的底部与水之间的换热。试估算在拖运过程中冰山的自身融化量。冰的融解热为 3.34×10^5J/kg。当 $Re\gg5\times10^5$ 时，全部边界层可认为已进入紊流。

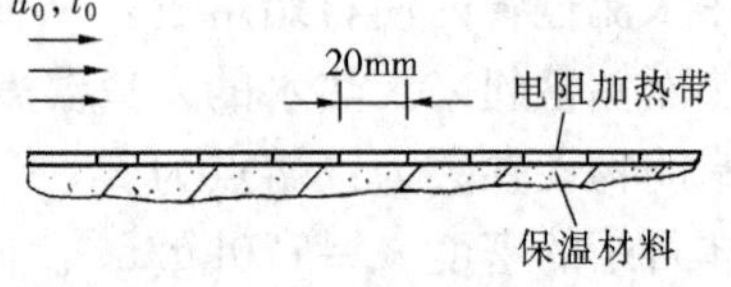

图 5-26　习题 5-21 图

5-21　一个空气加热器系由宽 20mm 的薄电阻带沿空气流动方向并行排列组成（见图 5-26），其表面平整光滑。每条电阻带在垂直于流动方向上的长度为 200mm，且各自单独通电加热。假设在稳态运行过程中每条电阻带的温度都相等。从第一条电阻带的功率表中读出功率为 80W，问第 10 条、第 20 条电阻带的功率表读数各为多少？（其他热损失不计，流动为层流）

5-22　直径为 10mm 的电加热圆柱置于气流中冷却，在 $Re=4000$ 时每米长圆柱通过对流换热散失的热量为 69W。若把圆柱直径改为 20mm，其余条件不变（包括 t_w），问每米长圆柱放热为多少？

5-23　测定流速的热线风速仪是利用流速不同对圆柱体的冷却能力不同，从而导致电热丝温度及电阻值不同的原理制成的。用电桥测定电热丝的阻值可推得其温度。今有直径为 0.1mm 的电热丝与气流方向垂直地放置。来流温度为 20℃，电热丝温度为 40℃，加热功率为 17.8W/m。试确定此时的流速。略去其他的热损失。

5-24　一个优秀的马拉松长跑运动员可以在 2.5h 内跑完全程（41842.8m）。为了估计他在跑步过程中的散热损失，可以作这样的简化：把人体看成是高 1.75m、直径为 0.35m 的圆柱体，皮肤温度作为柱体表面温度，取为 31℃；空气是静止的，温度为 15℃。不计柱体两端面的散热，试据此估算一个马拉松长跑运动员跑完全程后的放热量（不计出汗散失的部分）。

5-25　一未包绝热材料的蒸汽管道用来输送 150℃的水蒸气。管道外径为 500mm，置于室外。冬天室外温度为−10℃。如果空气以 5m/s 流速横向吹过该管道，试确定其单位长度上的对流散热量。

5-26　如图 5-27 所示，一股冷空气横向吹过一组圆形截面的直肋。已知：最小截面处的空气流速为 3.8m/s，气流温度 $t_f=35$℃；肋片的平均表面温度为 65℃，导热系数为 98W/（m・K），肋根温度维持定值；$s_1/d=s_2/d=2$，$d=10$mm。为有效地利用金属，规定肋片的 mh 值不应大于 1.5，试计算此时肋片应多高？在流动方向上直肋排数大于 10。

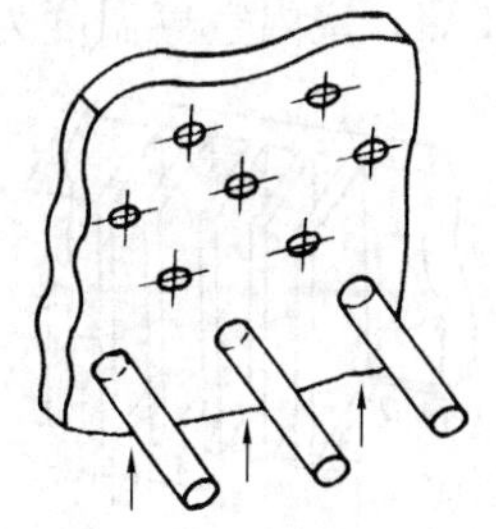

图 5-27　习题 5-26 图（部分直肋未画出）

5-27　某锅炉厂生产的 220 t/h 高压锅炉，其低温段空气预热器的设计参数为：叉排布置，$s_1=76$mm，$s_2=44$mm，管子为 ϕ40mm×1.5mm，平均温度为 150℃的空气横向冲刷管束，流动方向的总排数为 44。在管排中心线截面上的空气流速（即最小截面上的流速）为 6.03m/s。试确定管束与空气间的平均表面传热系数。管壁平均温度为 185℃。

5-28　在锅炉的空气预热器中，空气横向掠过一组叉排管束，$s_1=80$mm，$s_2=50$mm，管子外径 $d=40$mm。空气在最小截面处的流速为 6m/s，流体温度 $t_f=133$℃，流动方向上的排数大于 10，管壁平均温度为 165℃。试确定空气与管束间的平均表面传热系数。

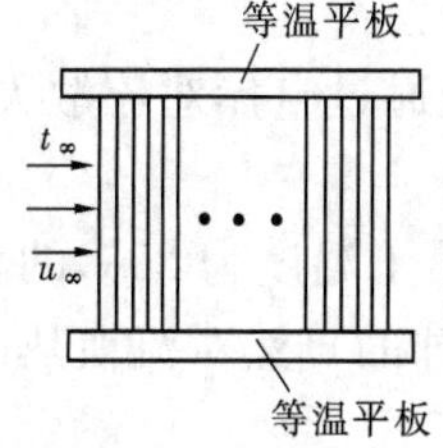

图 5-28　习题 5-29 图

5-29　如图 5-28 所示，在两块安装有电子器件的等温平板之间安装了 25×25 根散热圆柱，圆柱直径 $d=2$mm，长度 $L=100$mm，顺排布置，$s_1=s_2=4$mm。设圆柱体表面的平均温度为 340K，进入圆柱束的空气温度为 300K，进入圆柱束的流速为 10m/s，试确定圆柱束传递的对流换热量。

5-30　将水平圆柱体外自然对流换热的准则式改写成为以下的方便形式：

$$h=c\ (\Delta t/d)^{1/4}$$

其中系数 c 取决于流体种类及温度。对于空气及水，试分别计算 t=40℃、60℃、80℃的三种情形时上式中的系数 c 之值。

5-31 一直径为25mm、长1.2m的竖直圆管，表面温度为60℃，试比较把它置于下列两种环境中的自然对流散热量：(1) 15℃，1.013×10^5 Pa下的空气；(2) 15℃、2.026×10^5 Pa下的空气。在一定压力变化范围内 ($0.1\times10^5\sim10\times10^5$ Pa)，空气的 μ，c_p，λ 可认为与压力无关。

5-32 一根 $L/d=10$ 的金属柱体，从加热炉中取出置于静止空气中冷却。从加速冷却的观点，柱体应水平放置还是竖直放置（设在这两种情况下辐射散热相同）？试估算开始冷却的瞬间，在两种放置的情形下自然对流冷却散热量的比值。两种情形下流动均为层流（端面散热不计）。

5-33 假设把人体简化成为直径为275 mm、高1.75m的等温竖直圆柱，其表面温度比人体体内的正常温度低2℃，试计算该模型位于静止空气中时的自然对流散热量，并与人体每天的平均摄入热量（5440kJ）相比较。圆柱两端面的散热可不予考虑，人体正常体温按37℃计算，环境温度为25℃。

5-34 有人认为，一般房间的墙壁表面每平方米面积与室内空气间的自然对流换热量相当于一个家用白炽灯泡的功率。试对冬天与夏天的两种典型情况作估算，以判断这一说法是否有根据。设墙高2.5m，夏天墙表面温度为35℃，室内温度为25℃；冬天墙表面温度为10℃，室内空气温度为20℃。

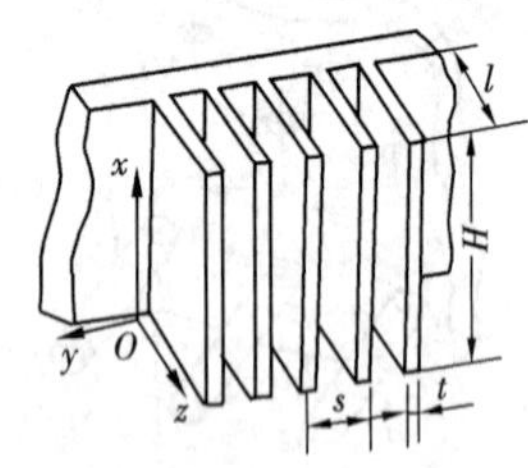

图5-29 习题5-35图

5-35 一电子器件的散热器系由一组相互平行的竖直放置的肋片所组成，如图5-29所示，Z=20mm，H=150mm，t=1.5mm。平板上的自然对流边界层厚度 $\delta(x)$ 可按下式计算：$\delta(x)=5x(Gr_x/4)^{-1/4}$，其中 x 为从平板底面起算的当地高度，Gr_x，以 x 为特征长度。散热片的温度可认为是几乎均匀的，并取为 t_w=75℃，环境温度 t_∞=25℃。试确定：(1) 使相邻两平板上的自然对流边界层不互相干扰的最小间距 s；(2) 在上述间距下一个肋片的自然对流散热量。

5-36 一块有内部电加热的正方形薄平板，边长为30cm，被竖直地置于静止的空气中。空气温度为35℃。为防止平板内部电热丝过热，其表面温度不允许超过150℃。试确定所允许的电热器的最大功率。平板表面辐射传热系数取为8.52W/($m^2\cdot K$)。

5-37 对上题所描述情形，设已知加热功率为310W，其中42%是通过自然对流散失，且假定热流密度是均匀的。试确定平板的最高壁温。

5-38 一直径为25mm的金属球壳，其内置有电热器，该球被悬吊于温度为20℃的盛水的容器中。为使球体表面温度维持在65℃，问电加热功率为多大？球的自然对流换热的关系式为

$$Nu=2+0.589(Gr\cdot Pr)^{1/4}/[1+(0.469/Pr)^{9/16}]^{4/9}\qquad(Gr\cdot Pr\leqslant10^{11},Pr\geqslant0.7)$$

特征尺寸为球壳的外直径，定性温度为 $t_m=(t_w+t_\infty)/2$。

5-39 一水平封闭夹层，其上、下表面的间距 δ=14mm，夹层内是压力为1.013×10^5 Pa的空气。设一个表面的温度为90℃，另一表面为30℃。针对热表面在冷表面上方和

热表面在冷表面下方这两种情形，试计算各自通过夹层单位面积的传热量。

5-40 一太阳能集热器吸热表面的平均温度为85℃，其上覆盖表面的温度为35℃，两表面形成相距5cm的夹层。试确定在每平方米夹层上空气自然对流的散热量。研究表明，当$Gr_{\delta}Pr<1700$时不会产生自然对流，而是纯导热工况。试对本例确定不产生自然对流的两表面间间隙的最大值，此时的散热量为多少（不包括辐射部分）?

5-41 一烘箱的顶部尺寸为0.6m×0.6m，顶面温度为70℃。为减少热损失及安全起见，在顶面上又加了一个封闭夹层，夹层盖板与箱顶的间距为50mm。假设加夹层后原箱顶的温度仍为70℃，试计算加夹层后的自然对流热损失是不加夹层时的百分之几？环境温度为27℃。

5-42 一太阳能集热器置于水平的房顶上。在集热器的吸热表面上用玻璃作顶形成一封闭的空气夹层，夹层厚10cm。设吸热表面的平均温度为90℃，玻璃内表温度为30℃，试确定由于夹层中空气自然对流散热而引起的热损失。吸热表面为正方形，尺寸是1m×1m。如果吸热表面不设空气夹层，让吸热表面直接暴露于大气之中，试计算在表面温度为90℃时，由于空气的自然对流而引起的散热量（环境温度取为20℃）。

5-43 与水平面成倾角θ的夹层中的自然对流换热，可以近似地以$g\cos\theta$来代替g而计算Gr数。今有一$\theta=30°$的太阳能集热器，吸热表面的温度$t_{w1}=140$℃，吸热表面上的封闭空间内抽成压力为0.2×10^5Pa的真空。封闭空间的顶盖为一透明窗，其面向吸热表面侧的温度为40℃，夹层厚8cm。试计算夹层单位面积的自然对流散热损失，并从热阻的角度分析，在其他条件均相同的情况下，夹层抽真空与不抽真空对玻璃窗温度的影响。

5-44 $t_s=40$℃的水蒸气及$t_s=40$℃的R134a蒸气，在等温竖壁上膜状凝结，试计算离开$x=0$处为0.1m、0.5m处的液膜厚度。设$\Delta t=t_w-t_s=5$℃。

5-45 当把一杯水倒在一块炽热的铁板上时，板面上立即会产生许多跳动着的小水滴，而且可以维持相当一段时间而不被汽化掉。试从传热学的观点来解释这一现象［常称为莱登佛罗斯特（Leidenfrost）现象］，并从沸腾换热曲线上找出开始形成这一状态的点。

5-46 饱和水蒸气在高度$L=1.5$m的竖管外表面上作层流膜状凝结。水蒸气压力为$p=2.5\times10^5$Pa，管子表面温度为123℃。试利用努塞尔分析解计算离开管顶为0.1、0.2、0.4、0.6及1.0m处的液膜厚度和局部表面传热系数。

5-47 饱和温度为50℃的纯净水蒸气在外径为25.4mm的竖直管束外凝结。蒸汽与管壁的温差为11℃，每根管子长1.5m，共50根管子。试计算该冷凝器管束的热负荷。

5-48 立式氨冷凝器由外径为50mm的钢管制成。钢管外表面温度为25℃，冷凝温度为30℃。要求每根管子的氨凝结量为0.009kg/s，试确定每根管子的长度。

5-49 水蒸气在水平管外凝结。设管径为25.4mm，壁温低于饱和温度5℃，试计算在冷凝压力为5×10^3、5×10^4、10^5及10^6Pa下的凝结换热表面传热系数。

5-50 饱和温度为30℃的氨蒸气在立式冷凝器中凝结。冷凝器中管束高3.5m，冷凝温度比壁温高4.4℃。试问在冷凝器的设计计算中可否采用层流液膜的公式。物性参数可按30℃计算。

5-51 一工厂中采用0.1MPa的饱和水蒸气在一金属竖直薄壁上凝结，对置于壁面另一侧的物体进行加热处理。已知竖壁与蒸汽接触的表面的平均壁温为70℃，壁高1.2m，宽30cm。在此条件下，一被加热物体的平均温度可以在半小时内升高30℃，确定这一物体的平均热容量。不考虑散热损失。

5-52 一块与竖直方向成30°角的正方形平壁，边长为40cm，有压力为1.013×10^5Pa的饱和水蒸气在此板上凝结，平均壁面温度为96℃。试计算每小时的凝结水量。如果该平板水平方向成30°角，问凝结量将是现在的百分之几？

5-53 压力为1.013×10^5Pa的饱和水蒸气，用水平放置的壁温为90℃的铜管凝结。有下列两种选择：用一根直径为10cm的铜管或用10根直径为1cm的铜管。试问：

(1) 这两种选择所产生的凝结水量是否相同？最多可以相差多少？

(2) 要使凝结水量的差别最大，小管径系统应如何布置（不考虑容积的因素）。

(3) 上述结论与蒸汽压力、铜管壁温是否有关(保证两种布置的其他条件相同)？

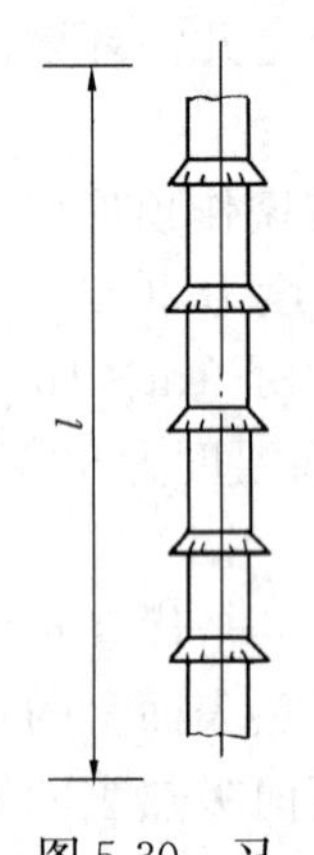

图5-30 习题5-55图

5-54 为估算位于同一铅垂面内的几根管子的平均表面传热系数，可采用下面偏于保守的公式：$h_n=h_1n^{-1/4}$，其中h_1为由上往下第1排管子的凝结换热表面传热系数，这里假定n根管子的壁温相同。试加以说明。

5-55 为了强化竖管外的蒸汽凝结换热，有时可采用图5-30所示的凝结液泄出罩。设在高L竖管外，等间距地布置了n个泄出罩，且加罩前与加罩后管壁温度及其他条件都保持不变。试导出加罩后全管的平均表面传热系数与未加罩时的平均表面传热系数间的关系式。

如果希望把表面传热系数提高1倍，应加多少个罩？如果$L/d=100$，为使竖管的平均表面传热系数与水平管一样，需加多少个罩？

5-56 今有一台由直径为20mm的管束所组成的卧式冷凝器，管子成叉排布置。在同一竖排内的平均管排数为20，管壁温度为15℃，凝结压力为4.5×10^3Pa，试估算纯净水蒸气凝结时管束的平均表面传热系数。

5-57 直径为6mm的合金圆钢在98℃水中淬火时的冷却曲线如图5-31所示。圆钢初温为800℃。试分析曲线各段所代表的换热过程的性质。

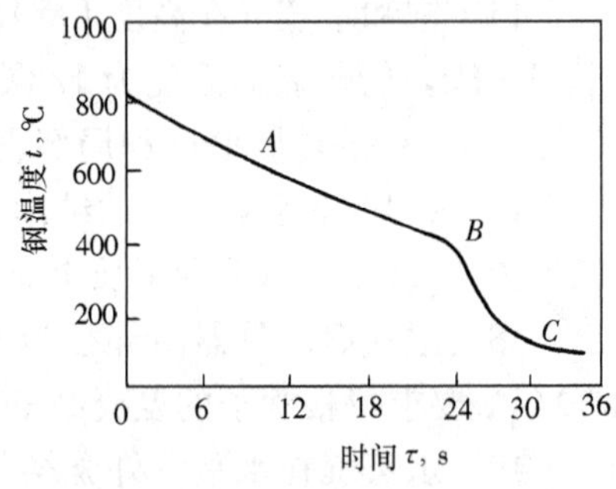

图5-31 习题5-57图

5-58 平均压力为1.98×10^5Pa的水，在内径为15mm的铜管内作充分发展的单相强制对流换热。水的平均温度为100℃，壁温比水温高5℃。试问：当流速多大时，对流换热的热流密度与同压力、同温差下的饱和水在铜表面上作大容器核态沸腾时的热流密度相等？

5-59 当液体在一定压力下作大容器饱和核态沸腾时，欲使表面传热系数增加10倍，温差（t_w-t_s）应增加几倍？如果同一液体在圆管内作单相紊流换热（充分发展区），为使表面传热系数提高10倍，流速应增加多少倍。为维持流体流动所消耗的功将增加多少倍？设物性为常数。

5-60 直径为5cm的电加热铜棒被用来产生压力为3.61×10^5Pa的饱和水蒸气，铜棒表面温度高于饱和温度5℃，问需要多长的铜棒才能维持90kg/h的产汽率？

5-61 一铜制平底锅底部的受热面直径为 30cm，要求其在 1.013×10^5Pa 的大气压下沸腾时每小时能产生 2.3kg 饱和水蒸气。试确定锅底干净时其与水接触面的温度。

5-62 一台电热锅炉，用功率为 8kW 的电热器来产生压力为 1.43×10^5Pa 的饱和水蒸气。电热丝置于两根长为 1.5m、外径为 15mm 的钢管内（经机械抛光后的不锈钢管），而该两根钢管置于水内。设所加入的电功率均用来产生蒸汽，试计算不锈钢管壁面温度的最高值。钢管壁厚 1.5mm，导热系数为 10W/（m·K）。

5-63 直径为 30mm 的钢棒(含碳约 1.5%)在 100℃的饱和水中淬火。在冷却过程中的某一瞬间，棒表面温度为 110℃，试估算此时棒表面的温度梯度。沸腾换热表面传热系数可按式(5-28) 估计。

5-64 一直径为 3.5mm、长 100mm 的机械抛光的薄壁不锈钢管，被置于压力为 1.013×10^5Pa 的水容器中，水温已接近饱和温度。对该不锈钢管两端通电以作为加热表面。试计算当加热功率为 1.9W 及 100W 时，水与钢管表面间的表面传热系数值。

5-65 式（5-28）可以进一步简化成 $h=cq^{0.67}$，其中系数 c 取决于沸腾液体的种类、压力及液体与固体表面的组合。对于水在抛光的铜、铂及化学腐蚀与机械抛光的不锈钢表面上的沸腾换热，式（5-28）中的 C_{wl} 均可取为 0.013。试针对 $p=1.013\times10^5$、4.76×10^5、10.03×10^5、19.08×10^5、39.78×10^5Pa 下的大容器沸腾，计算上述情形中的系数 c。

5-66 在所有的对流换热计算式中，沸腾换热的实验关联式大概是分歧最大的。就式(5-28）而言，用它来估计 q 时最大误差可达 100%。另外，系数 C_{wl} 的确定也是引起误差的一个方面。今设在给定的温差下，由于 C_{wl} 的取值偏高了 20%，试估算热流密度的计算值会引起的偏差。如果规定了热流密度，则温差的估计又会引起多大的偏差，通过具体的计算来说明。

5-67 用直径为 1mm、电阻率 $\rho=1.1\times10^{-6}\Omega\cdot m$ 的导线通过盛水容器作为加热元件。试确定，在 $t_s=100$℃时为使水的沸腾处于核态沸腾区，该导线所能允许的最大电流。

5-68 在实验室内进行压力为 1.013×10^5Pa 的大容器沸腾实验时，采用大电流通过小直径不锈钢管的方法加热。为了能在电压不高于 220V 的情形下演示整个核态沸腾区域，试估算所需的不锈钢管的每米长电阻应为多少。设选定的不锈钢管的直径为 3mm，长为 100mm。

5-69 试计算当水在月球上并在 10^5Pa 及 10×10^5Pa 下作大容器饱和沸腾时，核态沸腾的最大热流密度（月球上的重力加速度为地球的 1/6）比地球上的相应数值小多少?

5-70 一氨蒸发器中，氨液在一组水平管外沸腾，沸腾温度为−20℃。假设可以把这一沸腾过程近似地作为大容器沸腾看待，试估计每平方米蒸发器外表面所能承担的最大制冷量。−20℃时氨从液体变成气体的相变热（潜热）$\gamma=1329$kJ/kg，表面张力 $\sigma=0.031$N/m，密度 $\rho_v=1.604$kg/m³。

5-71 一直径为 5cm、长 10cm 的钢柱体从温度为 1100℃的加热炉中取出后，被水平地置于压力为 1.013×10^5Pa 的盛水容器中（水温已近饱和）。试估算刚放入时工件表面与水之间的换热量及工件的平均温度下降率。钢的密度 $\rho=7790$kg/m³，比热容 $c=470$J/（kg·K)，发射率 $\varepsilon=0.8$。

参考文献

[1] 王补宣．工程传热传质学：上册．北京：科学出版社，1982.

[2] 杨世铭，陶文铨．传热学．3版．北京：高等教育出版社，1998.

[3] 戴锅生．传热学．北京：高等教育出版社，1991.

[4] 俞佐平，陆煜．传热学．3版．北京：高等教育出版社，1995.

[5] 章熙民，任泽霈，梅飞鸣．传热学．北京：中国建筑工业出版社，1987.

[6] 埃克尔特 E R G.，德雷克 R M.．传热与传质分析．航青，译．北京：科学出版社，1983.

[7] Holman，J P. Heat transfer，9th. ed. Boston：McGraw-Hill Book Company，2002.

[8] Kreith F.，Bohn M. S. Principles of heat transfer，4th ed. New York：Harper & Row，Publishers，1986.

[9] Incropera F. P.，DeWitt D. P. Introduction to heat transfer，3rd ed. New York：John Wiley & sons，1996.

[10] 王启杰．对流传热与传质分析．西安：西安交通大学出版社，1991.

[11] 陈钟颀．传热学专题讲座．北京：高等教育出版社，1989.

[12] 程尚模，黄素逸．传热学．北京：高等教育出版社，1990.

[13] 陈维汉，许国良，靳世平．传热学．武汉：武汉理工大学出版社，2004.

[14] Nakayama A. PC-Aided Numerical Heat Transfer and Fluid Flow. Boca Raton：CRC Press，1995：257-276.

[15] Nakayama A，Kuwahara F，Xu Guoliang. Thermal Fluid Flow and Heat Transfer (in Japanese). Tokyo：Kyoritsu Shuppon，2002：143-170.

[16] Xu Guoliang，Nakayama A，Kuwahara F. The Concept of Known-Velocity Boundary for Automatic Setting of Boundary Conditions. Int. Comm. Heat Mass Transfer，2002，29(3)：335-343.

[17] 江宏俊．流体力学．上册．北京：高等教育出版社，1985.

[18] 赵学端，廖其奠．粘性流体力学．北京：机械工业出版社，1983.

第六章 热辐射基础

热辐射是不同于热传导和热对流的另一种热量传递方式，它不需要通过任何介质来实现热量的传递，而是由物体直接发出热射线来达到能量传递的目的。显然，研究热辐射就会采用与其他两种热量传递方式不同的分析和处理办法。在这一章中，我们从黑体辐射的研究入手，介绍黑体辐射的基本定律及其辐射换热的规律，进而讨论实际物体的辐射和吸收特性。

第一节 热辐射的基本概念

前面在绪论中已经提到，作为热量传递基本方式之一的热辐射，是借助于电磁波的能量传播过程。所有物质由于分子和原子振动的结果，都会连续不断的向外发射电磁波。电磁波的波长范围很广，包括波长达数百米的无线电波到波长小于 10^{-14}m 的宇宙射线。图 6-1 所示为电磁波的波谱。各种射线不仅产生的原因各不相同，而且性质也各异。本章只研究由物质的热运动而产生的电磁辐射，即热辐射。热辐射处于整个电磁波谱的中段，即辐射光谱为 $1\times10^{-1}\sim1\times10^{3}\mu$m 之间的波长部分。只要物体的温度高于绝对零度，其内微观粒子就处于受激状态，从而物体不断地向外发射辐射能。

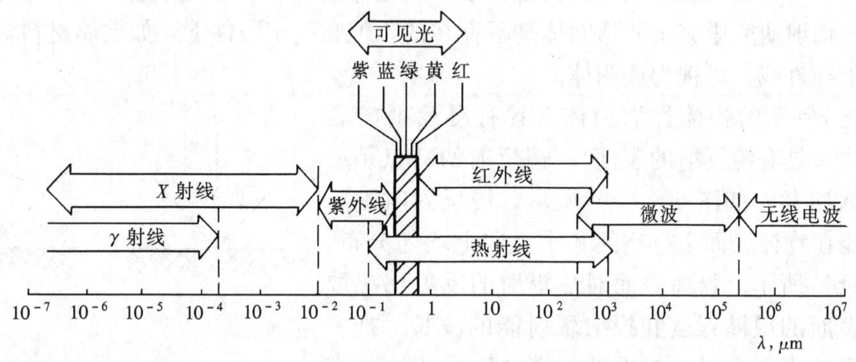

图 6-1 电磁波的波谱

有两种理论可以解释辐射传递能量的现象，即经典的电磁波理论和量子理论。在大多数情况下，这两种理论得出的结果十分一致。本质上，辐射能的真实本质（波或光子）对工程技术人员来说并不重要，我们重点是研究热辐射的工程应用。工程上最感兴趣的是波长为 0.38～0.76μm 的可见光和波长从可见光谱的红端之外延伸到 1000μm 的红外线。有时以波长 25μm 为界，又将红外线区分为近红外区和远红外区。

一个物体如果与另一个物体相互能够看得见，那么它们之间就会发生辐射热交换。而交换的辐射换热量不仅与两个物体的温度有关，而且与物体的形状大小和相互位置有关，同时还与物体所处的环境密切相关。这些问题都将在下面进行讨论。

当热辐射的能量投射到物体表面上会被物体吸收、反射和穿透，如图 6-2 所示。如果单

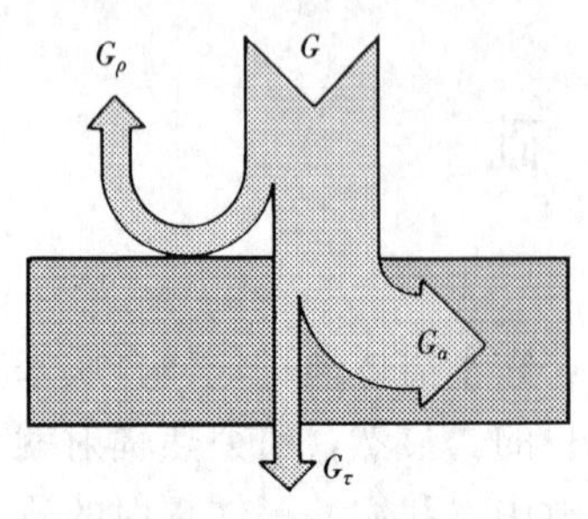

图 6-2 物体对热辐射的吸收、反射与透射示意

位时间投射到单位物体表面的辐射能量，即投入辐射为 G（W/m^2），那么被表面反射的部分为 G_ρ，吸收部分为 G_α，穿透部分为 G_τ。由物体表面的热平衡有

$$G=G_\rho+G_\alpha+G_\tau \tag{6-1}$$

将此式两边同时除以 G 则可得到 G_α、G_ρ、G_τ 所占的份额分别为

$$\alpha=\frac{G_\alpha}{G},\quad \rho=\frac{G_\rho}{G},\quad \tau=\frac{G_\tau}{G} \tag{6-2}$$

即

$$\rho+\alpha+\tau=1 \tag{6-3}$$

式中 α、ρ、τ——物体对投射辐射能的吸收比、反射比与透射比（习惯上又称吸收率、反射率和透射力），分别反映了物体吸收、反射和透射辐射能的能力。

实际上，当热辐射投射到固体或液体表面时，一部分被反射，其余部分在很薄的表面层内就被完全吸收了，所以吸收和反射可以视为一个表面过程。由于热射线不能穿过固体和液体，因此，对于固体和液体，可以认为对热辐射的透射比为零，式（6-3）简化为 $\rho+\alpha=1$。

当热辐射投射到气体时，由于气体不能反射热射线，可以认为对热辐射的反射比为零，式（6-3）简化为 $\tau+\alpha=1$。所以气体对热射线的吸收和穿透是在空间中进行的，其自身的辐射也是在空间中完成的。因此，气体的热辐射是容积辐射，其表面状况则无关紧要。

由于不同物体的吸收比、反射比和透射比因具体条件不同差别很大，给热辐射的计算带来很大困难。为了使问题简化，我们定义了一些理想物体。对于透射比 $\tau=1$ 的物体称为透明体。在热辐射研究中完全的透明体是不存在的，但在一定条件下，如玻璃材料对于可见光和空气对于红外线，可视为透明体。

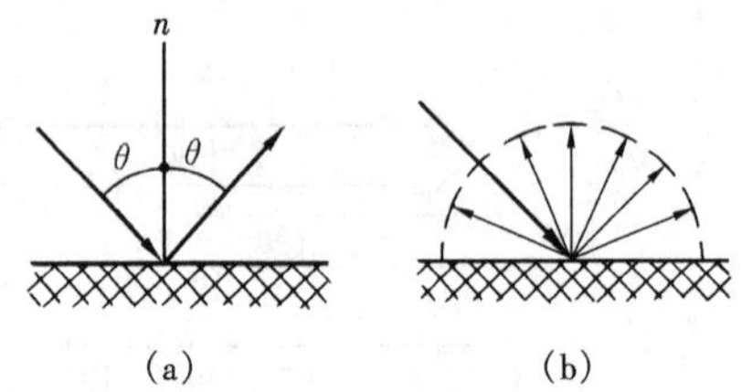

图 6-3 镜反射与漫反射示意
(a) 镜反射；(b) 漫反射

反射比 $\rho=1$ 的物体称为白体（具有漫反射的表面）或镜体（具有镜反射的表面）。镜反射的特点是反射角等于入射角，如图 6-3（a）所示。漫反射时被反射的辐射能在物体表面上方空间各个方向上均匀分布，如图 6-3（b）所示。物体表面对热辐射的反射情况取决于物体表面的粗糙程度和投射辐射能的波长。把一个球投到固体表面上时，如果球的直径远大于固体表面的粗糙度，则很容易形成镜面反射，如篮球在球场上的运动；但是当球的直径与固体表面的粗糙度具有同一数量级时，则容易形成漫反射。这里还应指出，漫反射表面的自身辐射也是漫发射的，而镜反射表面的自身辐射也是镜发射的。对全波长范围的热辐射能完全镜反射或完全漫反射的实际物体是不存在的，绝大多数工程材料在工业温度范围（温度小于 2000K）内对热辐射的反射可近似于漫反射。

当吸收比 $\alpha=1$ 时，所有入射辐射的能量全部都被物体吸收，这种理想的吸收体则称为绝对黑体，简称黑体。应当注意，黑体将所有投射在它上面的一切波长和所有方向上的辐射能全部吸收，在所有物体之中，它吸收热辐射的能力最强。黑体可以用来作为比较实际物体发射辐射能的标准。

黑体是一种理想物体，在自然界是不存在的，只有少数表面，如炭黑、金刚砂、金黑等吸收辐射能的能力近似于黑体。但可以人工制造出接近于黑体的模型。图 6-4 所示为一个人工黑体模型：一个内表面吸收比较高的空腔，空腔的壁面上有一个小孔。进入其中的热射线，经过多次的吸收和反射，只有极小量的热射线能够从开孔处出来，相当于小孔的吸收比接近于 1，即接近于黑体。研究黑体的辐射在热辐射研究中具有重要的理论意义和实用价值，因而也是我们讨论热辐射的重要内容。

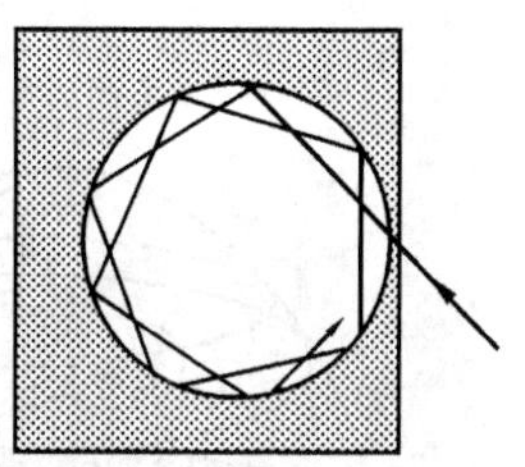

图 6-4　人工黑体示意

第二节　黑体辐射和吸收的基本性质

1. 辐射力

在讨论黑体辐射之前，为了表示物体向外界发射辐射能的数量，我们需要引入称之为辐射力的物理量。

（1）总辐射力 E。单位时间内物体每单位辐射面积向半球空间一切方向发射出去的所有波长的辐射能量，用符号 E 表示，单位 W/m^2。总辐射力表征了物体发射能力的大小。总辐射力又称为辐射力，对于微元表面，数学表达式为

$$E = \frac{d\Phi}{dA} \tag{6-4}$$

式中　$d\Phi$——微元面积 dA 向半球空间辐射出去的总辐射能。

（2）单色辐射力。单位时间内物体每单位辐射面积向半球空间一切方向上发射出去的某一波长范围的辐射能量，用符号 E_λ 表示，单位 W/m^3。单色辐射力表征了物体发射某一波长辐射能力的大小，即用来描述辐射能量随波长的分布特征。对于微元表面，数学表达式为

$$E_\lambda = \frac{d\Phi_\lambda}{dA} = \frac{d^2\Phi}{d\lambda dA} \tag{6-5}$$

式中　$d\Phi_\lambda$——微元面积 dA 向半球空间辐射出去的某一波长的辐射能；

λ——热射线的波长，μm。

在热辐射的整个波谱内，不同波长发射出的辐射能是不同的。单色辐射力和辐射力之间存在下述关系：

$$E = \int_0^\infty E_\lambda d\lambda \tag{6-6}$$

（3）方向辐射力。单位时间内物体每单位辐射面积向半球空间中某一个方向上单位立体角内辐射的所有波长的辐射能量。方向辐射力描述物体表面辐射能量在半球空间中的分布特征。对于微元表面，数学表达式为

$$E_\varphi = \frac{d^2\Phi}{d\bar{\omega}dA} \tag{6-7}$$

式中　$d\bar{\omega}$——微元立体角。

为了对方向辐射力进行详细了解，首先必须说明立体角的概念。平面几何中，在一个半

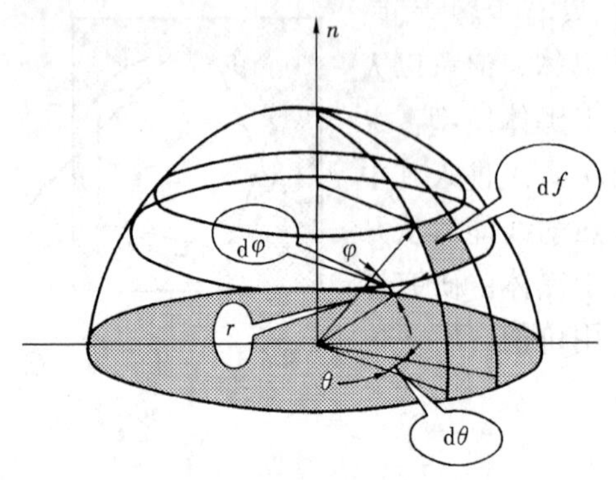

图 6-5 球坐标系中的立体角

径为 r 的圆上，弧长 s 所对应的圆心角是平面角，大小为 $\theta=s/r$，单位是 rad（弧度）。所谓立体角（见图 6-5），其量度与平面角的量度相类似，为半径为 r 的球面上的面积 f 与球心所对应的一个空间角度，用 $\bar{\omega}$ 表示。立体角是用来衡量空间中的面相对于某一点所张开的空间角度的大小，其表达式为

$$\bar{\omega}=\frac{f}{r^2} \tag{6-8}$$

单位为 sr（球面度）。显然半球的面积 $f=2\pi r^2$，所以半球的立体角为 2π [sr]。

对于给定方向的微元立体角 $\mathrm{d}\bar{\omega}$，根据图上的几何关系则有

$$\mathrm{d}\bar{\omega}=\frac{\mathrm{d}f}{r^2}=\frac{r\mathrm{d}\varphi\cdot r\sin\varphi\mathrm{d}\theta}{r^2}=\sin\varphi\mathrm{d}\varphi\mathrm{d}\theta \tag{6-9}$$

由有关辐射力的定义，显然有以下关系：

$$E_\lambda=\frac{\mathrm{d}E}{\mathrm{d}\lambda} \tag{6-10}$$

$$E=\int_0^\infty E_\lambda\mathrm{d}\lambda \tag{6-11}$$

$$E_\varphi=\frac{\mathrm{d}E}{\mathrm{d}\bar{\omega}} \tag{6-12}$$

$$E=\int_0^{2\pi}E_\varphi\mathrm{d}\bar{\omega}=\int_{\theta=0}^{\theta=2\pi}\int_{\varphi=0}^{\varphi=\pi/2}E_\varphi\sin\varphi\mathrm{d}\varphi\mathrm{d}\theta \tag{6-13}$$

$$E_{\lambda,\varphi}=\frac{\mathrm{d}E}{\mathrm{d}\lambda\mathrm{d}\bar{\omega}} \tag{6-14}$$

$$E=\int_0^{2\pi}\int_0^\infty E_{\lambda,\varphi}\mathrm{d}\lambda\mathrm{d}\bar{\omega}=\int_{\theta=0}^{\theta=2\pi}\int_{\varphi=0}^{\varphi=\pi/2}\int_{\lambda=0}^{\lambda=\infty}E_{\lambda,\varphi}\sin\varphi\mathrm{d}\varphi\mathrm{d}\theta\mathrm{d}\lambda \tag{6-15}$$

上述辐射力的概念都是在物体实际辐射表面的基础上定义的。实用中还经常引入一个辐射强度的概念。

（4）辐射强度。如图 6-6 所示，微元辐射面 $\mathrm{d}A$ 位于球心的底面上，在任意方向 φ 看到的辐射面积并不是 $\mathrm{d}A$，而是 $\mathrm{d}A\cos\varphi$。即处于不同的空间位置所能看见的辐射面积是变化的，也就是随着 φ 角的增大，辐射面积在该方向上的可见面积（投影面积）就越小。对 φ 方向而言，实际的可见面积为 $\mathrm{d}A\cos\varphi$。通常把单位时间内在某一辐射方向上物体每单位可见辐射面积向该方向单位立体角内辐射的一切波长的能量称之为该方向上的辐射强度，用符号 I_φ 表示，单位为 W/（$\mathrm{m}^2\cdot\mathrm{Sr}$）。辐射强度表示空间中任意位置（点）的辐射能的强度（能流密度）。

根据定义有

$$I_\varphi=\frac{\mathrm{d}E}{\cos\varphi\mathrm{d}\bar{\omega}}=\frac{E_\varphi}{\cos\varphi} \tag{6-16}$$

$$E=\int_0^{\pi/2}\int_0^{2\pi}I_\varphi\cos\varphi\sin\varphi\mathrm{d}\theta\mathrm{d}\varphi \tag{6-17}$$

为明确起见，以后凡属于黑体的一切量，均标以下标 b，例如黑体的辐射力和单色辐射力将分别表示为 E_b 和 $E_{b\lambda}$。

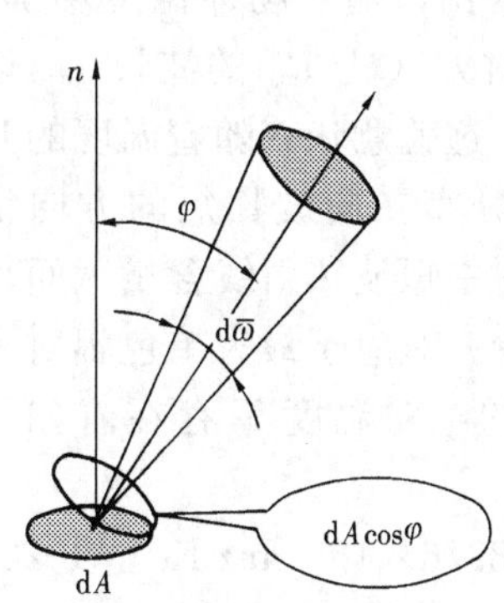

图 6-6　辐射强度的定义

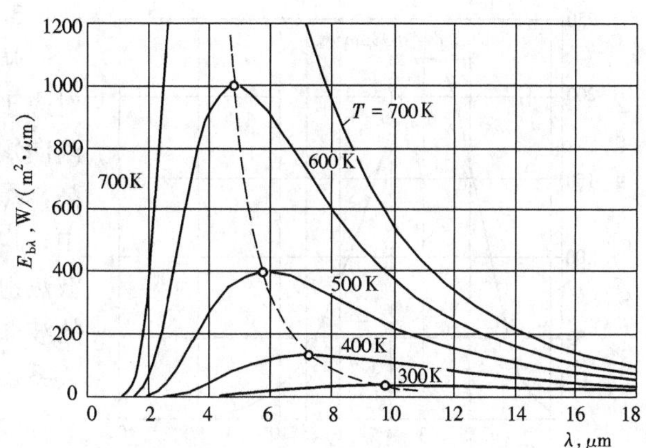

图 6-7　黑体的单色辐射力与波长、温度的关系

有了上述基本概念，就可以逐一对黑体辐射的基本规律进行讨论。

2. 普朗克定律

1901 年，普朗克从量子假设出发揭示了黑体辐射按波长的分布规律，给出了黑体的单色辐射力 $E_{b\lambda}$ 与热力学温度 T、波长 λ 之间的函数关系，称之为普朗克定律：

$$E_{b\lambda}=\frac{C_1\lambda^{-5}}{e^{C_2/(\lambda T)}-1} \tag{6-18}$$

式中　λ——波长，m；

T——黑体的绝对温度，K；

C_1——普朗克第一常数，$C_1=3.743\times10^{-16}\,\mathrm{W\cdot m^2}$；

C_2——普朗克第二常数，$C_2=1.4387\times10^{-2}\,\mathrm{m\cdot K}$。

图 6-7 所示为根据普朗克定律绘制的不同温度下黑体单色辐射力随波长变化的曲线。从中可以看出，在一定温度下单色辐射力随着波长的增加而增加，达到某一最大值后又随着波长的增加而慢慢减小。对于不同温度，对应的最大单色辐射力的波长 λ_{max} 是不相同的。对某一温度而言，$E_{b\lambda}$ 曲线下的面积就是该温度下的总辐射力。随着温度增加，总辐射力迅速增加。

为了更加清晰地表示黑体单色辐射力的变化规律，式（6-18）还可以写成另一种通用形式。这种通用形式不需要对每一温度都提供一条单独曲线。将方程式（6-18）的两边同时除以 T^5 而得到

$$\frac{E_{b\lambda}}{T^5}=\frac{c_1}{(\lambda T)^5\left[e^{c_2/(\lambda T)}-1\right]}=f(\lambda T) \tag{6-19}$$

根据这一关系绘制的曲线表示在图 6-8 上。

【例 6-1】　太阳发出的辐射如同一温度为 5870K 的一个黑体。试求太阳辐射在可见光中部 $\lambda=0.55\mu m$ 处的单色辐射力。

解　由式（6-18）有

$$E_{b\lambda}=\frac{3.743\times10^{-16}\times(0.55\times10^{-6})^{-5}}{e^{1.4387\times10^{-2}/(0.55\times10^{-6}\times5780)}-1}=0.814\times10^{14}\,\mathrm{W/m^3}$$

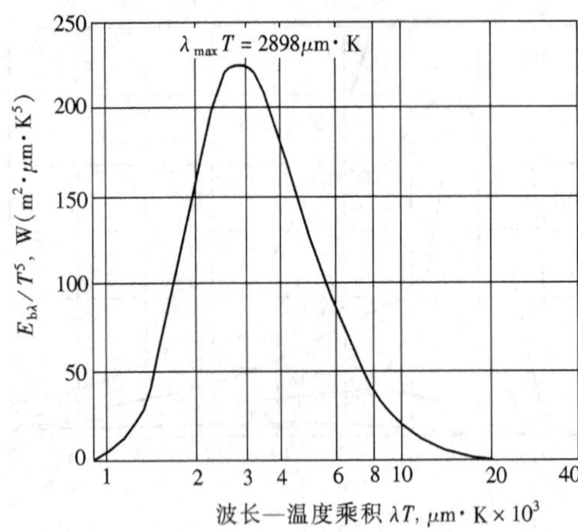

图 6-8　黑体的单色辐射力与 λT 的函数关系

3. 维恩定律

从图 6-7 可以看出，随着物体温度增加，对应于最大单色辐射力 $(E_{b\lambda})_{max}$ 的波长 λ_{max} 逐渐向短波方向移动。这就意味着随着温度的升高，黑体辐射能的分布在向波长短的方向集中，也就是高温辐射中短波热射线含量大而长波热射线含量相对少。对应于最大单色辐射力的波长 λ_{max} 与物体的绝对温度 T 存在着如下关系：

$$\lambda_{max}T=2.8976\times10^{-3}\,\mathrm{m\cdot K}\qquad(6\text{-}20)$$

式（6-20）表达的波长 λ_{max} 与物体的绝对温度 T 成反比的规律，称为维恩位移定律。事实上，将普朗克定律的表达式（6-18）对波长求极限即可得到维恩位移定律。

【例 6-2】　试分别计算温度为 2000K 和 5800K 的黑体的最大单色辐射力所对应的波长 λ_{max}。

解　由式（6-20）有

$$T=2000\mathrm{K}\text{ 时，}\lambda_{max}=2.9\times10^3/2000=1.45\mu\mathrm{m}$$

$$T=5800\mathrm{K}\text{ 时，}\lambda_{max}=2.9\times10^3/5800=0.50\mu\mathrm{m}$$

计算结果表明，太阳表面温度（约 5800K）的黑体辐射峰值的波长位于可见光区段。可见光的波长范围虽然很窄（0.38～0.76μm），但所占太阳辐射能的份额却很大（约为 44.6%）。而在工业上的一般高温范围（约 2000K），黑体辐射峰值的波长位于红外线区段。例如，加热炉中铁块升温过程中颜色的变化可以体现黑体辐射的特点：当铁块的温度低于 800K 时，所发射的热辐射主要是红外线，人的眼睛感受不到，看起来还是暗黑色的。随着温度的升高，铁块的颜色逐渐变为暗红色、鲜红色、橘黄色、亮白色，这是由于随着温度的升高，铁块发射的热辐射中可见光的比例逐渐增大的缘故。

4. 斯忒藩—玻耳兹曼定律

在辐射换热计算中，黑体辐射力的计算是至关重要的。根据式（6-11）和式（6-18）有

$$E_b=\int_0^{\infty}E_{b\lambda}\mathrm{d}\lambda=\int_0^{\infty}\frac{C_1\lambda^{-5}}{e^{C_2/(\lambda T)}-1}\mathrm{d}\lambda=\sigma T^4\qquad(6\text{-}21)$$

式中　σ——斯忒藩—玻耳兹曼常数，其值为 5.67×10^{-8} [W/（m²·K⁴）]。

式（6-21）就是斯忒藩—玻耳兹曼定律（又称四次方定律），它是计算辐射换热的基础。

【例 6-3】　一个黑体表面，从 27℃加热到 827℃，求该表面的辐射力增加了多少？

解　由式（6-21）有

$$E_{b1}=\sigma T_1^4=5.67\times10^{-8}\times(273+27)^4=459\,\mathrm{W/m^2}$$

$$E_{b2}=\sigma T_2^4=5.67\times10^{-8}\times(273+827)^4=83014\,\mathrm{W/m^2}$$

其辐射力增加了约 180 倍，可见随着温度的增加，辐射将成为换热的主要方式。

【例 6-4】　一个边长为 0.1m 的正方形平板加热器，每一面辐射功率为 10^2W。如果加热器看作黑体，试求加热器的温度和对应于加热器最大黑体单色辐射力的波长？

解　设加热器每一面的面积为 A，由辐射力定义式及式（6-21）有 $E=\dfrac{\Phi}{A}=\sigma T^4$。

所以，$T=\left(\dfrac{\Phi}{A\sigma}\right)^{1/4}=\left(\dfrac{10^2}{0.1^2\times5.67\times10^{-8}}\right)^{1/4}=648\text{K}$

根据维恩定律，$\lambda_{max}=2.8976\times10^{-3}/648=4.47\mu\text{m}$

5. 兰贝特定律

黑体辐射在空间的分布遵循兰贝特定律。如图 6-6 所示，设黑体在法线方向（$\varphi=0$）的单色辐射力为 $E_{b\lambda,\varphi=0}$。与法线方向成 φ 角的 φ 方向的单色辐射力为 $E_{b\lambda,\varphi}$，则兰贝特定律可以描述如下：

$$E_{b\lambda,\varphi}=E_{b\lambda,\varphi=0}\cos\varphi \tag{6-22}$$

将式（6-22）和式（6-16）进行对比，则对黑体辐射有

$$I_{b\varphi}=E_{b\varphi=0} \tag{6-23}$$

式（6-23）说明黑体在任意方向上的辐射强度与方向无关，即黑体辐射的辐射强度在半球空间各个方向上是相同的，均等于它在法线方向上的方向辐射力。式（6-22）和式（6-23）是兰贝特定律的一般表述。

黑体的辐射强度与辐射力存在什么关系呢？根据式（6-17），对黑体有

$$E_b=\int_0^{\pi/2}\int_0^{2\pi}I_{b\varphi}\cos\varphi\sin\varphi\mathrm{d}\theta\mathrm{d}\varphi=I_{b\varphi}\pi \tag{6-24}$$

所以，$I_{b\varphi}=E_b/\pi$。此式表明，黑体的辐射力是黑体辐射强度的 π 倍。从中不难发现黑体的辐射强度也仅是热力学温度的函数。

6. 波段辐射和辐射函数

在工程上和其他许多实际问题中往往需要计算一定波长范围内黑体辐射的能量，也就是波段辐射力。设黑体在某一波段 λ_1 和 λ_2 之间辐射的能量为 ΔE_b，根据辐射力的定义有

$$\Delta E_b=\int_{\lambda_1}^{\lambda_2}E_{b\lambda}\mathrm{d}\lambda \text{ 或 } \Delta E_b=\int_0^{\lambda_2}E_{b\lambda}\mathrm{d}\lambda-\int_0^{\lambda_1}E_{b\lambda}\mathrm{d}\lambda$$

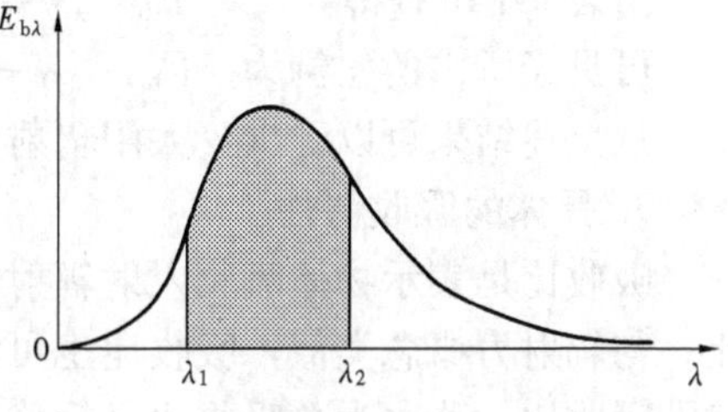

图 6-9　黑体在某一波段内的辐射

在图 6-9 上，ΔE_b 即为温度曲线在 λ_1 和 λ_2 之间所包含的面积（阴影部分）。实用上，常把上式写出无量纲的形式，且称之为波段辐射函数：

$$F_{b,(\lambda_1-\lambda_2)}=\frac{\Delta E_b}{E_b}=\frac{\int_0^{\lambda_2}E_{b\lambda}\mathrm{d}\lambda}{\sigma T^4}-\frac{\int_0^{\lambda_1}E_{b\lambda}\mathrm{d}\lambda}{\sigma T^4}=F_{b(0-\lambda_2)}-F_{b(0-\lambda_1)} \tag{6-25}$$

式中　$F_{b,(\lambda_1-\lambda_2)}$——在波长 λ_1～λ_2 之间的波段辐射力占辐射力的份额；

$F_{b,(0-\lambda)}$——波长 0～λ 的波段辐射函数。

将上式改写成以 λT 为自变量的波段辐射函数，使用起来更为方便，其形式为

$$F_{b,(\lambda_1T-\lambda_2T)}=\int_0^{\lambda_2}\frac{E_{b\lambda}}{\sigma_0T^5}\mathrm{d}(\lambda T)-\int_0^{\lambda_1}\frac{E_{b\lambda}}{\sigma_0T^5}\mathrm{d}(\lambda T)$$

$$=F_{b,(0-\lambda_2 T)}-F_{b,(0-\lambda_1 T)} \tag{6-26}$$

式中波段辐射函数的数值由表 6-1 给出。因此，根据给定区间的波长和黑体的温度，即可求出波段辐射能量，即

$$\Delta E_b = E_b[F_{b,(0-\lambda_2)}-F_{b,(0-\lambda_1)}] \tag{6-27}$$

表 6-1　　　　　　　　　黑 体 辐 射 函 数

λT/（μm·K）	$F_{b(0-\lambda)}$/%	λT/（μm·K）	$F_{b(0-\lambda)}$/%	λT/（μm·K）	$F_{b(0-\lambda)}$/%
1000	0. 032 3	3800	44. 38	16 000	97. 38
1100	0. 091 6	4000	48. 13	18 000	98. 08
1200	0. 214	4200	51. 64	20 000	98. 56
1300	0. 434	4400	54. 92	22 000	98. 89
1400	0. 782	4600	57. 96	24 000	99. 12
1500	1. 290	4800	60. 79	26 000	99. 30
1600	1. 979	5000	63. 41	28 000	99. 43
1700	2. 862	5500	69. 12	30 000	99. 53
1800	3. 946	6000	73. 81	35 000	99. 70
1900	5. 225	6500	77. 66	40 000	99. 79
2000	6. 690	7000	80. 83	45 000	99. 85
2200	10. 11	7500	83. 46	50 000	99. 89
2400	14. 05	8000	85. 64	55 000	99. 92
2600	18. 34	8500	87. 47	60 000	99. 94
2800	22. 82	9000	89. 07	70 000	99. 96
3000	27. 36	9500	90. 32	80 000	99. 97
3200	31. 85	10 000	91. 43	90 000	99. 98
3400	36. 21	12 000	94. 51	100 000	99. 99
3600	40. 40	14 000	96. 29		

【例 6-5】　试计算太阳辐射中可见光所占的比例。

解　太阳可认为是表面温度为 T=5762K 的黑体，可见光的波长范围是 0. 38～0. 76μm，即 λ_1=0. 38μm，λ_2=0. 76μm ，于是

$$\lambda_1 T=2190\mu m\cdot K,\ \lambda_2 T=4380\mu m\cdot K$$

由表 6-1 可查得　　$F_{b(0-\lambda_1)}=9.94\%$，$F_{b(0-\lambda_2)}=54.59\%$

可见光所占的比例为　$F_{b(\lambda_1-\lambda_2)}=F_{b(0-\lambda_2)}-F_{b(0-\lambda_2)}=44.65\%$

从上述结果可以看出，太阳辐射中可见光所占的比例很大。

7. 黑体的吸收特性

吸收比是表示物体吸收入射辐射的能力。物体对入射辐射能所吸收的百分数定义为吸收比。与辐射力概念类似，吸收比也可划分为以下四种：对来自一切方向和所有波长的入射辐射的吸收比，称之为总吸收比（简称吸收比），以符号 α 表示；对来自一切方向的某一波长的入射辐射的吸收比，称之为单色吸收比，以符号 α_λ 表示；对来自某一方向的所有波长的入射辐射的吸收比，称之为方向吸收比，以符号 α_φ 表示；对来自某一方向某一波长的入射辐射的吸收比，称之为单色方向吸收比，以符号 $\alpha_{\lambda,\varphi}$表示。

由黑体定义可知，黑体是理想的吸收体，它对一切波长和所有方向入射辐射的吸收比均等于 1。于是对黑体有

$$\alpha_b=\alpha_{b\lambda}=\alpha_{b\varphi}=\alpha_{b\lambda,\varphi}=1$$

第三节　实际物体的辐射和吸收

前面我们讨论的是黑体的辐射和吸收特性，而黑体是吸收比为 1 的理想物体，与实际物

体有很大差别。实际物体的辐射和吸收比黑体复杂，其特性取决于许多因素，如组成、表面粗糙度、温度、辐射波长等。下面分别介绍实际物体的发射特性和吸收特性以及二者之间的关系。

1. 实际物体的辐射——发射率

实际物体的辐射与黑体不同。实际物体的单色辐射力随波长和温度的变化往往是不规则的，并不遵守普朗克定律。实验结果表明，实际物体表面的热辐射性能均弱于黑体表面，图6-10所示为同温度下黑体辐射和实际物体辐射的单色辐射力随温度变化的曲线。显然，两条不同曲线下的面积分别表示各自的辐射力。为了研究问题的方便，我们引入黑度（发射率）的概念。黑度被定义为实际表面的辐射力与同温度下黑体辐射的辐射力之比。根据辐射力的不同定义，可以得到不同的发射率。

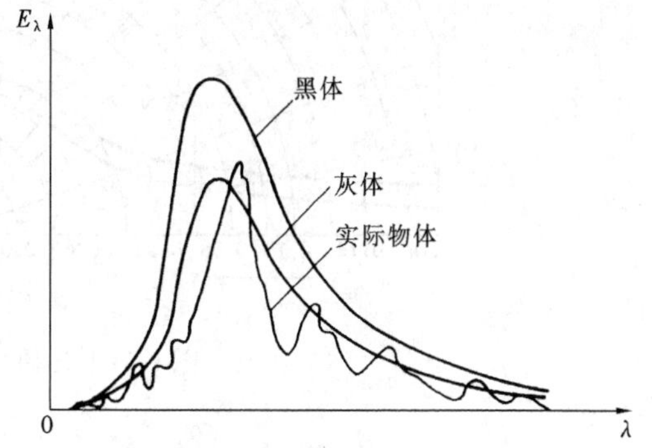

图 6-10　单色辐射力随波长的变化

（1）总发射率，简称发射率（习惯称为黑度），即实际物体的辐射力与同温度下黑体辐射的比值，即

$$\varepsilon=\frac{E}{E_b} \tag{6-28}$$

（2）单色发射率，即实际表面的单色辐射力与同温度下黑体表面的单色辐射力之比，即

$$\varepsilon_\lambda=\frac{E_\lambda}{E_{b\lambda}} \tag{6-29}$$

发射率与单色发射率之间的关系为

$$\varepsilon=\frac{\int_0^\infty \varepsilon_\lambda E_{b\lambda}\mathrm{d}\lambda}{E_b} \tag{6-30}$$

（3）方向发射率，即物体表面在某方向上的方向辐射力与同温度黑体辐射在该方向上的方向辐射力之比，也可表示为物体在某方向上的辐射强度与同温度黑体辐射在该方向上的辐射强度之比，其计算式为

$$\varepsilon_\varphi=\frac{E_\varphi}{E_{b\varphi}}=\frac{I_\varphi\cos\varphi}{I_b\cos\varphi}=\frac{I_\varphi}{I_b} \tag{6-31}$$

（4）单色方向发射率，其计算式为

$$\varepsilon_{\lambda,\varphi}=\frac{E_{\lambda,\varphi}}{E_{b\lambda,\varphi}} \tag{6-32}$$

如果已知某物体的发射率 ε，则该物体的辐射力为

$$E=\varepsilon E_b=\varepsilon\sigma T^4 \tag{6-33}$$

值得注意的是，实际物体的辐射力并不严格与绝对温度的四次方成正比。但为了计算方便，仍认为一切物体的辐射力都与绝对温度的四次方成正比，所存在的偏差包含在由实验确定的发射率 ε 数值之中。由于以上原因，发射率除了与物体本身性质有关外还与温度相关。

如果实际物体的方向辐射力遵守兰贝特定律，则该物体表面称为漫射表面。黑体表面就是漫射表面。如果实际物体是漫射表面，则其方向辐射率 ε_φ 应等于常数，而与角度无关。但事实证明，实际物体不是漫发射体，即辐射强度在空间各个方向的分布不遵循兰贝特定律，是方向角的函数。图 6-11 与图 6-12 中分别描绘了几种金属和非金属材料表面的方向发射率随方向角 φ 的变化。

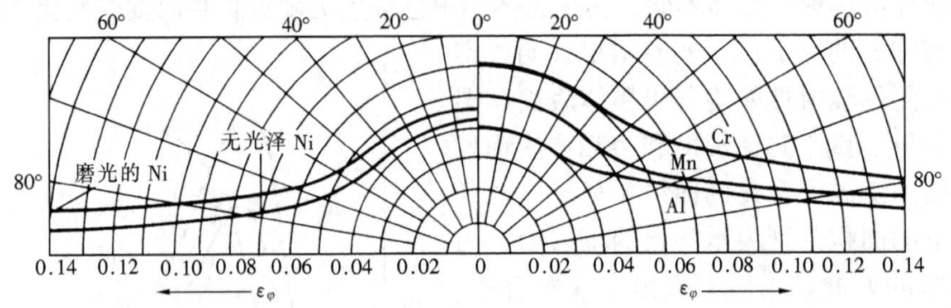

图 6-11 几种金属材料的方向发射率

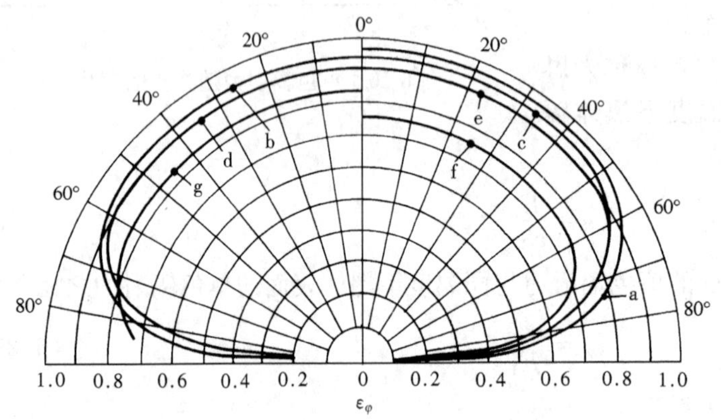

图 6-12 几种非金属材料的方向发射率

a—潮湿的冰；b—木材；c—玻璃；d—纸；e—黏土；f—氧化铜；g—氧化铝

从图 6-11 和图 6-12 可以看出，ε_φ 并不等于常数。对于磨光金属，从 $\varphi=0$ 开始，在一个小的 φ 角范围内，ε_φ 可近似看作常数，然后随着 φ 角增大，ε_φ 急剧增大，直到 φ 接近 90°才有减小。对于非金属表面，从 $\varphi=0$ 到 $\varphi=60°$ 的范围内，ε_φ 基本上为一个常数值，表现出等强辐射的特征，而在 $\varphi>60°$ 之后明显地急剧减小，直至 90°时降为零。

工程上主要应用的是沿半球空间的平均发射率，即总发射率。因为发射率多用实验方法测定，而测量法线方向的方向发射率最为简单，所以我们通常测量物体表面的发射率是法线方向上的方向发射率 $\varepsilon_{\varphi=0}$。可近似认为大多数材料服从兰贝特定律，其发射率和法向发射率之比 $\varepsilon/\varepsilon_{\varphi=0}$，对于高度磨光的金属表面取 1.2，对于其他光滑非金属表面取 0.95，对于粗糙非金属表面取 0.98。

需要注意的是，物体表面的发射率只取决于发射体本身，与外界条件无关。除了前述的表面温度以外，表面的性质、状况，如粗糙度、氧化和玷污程度、表面涂层厚度等都对物体发射率有很大影响。目前除了高度磨光的金属外，不能用分析方法说明所有这些因素的影响。一般而言，非金属材料的发射率高于金属，粗糙表面的发射率高于光滑表面。

【例 6-6】 已知温度为 427℃的抛光镍板的发射率为 0.1，氧化后其发射率增至 0.55，求该镍板氧化前后的辐射力。

解 根据式 (6-33)，镍板氧化前后的辐射力分别为：

氧化前 $E=\varepsilon E_b=0.1\times5.67\times10^{-8}\times(427+273)^4=1361\ \text{W/m}^2$

氧化后 $E=\varepsilon E_b=0.55\times5.67\times10^{-8}\times(427+273)^4=7488\ \text{W/m}^2$

2. 实际物体的吸收——灰体

实际物体表面对热辐射的吸收是针对投入辐射而言的。实际物体对入射辐射吸收的百分数称之为该物体的吸收比。与黑体不同的是，对实际物体来说，总吸收比 α、单色吸收比 α_λ、方向吸收比 α_φ 和单色方向吸收比 $\alpha_{\lambda,\varphi}$ 不仅仅与物体的物质结构、表面特征以及温度状况有关，而且还与投入辐射的辐射能随波长和温度的变化情况密切相关。因此研究实际物体的吸收比比研究物体的发射率要复杂得多。

图 6-13 所示为对于来自不同温度的黑体辐射源，室温下某些非金属材料的法向总吸收比。由图上可以看出，白纸能够很好吸收低温下发出的辐射，但对于高温辐射却是不良吸收体；而沥青路面和石板屋顶却能很好地吸收高温辐射，如太阳能。

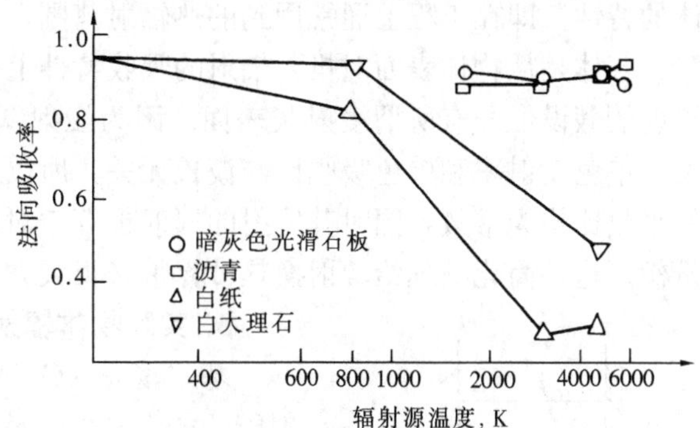

图 6-13　某些实际物体的单色吸收比

上述辐射源温度对吸收比的影响是因为实际物体的单色吸收比不等于常数的缘故。图 6-14 和图 6-15 所示为实验得出的一些材料在室温下对黑体辐射的单色吸收比。

这种辐射特性随波长变化的性质称为辐射特性对波长的选择性。人们经常利用这种选择性来为工农业生产服务。如玻璃暖房就是利用玻璃对于短波(如小于 2μm)热辐射吸收较少而对于长波(如大于 3μm)热辐射吸收较多的性质，使大部分太阳能穿过玻璃进入室内，而阻止室内物体发射的辐射能透过玻璃达到室外，达到保温的目的。由于实际物体的单色吸收比随入射波长而变，而入射辐射的性质又取决于入射辐射的温度，因此辐射源的温度就对物体产生影响。为了不使问题很复杂，这里假定投入辐射来自黑体表面 2，那么吸收表面 1 对其的吸收比可以定义为

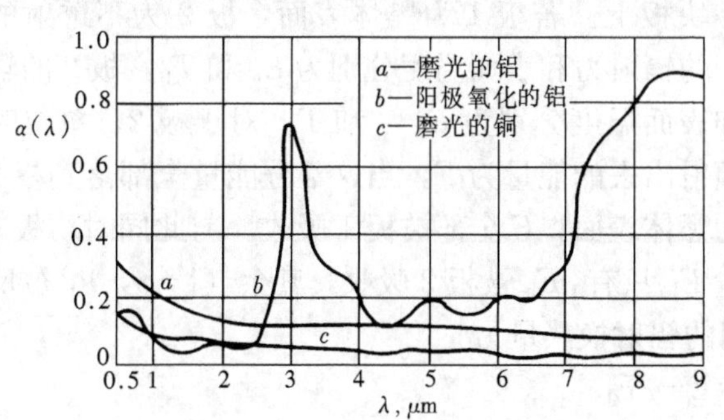

图 6-14　一些金属材料的单色吸收比

$$\alpha=\frac{\int_0^\infty \alpha_\lambda(T_1)E_{b\lambda}(T_2)\mathrm{d}\lambda}{\int_0^\infty E_{b\lambda}(T_2)\mathrm{d}\lambda}=\int_0^\infty \alpha_\lambda(T_1)E_{b\lambda}(T_2)\mathrm{d}\lambda/(\sigma T_2^4) \tag{6-34}$$

由上式可知，吸收比是温度 T_1 和 T_2 的函数。如果投入辐射不是来自黑体，而是来自实际的物体表面，尤其是来自不同温度的物体表面，物体表面对其吸收比几乎是不可测定的。但是如果

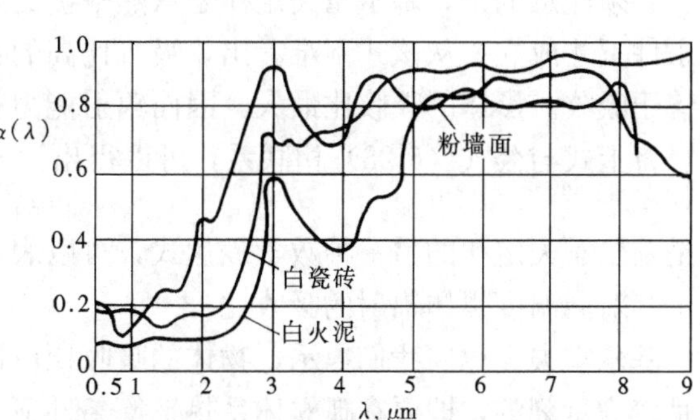

图 6-15　一些非金属材料的单色吸收比

物体的单色吸收比与波长无关，即 $\alpha_\lambda=\text{const}$，则无论投入辐射情况如何，物体的总吸收比将为常数，并等于 α_λ。为了分析问题简单起见，我们把单色吸收比与波长无关的物体称之为“灰体”，即对于灰体，有

$$\alpha_\lambda=\alpha=\text{const}$$

与黑体一样，灰体也是一种理想的辐射表面。实际表面在一定条件下可以认为其具有灰体的特性，即在工程上通常用到的热辐射范围，可以将其近似作为灰体处理。

灰体是从物体表面对投入辐射的吸收特性上去定义的，如果再在其发射特性上给予等强辐射的假设，即有所谓漫射灰表面。因为漫射灰表面的方向发射率和方向吸收比与方向无关，单色发射率和单色吸收比与波长无关，所以它对于来自任何方向和任何波长的入射辐射的吸收比均为常数，同时其发射的辐射也等于对任何方向和任何波长的黑体辐射的一个固定份额。这种简化处理给辐射换热计算带来很大方便。

3. 实际物体辐射与吸收之间的关系——基尔霍夫定律

基尔霍夫（G. R. Kirchhoff）于 1860 年揭示了物体吸收辐射能的能力与发射辐射能的能力之间的关系，称之为基尔霍夫定律。下面我们将通过如图 6-16 所示的平行平板间的辐射换热导出基尔霍夫定律。

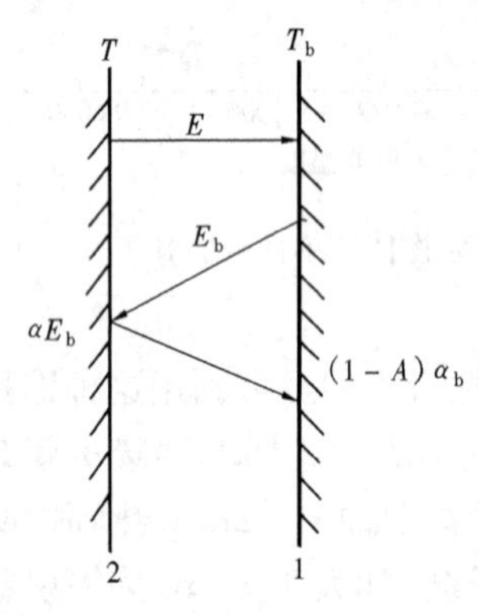

图 6-16 平行平板间的辐射换热

假设两平行平板之间距离很小，所以从一块板发出的辐射能全部落到另一块板上。若板 1 为黑体表面，板 2 为不透射的任意平面。板 1 的辐射力和表面温度分别为 E_b 和 T_b，板 2 的辐射力、吸收比和表面温度分别为 E、α 和 T。对于板 2，单位时间每单位面积辐射出去的能量为 E，当这部分能量全部落到板 1 时，由于板 1 为黑体表面，E 全部被板 1 吸收。与此同时，板 1 辐射出去的能量 E_b 只有 αE_b 被板 2 吸收，其余（$1-\alpha$）E_b 被反射回去并被板 1 全部吸收。由此得两板之间的辐射换热量为

$$q=E-\alpha E_b$$

当系统处于热平衡时，$T_b=T$，$q=0$，于是上式变为

$$\frac{E}{\alpha}=E_b \tag{6-35}$$

式（6-35）揭示了实际物体辐射力和吸收比之间的关系。它表明物体在某温度下的辐射力与其对同温度黑体辐射的吸收比之比恒等于该温度下黑体的辐射力。这就是著名的基尔霍夫定律。必须注意的是，基尔霍夫定律是从热平衡的条件下导出的，所以式（6-35）只有在热平衡条件下才成立。从该式不难看出，吸收比高的物体其辐射能力也越强，即善于辐射的物体也善于吸收。黑体的吸收比最大，因而辐射能力就最强。

将上式与公式（6-28）相联系，可以得出

$$\varepsilon=\alpha \tag{6-36}$$

这是基尔霍夫定律的另一种数学表达式，可以表述为，在孤立体系热平衡条件下物体的黑度等于其对同温度黑体辐射的吸收比。

基尔霍夫定律向我们揭示，物体的吸收比可以在一定条件下用其黑度来表示。但这个条件是较为苛刻的，即要在孤立体系热平衡条件下，且物体的吸收比是对黑体辐射而言。如果物体之间温度不等，就存在热交换，此时的热平衡就不是孤立体系热平衡，黑度等于吸收比

的条件就不满足。因此，基尔霍夫定律对于物体之间的辐射换热计算不会带来方便。

对于灰体，由于其单色吸收比不随波长变化，所以灰体的吸收比等于其发射率，与投射源的温度无关，那么不论物体与外界是否处于热平衡状态，也不论投入辐射是否来自黑体，都存在 $\varepsilon=\alpha$，可见灰体是无条件满足基尔霍夫定律的。

对于工程上常见的温度范围（$T\leqslant 2000K$），大部分辐射能都处于红外波长范围内，绝大多数工程材料都可以近似为漫射灰体，已知发射率的数值就可以由上式确定吸收比的数值，不会引起较大的误差。但在太阳能利用中研究物体表面对太阳能的吸收和本身的热辐射时，就不能简单地将物体当作灰体，而错误地认为对太阳能的吸收比等于自身辐射的发射率。这是因为近 50%的太阳辐射位于可见光的波长范围内，而自身热辐射位于红外波长范围内，由于实际物体的光谱吸收比对投入辐射的波长具有选择性，所以一般物体对太阳辐射的吸收比与自身辐射的发射率有较大的差别。

*第四节 气体的辐射和吸收

1. 气体辐射的特点

与固体的辐射与吸收相比较，气体辐射有很多自身的特点。在工程上常见的温度范围内，单原子气体和空气、氢、氧、氮等对称型的双原子气体，实际上其辐射和吸收能力很小，可认为是热辐射的透明体。但是，对于二氧化碳、水蒸气、二氧化硫、甲烷、氟利昂等三原子、多原子及非对称型的双原子气体（一氧化碳等）却具有相当大的辐射和吸收能力。因此当换热过程中包含上述气体时，必须予以考虑。本节着重介绍燃油、燃煤的燃烧产物中最重要的二氧化碳和水蒸气的辐射和吸收性质。

与固体和液体辐射相比较，气体辐射具有如下特点：

(1) 气体辐射和吸收对波长有选择性。气体辐射和吸收对波长有强烈的选择性。与固体表面的辐射和吸收光谱是连续的不同，气体只在某些波段内具有辐射能力，相应地也只在同样的波段内具有吸收能力。一般把这种具有辐射能力的波段称为光带。在光带以外，气体可以看作透明体，既不辐射亦不吸收。表 6-2 列出了水蒸气和二氧化碳的辐射和吸收主要光带。可以看出，这些光带均位于红外线的波长范围内，而且部分光带相重叠。由于气体辐射和吸收对波长具有选择性，所以气体不是灰体。

表 6-2 水蒸气和二氧化碳的辐射和吸收光带 (μm)

光带	H_2O		CO_2	
	波长 $\lambda_1\sim\lambda_2$	$\Delta\lambda$	波长 $\lambda_1\sim\lambda_2$	$\Delta\lambda$
第一光带	2.24～3.27	1.03	2.36～3.02	0.66
第二光带	4.8～8.5	3.7	4.01～4.8	0.79
第三光带	12～25	13	12.5～16.5	4.0

(2) 气体的辐射和吸收是在整个容积中进行。固体和液体的辐射和吸收都是在表面上进行的，而气体的辐射和吸收则在整个容积中进行。就吸收而言，投射到气体层界面上的辐射

能在辐射的行程中被沿程的气体分子吸收而逐渐减弱。减弱程度取决于气体的容积、形状、分压力以及温度。就辐射而言，气体层界面所感受到的辐射为到达界面的整个容积的辐射。所以，气体的辐射和吸收能力与气体的温度、分压力以及射线平均行程长度有关。

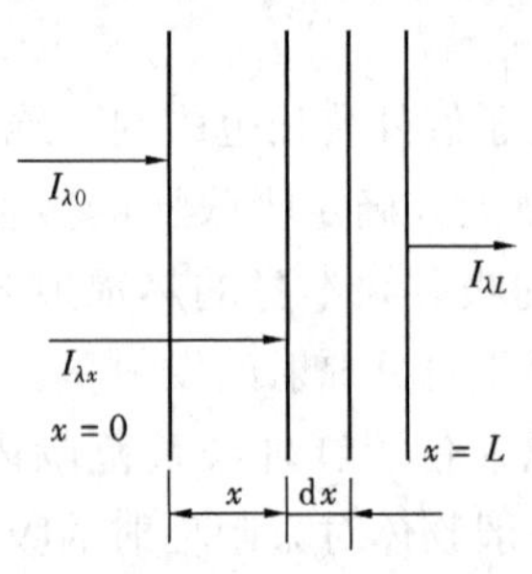

图 6-17 单色射线穿过气层时的减弱情况

2. 气体的吸收定律

当辐射能穿过气体层时，射线的能量因被气体分子吸收而不断的削弱。如图 6-17 所示，假设投射到气体界面 $x=0$ 处的单色辐射强度为 $I_{\lambda 0}$，通过一段距离 x 后，该辐射强度为 $I_{\lambda x}$。通过微元气体层 $\mathrm{d}x$ 后，单色辐射强度的减少量为 $\mathrm{d}I_{\lambda x}$。显然，辐射强度的减少量 $\mathrm{d}I_{\lambda x}$ 与 $I_{\lambda x}\mathrm{d}x$ 成正比，则

$$\mathrm{d}I_{\lambda x}=-k_{\lambda}I_{\lambda x}\mathrm{d}x \tag{6-37}$$

式中 k_{λ}——单位距离内单色辐射强度减少的百分数，称为单色减弱系数。它与气体的种类、密度和波长有关。负号表示随着气层厚度增加，辐射强度减小。

当气体的温度和压力为常数时，k_{λ} 不变。对于厚度为 L 的气层，将上式积分得

$$\int_{I_{\lambda 0}}^{I_{\lambda L}}\frac{\mathrm{d}I_{\lambda x}}{I_{\lambda x}}=-\int_{0}^{L}k_{\lambda}\mathrm{d}x$$

$$I_{\lambda L}=I_{\lambda 0}\mathrm{e}^{-k_{\lambda}L} \tag{6-38}$$

上式说明单色辐射强度在吸收性气体中传播时按指数规律减弱。这一规律称为贝尔定律。

式（6-38）改写成

$$\frac{I_{\lambda L}}{I_{\lambda 0}}=\mathrm{e}^{-k_{\lambda}L}$$

$I_{\lambda L}/I_{\lambda 0}$正是厚度为 L 的气体层的单色透射率 $\tau_{\lambda L}$。对于气体，反射比 $\rho_{\lambda}=0$，于是有 $\tau_{\lambda L}+\alpha_{\lambda L}=1$，由此可得厚度为 L 的气体层的单色吸收比为

$$\alpha_{\lambda L}=1-\mathrm{e}^{-k_{\lambda}L} \tag{6-39}$$

可见，当气体层的厚度 L 很大时，$\alpha_{\lambda L}$ 趋近于 1，即在该波长下气体层具有黑体的性质。但这与工程实际中气体辐射的情况不相符合。采用基尔霍夫定律，厚度为 L 的气体层的单色发射率为

$$\varepsilon_{\lambda L}=\alpha_{\lambda L}=1-\mathrm{e}^{-k_{\lambda}L} \tag{6-40}$$

3. 气体的发射率

上面我们论述了气体中某个特定波长的辐射能在某个规定方向上的传递过程。而实际工程应用中，重要的是确定气体对所有光带范围内的辐射和吸收能力。气体的辐射和吸收能力一般由实验测定。为计算方便，我们仍定义气体发射率为气体辐射力与同温度下黑体辐射力之比，即 $\varepsilon_{\mathrm{g}}=E_{\mathrm{g}}/E_{\mathrm{b}}$。气体发射率取决于气体的种类、温度、分压力和射线平均行程长度。在工程应用上，可根据霍特尔提供的图表来确定。

图 6-18 和图 6-20 分别为 CO_2 和 H_2O 的发射率。图中横坐标为气体绝对温度，以气体分压力和射线平均行程长度 s 的乘积为参数。

必须注意的是，使用上述两图还需要根据分压力进行修正。图 6-18 中，混合气的总压

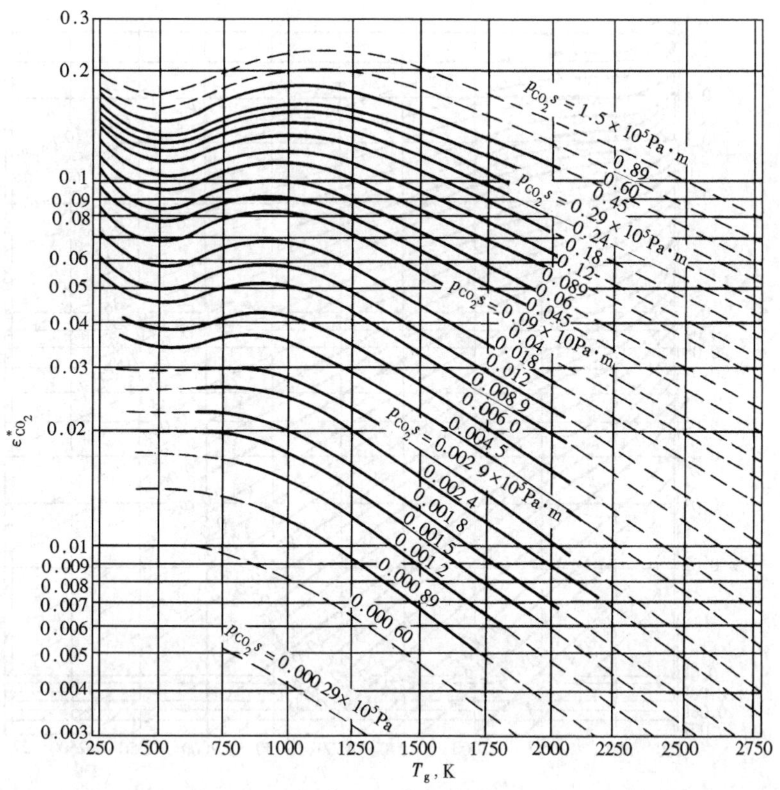

图 6-18　CO_2 的发射率

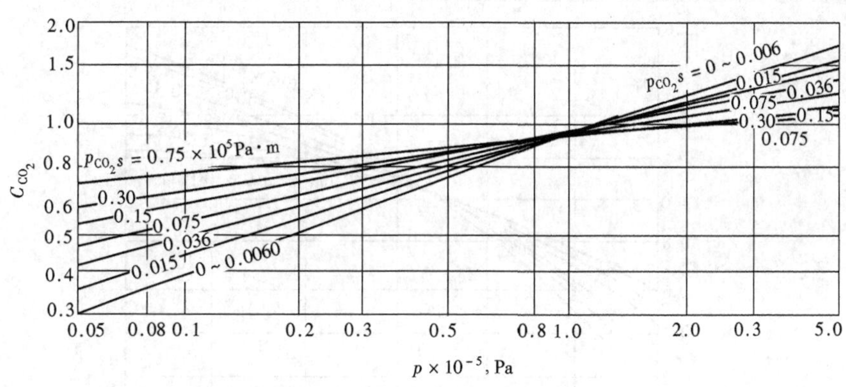

图 6-19　CO_2 的压力修正系数

力为 10^5 Pa。当气体总压力不等于 10^5 Pa 时，必须对图 6-18 查出的发射率进行修正，即

$$\varepsilon_{CO_2} = C_{CO_2}\varepsilon^*_{CO_2} \tag{6-41}$$

修正系数 C_{CO_2} 由图 6-19 查出。

同样，水蒸气的发射率和压力修正系数分别如图 6-20 和图 6-21 所示。

在燃烧产生的烟气中，主要的吸收气体是 CO_2 和 H_2O，其他气体的含量很少，其辐射和吸收能力可以忽略。由于 CO_2 和 H_2O 的部分光带相互重叠，因此含有 CO_2 和 H_2O 的烟

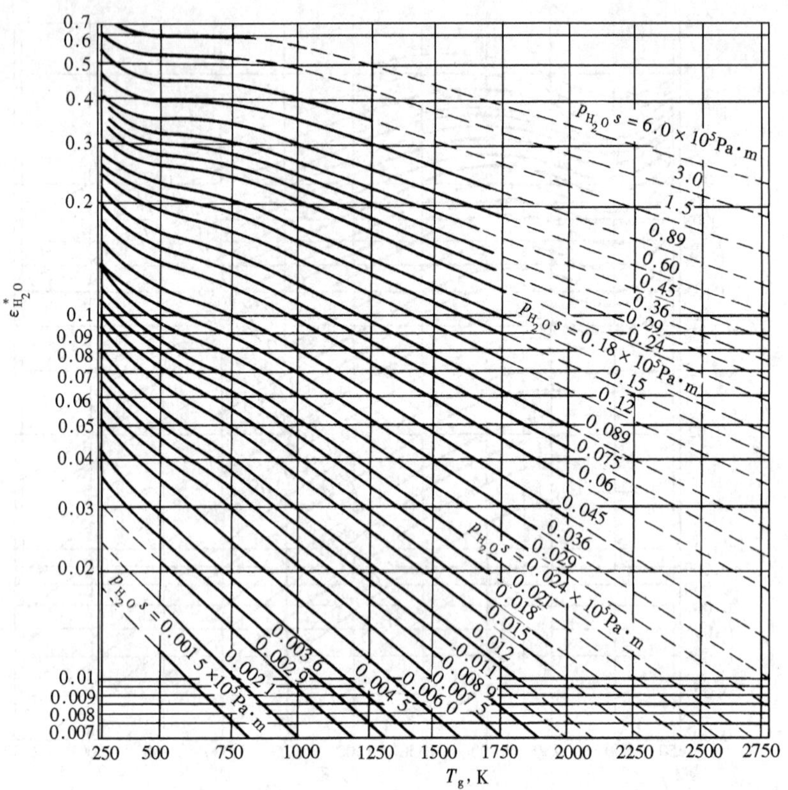

图 6-20 H_2O 的发射率

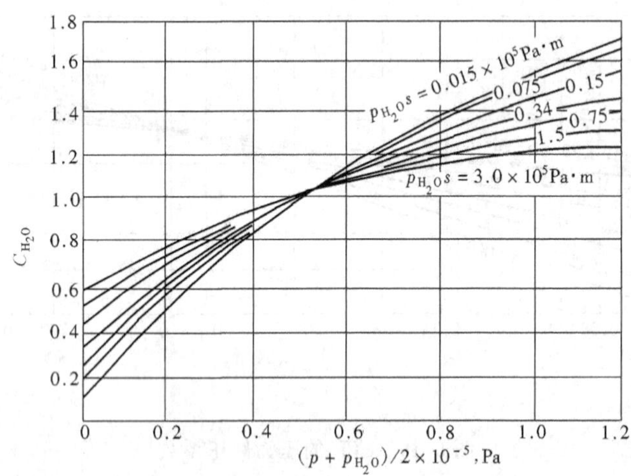

图 6-21 H_2O 的压力修正系数

气的发射率不等于各自发射率的累加。通常用下式计算烟气的发射率：

$$\varepsilon_g = \varepsilon_{CO_2} + \varepsilon_{H_2O} - \Delta\varepsilon \tag{6-42}$$

式中，$\Delta\varepsilon$ 由图 6-22 查出。

在上述各图确定气体发射率时均用到射线平均行程 s（即气体辐射层的有效厚度）。对

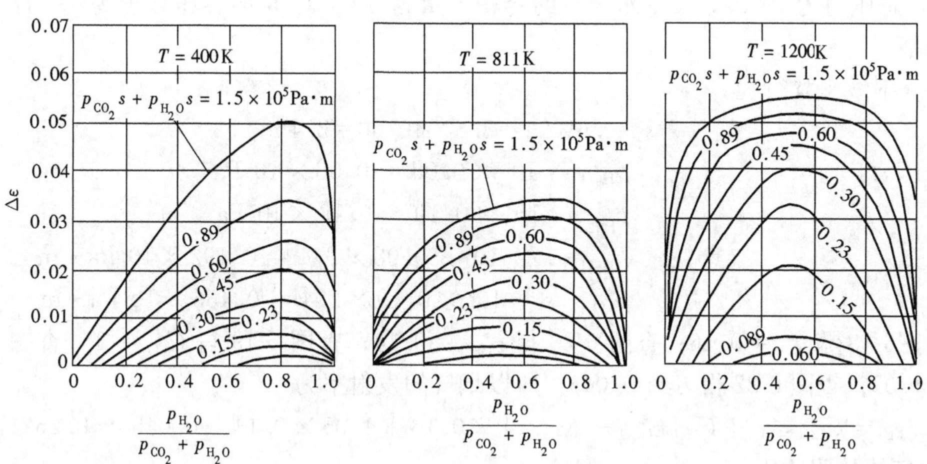

图 6-22 烟气的 Δε 值

于不同形状的气体容积，s 值可查表 6-3，其他情况则根据下式计算：

$$s \approx \frac{3.6V}{A} \tag{6-43}$$

式中 V——气体所占容积；

A——包壁的面积。

表 6-3 射 线 平 均 行 程 s

气体容积的形状	特征尺度	受到气体辐射的位置	平均射线程长
球	直径 d	整个包壁或壁上的任何地方	$0.6d$
立 方 体	边长 b	整个包壁	$0.6b$
高度等于直径的圆柱体	直径 d	底面圆心 整个包壁	$0.77d$ $0.6d$
两无限大平行平板之间	平板间距 H	平 板	$1.8H$
无限长圆柱体	直径 d	整个包壁	$0.9d$
高度等于底圆直径两倍的圆柱体	直径 d	上下底面 侧 面 整个包壁	$0.6d$ $0.76d$ $0.73d$
1×1×4 的正方柱体	短边 b	1×4 表面 1×1 表面 整个包壁	$0.82b$ $0.78b$ $0.81b$
位于叉排或顺排管束间的气体	节距 s_1、s_2，外直径 d	管束表面	$0.9d\left(\frac{4s_1s_2}{\pi d^2}-1\right)$

【例 6-7】 有一个窑炉，炉膛容积为 40m³，炉膛表面积为 60m²，烟气的温度为

1500K，总压力为 10^5Pa，其中水蒸气的容积含量为 8%，CO_2 的容积含量为 19%，求烟气的发射率。

解 射线平均行程

$$s=3.6V/A=3.6\times40/60=2.4\text{m}$$

分压力：

$$p_{H_2O}=10^5\times0.08=0.08\times10^5\text{Pa}$$

$$p_{CO_2}=10^5\times0.19=0.19\times10^5\text{Pa}$$

$$p_{H_2O}\cdot s=10^5\times0.08\times2.4=0.192\times10^5\text{Pa}\cdot\text{m}$$

$$p_{CO_2}\cdot s=10^5\times0.19\times2.4=0.456\times10^5\text{Pa}\cdot\text{m}$$

查图6-18得 $\varepsilon_{CO_2}^*=0.16$；查图 6-20 得 $\varepsilon_{H_2O}^*=0.14$；查图 6-19 得 $C_{CO_2}=1$，查图 6-21 得 $C_{H_2O}=1.05$；查图 6-22 得 $\Delta\varepsilon\approx0.045$。所以烟气的发射率为

$$\varepsilon_g=C_{CO_2}\varepsilon_{CO_2}^*+C_{H_2O}\varepsilon_{H_2O}^*-\Delta\varepsilon=1\times0.16+1.05\times0.14-0.045=0.262$$

4. 气体的吸收比

气体辐射具有选择性，不能将其视为灰体，因此气体的吸收比 α_g 不等于气体的发射率 ε_g。正如固体吸收比一样，气体的吸收比不仅决定于自身性质，即气体的温度、分压力和射线平均行程，而且还决定于外界透射来的辐射的性质。CO_2 和 H_2O 混合气体对温度为 T_w 的黑体外壳辐射的吸收比，可用下式计算：

$$\alpha_g=\alpha_{H_2O}+\alpha_{CO_2}-\Delta\alpha \tag{6-44}$$

式中，α_{H_2O}、α_{CO_2}、$\Delta\alpha$ 可用下列经验公式计算：

$$\alpha_{H_2O}=C_{H_2O}\varepsilon_{H_2O}^*\left(\frac{T_g}{T_w}\right)^{0.45} \tag{6-45}$$

$$\alpha_{CO_2}=C_{CO_2}\varepsilon_{CO_2}^*\left(\frac{T_g}{T_w}\right)^{0.65} \tag{6-46}$$

$$\Delta\alpha=\Delta\varepsilon^* \tag{6-47}$$

式中，$\varepsilon_{H_2O}^*$、$\varepsilon_{CO_2}^*$ 和 $\Delta\varepsilon^*$ 的数值可分别根据图 6-20、图 6-18、图 6-22 以外壳温度 T_w 为横坐标，以 $p_{H_2O}sT_g/T_w$、$p_{CO_2}sT_g/T_w$ 为新的参数查取。同样，修正系数从图 6-19 和图 6-21 查取。

思 考 题

6-1 热辐射与导热和对流换热相比有何本质区别？

6-2 什么叫黑体？在热辐射理论中为什么引入这一概念？

6-3 一个物体，只要温度 $T>0$K 就会不断向外界辐射能量。试问它的温度为什么不会因其热辐射而降至 0K？

6-4 温度均匀的空腔壁面上的小孔具有黑体辐射的特性，那么空腔内部壁面的辐射是否也是黑体辐射？

6-5 黑体的辐射能按空间方向是怎样分布的？定向辐射强度与空间方向无关，是否意味着黑体的辐射能在半球空间各方向上是均匀分布的？

6-6 为什么要提出灰体这样的理想物体？说明引入灰体的简化对工程辐射换热计算的

意义。

6-7 对于一般物体，吸收比等于发射率在什么条件下才成立？

6-8 气体辐射有何特性？

习 题

6-1 试分别计算温度为0℃、100℃、1500℃和6000℃下黑体的辐射力。

6-2 空气中有一黑体，其温度为1000K，试求：

① $\lambda=3\mu m$ 时的单色辐射力；

② $\lambda=3\mu m$ 时，与表面法线成 $\theta=60°$ 时的单色方向辐射力；

③ λ 为何值时单色辐射力最大；

④ 黑体的总辐射力。

6-3 把太阳表面近似地看成是 $T=5800K$ 的黑体，试确定太阳发出的辐射能中可见光所占的百分数。

6-4 绘出表面温度为1200K和5000K时黑体的单色辐射力与波长的函数曲线。

6-5 一黑体温度为1111K，向空间辐射，试求：

① $\lambda=1\mu m$ 和 $\lambda=5\mu m$ 时的单色辐射力之比；

② 在 $\lambda=1\mu m$ 至 $\lambda=5\mu m$ 波长间隔内黑体辐射的份额；

③ 在何种波长下单色辐射力最大？

④ 在 $1\mu m\leqslant\lambda\leqslant5\mu m$ 区间内该黑体发射多少能量？

6-6 一黑体辐射，其对应最大辐射力的波长为 $1.5\mu m$，试求 $\lambda=1\mu m$ 至 $\lambda=4\mu m$ 区间内黑体辐射的份额。

6-7 在外层空间中，一个直径为344mm的球形人造卫星的表面温度为－12℃，球面可看作黑体且外界无辐射能投射到该球面上。为使球面维持－12℃不变，试计算：① 球内所需的功率；② 球面对波长 $\lambda=4\mu m$ 射线的单色辐射力。

6-8 100W灯泡中的钨丝温度为2800K，发射率为0.3。试计算：① 钨丝所必需的最小表面积；② 灯丝发射的辐射能中，波长为 $0.4\sim0.7\mu m$ 的可见光范围内的辐射能所占的份额；③ 在何种波长下单色辐射力最大？

6-9 硅酸玻璃允许波长为 $0.33\sim2.6\mu m$ 的射线通过率为92%，而不允许其他波长通过。当把太阳能投射到该玻璃上时，将有多少能量份额通过玻璃？假定太阳为6000K的黑体辐射。

6-10 用特定的仪器测得，一黑体炉发出的波长为 $0.7\mu m$ 的辐射能（在半球范围内）为 $10^8W/m^3$，试问该黑体炉工作在多高的温度下？在该工况下辐射黑体炉的加热功率为多大？辐射小孔的面积为 $4\times10^{-4}m^2$。

6-11 当钢制工件在炉内加热时，随着工件温度的升高，其颜色会逐渐由暗红变成白色。假设钢件的表面可以看作黑体，试计算工件表面温度为900℃及1100℃时，工件所发出的辐射能中的可见光是温度为700℃时的多少倍？［$\lambda T\leqslant600\mu m\cdot K$ 时 $F_{b(0-\lambda)}=0$，$\lambda T=800\mu m\cdot K$ 时 $F_{b(0-\lambda)}=0.16\times10^{-4}$］

6-12 一选择性吸收表面的光谱吸收比随 λ 变化的特性如图6-23所示。试计算当太阳

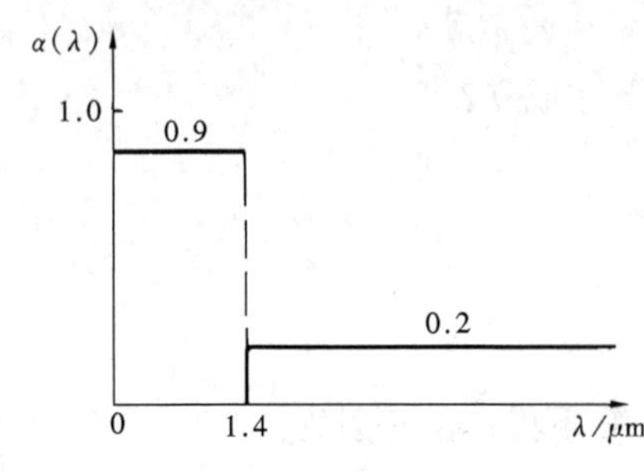

图 6-23 习题 6-12 图

投入辐射为 $G=800\text{W/m}^2$ 时，该表面单位面积上所吸收的太阳能量及对太阳辐射的总吸收比。

6-13 暖房的升温作用可以从玻璃的光谱穿透比变化特性得到解释。有一块厚为 3mm 的玻璃，经测定，其对波长为 0.3～2.5μm 的辐射能的穿透比为 0.9，而对其他波长的辐射能可以认为完全不穿透。试据此计算温度为 5800K 的黑体及温度为 300K 的黑体辐射到该玻璃上时各自的总穿透比。

6-14 一直径为 20 mm 的热流计探头，用以测定一微小表面积 A_1 的辐射热流，该表面的温度为 $T_1=1000\text{K}$。环境温度很低，因而对探头的影响可以不计。因某些原因，探头只能安置在与 A_1 表面法线成 45° 处，距离 $l=0.5\text{m}$ 处（见图 6-24）。探头测得的热量为 $1.815\times10^{-3}\text{W}$。表面 A_1 是漫射的，而探头表面的吸收比可近似地取为 1。试确定 A_1 的发射率。A_1 的面积为 $4\times10^{-4}\text{m}^2$。

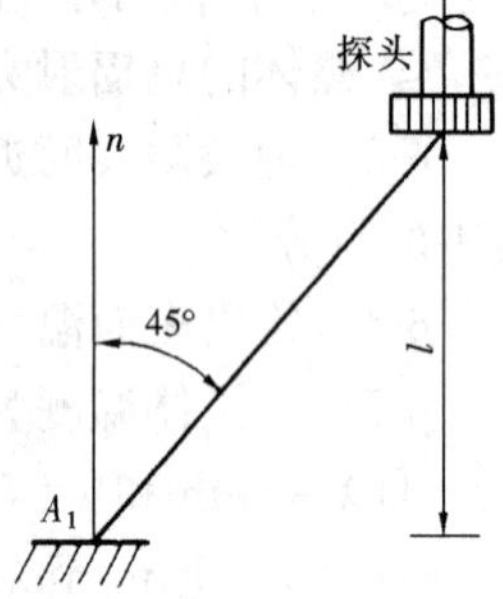

图 6-24 习题 6-14 图

6-15 试确定 CO_2 的发射率。气体处在很长的、直径为 0.6096m 的圆柱体内，其温度为 1388K，CO_2 的分压力为 $0.2\times10^5\text{Pa}$，气体的总压力为 $0.3\times10^5\text{Pa}$。

6-16 1388K 的燃烧烟气，其系统内的总压力为 $2\times10^5\text{Pa}$，CO_2 的分压力为 $0.08\times10^5\text{Pa}$，H_2O 的分压力为 $0.16\times10^5\text{Pa}$，试计算直径为 0.9144m 的长圆柱烟道中，该烟气的发射率。

参 考 文 献

[1] 程尚模，黄素逸．传热学．北京：高等教育出版社，1990.

[2] 陈维汉，许国良，靳世平．传热学．武汉：武汉理工大学出版社，2004.

[3] Siegel R，Howell J R. Thermal Radiation Heat Transfer. Washington：Hemisphere Publishing Corporation，1981.

[4] 杨世铭，陶文铨．传热学．3 版．北京：高等教育出版社，1998.

[5] 王补宣．热工基础．北京：高等教育出版社，1984.

[6] Weibert J A. Engineering Radiation Heat Transfer. Holt：Rinchart and Winston，Inc.，1966.

第七章 辐射换热计算

本章介绍辐射换热的分析计算方法。由于物体间的辐射换热是在整个空间中进行，因此在讨论任意两表面间的辐射换热时，必须对所有参与辐射换热的表面均进行考虑。实际处理上，常把参与辐射换热的有关表面视作一个封闭腔，表面间的开口设想为具有黑表面的假想面。为了使辐射换热的计算简化，假设：①进行辐射换热的物体表面之间是不参与辐射的透明介质（如单原子或具有对称分子结构的双原子气体、空气）或真空；②参与辐射换热的物体表面都是漫射（漫发射、漫反射）灰体或黑体表面；③每个表面的温度、辐射特性及投入辐射分布均匀。

如不特殊说明，本章讨论的辐射换热均满足上述假设。实际上，能严格满足上述条件的情况很少，但工程上为了计算简便，常近似地认为满足上述条件。

第一节 被透明介质隔开的黑体表面间的辐射换热

本节讨论被透明介质隔开的黑体表面间的辐射换热。由于黑体间充满不吸收辐射的透明介质，黑体的吸收比又等于1，所以这种情况下的辐射换热最简单。

1. 角系数的概念

物体间的辐射换热必然与物体表面的几何形状、大小及相对位置有关，为了研究表面之间的能量分配关系，引入角系数的概念。这里定义，一表面发射出去的辐射能投射到另一表面上的份额为该表面对另一表面的角系数。如图7-1所示，两个任意位置的表面1、2各自的温度分别为 T_1 和 T_2，从表面1发射的总辐射能中直接投射到表面2上的辐射能所占总辐射能的百分数称为表面1对表面2的角系数，用符号 $X_{1,2}$ 表示。同样，表面2对表面1的角系数用 $X_{2,1}$ 表示。可见，角系数符号中第一个下标表示发射辐射能的表面，第二个下标表示接收辐射能的表面。

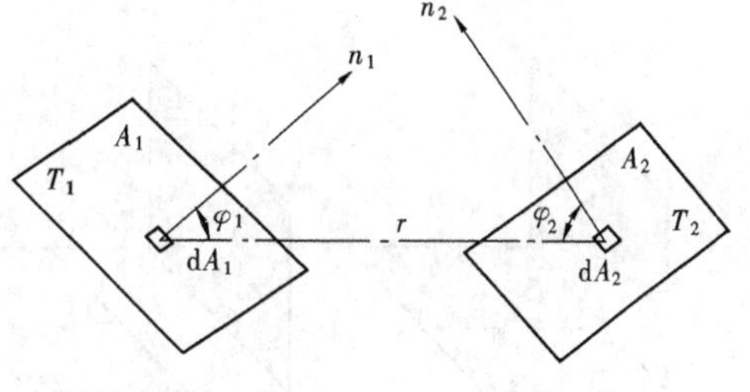

图7-1 任意黑体表面间的辐射换热

根据角系数的定义，单位时间内由表面 A_1 到达表面 A_2 的能量为$E_{b1}A_1X_{1,2}$。同时，单位时间内由表面 A_2 到达表面 A_1 的能量为 $E_{b2}A_2X_{2,1}$。因为 A_1 和 A_2 都是黑体，故它们之间的辐射换热量为

$$\Phi_{1,2} = E_{b1}A_1X_{1,2} - E_{b2}A_2X_{2,1} \tag{7-1}$$

从式（7-1）可以看出，由于黑体温度和面积均已知，故只需求解出角系数，就可计算黑体表面之间的辐射换热量。

2. 角系数的性质

角系数有如下性质：

(1) 相对性。对于任意两表面均有

$$A_1X_{1,2} = A_2X_{2,1} \tag{7-2}$$

该式描述了两个任意位置的漫射表面之间角系数的相互关系，称为角系数的相对性（或互换性），可由式（7-8）和式（7-7）导出。

(2) 完整性。由于任何物体都与其他所有参与辐射换热的物体构成一个封闭空腔，所以它所发出的辐射能百分之百地落在封闭空腔的各个表面之上，因此一个表面辐射到半球空间的能量应全部被其他包围表面接收，即下式成立：

$$X_{1,1} + X_{1,2} + X_{1,3} + \cdots + X_{1,n} = 1 \tag{7-3}$$

上式称为角系数的完整性。式中的 $X_{1,1}$ 是表面 1 对自身的角系数。对于平表面或凸表面，$X_{1,1}=0$。

(3) 可加性。角系数的可加性是角系数归一性的导出结果。实质上体现了辐射能的可加性。对于图 7-2（a）所示的系统，下面的关系式成立：

$$A_1E_{b1}X_{1,2} = A_1E_{b1}X_{1,a} + A_1E_{b1}X_{1,b}$$

即

$$X_{1,2} = X_{1,a} + X_{1,b} \tag{7-4}$$

对于图 7-2（b）所示的系统，下面的关系式成立：

$$A_1E_{b1}X_{1,(2+3)} = A_1E_{b1}X_{1,2} + A_1E_{b1}X_{1,3}$$

即

$$X_{1,(2+3)} = X_{1,2} + X_{1,3} \tag{7-5}$$

3. 角系数的求解

(1) 积分法。如图 7-3 所示，分别从表面 A_1 和 A_2 上取两个微元面积 dA_1 和 dA_2。由辐射强度的定义，dA_1 向 dA_2 辐射的能量为

$$d\Phi_{1,2} = dA_1 I_1 \cos\varphi_1 d\overline{\omega}_1 \tag{a}$$

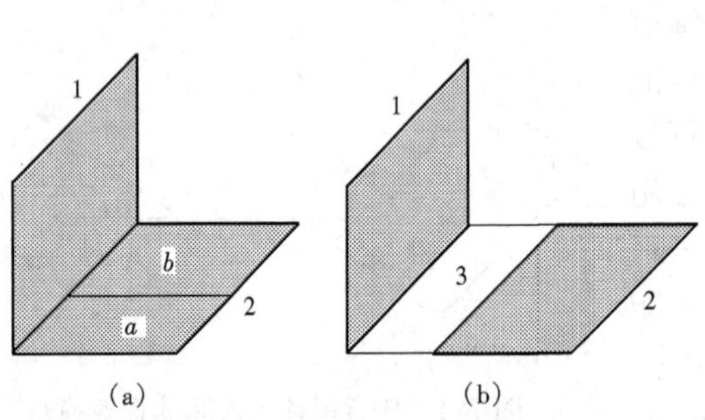

图 7-2 角系数的可加性

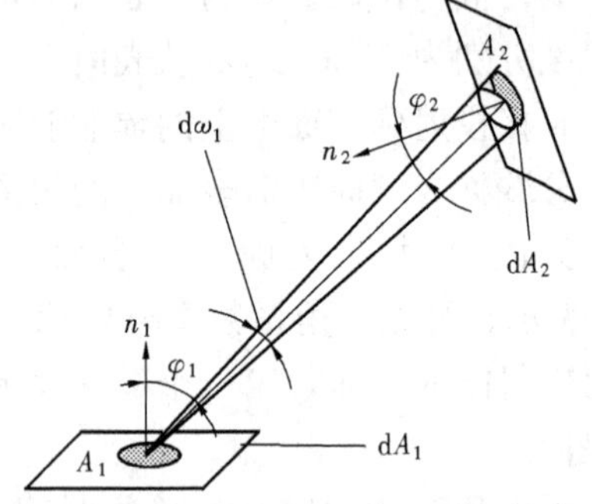

图 7-3 两表面之间的角系数

根据立体角的定义：

$$d\overline{\omega}_1 = dA_2\cos\varphi_2/r^2$$

代入上式得到

$$d\Phi_1 = I_1\frac{\cos\varphi_1\cos\varphi_2}{r^2}dA_1dA_2 \tag{b}$$

根据辐射强度与辐射力之间的关系

$$I_b = \frac{E_b}{\pi} \tag{c}$$

则表面 dA_1 向半球空间发出的辐射能为 $\Phi_1 = \pi I_1 dA_1$。于是 dA_1 对 dA_2 的角系数为

$$X_{d1,d2} = \frac{d\Phi_1}{\Phi_1} = \frac{\cos\varphi_1 \cos\varphi_2 dA_2}{\pi r^2} \tag{7-6}$$

同理，我们可以导出微元表面 dA_2 对 dA_1 的角系数：

$$X_{d2,d1} = \frac{d\Phi_2}{\Phi_2} = \frac{\cos\varphi_1 \cos\varphi_2 dA_1}{\pi r^2} \tag{7-7}$$

比较式（7-6）和式（7-7）可以得到角系数的相对性 $dA_1 X_{d1,d2} = dA_2 X_{d2,d1}$。分别对上述两式中的其中一个表面积分，就能导出微元表面对另一表面的角系数，即微元表面 dA_1 对整个表面 A_2 的角系数：

$$X_{d1,2} = \int_{A_2} \frac{\cos\varphi_1 \cos\varphi_2}{\pi r^2} dA_2 \tag{7-8}$$

微元表面 dA_2 对整个表面 A_1 的角系数为

$$X_{d2,1} = \int_{A_1} \frac{\cos\varphi_1 \cos\varphi_2}{\pi r^2} dA_1 \tag{7-9}$$

利用角系数的互换性应有 $dA_1 X_{d1,2} = A_2 X_{2,d1}$，则表面 2 对微元表面 dA_1 的角系数为

$$X_{2,d1} = \frac{1}{A_2}\int_{A_2} \frac{\cos\varphi_1 \cos\varphi_2}{\pi r^2} dA_2 dA_1 \tag{7-10}$$

积分上式，得到整个表面 A_2 对表面 A_1 的角系数为

$$X_{2,1} = \frac{1}{A_2}\int_{A_1}\int_{A_2} \frac{\cos\varphi_1 \cos\varphi_2}{\pi r^2} dA_2 dA_1 \tag{7-11}$$

表面 A_1 对表面 A_2 的角系数为

$$X_{1,2} = \frac{1}{A_1}\int_{A_2}\int_{A_1} \frac{\cos\varphi_1 \cos\varphi_2}{\pi r^2} dA_1 dA_2 \tag{7-12}$$

从上面的推导可以看出，角系数是 φ_1、φ_2、r、A_1 和 A_2 的函数，它们都是纯粹的几何量，所以角系数也是纯粹的几何量。角系数是纯粹几何量的原因在于引入了漫射表面的假设，也就是等强辐射的假设，因而有 $\Phi_1 = \pi I_1 dA_1$。这样才推导出上述结果。

当角系数为几何量时，它只与两表面的大小、形状和相对位置相关，与物体性质和温度无关。此时角系数的性质对于非黑体表面以及没有达到热平衡的系统也适用。

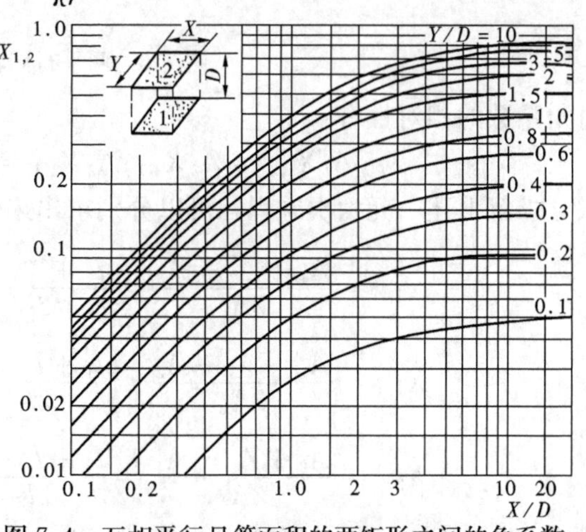

图 7-4　互相平行且等面积的两矩形之间的角系数

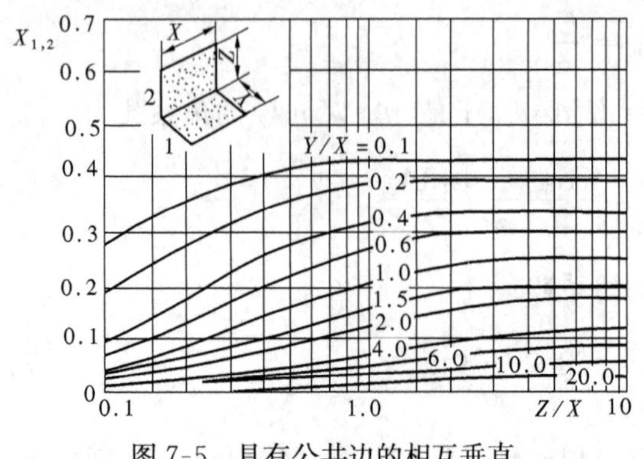

图 7-5 具有公共边的相互垂直的两矩形之间的角系数

运用积分法可以求出一些较复杂几何体系的角系数。工程上为计算方便，通常将角系数表示成图表形式。图 7-4～图7-6所示为一些常见几何体系的角系数。

(2) 代数法。对于某些几何体系，可以采用代数法确定角系数，即利用角系数的定义及性质，通过代数运算确定角系数。下面给出一些利用代数法求解角系数的例子。

假设有一个由三个垂直于纸面方向无限长的非凹表面（平面或凸面）构成的封闭腔（见图 7-7）。三个表面的面积分别为 A_1、A_2、A_3。根据角系数的完整性有

$$X_{1,2}+X_{1,3}=1;X_{2,3}+X_{2,1}=1;X_{3,1}+X_{3,2}=1$$

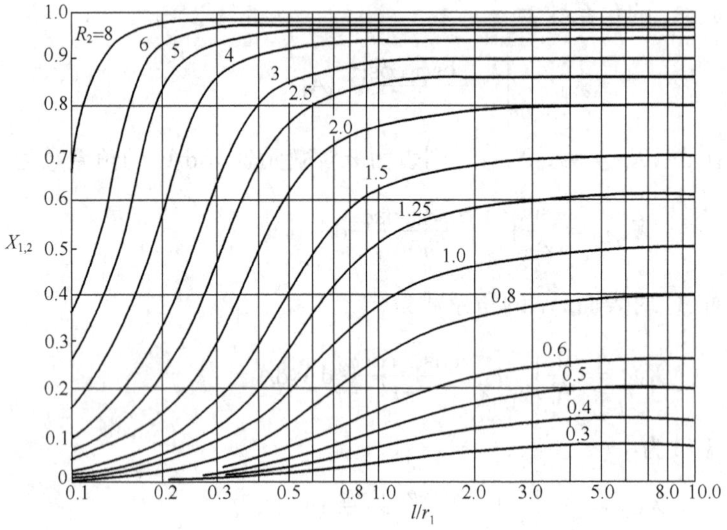

图 7-6 两平行同轴圆盘间的角系数

由角系数的相对性有

$$A_1X_{1,2}=A_2X_{2,1};A_2X_{2,3}=A_3X_{3,2};A_3X_{3,1}=A_1X_{1,3}$$

联立求解上述一元六次方程，可以分别求出未知的 6 个角系数，包括

$$X_{1,2}=\frac{A_1+A_2-A_3}{2A_1}=\frac{l_1+l_2-l_3}{2l_1} \tag{7-13}$$

$$X_{1,3}=\frac{A_1+A_3-A_2}{2A_1}=\frac{l_1+l_3-l_2}{2l_1}$$

$$X_{2,3}=\frac{A_2+A_3-A_1}{2A_2}=\frac{l_2+l_3-l_1}{2l_2} \tag{7-14}$$

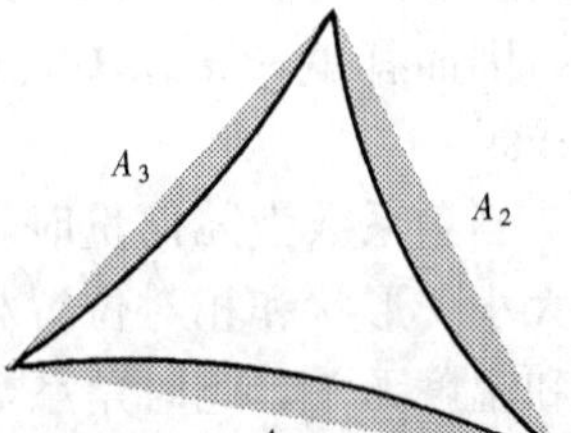

式中 l_1、l_2、l_3——三个表面在横截面上的边长。

图 7-7 三表面封闭空腔

式(7-13)与式(7-14)可以表述为：一个表面对另一表面的角系数可表示为两个参与表面之和减去非参与表面，然后除以二倍的该表面。

利用上述公式还可求解如图 7-8 所示的不封闭体系的角系数。设表面 A_1 和 A_2 垂直于纸面无限长。做辅助线 ac、bd、ad、bc，它们代表了另外 4 个垂直于纸面方向无限长的表面。A_1、A_2、ac、bd 构成了一个封闭体系。根据角系数的完整性，可得

$$X_{1,2} = 1 - X_{1,ac} - X_{1,bd} \tag{a}$$

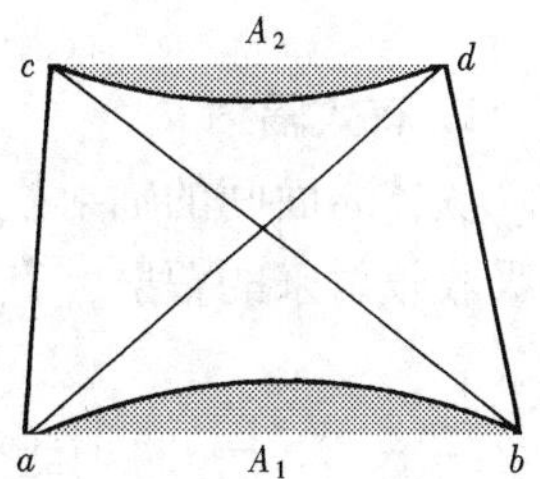

图 7-8 两无限长表面的角系数

对于 A_1 与 ac、bc 面构成的封闭腔 abc，以及 A_1 与 ad、bd 面构成的封闭腔 abd，根据前面三个非凹表面构成的封闭空腔的计算结果，可得

$$X_{1,ac} = \frac{ab + ac - bc}{2ab} \tag{b}$$

$$X_{1,bd} = \frac{ab + bd - ad}{2ab} \tag{c}$$

将式(b)、式(c)代入式(a)，得到

$$X_{1,2} = \frac{(ad + bc) - (ac + bd)}{2ab} \tag{7-15}$$

式(7-15)可表述为：一表面与对应表面的角系数等于构成封闭四边形的对角线之和，减去其余两边线段之和，然后除以二倍的该表面的横截面线段长度。

求出黑体表面之间的角系数之后，即可方便地算出它们之间的辐射换热量，即

$$\Phi_{1,2} = E_{b1}A_1X_{1,2} - E_{b2}A_2X_{2,1} = A_1X_{1,2}(E_{b1} - E_{b2}) \tag{7-16}$$

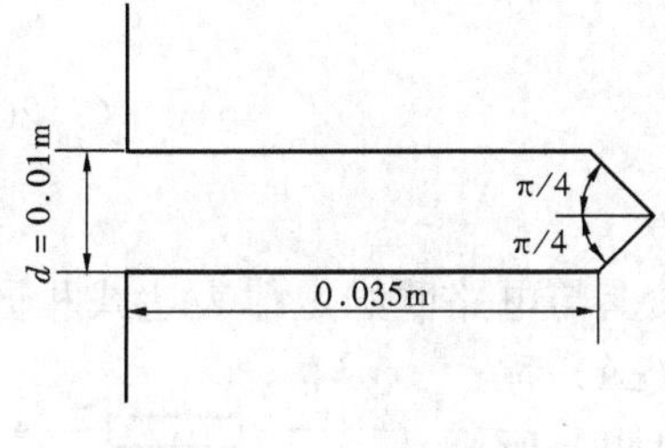

图 7-9 小孔辐射换热

【例 7-1】 如图 7-9 所示，一块金属板上钻了一个直径为 $d=0.01\text{m}$ 的小孔。如果金属板的温度为 450K，周围环境的温度为 290K。当小孔和周围环境均可看成黑体时，求小孔内表面向周围环境的辐射换热量。

解 小孔的开口面积

$$A_2 = \frac{\pi}{4} \times 0.01^2 = 7.85 \times 10^{-5}\text{m}^2$$

小孔的内表面积

$$A_1 = \pi \times 0.01 \times 0.035 + \frac{1}{2}\pi \times 0.01 \times 0.005 \times \sin\frac{\pi}{4} = 1.21 \times 10^{-3}\text{m}^2$$

小孔的开口对内表面的角系数 $X_{2,1}=1$

根据角系数的相对性，小孔的内表面对小孔开口的角系数为

$$X_{1,2} = \frac{A_2X_{2,1}}{A_1} = \frac{7.85 \times 10^{-5}}{1.21 \times 10^{-3}} = 0.0649$$

小孔的辐射换热量为

$$\Phi_{1,2} = A_1X_{1,2}(E_{b1} - E_{b2}) = 0.151 \quad \text{W}$$

第二节 被透明介质隔开的灰体表面间的辐射换热

1. 有效辐射

灰体表面间的辐射换热要比黑体表面复杂得多，因为灰体表面的吸收比小于 1，只能部分吸收投射来的辐射，其余部分则被反射出去，结果存在辐射能多次吸收和反射的现象。

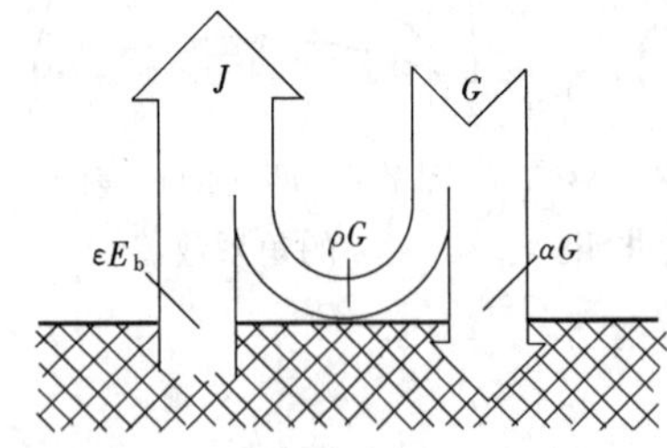

图 7-10 有效辐射的示意

为了简化计算，引入一个有效辐射的概念。如图 7-10所示，考察任意一个参与辐射的灰体表面。设该表面温度为 T，面积为 A。对于处在一定温度条件下的物体表面，要向半球空间辐射出辐射能，其表面 A 由于自身温度向外发出辐射能为 E。同时，也要吸收投射到它上面的部分辐射能，并反射出去一部分。外界投射到表面 A 上的辐射能称为投入辐射，用符号 G 表示。吸收和反射的能量分别为 αG 和 $(1-\alpha)G$。于是，我们定义物体表面自身的辐射力与其对投入辐射力的反射部分之和为物体表面的有效辐射力，记为 J：

$$J = E + (1-\alpha)G = \varepsilon E_b + (1-\varepsilon)G \quad \mathrm{W/m^2} \tag{7-17}$$

用探测器测得的表面辐射实际上是有效辐射。根据表面的热平衡，单位面积的辐射换热量应该等于有效辐射与投入辐射之差，即

$$\frac{\Phi}{A} = J - G \tag{7-18}$$

同时也等于自身辐射力与吸收的投入辐射能之差，即

$$\frac{\Phi}{A} = \varepsilon E_b - \alpha G \tag{7-19}$$

从式（7-18）和式（7-19）中消去投入辐射力 G 可以得到

$$\Phi = \frac{E_b - J}{\dfrac{1-\varepsilon}{\varepsilon A}} \tag{7-20}$$

写成这种形式是便于以后进行辐射换热计算。上式在形式上与电路欧姆定律表达式相同，$E_b - J$ 一般称为表面辐射势差，相当于电势差；$(1-\varepsilon)/(\varepsilon A)$ 称为表面辐射热阻，相当于电阻，因而有：热流＝势差/热阻。所以，对于每一个参与辐射换热的漫灰表面，可以画出如图 7-11 所示的表面辐射热阻的网络图。

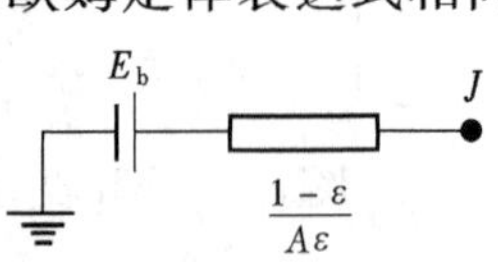

图 7-11 表面辐射网络图

对于黑体表面，$\varepsilon=1$，表面辐射热阻为零，$J=E_b$。此时物体表面辐射出去的辐射热流为

$$\Phi = E_b A \tag{7-21}$$

对于绝热表面，由于表面在参与辐射换热的过程中既不得到能量又不失去能量，因而有 $\Phi=0$，根据式（7-20），可以得出

$$J = E_b = \sigma T^4 \tag{7-22}$$

即绝热表面的有效辐射等于其温度下黑体辐射的辐射力，这样的表面我们也称为重辐射面，如熔炉中的反射拱、保温良好的炉墙等。值得注意的是，虽然投射到重辐射面的辐射能与离开的辐射能数量相等，但是因为重辐射面的温度与其他表面的温度不同，所以重辐射面的存在改变了辐射能的方向分布。重辐射面的几何形状、尺寸及相对位置将影响整个系统的辐射换热。

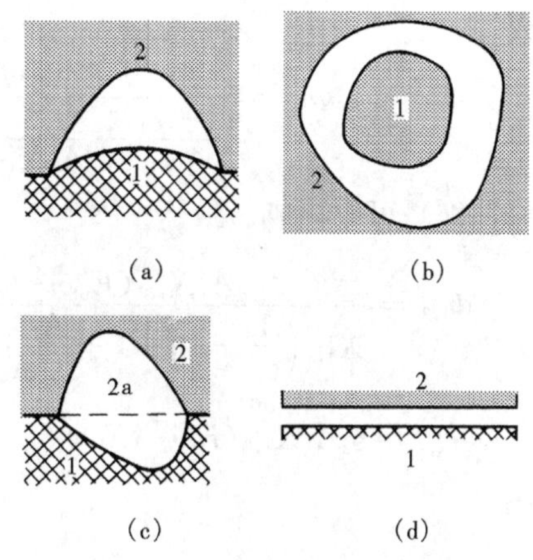

图 7-12　两表面构成的封闭腔

2. 两个灰体表面间的辐射换热

若两个漫灰表面 1、2 构成一个封闭腔，如图 7-12 所示，并假设 $T_1>T_2$。表面 1 投射到表面 2 上的辐射能流为 $\Phi_{1\to2}=A_1J_1X_{1,2}$，同时表面 2 投射到表面 1 上的辐射能为 $\Phi_{2\to1}=A_2J_2X_{2,1}$。则两表面之间净辐射换热量为

$$\Phi_{1,2}=A_1X_{1,2}J_1-A_2X_{2,1}J_2$$

由角系数的互换性有 $A_1X_{1,2}=A_2X_{2,1}$，上式可写为

$$\Phi_{1,2}=\frac{J_1-J_2}{\dfrac{1}{A_1X_{1,2}}}=\frac{J_1-J_2}{\dfrac{1}{A_2X_{2,1}}} \tag{7-23}$$

式中　J_1-J_2——两表面间的空间辐射势差；

$1/(A_1X_{1,2})$——两表面间的空间辐射热阻。

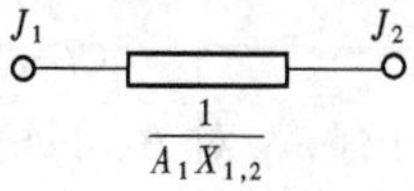

J_1　J_2　$\dfrac{1}{A_1X_{1,2}}$

图 7-13　空间辐射网络图

由式（7-23）同样可以画出空间辐射网络图，如图 7-13 所示。

如果物体表面为黑体，因 $J=E_b$，则式（7-23）成为

$$\Phi_{1,2}=\frac{E_{b1}-E_{b2}}{\dfrac{1}{A_1X_{1,2}}}=A_1X_{1,2}\sigma(T_1^4-T_2^4) \tag{7-24}$$

所以，对于黑体表面之间的辐射换热，只要知道了两表面之间的角系数以及两表面的温度，就可以计算出它们之间的辐射换热量。

3. 灰表面之间辐射换热的网络求解法

利用辐射热阻的概念，可以将辐射换热系统模拟成相应的电路系统，从而借助电路理论来求解辐射换热问题。

对于两个任意灰表面间的辐射换热，由于两个表面构成一个封闭腔，由系统热平衡关系可以得出

$$\Phi_1=\Phi_{1,2}=-\Phi_2 \tag{7-25}$$

即表面 1 发出的净辐射能应等于两表面间交换的辐射能，也等于表面 2 发出的辐射能的负值。其辐射热阻网络图如图 7-14 所示。

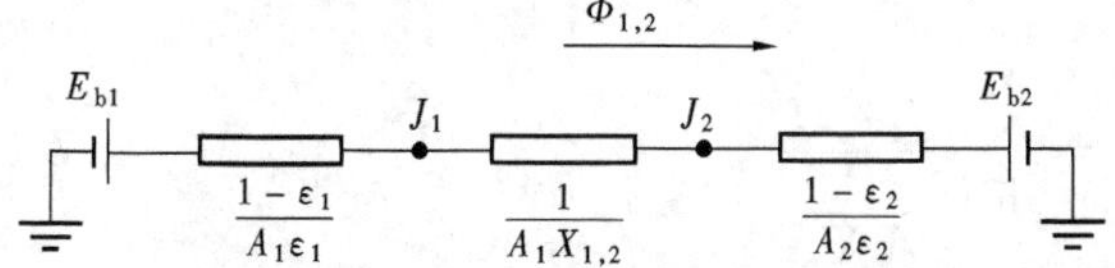

图 7-14　两灰表面间的辐射网络图

可见，两个漫灰表面之间的辐射换热热阻由三个串联的辐射热阻组成，即两个表面辐射热阻和一个空间辐射热阻。联立式(7-20)、式(7-23)和式(7-25)，

可得

$$\Phi_{1,2}=\frac{E_{b1}-E_{b2}}{\frac{1-\varepsilon_1}{A_1\varepsilon_1}+\frac{1}{A_1X_{1,2}}+\frac{1-\varepsilon_2}{A_2\varepsilon_2}}=\frac{\sigma(T_1^4-T_2^4)}{\frac{1-\varepsilon_1}{A_1\varepsilon_1}+\frac{1}{A_1X_{1,2}}+\frac{1-\varepsilon_2}{A_2\varepsilon_2}} \tag{7-26}$$

式（7-26）可改写成

$$\Phi_{1,2}=\frac{A_1X_{1,2}(E_{b1}-E_{b2})}{X_{1,2}\left(\frac{1}{\varepsilon_1}-1\right)+1+\frac{A_1X_{1,2}}{A_2}\left(\frac{1}{\varepsilon_2}-1\right)}=\frac{A_1X_{1,2}(E_{b1}-E_{b2})}{X_{1,2}\left(\frac{1}{\varepsilon_1}-1\right)+1+X_{2,1}\left(\frac{1}{\varepsilon_2}-1\right)}$$

$$=\varepsilon_s A_1X_{1,2}(E_{b1}-E_{b2})$$

式中

$$\varepsilon_s=\frac{1}{X_{1,2}\left(\frac{1}{\varepsilon_1}-1\right)+1+X_{2,1}\left(\frac{1}{\varepsilon_2}-1\right)} \tag{7-27}$$

ε_s 称为辐射换热系统的系统黑度。

式（7-26）是在一般情况下得到的两个漫灰表面构成封闭腔的辐射换热公式。在某些情况下可以对其进行简化，下面就介绍两种常见情况。

在图 7-12（b）构成的封闭腔中，一个凸形漫灰表面 A_1 被另一个漫灰表面 A_2 所包围。因为 A_1 对 A_2 的角系数 $X_{1,2}$ 等于 1，式（7-26）可以化简为

$$\Phi_{1,2}=\frac{A_1(E_{b1}-E_{b2})}{\frac{1}{\varepsilon_1}+\frac{A_1}{A_2}\left(\frac{1}{\varepsilon_2}-1\right)}=\frac{A_1\sigma(T_1^4-T_2^4)}{\frac{1}{\varepsilon_1}+\frac{A_1}{A_2}\left(\frac{1}{\varepsilon_2}-1\right)} \tag{7-28}$$

当 $A_1\ll A_2$ 时，上式又可进一步简化为

$$\Phi_{1,2}=A_1\varepsilon_1(E_{b1}-E_{b2}) \tag{7-29}$$

在图 7-12（d）构成的封闭腔中，两个紧靠表面之间相互平行。此时有 A_1 对 A_2 的角系数 $X_{1,2}$ 等于 1，且 $A_1=A_2$。式（7-26）可以化简为

$$\Phi_{1,2}=\frac{A_1(E_{b1}-E_{b2})}{\frac{1}{\varepsilon_1}+\frac{1}{\varepsilon_2}-1}=\frac{A_1\sigma(T_1^4-T_2^4)}{\frac{1}{\varepsilon_1}+\frac{1}{\varepsilon_2}-1} \tag{7-30}$$

运用有效辐射的概念，还可以计算多个漫灰表面构成的封闭腔内的辐射换热（见图 7-15）。封闭腔内的任一表面 i 的净辐射热量为

$$\Phi_i=\frac{E_{bi}-J_i}{\frac{1-\varepsilon_i}{A_i\varepsilon_i}} \tag{7-31}$$

它应该等于 i 表面与封闭腔中所有其他表面间分别交换的辐射热量的代数和，即

$$\Phi_i=\sum_{j=1}^{n}\Phi_{i,j}=\sum_{j=1}^{n}A_iX_{i,j}(J_i-J_j)=\sum_{j=1}^{n}\frac{J_i-J_j}{\frac{1}{A_iX_{i,j}}} \tag{7-32}$$

于是可得

$$\frac{E_{bi}-J_i}{\frac{1-\varepsilon_i}{A_i\varepsilon_i}}=\sum_{j=1}^{n}\frac{J_i-J_j}{\frac{1}{A_iX_{i,j}}} \tag{7-33}$$

根据上述公式，可以绘出图 7-16 所示的辐射网络。

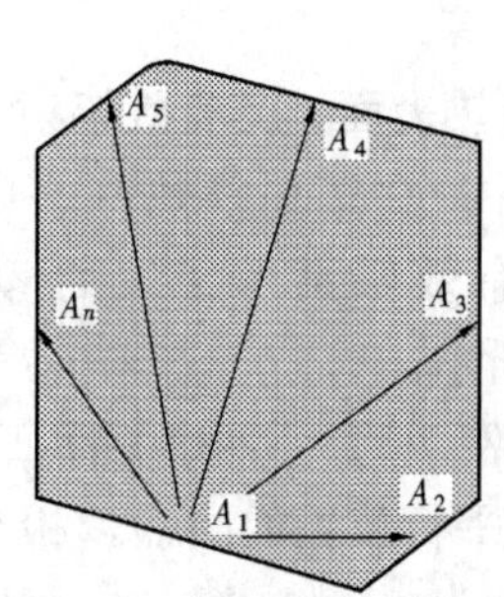

图 7-15　多表面封闭腔的辐射换热

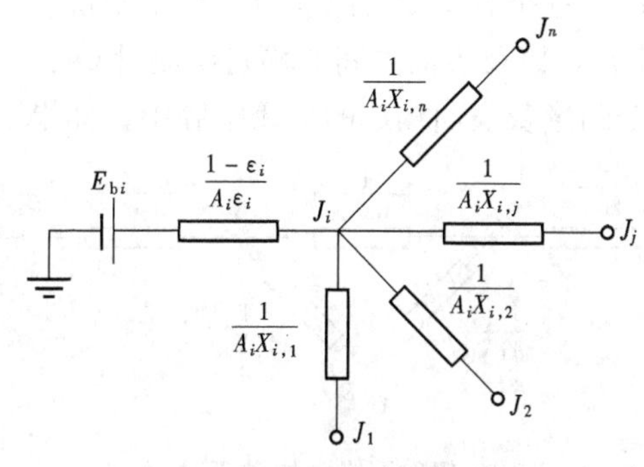

图 7-16　i 表面与其他表面间的辐射换热网络图

只要将图 7-16 中的有效辐射节点 J_1、J_2、…、J_n 与表面辐射热阻相连接，就构成了完整的封闭空腔辐射换热网络图，进而按照式（7-33）列出所有节点的节点方程，解出各节点的有效辐射，就可以利用式（7-31）求出各表面的净辐射换热量。这种求解辐射换热的方法称为辐射网络法。

所以采用辐射网络法计算辐射换热的步骤为：在已知各表面的面积、温度和黑度的基础上，按照热平衡关系画出辐射网络图；计算表面相应的黑体辐射力、表面辐射热阻、角系数及空间热阻；进而利用节点热平衡确定辐射节点方程；再求解节点方程而得出表面的有效辐射；最后确定灰表面的辐射热流和与其他表面间的交换热流量。下面以三个漫灰表面组成的封闭腔的辐射换热为例进行介绍。

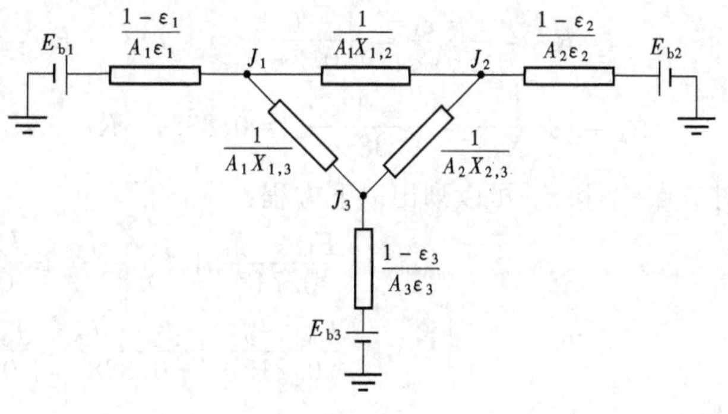

图 7-17　三个灰表面之间的辐射网络图

对于三个凸形灰表面构成的封闭空腔，按照辐射热平衡关系可以画出如图 7-17 所示的辐射网络图。由图中的三个节点可以确立三个节点方程。

对于节点 1：

$$\frac{E_{b1}-J_1}{\dfrac{1-\varepsilon_1}{\varepsilon_1 A_1}}+\frac{J_2-J_1}{\dfrac{1}{A_1X_{1,2}}}+\frac{J_3-J_1}{\dfrac{1}{A_1X_{1,3}}}=0$$

对于节点 2：

$$\frac{E_{b2}-J_2}{\dfrac{1-\varepsilon_2}{\varepsilon_2 A_2}}+\frac{J_1-J_2}{\dfrac{1}{A_2X_{2,1}}}+\frac{J_3-J_2}{\dfrac{1}{A_2X_{2,3}}}=0$$

对于节点 3：

$$\frac{E_{b3}-J_3}{\dfrac{1-\varepsilon_3}{\varepsilon_3 A_3}}+\frac{J_1-J_3}{\dfrac{1}{A_3X_{3,1}}}+\frac{J_2-J_3}{\dfrac{1}{A_3X_{3,2}}}=0$$

联立求解以上三个方程就可以获得三个未知量 J_1、J_2 和 J_3，从而求出各表面的净辐射热量 Φ_1、Φ_2 和 Φ_3，以及表面之间的辐射换热量 $\Phi_{1,2}$、$\Phi_{2,3}$ 和 $\Phi_{1,3}$ 等。

在三个凸形灰表面构成的封闭空腔中，如果一个面为绝热表面，其有效辐射等于其辐射力，并且在辐射换热网络中，重辐射面的有效辐射节点是浮动的，如图7-18所示。

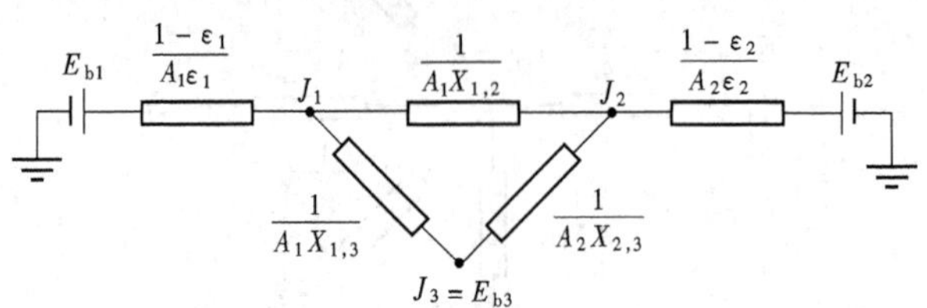

图 7-18 辐射网络中的重辐射面

【例 7-2】 两个相距 1m、直径为 2m 的平行放置的圆盘，相对表面的温度分别为 $t_1=500℃$，$t_2=200℃$，发射率分别为 $\varepsilon_1=0.3$ 及 $\varepsilon_2=0.6$，圆盘的另外两个表面的换热略而不计。试确定下列两种情况下每个圆盘的净辐射换热量：

(1) 两圆盘被置于 $t_3=20℃$ 的大房间中；

(2) 两圆盘被置于一绝热空腔中。

解 圆盘表面分别为 1，2，第三表面计为 3，则从角系数图表中可以查得

$$X_{1,2}=X_{2,1}=0.38,\quad X_{1,3}=X_{2,3}=1-0.38=0.62$$

(1) 网络图如图 7-18 所示。

$$R_1=\frac{1-\varepsilon_1}{\varepsilon_1 A_1}=\frac{1-0.3}{0.3\pi}=0.743,\quad R_2=\frac{1-\varepsilon_2}{\varepsilon_2 A_2}=\frac{1-0.6}{0.6\pi}=0.212$$

$$R_3=\frac{1}{A_1X_{1,2}}=\frac{1}{0.38\times\pi}=0.838,\quad R_5=R_4=\frac{1}{A_1X_{1,3}}=\frac{1}{0.62\times\pi}=0.513$$

对节点 J_1 和 J_2 可以列出以下方程：

$$\frac{E_{b1}-J_1}{0.743}+\frac{J_2-J_1}{0.838}+\frac{J_3-J_1}{0.513}=0$$

$$\frac{E_{b2}-J_2}{0.212}+\frac{J_1-J_2}{0.838}+\frac{J_3-J_2}{0.513}=0$$

其中，$J_3=E_{b3}$。

$$E_{b1}=5.67\times10^{-8}\times(773)^4=20\ 244\ \mathrm{W/m^2}$$

$$E_{b2}=5.67\times10^{-8}\times(473)^4=2838\ \mathrm{W/m^2}$$

$$E_{b3}=5.67\times10^{-8}\times(293)^4=417.9\ \mathrm{W/m^2}$$

代入以上两式整理得 $J_1=7015$，$J_2=2872$

所以
$$\Phi_1=\frac{E_{b1}-J_1}{0.743}=\frac{20\ 244-7015}{0.743}=17.8\ \mathrm{kW}$$

$$\Phi_2=\frac{E_{b2}-J_2}{0.212}=\frac{2838-2872}{0.212}=-160\ \mathrm{W}$$

(2) $\frac{1}{R^*}=\frac{1}{R_3}+\frac{1}{R_4+R_5}=2.168\ 5$，则 $R^*=0.461\ 2$

$R_{总}=0.743+0.461\ 2+0.212=1.416\ 2$

所以 $\Phi_{1,2}=\frac{20\ 244-2838}{1.416\ 2}=12.29\ \mathrm{kW}$

4. 辐射屏

减少表面间辐射换热最有效的方法是采用高反射比的表面涂层，或者在辐射表面之间加

设辐射屏。保温瓶就是采用高反射比的涂层来减少辐射换热的。炼钢工人的遮热面罩、航天器的多层真空舱壁、低温技术中的多层隔热容器等则是采用辐射屏来减少辐射换热。下面我们就以两个紧靠的平行平板为例来分析辐射屏的隔热原理。

如图 7-19 所示，两无限大平板 1、2 的温度和发射率分别为 T_1、T_2 和 ε_1、ε_2，面积均为 A，因为 $X_{1,2}=1$，根据辐射网络图 7-19（b）可知，平板 1、2 之间的辐射换热量为

$$\Phi_{12}=\frac{\sigma A(T_1^4-T_2^4)}{1/\varepsilon_1+1/\varepsilon_2-1}$$

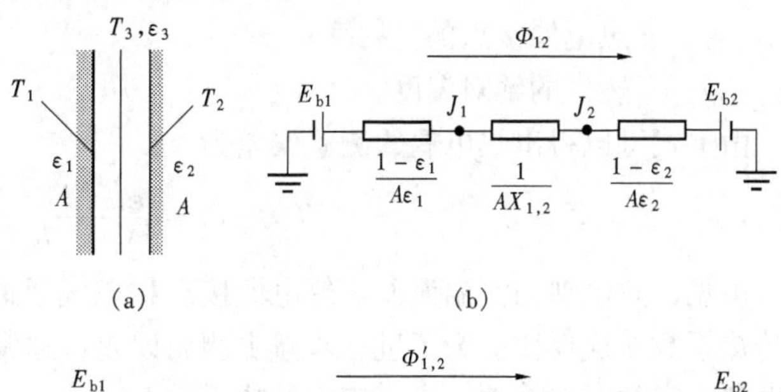

图 7-19　遮热板原理示意

如果在两平板之间再放置一个不透明的薄屏，其发射率为 ε_3，其他条件不变。根据辐射网络图 7-19（c），加入遮热屏时，相当于给两块平壁之间的辐射换热增加了两个表面辐射热阻、一个空间辐射热阻。此时由于这第三个表面的存在而使原有两表面之间的辐射换热量大为减少。由两平面的辐射热平衡有

$$\Phi'_{12}=\frac{\sigma_0 A(T_1^4-T_3^4)}{1/\varepsilon_1+1/\varepsilon_3-1}=\frac{\sigma_0 A(T_3^4-T_2^4)}{1/\varepsilon_3+1/\varepsilon_2-1}$$

经整理得出

$$\Phi'_{12}=\frac{\sigma_0 A(T_1^4-T_2^4)}{1/\varepsilon_1+2/\varepsilon_3+1/\varepsilon_2-2} \tag{7-34}$$

经过比较不难看出，辐射热阻增加了 $2/\varepsilon_3-1$。显然，这是一个大于 1 的数值，并且辐射屏的 ε_3 越小，这个附加热阻就越大。如果所有平板的黑度均相同，若平板间加设了 n 块辐射屏，则辐射换热量将为原来的 1/（n+1）。

遮热板在测温技术中也得到应用。工业上常用热电偶测量炉膛和管道中的气流温度，因为在炉膛或管壁与气流温度不同时，存在壁面和热电偶之间的辐射换热，所以热电偶指示的温度并不能反映流体的真实温度。为了减少测温误差，需要给热电偶加装辐射屏，如图7-20所示。

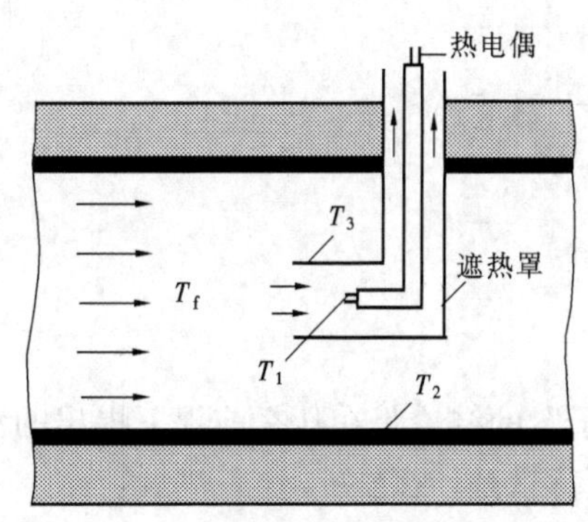

图 7-20　热电偶测温示意

未加设辐射屏时，热电偶接点辐射给管壁的热量为

$$\Phi_{1,2}=\frac{E_{b1}-E_{b2}}{\dfrac{1-\varepsilon_1}{A_1\varepsilon_1}+\dfrac{1}{A_1X_{1,2}}+\dfrac{1-\varepsilon_2}{A_2\varepsilon_2}}=\frac{A_1(E_{b1}-E_{b2})}{\dfrac{1-\varepsilon_1}{\varepsilon_1}+\dfrac{1}{X_{1,2}}+\dfrac{A_1}{A_2}\dfrac{1-\varepsilon_2}{\varepsilon_2}}$$

由于$A_2 \gg A_1$，$A_1/A_2 \to 0$，$X_{1,2}=1$，因此可以得到

$$Ah(T_f - T_1) = A\varepsilon_1\sigma(T_1^4 - T_2^4)$$

式中 h——热电偶接点与燃气之间的表面传热系数；

ε_1——热电偶接点的发射率；

T_f——燃气的绝对温度。

由上式可以得出热电偶的测温误差为

$$T_f - T_1 = \frac{\varepsilon_1\sigma(T_1^4 - T_2^4)}{h} \tag{7-35}$$

可见，热电偶的测温误差与热电偶接点和燃气通道壁面之间的辐射换热量成正比，与表面传热系数h成反比。为了进一步减少测温误差，通常遮热罩做成抽气式，以便强化燃气与热电偶之间的对流换热，提高表面传热系数h。

【例 7-3】 两平行大平壁，表面黑度各为0.5和0.8，如果中间加入一片黑度为0.05的铝箔，计算辐射换热将减少的百分数。

解 未加铝箔遮热板时，辐射换热量$\Phi_{1,2}$为

$$\Phi_{1,2} = A\frac{E_{b1} - E_{b2}}{\dfrac{1}{\varepsilon_1} + \dfrac{1}{\varepsilon_2} - 1} = A\frac{E_{b1} - E_{b2}}{\dfrac{1}{0.5} + \dfrac{1}{0.8} - 1} = A\frac{E_{b1} - E_{b2}}{2.25}$$

加入遮热板后，辐射换热量$\Phi_{1,3,2}$为

$$\Phi_{1,3,2} = \frac{E_{b1} - E_{b2}}{\dfrac{1-\varepsilon_1}{\varepsilon_1 A_1} + \dfrac{1}{A_1\phi_{1,2}} + \dfrac{1-\varepsilon_{3,1}}{\varepsilon_{3,1}A_3} + \dfrac{1-\varepsilon_{3,2}}{\varepsilon_{3,2}A_3} + \dfrac{1}{A_2\phi_{2,3}} + \dfrac{1-\varepsilon_2}{\varepsilon_2 A_2}}$$

$$= \frac{E_{b1} - E_{b2}}{\dfrac{1-0.5}{0.5A} + \dfrac{1}{A} + \dfrac{1-0.05}{0.05A} + \dfrac{1-0.05}{0.05A} + \dfrac{1}{A} + \dfrac{1-0.8}{0.8A}} = A\frac{E_{b1} - E_{b2}}{41.25}$$

辐射换热量减少的百分数为

$$\frac{\Phi_{1,2} - \Phi_{1,3,2}}{\Phi_{1,2}} = \frac{\dfrac{1}{2.25} - \dfrac{1}{41.25}}{\dfrac{1}{2.25}} = 94.5\%$$

思考题

7-1 试述角系数的定义？“角系数是一个纯几何因子”的结论是在什么前提下提出的？

7-2 试述角系数的定义及其特征？这些特征的物理背景是什么？

7-3 实际表面系统与黑体系统相比，辐射换热计算增加了哪些复杂性？

7-4 什么是一个表面的自身辐射、投入辐射及有效辐射？有效辐射的引入对于灰体表面系统辐射换热的计算有什么作用？

7-5 为什么计算一个表面与外界之间的净辐射换热量时要采用封闭腔的模型？

7-6 什么是辐射表面热阻？什么是辐射空间热阻？网络法的实际作用你是怎样认识的？

7-7 保温瓶的夹层玻璃表面为什么要镀一层反射比很高的材料？

7-8 用辐射换热的计算公式说明增强辐射换热应从哪些方面入手？

7-9 加遮热板为什么可以减少辐射换热?

习 题

7-1 试求从沟槽表面发出的辐射能中落到沟槽外面部分所占的百分数，如图 7-21 所示，设在垂直于纸面方向沟槽为无限长。

7-2 确定图 7-22 中所示各种情况下的角系数。

7-3 两块平行放置的平板，温度分别保持 $t_1=527℃$ 和 $t_2=527℃$，板的发射率 $\varepsilon_1=\varepsilon_2=0.8$，板间距离远小于板的宽度和高度。试求板 1 的本身辐射；板 1 和板 2 之间的辐射换热量；板 1 的有效辐射；板 1 的反射辐射；对板 1 的投入辐射及板 2 的有效辐射。

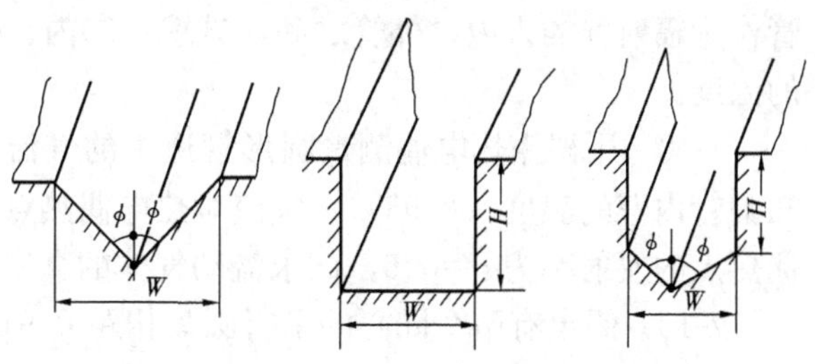

图 7-21 习题 7-1 图

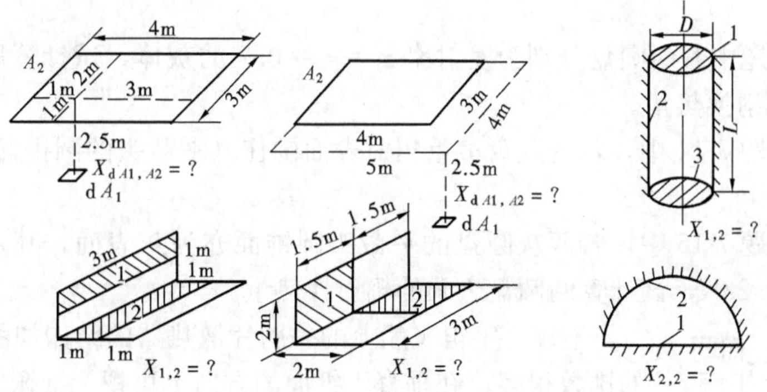

图 7-22 习题 7-2 图

7-4 相距甚近而平行放置的两等面积的黑体表面，温度各为 1000℃和 500℃，试求它们之间的辐射换热量。如表面为灰体，发射率各为 0.8 和 0.6，其辐射换热量又为多少。

7-5 在上题中，如在两灰表面间放置一块发射率为 0.04 的辐射屏，试求此时的辐射换热量和辐射屏的温度。

7-6 有一直径为 1mm 的镍铬丝，其电阻率为 $1.1\times10^{-6}\,\Omega\cdot m$。当外界环境的温度为 10℃，通过该丝的电流为 8A 时，求镍铬丝的表面温度。假设只考虑辐射传热，镍铬丝的发射率为 0.8。

7-7 一电炉的电功率为 1kW，炉丝的温度为 847℃，直径为 1mm，电炉的效率（辐射功率与电功率之比）为 0.96，炉丝的发射率为 0.95，试确定炉丝应多长。

7-8 抽真空的保温瓶胆两壁面均涂有银，发射率 $\varepsilon_1=\varepsilon_2=0.02$，内壁的温度为 100℃，外壁的温度为 20℃，试计算表面积为 $0.25m^2$ 时此保温瓶的辐射热损失。

7-9 两块 1.83m 宽、3.66m 长的矩形黑体表面互相平行地对放着，两表面的距离为 3.66m。如果表面 1 的温度为 $t_1=93.33℃$，表面 2 的温度为 $t_2=315.56℃$，试计算：①两板间的辐射换热量；②周围环境为 21.11℃的黑体时，两板净损失的辐射换热量。

7-10　一根裸汽管外装有遮热套，它们的直径分别为 $d_1=0.3$m、$d_2=0.4$m，相应的发射率为 $\varepsilon_1=0.8$、$\varepsilon_2=0.82$，汽管外表面的温度 $t_1=200$℃，遮热套管内表面的温度为 $t_2=180$℃，试计算每米管长的辐射热损失。

7-11　一同心长套管，内、外管的直径分别为 $d_1=50$mm、$d_2=0.3$m，温度 $t_1=277$℃，$t_2=27$℃，发射率为 $\varepsilon_1=0.6$、$\varepsilon_2=0.28$。如果用直径 $d_3=150$mm，发射率 $\varepsilon_3=0.2$ 的薄壁铝管作为辐射屏插入内、外管之间，试求：①内、外管间的辐射换热量；②作为辐射屏的铝管的温度。

7-12　用裸露热电偶测量圆形管道中的气流温度，热电偶指示的温度为 $t_1=170$℃。已知圆管内壁的温度 $t_w=93$℃，气流对热电偶热点的表面传热系数 $h=75$W/（$m^2\cdot K$），热电偶热点的发射率为 $\varepsilon=0.6$，试求流动气体的真实温度及测温误差。

7-13　假定有两个同心的平行圆盘相距 0.914 4m，其中圆盘 1 半径为 0.304 8m，温度为 93.33℃，圆盘 2 半径为 0.457 2m，温度为 204.44℃。试求下列情况下的辐射换热量：①两圆盘均为黑体，周围不存在其他辐射；②两圆盘均为黑体，周围是一平截头的圆锥面作为重辐射表面；③两圆盘均为黑体，有一个温度为－17.78℃的平截头的圆锥黑表面包住它们。

7-14　在上题中若两圆盘分别为发射率 $\varepsilon_1=\varepsilon_2=0.7$ 的灰体，试计算周围没有其他辐射时两圆盘间的辐射换热量。

7-15　在习题 7-14 中，若两灰盘被重辐射表面围住（平截头的圆锥面），试计算两灰圆盘的辐射换热。

7-16　在习题 7-15 中，若两灰圆盘的平截头圆锥面亦为灰表面，其发射率为 $\varepsilon_3=0.4$，温度为 $T_3=422.22$K，试计算两圆盘之间的辐射换热量。

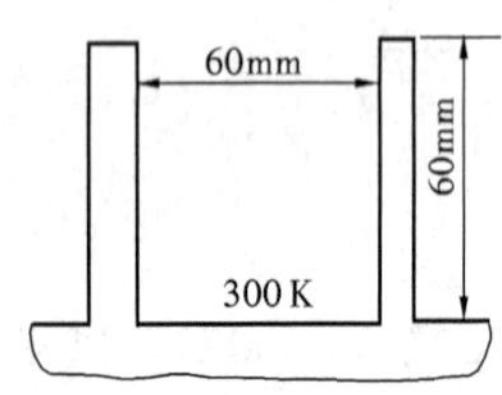

图 7-23　习题 7-17 图

7-17　宇宙飞船上的一肋片散热器的结构如图 7-23 所示。肋片的排数很多，在垂直于纸面的方向上可视为无限长。已知肋根部的温度为 300K，肋片相当薄，且肋片材料的导热系数很大，环境是 0K 的宇宙空间。肋片表面黑度 $\varepsilon=0.83$。试计算肋片单位面积上的净辐射散热量。

7-18　有一面积为 3m×3m 的方形房间，地板的温度为 25℃，天花板的温度为 13℃，四面墙壁都是绝热的。房间高 2.5m，所有表面的发射率为 0.8，求地板和天花板的净辐射换热量及墙壁的温度。

7-19　在 7.5cm 厚的金属板上钻一个直径为 2.5cm 的圆孔。金属板的温度为 260℃，孔的内表面加了一层发射率为 0.07 的金属箔作衬里。将一个 425℃、发射率为 0.5 的加热表面放在金属板一侧的孔上，金属另一侧的孔仍是敞开的。425℃的表面同金属板间无导热，试计算从敞开孔中辐射出去的热量。

7-20　一直径为 5cm，深为 1.4cm 的圆形空腔是由发射率为 0.8 的材料制成的，空腔的温度为 200℃。用 $D=0.7$、$s=0.3$、$R=0$ 的透明材料将孔口盖住。透明材料外表面的表面传热系数为17W/($m^2\cdot K$),环境空间及空气的温度均为 20℃，试计算空腔的净损失及透明覆盖层的温度。

7-21　某建筑物采用立式悬挂辐射采暖板，试求此采暖板和房间各表面的角系数。房间和采暖板的尺寸如图 7-24 所示。

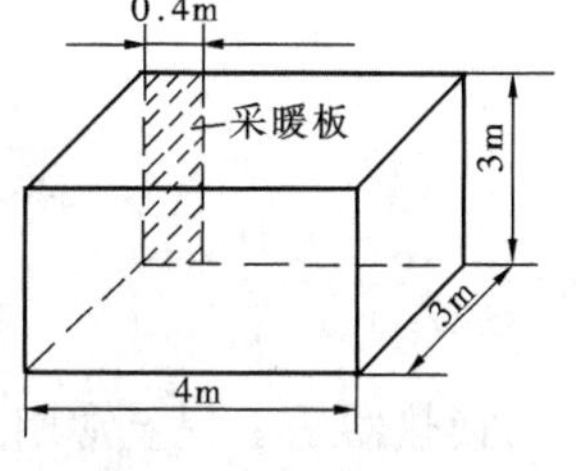

图 7-24　习题 7-21 图

7-22　在习题 7-21 中，若辐射采暖板的发射率为 0.9，其余墙面的发射率均为 0.8，采暖板表面温度为 45℃，各墙面温度分别为：左侧墙 $t_1=14$℃，右侧墙 $t_2=16$℃，前墙 $t_3=10$℃，顶棚 $t_4=16$℃，地表面温度 $t_5=12$℃。计算此采暖板对墙面的辐射热交换，并写出用迭代法求解的计算机程序。

7-23　在煤粉炉的炉膛出口有 4 排凝渣管，其相对管距 s_1/d 和 s_2/d 比较大，因此透过前一排管子辐射平面上的炉膛火焰辐射能仍可近似认为是均匀的。若火焰对第一排凝渣管的角系数为 X，求火焰对凝渣管束的角系数。当 $s_1/d=5$ 时，火焰辐射能可以透过凝渣管束的百分数又是多少。

7-24　有一环形空间，其内充满发射率和透射比分别为 0.3 和 0.7 的气体。环形空间的内、外径分别为 30cm 和 60cm，表面的发射率为 0.5 和 0.3，内表面的温度为 760℃，外表面的温度为 370℃。试计算从热表面到冷表面每单位长度的净辐射换热量及气体的温度。

7-25　温度为 1360K、压力为 1×10^5Pa、比热容为 1.17kJ/(kg·K)的混合气体，按重量计算，其中的 CO_2 占 22%，O_2 和 N_2 占 78%。该混合气由窑进入每边长为 0.15m 的矩形通道，质量流量为 2kg/s。通道内壁的发射率为 0.9，温度保持 700K，气体与壁面间的表面传热系数为 8.5W/(m^2·K)。试计算：①为使气体温度降至 810K 所需矩形通道的长度；②辐射换热量和对流换热量的百分比。

7-26　一燃气轮机燃烧室的直径为 50cm，其壁温维持为 800℃，燃烧产物的温度为 1400℃，压力为 10^5Pa，CO_2 的容积浓度为 10%，H_2O 的容积浓度为 20%。假定燃烧室是一个很长的圆筒体，试确定气体与燃烧室壁之间的净辐射换热量。

7-27　锅炉的对流管束由外径 $d=51$mm 的管子组成，管间距 $s_1=120$mm、$s_2=110$mm。流过此管束的烟气中 CO_2 的含量为 12%，H_2O 的含量为 4%，烟气温度从 800℃下降到 400℃，管壁的温度为 250℃，表面发射率为 0.8，试计算烟气与管壁的辐射换热量。

7-28　一个外径为 100mm 的钢管通过室温为 27℃的大房间。已知管子外壁面的温度为 100℃，其表面发射率为 0.85，空气与管壁间的表面传热系数为 8.55W/(m^2·K)，试确定辐射表面传热系数及单位管长的热损失。

参考文献

[1]　程尚模，黄素逸．传热学．北京：高等教育出版社，1990.

[2]　陈维汉，许国良，靳世平．传热学．武汉：武汉理工大学出版社，2004.

[3]　郭志恭．绝热工程．北京：化学工业出版社，1988.

[4]　杨世铭，陶文铨．传热学．3 版．北京：高等教育出版社，1998.

[5]　王邦维．耐火材料工艺学．北京：冶金工业出版社，1984.

第八章 传热过程和换热器

换热器是工程上常用的热交换设备，其热交换过程都是一些典型的传热过程。同时在工程实际中，大量的热量传递过程常常不是以单一的热量传递方式出现，而是两种或三种同时起作用。在这些同时存在多种热量传递方式的过程中，也必须对传热过程进行重点研究。因此在这一章里我们将介绍几种典型的传热过程，如通过平壁、圆筒壁和肋壁的传热过程，以及一些简单换热器的基本结构及其传热计算方法。

第一节 传热过程

1. 通过平壁的传热过程

第一章绪论中已经介绍过传热过程是指热流体通过固体壁面把热量传给冷流体的过程。这个过程传递的热量通常用传热公式计算：

$$\Phi = kA(t_{f1} - t_{f2}) \tag{8-1}$$

t_{f1}和t_{f2}分别为热流体与冷流体的温度，A为参与传热的面积，k为传热系数，单位为W/(m^2·K)。

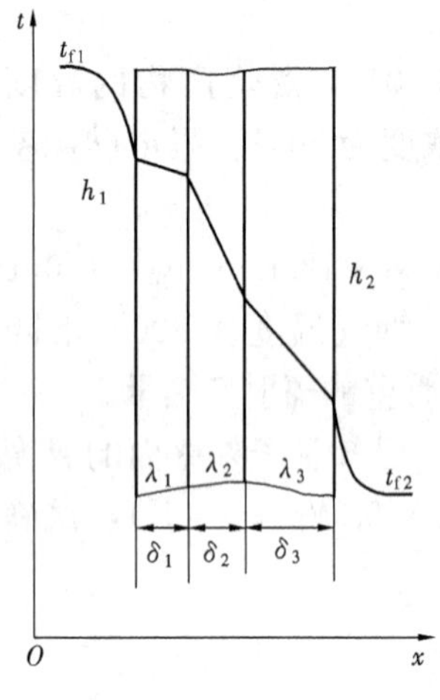

图 8-1 通过多层平壁的传热

如图 8-1 所示，热流体通过一个平壁把热量传给冷流体，通过平壁的热流量可由下式计算：

$$\Phi = \frac{A(t_{f1} - t_{f2})}{\dfrac{1}{h_1} + \dfrac{\delta}{\lambda} + \dfrac{1}{h_2}} = Ak(t_{f1} - t_{f2}) \tag{8-2}$$

h_1 和 h_2 分别为热流体和冷流体的表面传热系数。k 为通过平壁的传热系数：

$$k = \frac{1}{\dfrac{1}{h_1} + \dfrac{\delta}{\lambda} + \dfrac{1}{h_2}} \tag{8-3}$$

对于通过无内热源的多层平壁的稳态传热过程，假设各层材料的热导率 λ_1、λ_2、…、λ_n 为常数，厚度分别为 δ_1、δ_2、…、δ_n，层与层之间接触良好，无接触热阻，传热公式为

$$\Phi = \frac{A(t_{f1} - t_{f2})}{\dfrac{1}{h_1} + \sum\limits_{i=1}^{n} \dfrac{\delta_i}{\lambda_i} + \dfrac{1}{h_2}} = Ak(t_{f1} - t_{f2}) \tag{8-4}$$

式（8-4）中的传热系数为

$$k = \frac{1}{\dfrac{1}{h_1} + \sum\limits_{i=1}^{n} \dfrac{\delta_i}{\lambda_i} + \dfrac{1}{h_2}} \tag{8-5}$$

式（8-4）还可写成下述形式：

$$\Phi=\frac{(t_{f1}-t_{f2})}{\dfrac{1}{h_1A}+\sum_{i=1}^{n}\dfrac{\delta_i}{\lambda_iA}+\dfrac{1}{h_2A}}=\frac{(t_{f1}-t_{f2})}{R} \tag{8-6}$$

式中　R——平壁的总传热热阻。

需特别注意的是，流体与壁面间进行换热时，除了存在对流换热外，有时还有较强的辐射换热。我们把这种对流换热与辐射换热同时存在的换热过程称为复合换热。复合换热是十分复杂的换热问题，尤其是当周围环境物体的温度与流体温度和壁面温度均不相等时，换热计算就更加复杂。工程上通常只处理周围环境物体温度等于流体温度的情况。为了计算方便，通常将辐射换热量折合成对流换热量，引入辐射表面传热系数 h_r：

$$h_r=\frac{\Phi_r}{A(t_w-t_f)} \tag{8-7}$$

式中　Φ_r——辐射换热量。

于是，复合表面传热系数等于对流表面传热系数 h_c 与辐射表面传热系数 h_r 之和，即

$$h=h_c+h_r \tag{8-8}$$

总换热量可以写成

$$\Phi=\Phi_c+\Phi_r=(h_c+h_r)A(t_w-t_f)=hA(t_w-t_f) \tag{8-9}$$

当式（8-2）～式（8-6）的表面传热系数 h_1 和 h_2 中包含辐射换热时，应采用式（8-8）计算表面传热系数。

2. 通过圆筒壁的传热

对于通过圆筒壁的传热过程，由于圆筒的内外表面积不等，所以对内外表面的传热系数有不同的表示方法。首先考虑单层圆筒壁的传热过程，如图 8-2 所示。长度为 l、热导率 λ 为常数的圆筒壁内外半径分别为 r_1、r_2，两侧的流体温度分别为 t_{f1} 和 t_{f2}（$t_{f1}>t_{f2}$），表面传热系数分别为 h_1 和 h_2。在稳态条件下通过圆筒壁的传热量可以写为如下形式：

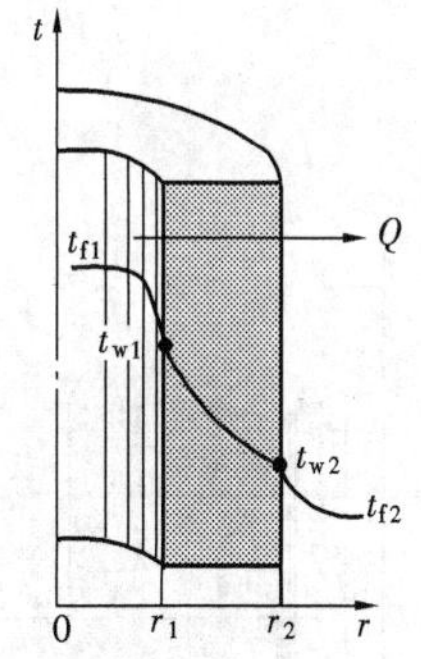

图 8-2　单层圆管壁的传热过程

$$\Phi=\frac{t_{f1}-t_{w1}}{\dfrac{1}{\pi d_1lh_1}}=\frac{t_{w1}-t_{w2}}{\dfrac{1}{2\pi\lambda l}\ln\dfrac{d_2}{d_1}}=\frac{t_{w2}-t_{f2}}{\dfrac{1}{\pi d_2lh_2}} \tag{8-10}$$

经整理可以得出

$$\Phi=\frac{t_{f1}-t_{f2}}{\dfrac{1}{\pi d_1lh_1}+\dfrac{1}{2\pi\lambda l}\ln\dfrac{d_2}{d_1}+\dfrac{1}{\pi d_2lh_2}} \tag{8-11}$$

单位长度的传热量为

$$q=\frac{t_{f1}-t_{f2}}{\dfrac{1}{\pi d_1h_1}+\dfrac{1}{2\pi l}\ln\dfrac{d_2}{d_1}+\dfrac{1}{\pi d_2h_2}} \tag{8-12}$$

从式（8-11）得出单层圆筒壁的总传热热阻为

$$R=R_1+R_\lambda+R_2=\frac{1}{\pi d_1lh_1}+\frac{1}{2\pi\lambda l}\ln\frac{d_2}{d_1}+\frac{1}{\pi d_2lh_2} \tag{8-13}$$

总热阻分别由内壁的对流换热热阻 R_1、圆筒壁的导热热阻 R_λ 以及外壁的对流换热热阻 R_2

组成。

由于圆筒的内外表面积不同，所以相应的传热系数 k 的表达方式也不同。如果选择圆筒壁的外壁面作为计算面积，传热量的计算式为

$$\Phi = \pi d_2 l k_2 (t_{f1} - t_{f2})$$

将上式与式（8-11）对照，可以得出基于圆筒壁外壁面的传热系数表达式：

$$k_2 = \frac{1}{\dfrac{d_2}{d_1 h_1} + \dfrac{d_2}{2\lambda}\ln\dfrac{d_2}{d_1} + \dfrac{1}{h_2}} \tag{8-14}$$

如果选择圆筒壁的内壁面作为计算面积，传热量的计算式为

$$\Phi = \pi d_1 l k_1 (t_{f1} - t_{f2})$$

同样可以得出基于圆筒壁内壁面的传热系数表达式：

$$k_1 = \frac{1}{\dfrac{1}{h_1} + \dfrac{d_1}{2\lambda}\ln\dfrac{d_2}{d_1} + \dfrac{d_1}{d_2 h_2}} \tag{8-15}$$

对于多层圆筒壁的传热过程，传热量的计算式为

$$\Phi = \frac{t_{f1} - t_{f2}}{\dfrac{1}{\pi d_1 l h_1} + \displaystyle\sum_{1}^{n}\dfrac{1}{2\pi\lambda_i l}\ln\dfrac{d_{i+1}}{d_i} + \dfrac{1}{\pi d_{n+1} l h_2}}$$

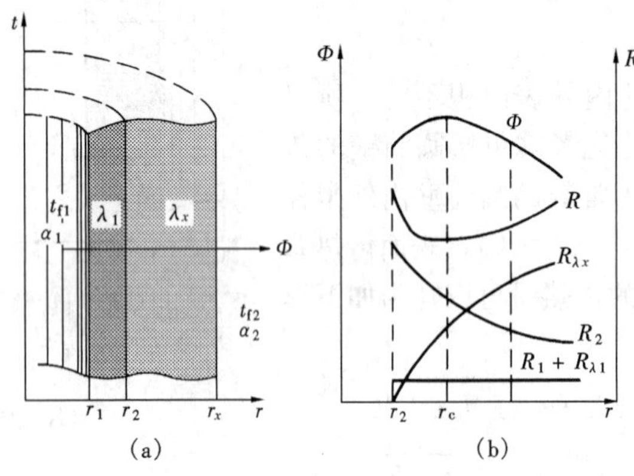

图 8-3 临界绝缘直径示意

在工程上，为了减少输送管道的散热损失，通常用保温材料在管道外面加一层或多层保温层。但是有时在圆筒壁面上增加保温层却可能导致散热量增加。欲了解产生这种现象的原因就必须对圆筒壁的热阻进行分析。

如图 8-3 所示，对于圆筒壁外加设了一层保温层的二层圆筒壁的稳态传热过程，假设壁面的导热系数为 λ_1，保温层的导热系数为 λ_x。对通过圆筒壁的传热过程分析可知，二层圆筒壁的传热热阻计算式为

$$R = R_1 + R_{\lambda 1} + R_{\lambda x} + R_2 = \frac{1}{\pi d_1 l h_1} + \frac{1}{2\pi\lambda_1 l}\ln\frac{d_2}{d_1} + \frac{1}{2\pi\lambda_x l}\ln\frac{d_x}{d_2} + \frac{1}{\pi d_x l h_2} \tag{8-16}$$

从式（8-16）可以看出，随着保温层厚度 d_x 增加，内壁的对流换热热阻 R_1 与圆筒壁的导热热阻 $R_{\lambda 1}$ 之和为常数，保温层的导热热阻逐步增大，而外壁的对流换热热阻 R_2 却随 d_x 增加则逐步减小。所以，总热阻 R 先随着 d_x 的增加而减小，然后随着 d_x 的增加而增大。因此，对应着传热量的最大值，传热过程的总热阻会存在一个极小值。对应总热阻最小值的外直径 d_c 被称为临界热绝缘直径。只要使 R 对 d_x 的一阶导数等于零就可以求出临界热绝缘直径 d_c：

$$\frac{\mathrm{d}R}{\mathrm{d}d_x} = \frac{1}{2\pi\lambda_x d_x} - \frac{1}{\pi d_x^2 h_2} = 0$$

得到

$$d_x = \frac{2\lambda_x}{h_2} = d_c \tag{8-17}$$

从式（8-17）可以看出，临界热绝缘直径只与保温材料的导热系数以及周围介质的表面传热系数有关。在工程上，绝大多数需要加保温层的管道外径都大于临界绝缘直径，所以一般情况下敷设保温材料能达到绝热的目的。只有当管径很小，保温材料的热导率又较大时，才会考虑临界绝缘直径的问题。例如电缆线，在其外包上一层绝缘层后，不仅能起电绝缘的作用，还可以增加散热。所以有效的利用临界绝缘直径这一概念，可以更好地满足一些特殊要求。

【例 8-1】 蒸汽管道外径 d_2=80mm，壁厚 δ=3mm，钢材热导率 λ=53.7W/(m·K)，管内蒸汽温度 t_{f1}=150℃，周围空气温度 t_{f2}=20℃，外表面对空气的表面传热系数 h_2=7.6W/(m²·K)，蒸汽对管内壁的表面传热系数 h_1=116W/(m²·K)，试求每米管长的散热损失。

解 利用式（8-11）进行计算：

$$\Phi = \frac{t_{f1} - t_{f2}}{\frac{1}{\pi d_1 l h_1} + \frac{1}{2\pi\lambda l}\ln\frac{d_2}{d_1} + \frac{1}{\pi d_2 l h_2}}$$

$$= \frac{150 - 20}{\frac{1}{116 \times \pi \times 0.074 \times 1} + \frac{1}{2\pi \times 53.7 \times 1}\ln\frac{80}{74} + \frac{1}{7.6 \times \pi \times 0.080 \times 1}}$$

$$= 231.77\text{W}$$

3. 通过肋壁的传热

在工程上常遇到两侧表面传热系数相差较大的传热过程，此时在表面传热系数较小的一侧壁面上加装金属肋片可以强化传热。前面已经分析了每一个肋片的传热原理以及计算方法，现在以装有肋片的平壁的传热过程为例进行计算，如图 8-4 所示。

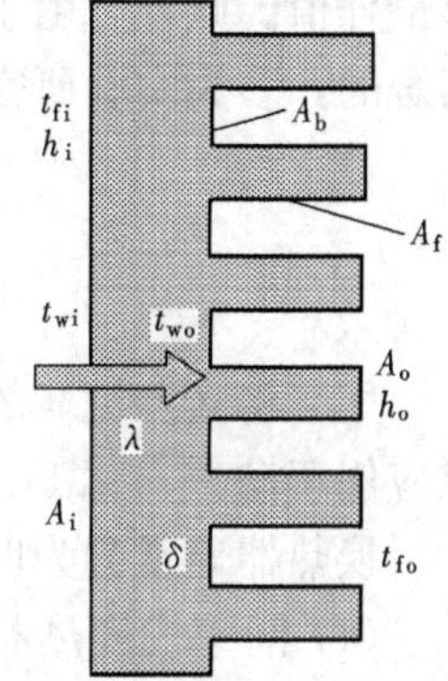

图 8-4 肋壁的传热

由传热过程在稳态条件下的热平衡关系式可以得出

$$\Phi = \frac{t_{fi} - t_{wi}}{\frac{1}{A_i h_i}} = \frac{t_{wi} - t_{wo}}{\frac{\delta}{A_i \lambda}} = \frac{t_{wo} - t_{fo}}{\frac{1}{\eta_o A_o h_o}} \tag{8-18}$$

式中 η_o——肋面效率，可以由肋化表面的热平衡关系导出。

即对于肋化侧有

$$\Phi = A_b h_o (t_{wo} - t_{fo}) + \eta_f A_f h_o (t_{wo} - f_{fo}) = \eta_o A_o h_o (t_{wo} - t_{fo}) \tag{8-19}$$

$$\eta_o = \frac{A_b + \eta_f A_f}{A_o} \tag{8-20}$$

上几式中 A_b——肋基面积；

A_f——肋面面积。

$A_o = A_b + A_f$ 为肋侧总面积。

对式（8-18）进行整理，可以得到通过肋壁的传热量计算关系式：

$$\Phi=\frac{t_{fi}-t_{fo}}{\frac{1}{A_i h_i}+\frac{\delta}{A_i\lambda}+\frac{1}{\eta_o A_o h_o}} \tag{8-21}$$

式(8-21)的分母项表示热阻，它包括平壁的导热热阻 $\delta/(A_i\lambda)$，未装肋一侧表面的对流换热热阻 $1/(A_i h_i)$，以及装肋一侧的对流换热热阻 $1/(\eta_o A_o h_o)$，即

$$R=\frac{1}{A_i h_i}+\frac{\delta}{A_i\lambda}+\frac{1}{\eta_o A_o h_o} \tag{8-22}$$

将式（8-21）按式（8-1）的形式书写，则基于无肋侧面积的传热系数为

$$k_i=\frac{1}{\frac{1}{h_i}+\frac{\delta}{\lambda}+\frac{1}{\eta_o\beta h_o}} \tag{8-23}$$

基于肋化侧面积的传热系数为

$$k_o=\frac{1}{\frac{\beta}{h_i}+\frac{\beta\delta}{\lambda}+\frac{1}{\eta_o h_o}} \tag{8-24}$$

式中 β——肋化系数，$\beta=A_o/A_i$，它表示表面装肋以后总表面积扩大的倍数，β 值通常远大于 1。

从 k_i 的表达式可以看出，由于 β 值远大于 1，而使 $\eta_o\beta$ 的值总是远大于 1，这就使肋化侧的热阻 $1/(\eta_2\beta h_2)$ 显著减小，从而增大传热系数 k_i 的值。$\eta_o\beta$ 的大小取决于肋高与肋间距。增加肋高可以加大 β，但增加肋高会使肋片效率 η_f 降低，从而使肋面总效率 η_o 降低。减小肋间距，即使肋片加密也可以加大 β，但肋间距过小会增大流体的流动阻力，使肋间流体的温度升高，降低传热温差，不利于传热。所以应该合理地选择肋高和肋间距，使 k_i 具有最佳值。此外，由于肋化侧的几何结构一般比较复杂，其表面传热系数的确定常常是比较困难的，多为实验研究的结果。

第二节 换热器的类型

用来将高温流体的热量传递给低温流体的装置称为换热器，或者热交换器。换热器是广泛应用于动力、化工、冶金、轻工等工业部门以及日常生活中的热量交换设备。

换热器通常分为四类，即间壁式、回热式（蓄热式）、混合式和热管式。

(1) 间壁式换热器。在间壁式换热器内，冷、热两种流体由固体壁面隔开，热流体通过固体壁面把热量传给冷流体，其热量交换的过程是典型的传热过程。

间壁式换热器按流动特征可以划分为顺流式、逆流式和叉流式换热器。顺流换热器中冷热流体的流动方向相一致，逆流换热器中冷热流体的流动方向相反，叉流换热器中冷热流体流动方向相互交叉。

间壁式换热器按其几何结构可划分为套管式换热器、管壳式换热器、板式换热器以及板翅、管翅等紧凑式换热器。

图 8-5 所示为顺流和逆流套管式换热器。套管式换热器是结构最简单的间壁式换热器，它由一根管子套上一根直径较大的管子组成，冷、热流体则分别在内管和环状间隙中流过。

图 8-6 所示为套管式换热器，又称为列管式换热器。工业上常用的管壳式换热器的换热

面由管束构成，管束由管板和折流挡板固定在外壳之中，两种流体分别在管内、外流动。套管式换热器可设计成单流程、双流程或多流程形式。

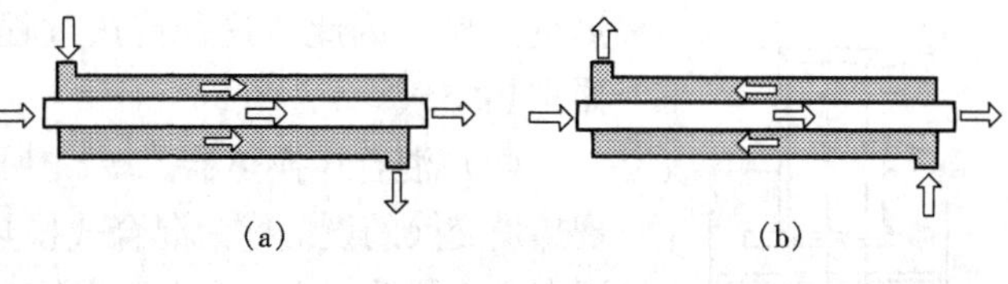

图 8-5　套管式换热器示意

(a) 顺流；(b) 逆流

图 8-7 所示为板式换热器。板式换热器是由若干片压制成型的波纹式金属片叠加而成，流体在两板间的通道中流动。

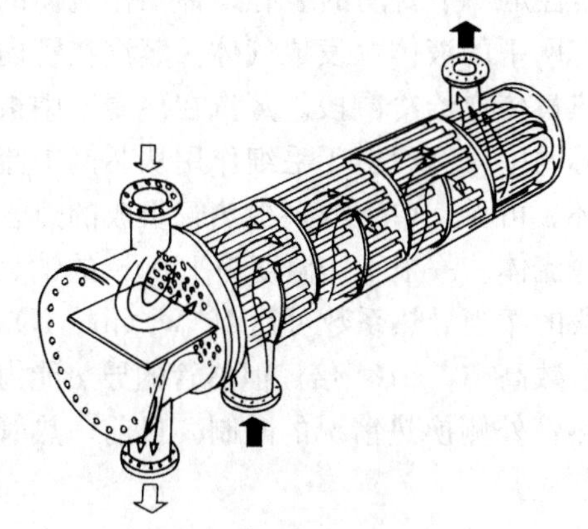

图 8-6　管壳式换热器示意

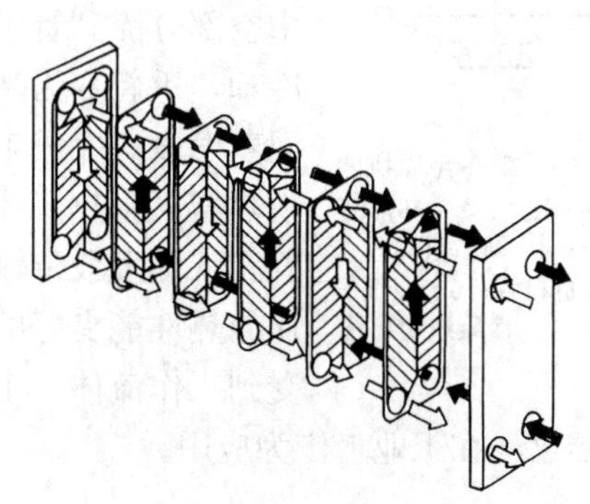

图 8-7　板式换热器示意

图 8-8 所示为螺旋板式换热器，它由两块金属板卷制而成，具有等距离的螺旋通道，分别供冷、热流体在其中流动。

图 8-9 所示为肋管式换热器，它由带肋片的管束构成。肋管的基管可以为圆管，也可以为椭圆管或异形管。椭圆肋管或异形肋管外侧的流动阻力比圆管小，并且在换热器中的布置更加紧凑，适用于管内液体和管外气体之间的换热，如汽车水箱散热器、空调系统的蒸发器等。

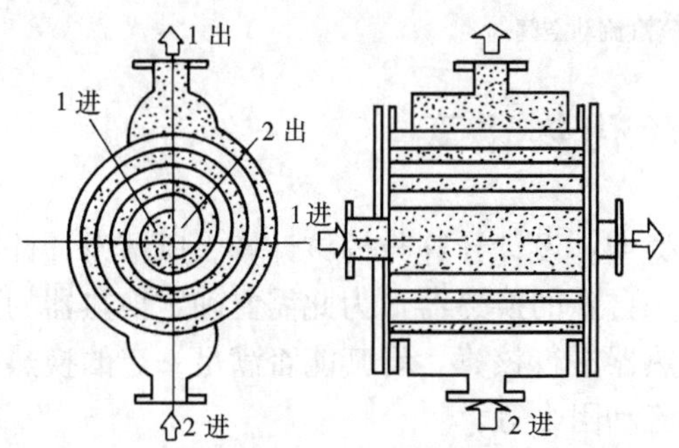

图 8-8　螺旋板式换热器示意

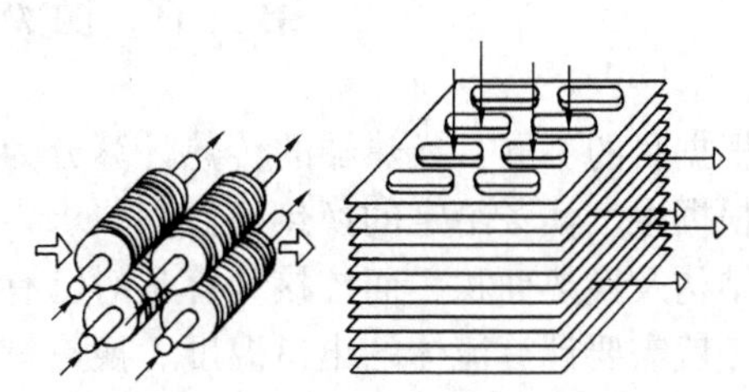

图 8-9　肋管式换热器示意

(2) 回热式换热器。冷、热两种流体依次交替地流过同一换热面进行热量交换的设备称为回热式换热器。当热流体流过时，换热面被加热到一定温度，热流体停止流入后，冷流体流过同一换热面。所以回热式换热器通过换热面周期性的吸、放热过程实现冷、热流体间的热量交换。因此，这种传热过程是非稳态的。炼铁高炉常用这种换热器预热空气。

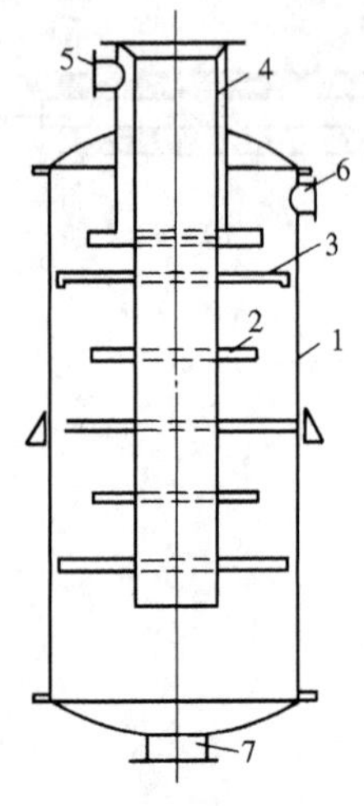

图 8-10 混合式换热器
1—外壳；2、3—环形淋水板；4—热汽进口管；5—水进口管；6—空气引出管；7—冷凝液引出管

(3) 混合式换热器。冷、热两种流体通过直接接触、互相混合来实现热量交换的设备称为混合式换热器。图 8-10 所示的汽水混合器就属于混合式换热器。火力发电厂中的大型冷却水塔以及化工厂中的洗涤塔等也是混合式换热器。混合式换热器的换热效率最高。但是在工程实际中，其应用往往受到冷、热流体不能相互混合或难以分离的限制。

(4) 热管式换热器。热管是一种具有高热传导能力的器件，其基本结构如图8-11所示。图中，热管是一个封闭的装有某种工作流体的金属壳体。当蒸发段受热时，芯网中的液体蒸发成气体。蒸汽在管内中空部分流到管子另一端，将热量传递给冷凝段。蒸汽在冷凝段中被冷却，重新变为液体，渗透到芯网中，然后由于毛细作用从芯网中流回蒸发段，完成工作流体的循环。可见，单个或多根热管组成的热管换热器可将热流体的热量传给冷流体。一根工作温度为 1000K 的钠热管，从蒸发段传输热量到冷凝段的相当导热系数可达 10^6 W/(m·K)，比导热性能良好的金属的导热系数高 10^3～10^4 倍。但热管的导热能力受到工作流体、工作温度以及热管外侧换热情况的限制。目前，热管换热器已经在工业上广为应用。

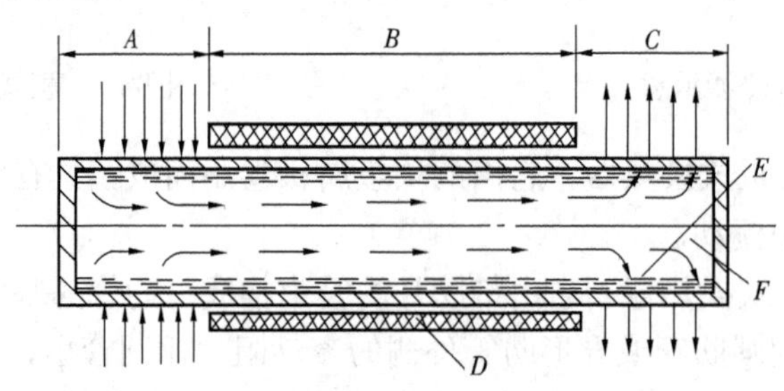

图 8-11 热管原理
A—蒸发段；B—传输段；C—凝结段；D—热绝缘材料；
E—吸液芯网；F—蒸汽流动空间

第三节 换热器的传热计算

根据目的不同，换热器的传热计算分为两种类型：设计计算与校核计算。所谓设计计算就是根据生产任务给定的换热条件和要求，设计一台新的换热器，为此需要确定换热器的型式、结构及换热面积。而校核计算是对已有的换热器进行核算，看其能否满足一定的换热要求，一般需要计算流体的出口温度、换热量以及流动阻力等。

换热器的传热计算一般采用两种方法：平均温差法和效能—传热单元数法。下面将分别对这两种方法进行详细介绍。由于间壁式换热器应用最广泛，所以我们着重讨论间壁式换热器的传热计算。

1. 传热计算的基本方程式

换热器是根据能量守恒和传热原理进行计算的。当忽略换热器与环境的换热损失时，冷流体吸收的热量与热流体放出的热量相等。如果假设换热器的热流体进、出口温度分别为 t_1'、t_1''，冷流体进、出口温度分别为 t_2'、t_2''，热流体的质量流量为 m_1，比定压热容为 c_{p1}，而冷流体的质量流量为 m_2，比定压热容为 c_{p2}，传热系数为 K，传热面积为 A，根据传热方程可以得到换热器传递的热量为

$$\Phi = kA\Delta t \tag{8-25}$$

式中 Δt——传热温差（或称为传热温压）。

由于在换热器中，冷、热流体的温度沿流向不断变化，冷、热流体间的传热温差 Δt 也发生变化。因此，换热器传热计算中的传热温差应该是整个换热器传热面的平均温差 Δt_{m}。平均温差的计算在下面一节中给出。式（8-25）通常称为换热器的传热方程。

根据假设条件，如果我们不考虑换热器向外界的散热，那么按照换热器冷热流体的能量守恒，其传热量也可以表示为

$$\Phi = m_1 c_{p1}(t_1' - t_1'') = m_2 c_{p2}(t_2'' - t_2') \tag{8-26}$$

上式我们常称为换热器的热平衡方程。它也可以改写成如下形式：

$$\Phi = C_1(t_1' - t_1'') = C_2(t_2'' - t_2') \tag{8-27}$$

其中 $C_1 = m_1 c_{p1}$，$C_2 = m_2 c_{p2}$，分别为热、冷流体的热容量。

式（8-26）和式（8-27）称为换热器传热计算的基本方程式。

2. 对数平均温差法

（1）对数平均温差。从式（8-25）可知，要获得换热器的传热量，必须计算出冷热流体之间的平均温差。为此，我们以图 8-12（a）所示的套管式换热器顺流流动为例来求解平均温差 Δt_{m}。

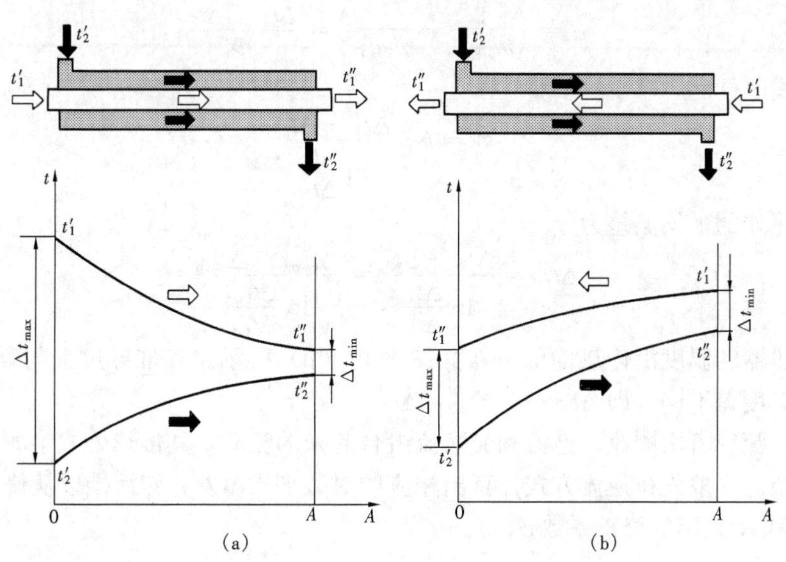

图 8-12 换热器的流体温度分布

（a）顺流；（b）逆流

假设条件为：①整个换热器的传热系数 k 为一常数；②冷热流体的流动均是稳定的；③冷热流体的比热容和密度均为定值；④没有沸腾和凝结现象；⑤忽略换热器对环境的损失。

如图 8-12（a）所示，换热器中热、冷流体的温度分别为 t_1 和 t_2。取微元传热面 dA，冷热流体通过微元传热面后，热流体的温度降低了 dt_1，冷流体的温度升高了 dt_2。根据式（8-26）和式（8-27）可得

$$d\Phi = -m_1 c_{p1} dt_1 \tag{a}$$

和

$$d\Phi = m_2 c_{p2} dt_2 \tag{b}$$

由式（a)、式（b）得

$$d(t_1 - t_2) = d(\Delta t) = dt_1 - dt_2 = -d\Phi\left(\frac{1}{m_1 c_{p1}} + \frac{1}{m_2 c_{p2}}\right) \tag{c}$$

令 $\mu = \left(\frac{1}{m_1 c_{p1}} + \frac{1}{m_2 c_{p2}}\right)$，代入式（c）可得

$$d(\Delta t) = -\mu d\Phi \tag{d}$$

应用传热方程式 $d\Phi = k\Delta t dA$，代入式（d）并消去 $d\Phi$ 得

$$\frac{d(t_1 - t_2)}{t_1 - t_2} = -\mu k dA \tag{e}$$

对式（e）在整个换热面上积分，得到

$$\ln\frac{\Delta t_2}{\Delta t_1} = -\mu k A \tag{f}$$

式中，$\Delta t_1 = t_1{'} - t_2{'}$，$\Delta t_2 = t_1{''} - t_2{''}$。式（f）还可写成 $\Delta t_2 = \Delta t_1 e^{-\mu k A}$，说明温度沿传热面呈指数变化。

从方程（c）可以得出

$$\mu = \left(\frac{1}{m_1 c_{p1}} + \frac{1}{m_2 c_{p2}}\right) = \frac{\Delta t_1 - \Delta t_2}{\Phi}$$

将其代入公式（f）有

$$\Phi = kA\frac{\Delta t_1 - \Delta t_2}{\ln\dfrac{\Delta t_1}{\Delta t_2}} \tag{8-28}$$

所以顺流换热器的平均温差为

$$\Delta t_m = \frac{\Delta t_1 - \Delta t_2}{\ln\dfrac{\Delta t_1}{\Delta t_2}} = \frac{\Delta t_{max} - \Delta t_{min}}{\ln\dfrac{\Delta t_{max}}{\Delta t_{min}}} \tag{8-29}$$

逆流换热器的温度沿传热面的分布如图 8-12（b）所示。其推导过程与顺流完全相同，只是进出口温度差不同，即 $\Delta t_1 = t_1{'} - t_2{''}$，$\Delta t_2 = t_1{''} - t_2{'}$。

对于交叉流或者由顺流、逆流和交叉流组合起来的流动，其传热公式中的平均温差的计算式较为复杂。一般先按逆流方式计算出相应的对数平均温差，然后乘以从修正图表由两个无量纲数 P 和 R 查出的修正系数 ψ，其中

$$P = \frac{t_2{''} - t_2{'}}{t_1{'} - t_2{'}} \tag{8-30}$$

$$R = \frac{t_1{'} - t_1{''}}{t_2{''} - t_2{'}} \tag{8-31}$$

这里给出了几种流动形式的修正图表，如图 8-13～图 8-16 所示。

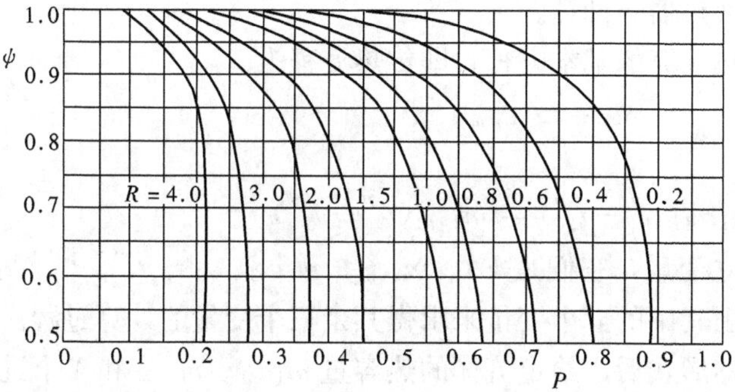

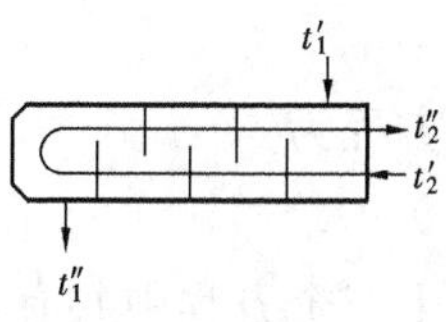

图 8-13　1壳程，2、4、6、8…管程的 ψ 值

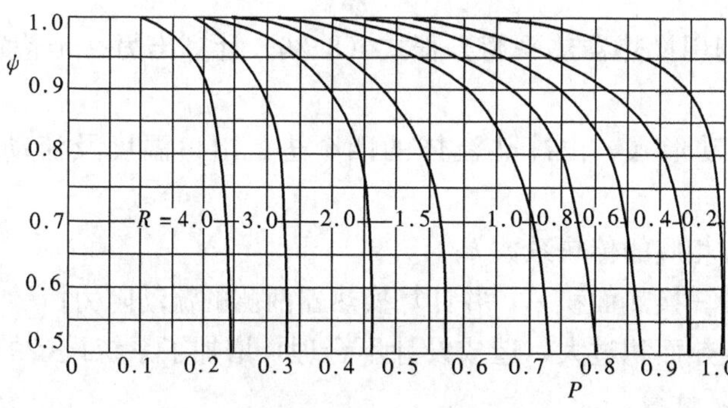

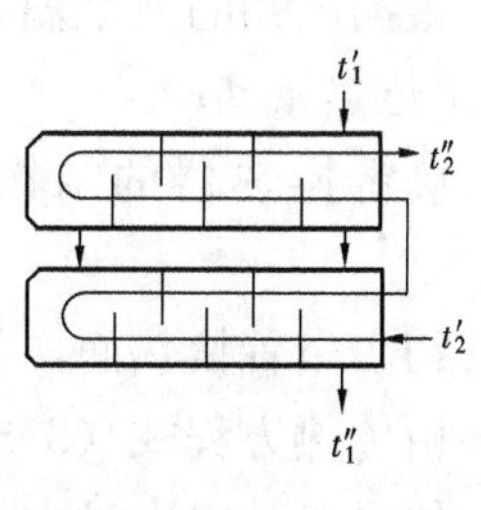

图 8-14　2壳程，4、8、12、16…管程的 ψ 值

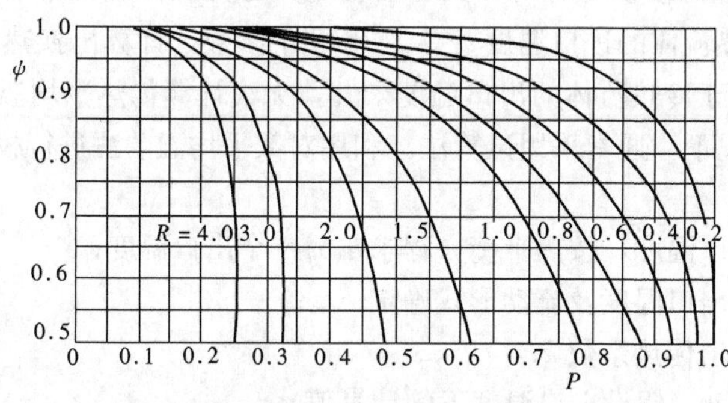

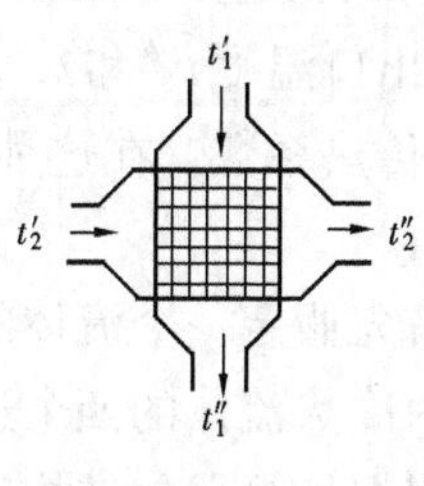

图 8-15　一次交叉流，两种流体各自不混合时的 ψ 值

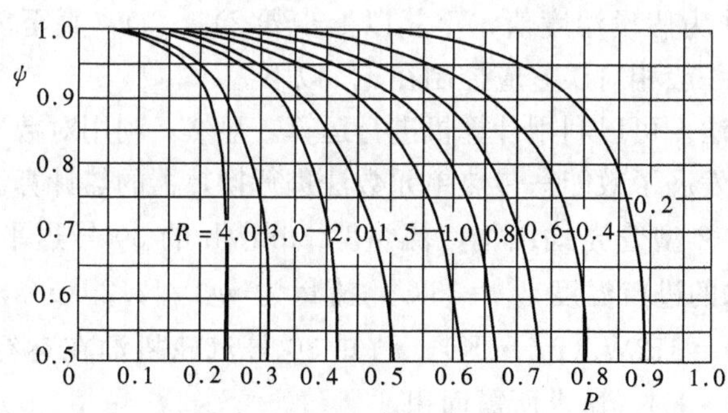

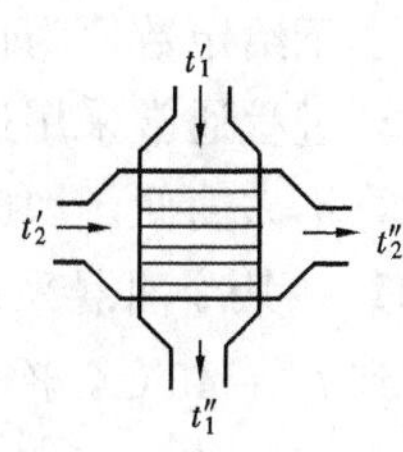

图 8-16　一次交叉流，一种流体混合、另一种流体不混合时的 ψ 值

(2) 利用对数平均温差进行换热器热计算。

从以上分析可知，换热器传热计算的基本方程，即传热方程为

$$\Phi = kA\Delta t_m \tag{8-32}$$

热平衡方程为

$$\Phi = m_1 c_{p1}(t_1' - t_1'') = m_2 c_{p2}(t_2'' - t_2') \tag{8-33}$$

以上三个方程中共有 8 个独立变量，它们是 kA、m_1c_{p1}、m_2c_{p2}、t_1'、t_1''、t_2'、t_2''和 Φ。因此，换热器的热计算应该是给出其中的五个变量来求得其余三个变量的计算过程。新换热器设计计算的目的是在选定换热器形式后，给定流体的热容量 m_1c_{p1}、m_2c_{p2}和 4 个进、出口温度中的 3 个，计算另一个温度、换热量 Φ 以及传热性能量 kA。利用对数平均温差法进行设计计算的步骤如下：

1) 根据已知的三个温度，利用换热器热平衡方程式（8-26）计算出另一个待定温度，并计算出传热量 Φ；

2) 确定换热器的结构及流动形式，由冷热流体的四个进、出口温度及流动形式确定 Δt_m；

3) 初步布置换热面，并计算相应的传热系数 k；

4) 由传热方程式（8-33）计算换热面积 A，并计算换热器两侧的流动阻力；

5) 如果流动阻力过大或者换热面积过大，造成设计不合理，增加了系统设备的投资和运行费用，则应改变设计方案重新计算。

对已有或设计好的换热器进行校核计算时，典型的情况是已知换热器的热容量 m_1c_{p1}、m_2c_{p2}，传热性能量 kA 以及冷热流体的进口温度 t_1'、t_2'等 5 个参数，计算出换热量 Φ 和冷热流体的出口温度 t_1''和 t_2''。由于冷热流体的出口温度未知，无法计算传热平均温差和通过换热面的传热系数。在这种情况下，通常采用试算法。利用对数平均温差法进行校核计算的步骤如下：

1) 首先假定一个流体的出口温度，按热平衡方程求出另一个出口温度；

2) 由冷热流体的四个进、出口温度及流动形式确定 Δt_m；

3) 根据换热器的结构计算出传热系数 k；

4) 由传热方程求出换热量 Φ（假设出口温度下的计算值）；

5) 再由换热器热平衡方程计算出冷热流体的出口温度值；

6) 以新计算出的出口温度作为假设温度值，重复以上步骤 2）～5），直至前后两次计算值的误差小于给定数值为止，一般相对误差应控制在 1%以下。

实际试算过程通常采用迭代法，可以利用计算机进行运算。显然，利用对数平均温差法进行校核计算不太简便。因此，发展了效能—传热单元数法进行换热器的热计算。

【例 8-2】 某冷油器采用 1-2 型管壳式结构，流量为 $39\text{m}^3/\text{h}$ 的 30 号透平油从 $t_1'=56.9℃$冷却到 $t_1''=45℃$，冷却水的进口温度 $t_2'=33℃$，流量为 $m_2=12.25\text{kg/s}$，水在管侧流过，油在壳侧。传热系数为 $k=312\text{W/(m}^2\cdot\text{K)}$，已知 30 号汽轮机油在运行温度下的 $\rho_1=879\text{kg/m}^3$，$c_{p1}=1.95\text{kJ/(kg}\cdot\text{K)}$。试求所需面积。

解 此题为设计计算。

透平油的放热量为

$$\Phi = m_1 c_{p1}(t_1{}' - t_1{}'') = \frac{39 \times 879 \times 1.95 \times 10^3 \times (56.9 - 45)}{3600} = 2.21 \times 10^5 \mathrm{W}$$

冷却水的出口温度为

$$t_2{}'' = t_2{}' + \frac{\Phi}{m_2 c_{p2}} = 33 + \frac{2.21 \times 10^5}{13.25 \times 4.19 \times 10^3} = 37\ ℃$$

按逆流布置的对数平均温差为

$$\Delta t_{m逆} = \frac{\Delta t_{max} - \Delta t_{min}}{\ln \dfrac{\Delta t_{max}}{\Delta t_{min}}} = \frac{(56.9 - 37) - (45 - 33)}{\ln \dfrac{56.9 - 37}{45 - 33}} = 15.62\ ℃$$

查图得到参数 P 和 R 为

$$P = \frac{t_2{}'' - t_2{}'}{t_1{}' - t_2{}'} = \frac{37 - 33}{56.9 - 33} = 0.17，R = \frac{t_1{}' - t_1{}''}{t_2{}'' - t_2{}'} = \frac{56.9 - 45}{37 - 33} = 3$$

查得 $\psi = 0.97$，$\Delta t_m = \psi \Delta t_{m逆} = 0.97 \times 15.62 = 15.1\ ℃$

冷油器的计算面积为 $A = \dfrac{\Phi}{K\Delta t_m} = \dfrac{2.21 \times 10^5}{313 \times 15.1} = 46.8$

3. 效能—传热单元数法

(1) 效能—传热单元数（NTU)。换热器中，冷、热流体的温度变化与热容量 $m_1 c_{p1}$、$m_2 c_{p2}$成反比。在冷、热流体进口温度和流量一定时，增加 kA，冷热流体的出口温度将发生变化，传热量 Φ 将随之增加。在极限情况下，kA 为无限大时，换热器传热热阻为零。顺流时，冷热流体的出口温度将相等，即 $t_2{}'' = t_1{}''$。逆流时，当 $m_1 c_{p1} > m_2 c_{p2}$时可以把冷流体加热到接近于热流体的进口温度，即 $t_2{}'' = t_1{}'$。此时，换热器具有最大的换热量：

$$\Phi_{max} = C_2(t_2{}'' - t_2{}') = C_{min}(t_1{}' - t_2{}') \tag{8-34}$$

当 $m_1 c_{p1} < m_2 c_{p2}$时，可以把热流体冷却到接近于冷流体的进口温度，即 $t_1{}'' = t_2{}'$。此时，换热器最大的换热量为

$$\Phi_{max} = C_1(t_1{}' - t_1{}'') = C_{min}(t_1{}' - t_2{}') \tag{8-35}$$

为了方便换热器的传热计算，定义换热器的效能为换热器实际的传热量与最大可能的传热量之比，即

$$\varepsilon = \frac{\Phi}{\Phi_{max}} \tag{8-36}$$

当 $m_1 c_{p1} > m_2 c_{p2}$时，将式（8-34）代入式（8-36)，得

$$\varepsilon = \frac{\Phi}{\Phi_{max}} = \frac{C_2(t_2{}'' - t_2{}')}{C_2(t_1{}' - t_2{}')} = \frac{t_2{}'' - t_2{}'}{t_1{}' - t_2{}'} \tag{8-37}$$

当 $m_1 c_{p1} < m_2 c_{p2}$时，将式（8-35）代入式（8-36)，得

$$\varepsilon = \frac{\Phi}{\Phi_{max}} = \frac{C_1(t_1{}' - t_1{}'')}{C_1(t_1{}' - t_2{}')} = \frac{t_1{}' - t_1{}''}{t_1{}' - t_2{}'} \tag{8-38}$$

将式（8-37）和式（8-38）写成统一的形式，则

$$\varepsilon = \frac{\Phi}{\Phi_{max}} = \frac{C_{min}(t' - t'')_{max}}{C_{min}(t_1{}' - t_2{}')} = \frac{(t' - t'')_{max}}{t_1{}' - t_2{}'} \tag{8-39}$$

当换热器的效能可以得到时，换热器的传热量可用下式计算：

$$\Phi=\varepsilon\Phi_{\max}=\varepsilon C_{\min}(t_1'-t_2') \tag{8-40}$$

现在以单流程逆流式换热器为例，讨论换热器效能的计算。

假设冷流体的热容量 m_2c_{p2} 为 $C_{\min}$，则传热量为

$$\Phi=C_2(t_2''-t_2')=kA\frac{(t_1'-t_2'')-(t_1''-t_2')}{\ln\dfrac{t_1'-t_2''}{t_1''-t_2'}} \tag{8-41}$$

将式（8-40）改写成

$$t_1'=t_2'+\frac{\Phi}{\varepsilon C_{\min}}=t_2'+\frac{t_2''-t_2'}{\varepsilon} \tag{a}$$

于是

$$t_1'-t_2''=t_2'-t_2''+\frac{t_2''-t_2'}{\varepsilon}=\left(\frac{1}{\varepsilon}-1\right)(t_2''-t_2') \tag{b}$$

根据式（8-27）求出 t_1'' 为

$$t_1''=t_1'-\frac{C_2}{C_1}(t_2''-t_2') \tag{c}$$

将式（a）代入式（c）得

$$t_1''-t_2'=\frac{t_2''-t_2'}{\varepsilon}-\frac{C_2}{C_1}(t_2''-t_2')=\left(\frac{1}{\varepsilon}-\frac{C_2}{C_1}\right)(t_2''-t_2') \tag{d}$$

将式（b）和式（d）代入式（8-41）得

$$\ln\frac{\dfrac{1}{\varepsilon}-1}{\dfrac{1}{\varepsilon}-\dfrac{C_2}{C_1}}=\frac{kA}{C_2}\left(\frac{C_2}{C_1}-1\right) \tag{e}$$

从式（e）得到效能的计算式为

$$\varepsilon=\frac{1-\exp\left[\dfrac{kA}{C_2}\left(\dfrac{C_2}{C_1}-1\right)\right]}{1-\dfrac{C_2}{C_1}\exp\left[\dfrac{kA}{C_2}\left(\dfrac{C_2}{C_1}-1\right)\right]} \tag{8-42}$$

式（8-42）是在假定冷流体的热容量 m_2c_{p2} 为 $C_{\min}$ 的基础上推导的。如果 $C_{\min}$ 为热流体的热容量也可推出上式，故将式（8-42）写成如下形式：

$$\varepsilon=\frac{1-\exp\left[\dfrac{kA}{C_{\min}}\left(\dfrac{C_{\min}}{C_{\max}}-1\right)\right]}{1-\dfrac{C_{\min}}{C_{\max}}\exp\left[\dfrac{kA}{C_{\min}}\left(\dfrac{C_{\min}}{C_{\max}}-1\right)\right]} \tag{8-43}$$

令

$$\mathrm{NTU}=\frac{kA}{C_{\min}} \tag{8-44}$$

可以得到单流程逆流换热器的效能为

$$\varepsilon=\frac{1-\exp\left[\mathrm{NTU}\left(\dfrac{C_{\min}}{C_{\max}}-1\right)\right]}{1-\dfrac{C_{\min}}{C_{\max}}\exp\left[\mathrm{NTU}\left(\dfrac{C_{\min}}{C_{\max}}-1\right)\right]} \tag{8-45}$$

同理，可求出单流程顺流换热器的效能为

$$\varepsilon=\frac{1-\exp\left[-\mathrm{NTU}\left(1+\frac{C_{\min}}{C_{\max}}\right)\right]}{1+\frac{C_{\min}}{C_{\max}}} \tag{8-46}$$

上面推导中，NTU称为传热单元数，表征了换热器的传热性能与其热传送（对流）性能的对比关系，其值越大换热器传热效能越好，但这会导致换热器的投资成本和操作费用增大，从而使换热器的经济性能变坏。因此，必须进行换热器的综合性能分析来确定换热器的传热单元数。

当冷、热流体之一发生相变时，即出现凝结和沸腾换热过程，就会有 $C_{\max}$ 趋于无穷大，式（8-45）和式（8-46）可以简化为

$$\varepsilon=1-\exp(-\mathrm{NTU}) \tag{8-47}$$

而当冷热流体的热容流率相等时，式（8-45）和式（8-46）可以简化为

对于顺流：

$$\varepsilon=\frac{1-\exp(-2\mathrm{NTU})}{2} \tag{8-48}$$

对于逆流：

$$\varepsilon=\frac{\mathrm{NTU}}{1+\mathrm{NTU}} \tag{8-49}$$

由于不同的流体流动方式有不同的效能计算式。所以为了便于工程计算，常用的换热器效能的计算公式已经绘制成相应的线算图。这里给出了几种流动形式的ε－NTU图（见图8-17～图8-20）。

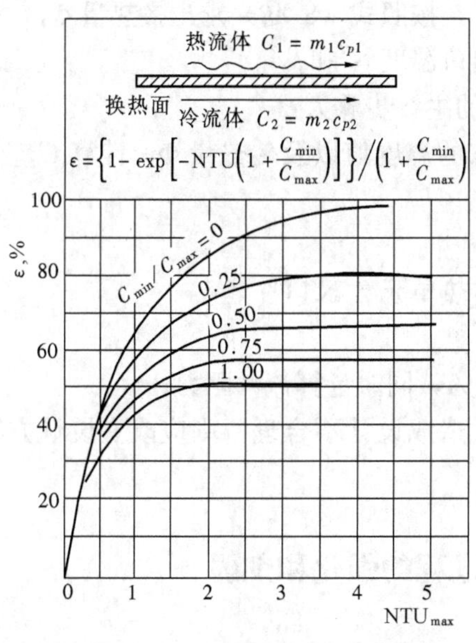

图8-17 顺流换热器ε－NTU

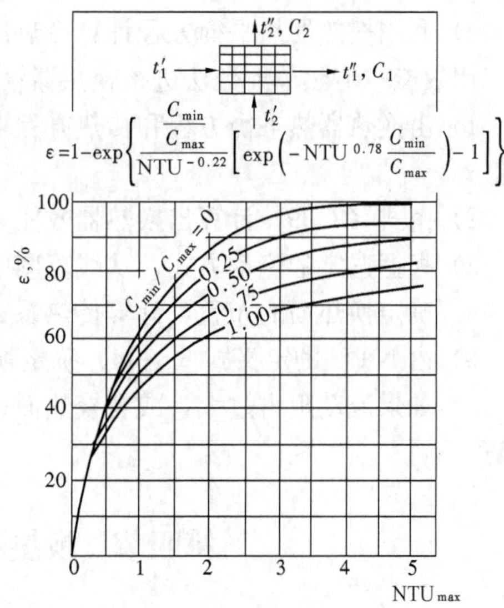

图8-18 逆流换热器ε－NTU

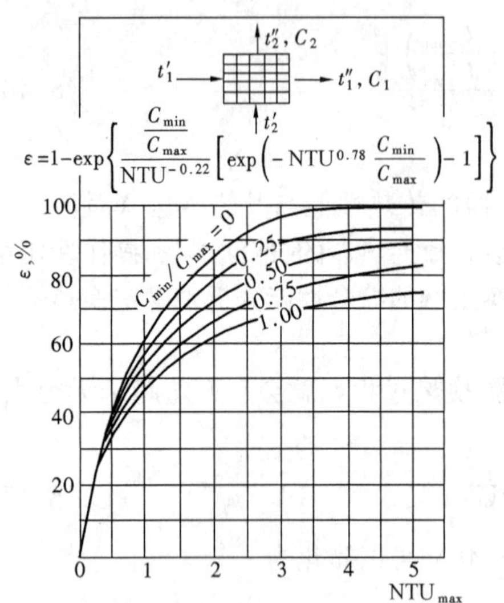

图 8-19　两流体均不混合的交叉流换热器 ε—NTU

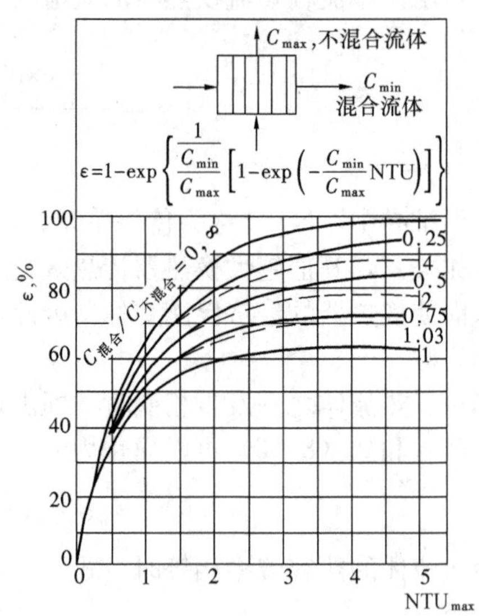

图 8-20　一种流体混合的交叉流换热器 ε—NTU

(2) 进行效能—传热单元数法进行换热器热计算。换热器效能—传热单元数法，即ε—NTU法，同样可以进行换热器的设计和校核计算。用其进行换热器的校核计算的主要步骤为：

1) 根据换热器的结构，计算换热器的传热系数 k；

2) 计算换热器的传热单元数 NTU 以及 C_{min}/C_{max}的比值；

3) 按照换热器的流体流动方式，在相应的ε—NTU图中查出换热器效能的数值 ε；

4) 根据冷热流体的进口温度及最小热容流率，按照式（8-40）求出换热量 Φ；

5) 利用换热器热平衡方程计算冷热流体的出口温度 t_1''和 t_2''。

用效能—传热单元数法进行换热器设计计算的主要步骤为：

1) 由换热器热平衡方程和传热方程求出待求的温度值以及传热量 Φ，计算 C_{min}/C_{max}的比值；

2) 由式（8-39）计算出换热器效能 ε；

3) 根据选定的流动方式，从线算图中查出传热单元数 NTU；

4) 确定换热面的布置，计算传热系数 k；

5) 由 NTU 的定义式（8-44）确定换热面积 A，同时计算流动阻力；

6) 如果流动阻力过大，或者换热面积过大，造成设计不合理，则应改变设计方案重新计算。

*第四节　换热器传热过程的强化和削弱

传热过程广泛存在于电力、冶金、动力机械、石油、化工、低温、建筑以及航空航天等许多领域。这些传热问题除需要计算传热量外，很多情况下还涉及如何增强和削弱传热的问题。所以，根据目的不同，热量传递过程的控制形成了两个方向截然相反的技术：强化传热技术与削弱传热技术（又称隔热保温技术）。

1. 传热过程的强化

换热器传热过程的强化，就是力求在单位时间内、单位换热面积传递尽可能多的热量。所获得的效果表现为三方面：在设备投资以及输送功耗一定的条件下，获得较大的传热量，从而增加换热器容量，提高换热器效率；保持换热器容量不变，使设备结构紧凑，体积减小，材料耗量减少，成本降低；降低高温部件的温度，例如各类发动机、核反应堆、电力、电子设备中元器件的冷却，保证设备安全运行。

计算换热器传热过程的基本计算公式为

$$\Phi = kA\Delta t_{\rm m} \tag{8-50}$$

可见，传热量由三个因素决定，即传热温差、传热面积和传热系数。所以，强化换热器传热的途径也从增加 k、A 和 $\Delta t_{\rm m}$ 来考虑。

（1）增加传热系数 k。增加传热系数，就是要减小传热热阻。以两流体通过圆管管壁进行传热为例，基于圆管外壁面的传热系数表达式为

$$k = \frac{1}{\dfrac{d_2}{d_1 h_1} + R_1 + \dfrac{d_2}{2\lambda}\ln\dfrac{d_2}{d_1} + R_2 + \dfrac{1}{h_2}} \tag{8-51}$$

式中　d_1、d_2——管内径和外径；

h_1、h_2——管内外流体的对流表面传热系数；

λ——管壁的导热系数；

R_1、R_2——管内外壁的污垢热阻。

由于换热器是长时期运行的热设备，所以在运行一段时间后，常常在换热面上集结水垢、淤泥、油污和灰尘之类的污垢。这些污垢在传热过程中都表现为附加热阻，导致传热系数减小，换热性能下降。污垢热阻单位为 $\rm m^2 \cdot K/W$，通常由实验确定。

从式（8-51）可以看出，提高 h_1 和 h_2，选用导热性能良好的材料作为传热间壁，尽可能减小壁厚，减轻污垢聚集，均能使传热系数 k 增大。但并不是各项措施对增加 k 均有效。增加传热系数时要注意应当减小最大的局部热阻。一个传热过程由几个热阻串联而成，减小最大的热阻，才能使传热得到明显强化。这是强化传热的一个基本原则。

如何提高表面传热系数 h_1 和 h_2 以改善传热呢？由于对流换热过程受流体物性、流动状态、温度和换热面几何特性等多种因素影响，因此强化换热的方法很多。一般来说，增大流速和增强扰动以减薄和破坏边界层，是减小对流换热热阻的主要方法。提高流体流速，可减小层流底层的热阻。但是采用增大流速的方法来增强传热时，由于流速增加会使流体流动阻力增加，所以必须兼顾热流量和流动阻力选择最佳流速。利用入口段换热强的特点，采用短管，可减小边界层厚度。人为设置扰动源也是破坏边界层的有效方法。例如，采用螺旋管、波纹管、螺纹管，增装扰流子和涡流发生器，以及正确布置换热面，如叉排布置等方法，都可以有效地增强扰动，破坏边界层。

（2）增加对数平均温差 $\Delta t_{\rm m}$。在冷热流体进出口温度一定时，改变流型的布置可以提高平均温差。在对换热器进行分析时已指出，逆流流型的平均温差最大，顺流的平均温差最小，因此从强化传热的角度出发，换热器应当尽量布置成逆流。

另一种方法是提高热流体温度或降低冷流体温度，增加冷热流体之间的温差，使平均温差增大。但是大多数情况下，传热温差往往被客观条件所限定，不能随意改动。所以通过加大传热温差来强化传热的途径没有太多考虑的余地。

(3) 扩大传热面积。增大传热面积是最有效的强化传热途径。增加总传热面积 A，即多布置一些换热面，可以降低总传热热阻 R_k，加大传热量。改善传热面的结构，不仅能增加传热面，还能使流体的流动和换热特性得到改善。肋化面、异形表面、多孔物质涂敷在传热表面等均能扩展换热表面。

肋片应用于表面传热系数小的场合特别有效。异形表面则是利用轧制或冲压等方法将传热表面制成波纹形、椭圆形以及各种凹凸形状，它们不但增加了传热面积，而且还能改变流动状态，减小边界层厚度和增大扰动，从而使传热增强。将细小的金属颗粒烧结或涂敷于传热表面，也可以扩大传热面积，强化传热。

有关强化传热的详细资料，请参阅相关文献。

2. 传热过程的削弱

增强传热的反面是削弱传热。根据传热方程式可知，可通过减小传热温差、减小传热面积和传热系数的方法来削弱传热。工程上使用最广泛的方法是在管道和设备上覆盖保温隔热材料，使其导热热阻增加，进而使总热阻增加，以削弱传热。这就是工程上常见的管道和设备的保温隔热。

一般要求保温材料满足下述要求：①热导率小。热导率越小，同样厚度的保温隔热材料的保温隔热效果越好。一些新型材料，如玻璃棉、矿渣棉、岩棉、硅酸铝纤维、氧化铝纤维、微孔硅酸钙、聚苯乙烯发泡塑料等，它们的热导率比传统的保温隔热材料小得多。②温度稳定性好。在一定温度范围内保温隔热材料的物性值变化不大。③有一定的机械强度。机械强度低，易受破坏，而使散热增加。④吸水、吸湿性小。水分会使材料的热导率大大增加。

在设计隔热保温层时，对保温层厚度的计算可采用前面介绍的传热计算公式。隔热保温层越厚，散热损失就越小，但费用也随之增加。为了统筹兼顾，一般按全年热损失费用和隔热保温层折旧费用总和为最低时的厚度来设计，这一厚度称为最佳厚度或经济厚度。至于隔热层结构，除了主要的保温隔热层以外，根据使用条件还有防腐层、隔汽层、防水层、保护层、装饰层等。例如，在制冷工业中，隔汽层和防水层必不可少，因为保温层的受潮、结露、霜冻等都会影响保温层性能。不同保温层的施工工艺也不同，可参阅选相关参考文献。

思 考 题

8-1 圆筒壁和肋壁的传热计算与平壁传热计算有何不同？

8-2 换热器热计算依据的方程有哪些？

8-3 为了增强一台油冷器的传热，用提高冷却水流速的方法并不显著，为什么？

8-4 圆筒壁包上保温材料，有时反而使热流量增加。平壁外包保温材料会有这种现象吗，为什么？

8-5 对于 $m_1c_{p1}>m_2c_{p2}$、$m_1c_{p1}<m_2c_{p2}$ 和 $m_1c_{p1}=m_2c_{p2}$ 三种情况，分别画出顺流和逆流时的流体温度曲线。

8-6　什么是换热器的设计计算和校核计算？这两种计算的步骤各自有哪些？

习　　题

8-1　热流体A流入一换热器中加热石油，其进口温度为300℃，出口温度为200℃。石油从25℃加热后升至175℃。试求两流体顺流和逆流时的对数平均温差。

8-2　压力为6.18×10^5Pa的干饱和蒸汽在换热器中冷凝，冷却水在管内流过，温度从20℃上升至70℃。试求对数平均温差。

8-3　习题8-1中的换热器如果是交叉流动形式，两种流体在换热器中均不混合，试求换热器的传热平均温差Δt_m。

8-4　在空气加热器中，空气从20℃被加热到230℃，烟气从430℃被冷却到250℃。试求流体顺流、逆流和交叉流时的传热平均温差。两种流体交叉流动时烟气混合，空气不混合。

8-5　换热器中热重油加热含水石油。重油的温度从280℃降到190℃，含水石油从20℃加热到160℃。试求两液体顺流和逆流时的对数平均温差。假设传热系数k和热流密度相同，问逆流与顺流相比加热面积减少多少？

8-6　假定冷、热流体进、出换热器的温度一定，换热器为管壳式。试分析热流体在壳侧和管侧的对数平均温差有无差别？假如冷、热流体的进出口温度分别为$t_2'=25$℃，$t_2''=80$℃；$t_1'=250$℃，$t_1''=150$℃。试计算逆流、一次交叉流（两种流体均不混合）情况下热流体在管侧和在壳侧时的对数平均温差。

8-7　需要将流体A从120℃冷却到50℃，为此用10℃的水冷却，水的最终温度为24℃。假设换热器的传热系数为1000W/(m^2·K)，传热量为14kW，试求流体顺流和逆流时需要的换热面积。

8-8　在一次交叉流的换热器中，用锅炉的烟气加热水。已知烟气进、出换热器的温度分别为250℃和140℃，流量为2.5kg/s，$c_p=1.09$kJ/(kg·K)，常压水的温度从20℃加热到80℃，换热器的传热系数为190W/(m^2·K)。试用对数平均温差法和ε-NUT法计算所需换热面积。

8-9　在习题8-8中一次交叉流换热器中，由于锅炉用水量减少一半，水和烟气进换热器的温度保持不变。试问水和烟气出换热器的温度各是多少？传热量是多少？假定传热系数和换热面积不变。

8-10　高温燃气通过换热器加热空气。试求两种气体顺流和逆流通过换热器所需的传热面积。已知燃气的初温为600℃，终温为300℃，空气的流量为40 000m^3/h，空气从30℃加热到250℃。换热器的传热系数为20W/(m^2·K)，空气的压力为1.013×10^5Pa。

8-11　在一顺流换热器中用水来冷却另一种液体。水的初温和流量分别为15℃和0.25kg/s。液体的初温和流量分别为140℃和0.07kg/s。换热器的传热系数为35W/(m^2·K)，传热面积等于8m^2。液体的比热容为0.717kJ/(kg·K)。假定热流体在换热器长度方向上的温度变化为线性，试求水和液体的终温以及传热量。

8-12　在上题的条件下，假如热流体在换热器长度方向上温度呈指数变化，试求水和热流体的终温和传热量。

8-13 在套管式换热器中，用20℃的水来冷却温度为120℃的油。已知水的流量为200kg/h，油的比热容为c_p=2.1kJ/(kg·K)。要求套管换热器的出口水温不超过99℃，油温不低于60℃。换热器传热系数为250W/(m^2·K)。试计算被冷却油的最大流量。

8-14 一台利用蒸汽凝结来加热冷流体的换热器，在整个凝结过程中热流体的温度保持不变，试推导此换热器效能ε的表达式。

8-15 100℃的水蒸气在冷凝器中冷凝成100℃的水。20℃的冷却水进入冷凝器后，在出口处温度升至43℃。试计算该冷凝器的效能是多少？

8-16 80℃的油进入冷油器被水冷却到20℃离开，冷油器的传热面积等于7.5m^2，传热系数为6000W/(m^2·K)。冷水进口温度为10℃。油的流量为8000kg/h，c_p=2000J/(kg·K)。假设冷油器内两流体逆流流动，试求水的质量流量。

8-17 流量为45 500kg/h的水在一加热器内从80℃被加热到150℃。加热器为2壳程8管程的管壳式加热器，传热面积为925m^2。热废气的初温为350℃，终温为175℃。假设热废气为空气，其物性参数为常数，试求此加热器的传热系数。

8-18 一台冷却器每小时冷却275kg的热流体需要用10℃的冷却水1000kg才能将热流体从120℃冷却到50℃。热流体的比热容c_p=3.04kJ/(kg·K)。冷却器的传热系数k=1100W/(m^2·K)。试求顺流和逆流布置时所需传热面积是多少？

8-19 300℃的废气在一次交叉流换热器的翅片管外流过，离开换热器时温度降到100℃。翅片管内35℃的压力水流过，温度升到125℃。废气的比热容为1000J/(kg·K)，以废气侧面积计算的传热系数为100W/(m^2·K)。试用ε—NUT法计算废气侧所需面积。

8-20 设习题8-19中的一次交叉流翅片管换热器翅片侧的传热面积为45m^2，传热系数为100W/(m^2·K)。设废气的流量为1.5kg/s，进口温度为250℃；冷却水进口温度仍为35℃，流量为1kg/s；废气的比热容仍为1000J/(kg·K)。试求换热器的传热量，废气和水的出口温度。

8-21 在一台交叉肋片管换热器中，压力水受到燃气轮机废气的加热。废气的质量流率为2kg/s，进口温度t_1'=325℃。水的质量流率为0.5kg/s，进口温度t_2'=25℃，出口温度t_2''=150℃。换热器的传热面积为10m^2。试求换热器的传热系数。取废气的比热容c'_{p1}=1000J/(kg·K)。

8-22 160℃的机油在薄壁套管式换热器中被冷却到60℃，25℃的水作为冷却剂。机油和水的流量均为2kg/s。内管直径为0.5m。套管换热器的传热系数为250W/(m^2·K)。机油的比热容为2.25kJ/(kg·K)。试问此换热器需多长才能满足冷却机油的要求？

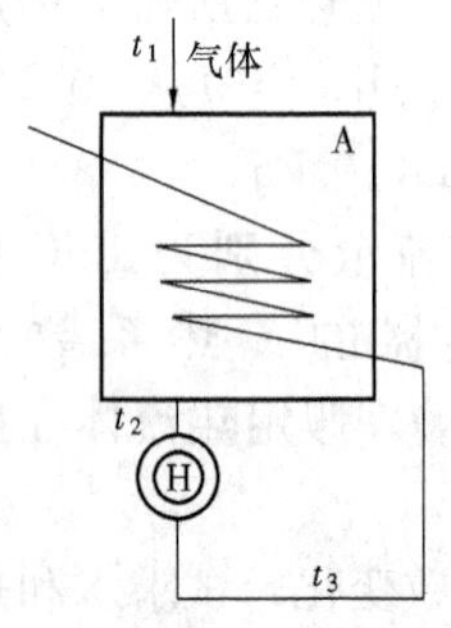

图8-21 习题8-25图

8-23 在一逆流换热器中把每小时流量为0.5m^{3}的变压器油从95℃冷却到40℃。冷却水温从12℃上升到50℃。油侧表面传热系数为200W/(m^2·K)，水侧为800W/(m^2·K)。钢管壁厚3mm。试求冷却水流量和必需的换热面积。

8-24 传热面积为48m^{2}和管壳式换热器用来加热77℃的水，每小时水的流量为85.5t，水被加热到95℃。热流体是压力为0.43×10^{5}Pa的饱和水蒸气。试求换热器的传热系数。

8-25 有一台换热器如图8-21所示。气体进入换热器A的温度t_1=300℃，出口温度t_2=430℃，气体出换热设备A后进入另一个加热器 H 中，气体再回至换热器 A 的温度为 560℃。假设换热器 A 的换热面积为 360m^2，气体每小时的流量为 10t，平均比热容为 105kJ/(kg·K)，向环境中损失掉气体获得的 10%的热量。试求换热器的传热系数。

8-26　螺旋盘管换热器中螺旋钢管一圈的直径为 0.4m，其管径为 57×3.5mm。流量为每小时 2m^3 的变压器油从螺旋管中流过，油温从 90℃冷至 30℃。在换热器进口处的冷却水的温度为 15℃，流至出口处已加热到 40℃。水侧表面传热系数为 580W/(m^2·K)。钢管壁和水垢的热阻共为 0.000 7m^2·K/W。试求：(1) 螺旋管的长度；(2) 水的流量。

8-27　蒸汽暖风器由 150 根直径为 38×3mm 的水平钢管组成。每小时 5200m^3 的空气在管内流动，将空气从 2℃加热到 90℃。相对湿度为 6%的水蒸气在管外加热，湿蒸汽的压力为 1.98×10^{5}Pa。假设水蒸气不流动，不计冷凝水的过冷度，管壁平均温度为 90℃。试求水蒸气量和管长。

8-28　用压力为 4.76×10^{5}Pa 的水蒸气在管式蒸发器中加热另一种液体，使它在 127℃沸腾。液体的沸腾量为 1600kg/h，汽化潜热为 377kJ/kg。假设水蒸气为：(1) 干饱和蒸汽；(2) 过热到 250℃的蒸汽；(3) x=0.8 的湿蒸汽，试求三种情况下所需的水蒸气量。水蒸气是在饱和温度下冷凝，蒸汽的比热容为 2.14kJ/(kg·K)。同时计算水蒸气为干饱和蒸汽、传热系数为 809W/(m^2·K)时蒸发器的换热面积。

8-29　内直径为 23mm，外直径为 25mm，长 4m 的 60 根铜管制成的一台管壳式冷凝器。100℃的蒸汽在管外凝结。8℃的水在铜管内流过，其流量为 200 000kg/h。水侧的对流表面传热系数为 35 000W/(m^2·K)，蒸汽侧的对流表面传热系数为 15 000W/(m^2·K)。试计算蒸汽的凝结率。已知蒸汽的汽化潜热为 2257kJ/kg。

8-30　热水流入一次交叉流换热器中加热冷水。热水进口温度为 90℃，流量为 10 000kg/h。冷水进口温度为 10℃，流量为 20 000kg/h，换热器效能为 60%。试求冷水出换热器的温度。

8-31　一次交叉流换热器的 0.6m^2 通道中布置 32 根内、外直径分别为 10.2mm 和 12.5mm 的钢管。150℃的热水以平均流速 0.5m/s 在管内流过。10℃的空气在换热器中被加热，容积流率为1.0m^3/s，压力为 1.1013×10^{5}Pa。管束外表面的对流表面传热系数为 400W/(m^2·K)。试计算流体的出口温度。

8-32　一台传热系数已知的套管换热器在下列条件下运行：冷流体的 m_2=0.125kg/s，c_{p2}=4200J/(kg·K)，t_2'=40℃，t_2''=95℃。热流体的 m_1=0.125kg/s，c_{p1}=2100J/(kg·K)，t_1'=210℃。试求最大可能的传热量，换热器的效能，顺、逆流时所需的面积比。

8-33　在一台逆流套管换热器中用 100℃的热油将 25℃的水加热到 50℃。热油出口温度降至 65℃。换热器的传热系数为 340W/(m^2·K)，传热量为 29kW。试求换热器面积。换热器运行一段时间后，脏油使换热面结垢，其污垢热阻为 0.004，试问在此条件下运行，换热器的面积应是多少？假设流体的入口温度不变，具有 0.004 的污垢热阻后换热量减少多少？

8-34　在进行外科手术时病人的血液在手术前进行冷却。手术后血液在 0.5m 长的逆流薄壁同心管中加温。内套管直径为 55mm，热水进入套管的温度为 60℃，流量为 0.10kg/s。血液的温度为 18℃，流量为 0.05kg/s。套管换热器的传热系数 k=500W/(m^2·K)。血液的比热容 c_p=3500J/(kg·K)。试求血液的出口温度。

8-35　有一台用来生产饱和蒸汽的锅炉，其传热面是直径为25mm的500根钢管。两流体为一次交叉流动形式。传热系数$k=50W/(m^2 \cdot K)$。管外1127℃的高温气体横掠管束。气体的比热容为1120J/(kg·K)，质量流量为10kg/s。177℃的饱和水以3kg/s的质量流量在管中流过，最后获得相同温度下的饱和水蒸气。试求需要钢管长度。

8-36　空气预热器中有1200根钢管，直径为70mm，管长为2m。管子呈正方形排列，纵向布置40排，横向30排。纵向和横向管间距均为140mm。水蒸气在127℃下冷凝，其表面传热系数比空气侧的表面传热系数大很多。1.013×10^5Pa、27℃的空气以12kg/s的质量流率横掠管束。试求空气的出口温度。

参 考 文 献

[1] 程尚模，黄素逸. 传热学. 北京：高等教育出版社，1990.

[2] 陈维汉，许国良，靳世平. 传热学. 武汉：武汉理工大学出版社，2004.

[3] 过增元，黄素逸. 场协同原理与强化传热新技术. 北京：中国电力出版社，2004.

[4] 杨世铭，陶文铨. 传热学. 3版. 北京：高等教育出版社，1998.

[5] 史美中，王中铮. 热交换器原理与设计. 南京：东南大学出版社，2003.

第九章　流动与传热数值计算

随着计算机的普及应用和性能的不断改善，以及相关的数值计算方法的发展和应用程序的开发，传热学数值计算方法作为数值求解传热问题的有效工具也得到了相应的发展，利用计算机求解传热学问题愈来愈受到人们的普遍重视，而且在计算复杂传热问题中显示出它的优越性，因而成为传热学的一个重要的分支。数值传热的相关内容也很自然地成为工程类学生学习传热学课程不可缺少的部分。

本章的主要目的是使学生能简要地掌握流动与传热问题数值计算的基本方法。首先，我们以导热问题为例，介绍计算区域离散化的概念、内节点与边界节点方程式的建立方法、节点方程组的求解过程，以及非稳态导热问题的显示与隐示差分格式。在此基础上，将数值计算的基本思想进一步拓展到对流传热问题，重点介绍经典的 SIMPLE 算法，包括交错网格系统的选取和压力修正方程式。最后，介绍在上述思想的基础上开发的流动与传热计算软件 Saints2D，并给出传热问题虚拟实验的计算示例。

第一节　数值计算的基本思想

在第二～五章中，我们对较为简单的导热与对流传热问题，如一维、二维简单几何形状和边界条件的稳态导热和非稳态导热，通过肋片的导热和忽略内热阻的集总导热系统，平板层流边界层对流换热问题等，进行了分析求解；然而对于一些更为复杂的流动与传热问题，如几何形状与边界条件复杂以及热物性变化较大的情况，紊流流动换热的情况等，分析求解变得很困难或者根本不可能进行。此时求解问题的唯一途径就是利用数值分析的办法来获得数值解。

数值求解通常是对微分方程直接进行数值积分或者把微分方程转化为一组代数方程组再进行求解。这里要介绍的是后一种方法。如何实现从微分方程到代数方程的转化又可以采用不同的数学方法，如有限差分法、有限元法和边界元法等。这里仅向读者简要地介绍用有限差分法从微分方程确立代数方程的处理过程。

有限差分法的基本思想是把原来在时间和空间坐标中连续变化的物理量（如温度、压力、速度和热流等），用有限数目的离散点上的数值集合来近似表达。有限差分的数学基础是用差商代替微商（导数），而几何意义是用函数在某区域内的平均变化率代替函数的真实变化率。

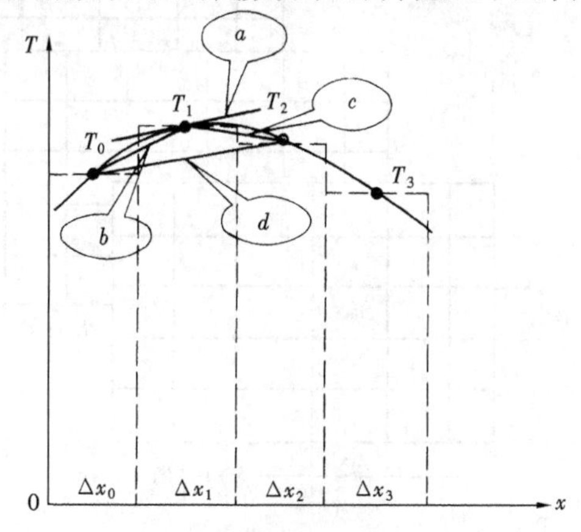

图 9-1　温度场的有限差分表示

从图 9-1 中可以看出，有限差分表示的温度场与真实温度场的区别。图中用 T_0、T_1、

T_2、…表示连续的温度场 T；Δx 为步长，它将区域的 x 方向划分为有限个数的区域，Δx_0、Δx_1、Δx_2、…，它们可以相等，也可以不相等。当 Δx 相等时，T_1 处的真实变化率 a 可以用平均变化率 b、c 或 d 来表示，其中 b、c 和 d 分别表示三种不同差分格式下的温度随时间的变化率，即

b 为向后差分格式 $$\frac{dT_1}{dx} \approx \frac{T(x_1) - T(x_1 - \Delta x)}{\Delta x}$$

c 为向前差分格式 $$\frac{dT_1}{dx} \approx \frac{T(x_1 + \Delta x) - T(x_1)}{\Delta x}$$

d 为中心差分格式 $$\frac{dT_1}{dx} \approx \frac{T(x_1 + \Delta x) - T(x_1 - \Delta x)}{2\Delta x}$$

这种差分格式也可以推广到高阶微商（导数）的情形。对于二阶导数的差分格式可以在一阶差分格式的基础上得出：

$$\frac{d^2 T_1}{dx^2} \approx \frac{T(x_1 + \Delta x) - 2T(x_1) + T(x_1 - \Delta x)}{(\Delta x)^2}$$

采用这样的处理之后，反映温度场随时间、空间连续变化的微分方程就可以用反映离散点间温度线性变化规律的代数方程来表示。当利用相应的数学办法求解这些代数方程组之后，我们就能获得离散点上的温度值。这些温度值就可以近似表示温度场的连续的温度分布。

从上面的分析不难看出，当我们要对流动与传热问题进行数值求解时一定要采取三个大的步骤，即：研究区域的离散化；离散点（节点）差分方程的建立；节点方程（代数方程）的求解。

1. 时间与空间的离散化

下面我们以二维导热问题的数值求解为例进行较为详细的讨论。

导热问题的温度场是假设为时间和空间的连续函数，当进行数值求解时首先要做的事情是在所研究的时间和空间区域内把时间和空间分割成为有限大小的小区域，犹如地球被人为地划分为不同的地域且冠以不同的名称，时间被年、月、日和时、分、秒分割。如果在所分割的每一个时间间隔和空间区域内均用同一个温度值来表示，那么原来连续变化的温度场就被一个离散的阶跃变化的温度分布所代替。这就是连续变化的温度场离散化处理的基本思路。

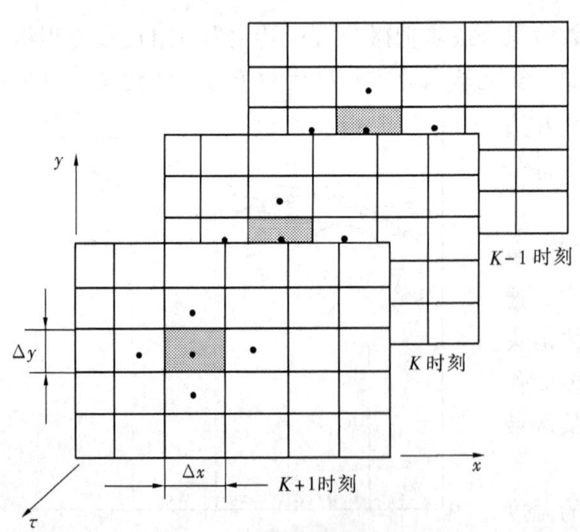

图 9-2 计算区域的离散化

这里我们以一个矩形长柱体的非稳态导热过程为例来讨论区域离散化问题。如果不考虑矩形长柱体长度方向上的温度变化，那么它是一个二维非稳态导热问题，图 9-2 所示为长柱体矩形截面上区域离散化的情况。从图中可见，对于给定的空间区域，在 x 方向上的步长为 Δx，在 y 方向上的步长为 Δy，用它们作为空间尺度可以将矩形区域划分成纵横交错的网格系统，计算区域就被这些网格线分隔成一系列的小的区域，称为

控制面积。对于三维情况则为控制体积或控制容积，因而常在一般意义上称之为**控制体**。控制体的中心点称为**节点**。

控制体的形状是随着坐标系的不同而改变的，这里的控制体是一个个的矩形面积。网格的步长在每一个方向上可以均匀划分，也可以不均匀的划分；所得到网格，相应地被称为均匀网格或者非均匀网格。因此，选用不同的步长和不同的划分方法，可以将同一区域划分出不同大小、不同数目的控制区域，以及不同数目的节点数。

获得每个节点上的温度值，就是导热数值计算的目的。显然，随着步长的不断减小，节点数目的不断增加，由节点温度表示的离散的温度场就会更加接近连续的温度场，但计算工作量也会随之增加。

此外，在时间方向上离散化的步长常用 $\Delta\tau$ 来表示，$\Delta\tau$ 的选取也是可大可小的，也可以随时间的进程而变化。显然，无限小的时间步长 $\Delta\tau$ 也会使得离散温度变化接近连续的温度改变，但随之而来的是相应的计算工作量将会增加。

2. 节点方程的建立

为了得出所研究区域的节点温度，必须建立相应的节点方程。建立节点差分方程可以采用不同的方法。这些方法主要分为两大类。第一类包括泰勒（Taylor）级数展开法和多项式拟合法，它偏重于从数学的角度进行推导，其优点是便于对离散方程进行数学特性分析，但缺点是变步长网格的离散方程形式复杂，导出过程的物理概念不清晰，不能保证差分方程具有守恒特性。第二类包括控制体热平衡法和控制容积积分法，其优点是推导过程的物理概念清晰，离散方程系数具有一定物理意义，保证差分方程具有守恒特性，但缺点是不便于对离散方程进行数学特性分析。因而，此两类方法可互为参考。

为了更好地理解节点方程的物理意义和掌握节点方程的建立方法，下面我们采用控制体热平衡法来建立节点方程。

(1) 内节点方程。控制体热平衡法建立节点方程的过程是将能量守恒方程应用于控制体，建立该节点与周围节点之间的能量平衡关系式，再利用傅里叶导热定律，最后获得控制体节点温度与周围节点温度之间的关系式。

考察图 9-2 中的节点 P 及其控制体，由能量平衡关系应有

$$\Phi_W+\Phi_E+\Phi_S+\Phi_N+\Phi_V=\Delta E \tag{9-1}$$

式中　Φ_W、Φ_E、Φ_S 和 Φ_N——邻近节点 W、E、S 和 N 通过传导方式传给节点 P 的热流量；

Φ_V——单位时间控制体内热源的发热量；

ΔE——控制体单位时间内热能的增加量。

由导热傅里叶定律，在线性温度分布的假设下，时刻 K 周围节点传给节点 P 的热流量分别为

$$\Phi_W=\frac{\lambda}{\Delta x}(T_W^K-T_P^K)\Delta y\cdot 1,\quad \Phi_E=\frac{\lambda}{\Delta x}(T_E^K-T_P^K)\Delta y\cdot 1$$

$$\Phi_S=\frac{\lambda}{\Delta y}(T_S^K-T_P^K)\Delta x\cdot 1,\quad \Phi_N=\frac{\lambda}{\Delta y}(T_N^K-T_P^K)\Delta x\cdot 1$$

控制体的发热流量 $\Phi_V=q_V\Delta x\Delta y\cdot 1$ 其中 q_V 为内热源强度，即单位时间单位体积的内热源发热量。

控制体单位时间的内能增加量为

$$\Delta E=\rho c\,\frac{T_P^{K+1}-T_P^K}{\Delta\tau}\Delta x\Delta y\cdot 1\quad 或\quad \Delta E=\rho c\,\frac{T_P^K-T_P^{K-1}}{\Delta\tau}\Delta x\Delta y\cdot 1$$

前者为时间上的向前差分，而后者为时间上向后差分。以上关系式中温度 T 的上标为所在时刻，下标为所在空间位置。

将以上关系式一并代入式（9-1）中，且假设 $\Delta x=\Delta y$，经整理可以得出二维非稳态导热问题的内节点的两种差分格式的差分方程，即

1）显式差分格式：

$$T_P^{K+1}=\frac{a\Delta\tau}{\Delta x^2}(T_W^K+T_E^K+T_S^K+T_N^K)+\left(1-4\,\frac{a\Delta\tau}{\Delta x^2}\right)T_P^K+\frac{q_V\Delta\tau}{\rho c}$$

定义网格傅里叶数 $Fo_\Delta=\dfrac{a\Delta\tau}{\Delta x^2}$，其物理意义是表征控制体的导热性能与热储蓄性能之间的对比关系，反映控制体温度随时间变化的动态特性。显式差分格式简化为

$$T_P^{K+1}=Fo_\Delta(T_W^K+T_E^K+T_S^K+T_N^K)+(1-4Fo_\Delta)T_P^K+\frac{q_V\Delta\tau}{\rho c}\tag{9-2}$$

2）隐式差分格式：

$$T_P^K=\frac{1}{1+4Fo_\Delta}\left[Fo_\Delta(T_W^K+T_E^K+T_S^K+T_N^K)+T_P^{K-1}+\frac{q_V\Delta\tau}{\rho c}\right]$$

或改写为

$$T_P^{K+1}=\frac{1}{1+4Fo_\Delta}\left[Fo_\Delta(T_W^{K+1}+T_E^{K+1}+T_S^{K+1}+T_N^{K+1})+T_P^K+\frac{q_V\Delta\tau}{\rho c}\right]\tag{9-3}$$

比较上面两种差分格式可以看出，显示差分格式最突出的优点是节点温度表达式的右边只涉及 K 时刻（前一时刻）的节点温度值，那么只要知道了前一时刻周围节点的温度值就可以求出该节点的 $K+1$ 时刻（当前时刻）的温度值；而隐示差分格式却不同，温度表达式的右端除了 K 时刻（前一时刻）的节点温度值以外，还含有 $K+1$ 时刻（当前时刻）的温度值，这就意味着必须同时计算当前时刻所有节点的温度值，即必须联立求解 $K+1$ 时刻所有节点的差分方程组，计算工作量增大也就是显而易见的了。

虽然显示差分格式计算比较方便，但它却存在着一个缺点，即计算式中 Fo_Δ 值必须满足一定的条件才不至于引起数值计算出现不收敛的问题，这在数值计算中称为差分格式的不稳定性。这里差分方程稳定性的条件是式（9-2）中的变量 T 前面的系数必须大于或等于零，分析一下差分方程中的各项系数，在 T_K^P 前的系数应为 $1-4Fo_\Delta\geqslant 0$。因此

$$Fo_\Delta\leqslant\frac{1}{4}\tag{9-4}$$

此式称为显示差分格式的稳定性判据，从中看出，时间步长和空间步长是相互制约的。为了获得较为精确的节点温度值，空间步长 Δx 的选择不能太小，按照稳定性判据的要求势必会使时间步长 $\Delta\tau$ 也要相应地不能太大，因而必须在增加节点数目的同时增多时间间隔，从而使计算工作量加大。

与显示差分格式相反，由于隐示差分格式的节点方程中没有会使方程系数成为负值的系数项，因而不存在方程求解的不稳定性的问题。也就是说，对于隐示差分格式，无论 Fo_Δ 中的 Δx 和 $\Delta\tau$ 取什么样的数值，均不会出现数值计算结果的不收敛问题，因而是无条件稳

定的。这样就使得我们能在满足一定精确度的情况下尽可能地加大时间步长或空间步长，亦可以在计算过程中随意改变步长，而不必担心会造成计算结果的不收敛。

这里指出，以上的讨论及结果适用于对非稳态导热问题。对于稳态导热问题，其实应更简单，只需要在式（9-2）或者式（9-3）中，令 $\Delta\tau\to\infty$ 或 $Fo_\Delta\to\infty$，并去掉温度 T^K 中的时间标志，均可得到二维稳态导热问题的内节点方程式：

$$T_P=\frac{1}{4}(T_W+T_E+T_S+T_N)+\frac{q_V\Delta x^2}{4\lambda} \tag{9-5}$$

（2）边界节点方程。在数值计算中所研究的区域的边界条件是通过边界节点的节点方程来反映的，因而边界节点的差分方程的建立十分重要。这里同样采用边界节点的控制体热平衡来确立边界节点的差分方程。

下面以对流换热边界为例，讨论如何建立边界节点的节点方程。图 9-3 所示的边界节点 P，其控制体的热平衡关系式仍同式（9-1），式中诸项 Φ_W、Φ_S、Φ_N、Φ_V 和 ΔE 也一样，所不同的是对流边界的传热量 Φ_E。

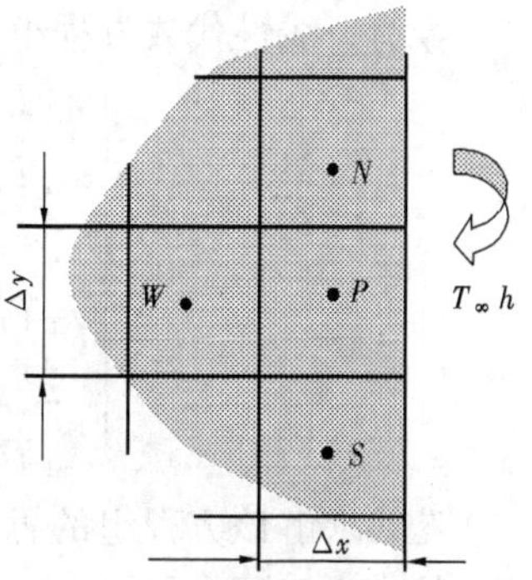

图 9-3　对流换热边界节点示意

从流体侧来看，应用牛顿冷却公式，假定壁面温度为 T_e，周围流体的温度为 T_∞，流体与壁面之间的表面传热系数为 h，则对流换热量 $\Phi_E=h(T_\infty-T_e)\cdot\Delta y\cdot 1$。

再者，从控制体侧来看，应用傅里叶定律，假定壁面处的温度梯度取向后差分格式，则应有 $\Phi_E=\lambda\cdot\dfrac{T_e-T_P^K}{\Delta x/2}\cdot\Delta y\cdot 1$。

只要网格步长 Δx 足够小，两者的结果应该是一致的。从而可消去未知量 T_e，得到

$$\Phi_E=\lambda(T_\infty-T_P^K)\cdot\frac{2}{1+2\lambda/(h\Delta x)}$$

定义网格毕渥数 $Bi_\Delta=\dfrac{h\Delta x}{\lambda}$，其物理意义是体现控制体和环境间的换热性能与其导热性能之间的对比关系。将上面的结果代入式（9-1），可得到对流换热边界节点的两种差分格式，即

1）显式差分格式：

$$T_P^{K+1}=Fo_\Delta(T_W^K+T_S^K+T_N^K)+\left(1-3Fo_\Delta-\frac{2Bi_\Delta}{Bi_\Delta+2}Fo_\Delta\right)T_P^K+\frac{2Bi_\Delta}{Bi_\Delta+2}Fo_\Delta T_\infty+\frac{q_V\Delta\tau}{\rho c} \tag{9-6}$$

2）隐式差分格式：

$$T_P^K=\frac{1}{1+Fo_\Delta(5Bi_\Delta+6)/(Bi_\Delta+2)}\times\left[Fo_\Delta(T_W^K+T_S^K+T_N^K)+T_P^{K-1}+\frac{2Bi_\Delta}{Bi_\Delta+2}Fo_\Delta T_\infty+\frac{q_V\Delta\tau}{\rho c}\right] \tag{9-7}$$

可以看到，隐式差分格式仍然是无条件稳定的，而显式差分格式的稳定性判据为

$$Fo_\Delta\leqslant\frac{1}{3+2Bi_\Delta/(Bi_\Delta+2)} \tag{9-8}$$

这里指出，上面的结果是在对流换热边界的情况下得到的，但经过简单的处理，可直接用于绝热边界条件与恒壁温边界条件。令 $Bi_{\Delta}\to\infty$，则有 $T_e=T_{\infty}=\text{const}$，即可简化为恒壁温边界条件下对应的差分格式。而令 $Bi_{\Delta}=0$，即 $h=0$，即可简化为绝热边界条件下对应的差分格式。

3. 节点方程的求解

由上面的讨论可以看出，对应于离散温度场的每一个节点均可以列出相应的差分方程，这样就可以得出与节点数目相同的一组代数方程组。当联立求解这个代数方程组时，最后就可以得出每一个节点的温度值。一般情况下，差分方程组是线性代数方程组，而线性代数方程组是可以用直接法和迭代法求解的。常用的直接法有高斯消元法、列主元素消去法和矩阵求逆法，而迭代法常用的有高斯一赛德尔迭代和超（欠）松弛迭代。

今有一线性代数方程组：

$$\begin{cases} a_{11}T_1+a_{12}T_2+\cdots+a_{1j}T_j+\cdots+a_{1n}T_n=b_1 \\ a_{21}T_1+a_{22}T_2+\cdots+a_{2j}T_j+\cdots+a_{2n}T_n=b_2 \\ \vdots \quad \vdots \quad \vdots \quad \vdots \quad \vdots \\ a_{i1}T_1+a_{i2}T_2+\cdots+a_{ij}T_j+\cdots+a_{in}T_n=b_i \\ \vdots \quad \vdots \quad \vdots \quad \vdots \quad \vdots \\ a_{n1}T_1+a_{n2}T_2+\cdots+a_{nj}T_j+\cdots+a_{nn}T_n=b_n \end{cases}$$

迭代求解该方程组的思路为，寻找一个由（T_1，T_2，…，T_n）组成的列向量，使其收敛于某一个极限向量（T_1^*，T_2^*，…，T_n^*），且该极限向量就是该方程的精确解。

当这个线性代数方程组的系数项 $a_{ii}\neq0$（$i=1$，2，…，n）时，可将其改写成迭代形式，有

$$\begin{cases} T_1=(b_1-a_{12}T_2-a_{13}T_3-\cdots-a_{1j}T_j-\cdots-a_{1n}T_n)/a_{11} \\ T_2=(b_2-a_{21}T_1-a_{23}T_3-\cdots-a_{2j}T_j-\cdots-a_{2n}T_n)/a_{22} \\ \vdots \quad \vdots \quad \vdots \quad \vdots \quad \vdots \quad \vdots \quad \vdots \\ T_i=(b_i-a_{i1}T_1-a_{i2}T_2-\cdots-a_{ij}T_j-\cdots-a_{in}T_n)/a_{ii} \\ \vdots \quad \vdots \quad \vdots \quad \vdots \quad \vdots \quad \vdots \quad \vdots \\ T_n=(b_n-a_{n1}T_1-a_{n2}T_2-\cdots-a_{nj}T_j-\cdots-a_{nn-1}T_{n-1})/a_{nn} \end{cases}$$

以上各式可以用一个通用的形式来表示：$T_i=(b_i-\sum\limits_{j=1(j\neq i)}^{n}a_{ij}T_j)/a_{ii}\ i=1,2,\cdots,n$。

利用上式就可以进行迭代求解了，其步骤是，合理选择（假设）各节点的初始温度，将其作为第零次迭代的近似温度值，记为 $T_i^{(0)}$（$i=1$，2，…，n）；将 $T_i^{(0)}$ 代入上式的右端，得到第一次迭代的近似值 $T_i^{(1)}$；之后将 $T_i^{(1)}$ 再代入上式的右端，则得出第二次的近似值 $T_i^{(2)}$；如此反复进行下去，直至进行到 K 次，使相邻的两次近似解 $T_i^{(K+1)}$ 和 $T_i^{(K)}$（$i=1$，2，…，n）之间的偏差小于预先设定的小量 ε 时，即满足 $/T_i^{(K+1)}-T_i^{(K)}/\leqslant\varepsilon$（$i=1$，2，…，$n$）或 $/(T_i^{(K+1)}-T_i^{(K)})\ /T_i^{(K)}/\leqslant\varepsilon$（$i=1$，2，…，$n$）。此时各节点的温度值［$T_1^{(K)}$，$T_2^{(K)}$，…，$T_n^{(K)}$］已经有足够的精确度用来表示代数方程组的解，从而可以结束方程求解的迭代过程。

从上述的迭代过程不难发现，当我们用第零次迭代值去进行第一次迭代时，$T_i^{(1)}$ 的值已经不断地产生出来，当计算 $T_r^{(1)}$ 时，到 $r-1$ 的 $T_i^{(1)}$ 已经求出。如果此时在计算 $T_r^{(1)}$ 时涉及的 $T_i^{(0)}$（$i=1$，2，…，$r-1$）全部用已求出的 $T_i^{(1)}$（$i=1$，2，…，$r-1$）代替，这势必会加快迭代收敛的速度。这种改进后的迭代方法被称为高斯—赛德尔迭代法。高斯—赛德尔

迭代法的方程组迭代形式为

$$T_i^{K+1}=(b_i-\sum_{j=1(j\neq i)}^{i-1}a_{ij}T_j^{K+1}-\sum_{j=i+1(j\neq i)}^{n}a_{ij}T_j^{K})/a_{ii},i=1,2,\cdots,n$$

归纳起来，高斯—赛德尔迭代法的求解步骤可表述为，将代数方程组写成迭代形式；设初始值经迭代得出节点新值；有新值则去掉旧值，不断以新换旧，且在迭代过程中应用；在迭代获得满足给定精确度的节点温度值后结束方程组的迭代。

*第二节　流动与传热的数值计算

与导热问题相比，对流换热问题的数值计算要复杂得多。从微分控制方程的数目来看，它增加了连续性方程和动量方程。求解 N—S 方程的一个主要困难在于：由动量方程求解速度场时，压力梯度项是未知的；压力场的信息必须从连续性方程中获取，但连续性方程式中并不直接出现压力项。在二维流动中，不可压缩流体的连续性方程为

$$\frac{\partial u}{\partial x}+\frac{\partial v}{\partial y}=0$$

一种解决办法是采用涡量—流函数法，通过交叉微分法将压力梯度从动量方程中消除，从而克服速度场同压力相关联的困难。然而，我们很快就发现了这种方法的局限性：首先，在基于涡量—流函数的计算方法中，很难根据原始变量（即速度和压力）来设定涡量和流函数的初始条件及边界条件的数值。再者，更重要的是，涡量—流函数法不能推广到三维流动问题的计算中去，因为在三维空间中不存在这样的流函数的数学形式。

实际上，在基于原始变量速度和压力的计算方法中，上述困难并不存在；所以，对求解 N—S 方程的研究也就重新回到这一出发点。1965 年 Harlow 和Welch提出了著名的 MAC 法，随后的研究者对这一方法进行了改进工作，并取得了巨大的成功。1972 年 Patankar 和 Spalding提出了通过压力场修正的方法，使得从动量方程式求得的速度场能同时满足连续性方程式所要求的质量守恒定律；压力场的修正方程式则从连续性方程中提取出来，并从原来的隐式关系变为一种显式关系。这样一种方法被称为“半隐式的压力关联方程（Semi－Implicit Pressure－Linked Equation)”，也就是著名的 SIMPLE 算法。从此，基于原始变量的有限差分法，在求解 N—S 方程方面逐步得到了广泛的应用。

1. 交错网格系统

在 SIMPLE 算法中，需要不断地通过压力场的修正，来对速度场进行修正。为了更有效地进行这种重复处理，于是将压力场与速度场的节点位置错开半格（半个控制体的位置），如图 9-4 所示，各速度分量被定义在控制体的表面上。在节点 P 处 x 方向的速度分量 u 定义在该控制体的右侧控制面上，y 方向的速度分量 v 定义在该控制体的上方控制面上。这样，计算速度场的网格与计算压力场的网格是相互交错的，称为交错网格系统。

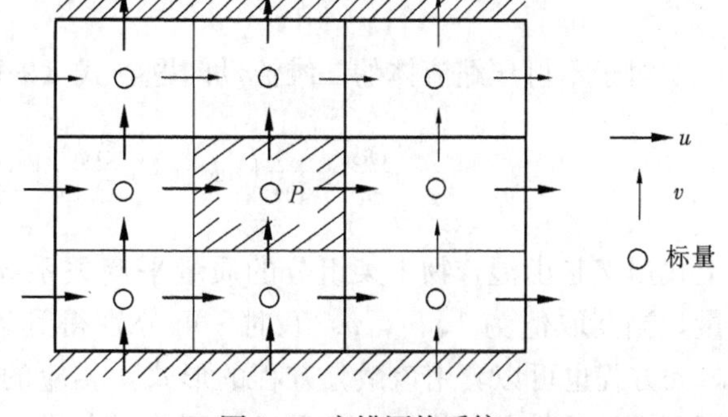

图 9-4　交错网格系统

事实上，计算温度场、紊流动能场和紊流动能耗散率场等标量场量的控制体与计算压力场的控制体是一样的，称为标量控制体。计算速度矢量各分量的控制体则分别被称为 u 控制体、v 控制体等。

从图 9-4 还可以看出，流体在某一点的速度，主要是由于其前后两点的压力的差值造成的，交错网格系统在流体力学上正是体现了压力驱动的物理机制。

2. 通用输运方程及离散化

对于二维层流流动换热问题的数值计算，我们需要求解 1 个连续性方程、两个动量方程和 1 个能量方程；而对于二维紊流流动换热问题，则还要再加上 $k-\varepsilon$ 紊流模型的 2 个输运方程，整个微分方程组共包括 6 个方程式。这显然是一项十分繁杂的工作。如果能够用一个通用形式的数学微分方程去同时描述上述 6 个方程式，针对这个通用形式的微分方程式进行离散化处理和编写程序代码，由计算机来反复调用通用的程序代码，无疑会是一件十分有意义的工作。这个通用形式的数学微分方程式便称为通用输运方程。

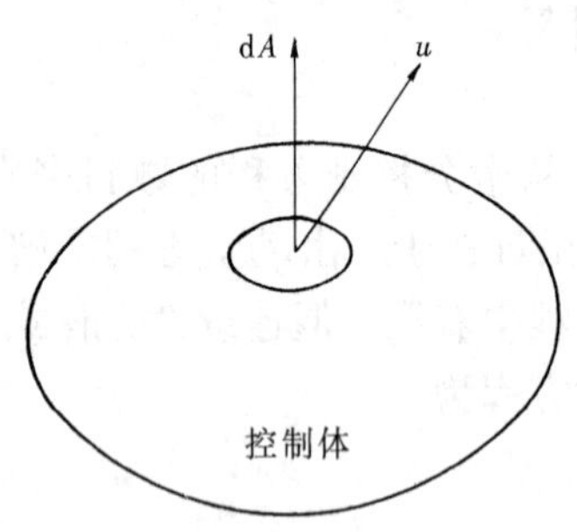

图 9-5 控制体示意图

如图 9-5 所示，考察混合物流经一控制体时其中某特定组分的质量守恒问题。设 ϕ 为该组分的质量分数，则其浓度为 $\rho\phi$；我们用 Γ_ϕ 来表示该组分的扩散系数。该组分经控制体微元表面 $\mathrm{d}A$ 而流出控制体的净流出质量流率将包括对流项 $\rho\phi u \cdot \mathrm{d}A$ 和扩散项 $-\rho\Gamma_\phi \nabla\phi \cdot \mathrm{d}A$。流出控制体的净质量流率则为 $\int_{\mathrm{CS}}(\rho\phi u - \rho\Gamma_\phi \nabla\phi)\cdot \mathrm{d}A$。用 S_ϕ 表示该组分的质量源项，也即单位混合物质量的该组分生成率，由质量平衡关系，应有

$$\frac{\partial}{\partial\tau}\int_{\mathrm{CV}}\rho\phi\,\mathrm{d}V + \int_{\mathrm{CS}}(\rho\phi u - \rho\Gamma_\phi \nabla\phi)\cdot \mathrm{d}A = \int_{\mathrm{CV}}\rho S_\phi\,\mathrm{d}V \tag{9-9}$$

式中 CS——对控制体表面的积分；

CV——对控制体体积的积分。

应用散度定理，式（9-9）左边第二项变为 $\int_{\mathrm{CS}}(\rho\phi u - \rho\Gamma_\phi \nabla\phi)\cdot \mathrm{d}A = \int_{\mathrm{CV}}\nabla\cdot(\rho\phi u - \rho\Gamma_\phi \nabla\phi)\mathrm{d}V$。由于控制体及其大小是任意选定的，则可以去掉积分符号，式（9-9）变为

$$\frac{\partial\rho\phi}{\partial\tau} + \nabla\cdot(\rho\phi u - \rho\Gamma_\phi \nabla\phi) = \rho S_\phi \tag{9-10}$$

对于不可压缩流体的二维流动问题，式（9-10）变为

$$\frac{\partial\phi}{\partial\tau} + \frac{\partial}{\partial x}\left(u\phi - \Gamma_\phi\frac{\partial\phi}{\partial x}\right) + \frac{\partial}{\partial y}\left(v\phi - \Gamma_\phi\frac{\partial\phi}{\partial y}\right) = S_\phi \tag{9-11}$$

上式虽然是由混合物中某组分的质量平衡关系导出，但却具有通用的意义。视 ϕ 为通用变量，当其取值为 1、u、v、T 时，可分别得到连续性方程、动量方程和能量方程。并且，$k-\varepsilon$ 方程也可以套用该微分方程的形式，相应的源项与扩散系数见表 9-1。式（9-11）即为不可压缩流体的二维流动问题的通用输运方程。

表 9-1　通用输运方程中变量 ϕ 及其对应的 Γ_ϕ 和 S_ϕ

控制方程	ϕ	Γ_ϕ	S_ϕ
连续性方程	1	—	0
u 动量方程	u	$v+\varepsilon_m$	$-\frac{1}{\rho}\frac{\partial p}{\partial x}+\frac{\partial}{\partial x}\left(\Gamma_\phi\frac{\partial u}{\partial x}\right)+\frac{\partial}{\partial y}\left(\Gamma_\phi\frac{\partial v}{\partial x}\right)$
v 动量方程	v	$v+\varepsilon_m$	$-\frac{1}{\rho}\frac{\partial p}{\partial y}+\frac{\partial}{\partial x}\left(\Gamma_\phi\frac{\partial u}{\partial y}\right)+\frac{\partial}{\partial y}\left(\Gamma_\phi\frac{\partial v}{\partial y}\right)$
能量方程	T	$\frac{v}{Pr}+\frac{\varepsilon_m}{\sigma_T}$	0
k 输运方程	k	$v+\frac{\varepsilon_m}{\sigma_k}$	$P-\varepsilon$
ε 输运方程	ε	$v+\frac{\varepsilon_m}{\sigma_\varepsilon}$	$(c_1P-c_2\varepsilon)\ \frac{\varepsilon}{k}$

通用控制方程　$\frac{\partial\phi}{\partial t}+\frac{\partial}{\partial x}\left(u\phi-\Gamma_\phi\frac{\partial\phi}{\partial x}\right)+\frac{\partial}{\partial y}\left(v\phi-\Gamma_\phi\frac{\partial\phi}{\partial y}\right)=S_\phi$

其中　$\varepsilon_m=c_D\frac{k^2}{\varepsilon}$，$P=v_t\left\{2\left(\frac{\partial u}{\partial x}\right)^2+2\left(\frac{\partial v}{\partial y}\right)^2+\left(\frac{\partial u}{\partial y}+\frac{\partial v}{\partial x}\right)^2\right\}$

下面对通用输运方程式（9-11）进行离散化处理。如图 9-6 所示，考虑节点 P 周围体积为 $\Delta x\Delta y$ 的控制体，其周围有四个邻近节点 E，W，N，S，控制体界面用符号 e，w，n，s 标记，节点间的距离用 δx，δy 加下标 e，w，n，s 表示。符号 f_n，f_s，f_e，f_w 是插值因子，其定义可从图中得到解释。例如，对节点 P，f_w $(\delta x)_w$ 表示控制面 w 至节点之间的距离。通用差分方程可以通过将通用输运方程在控制容积 $\Delta x\Delta y$ 上积分得到，即

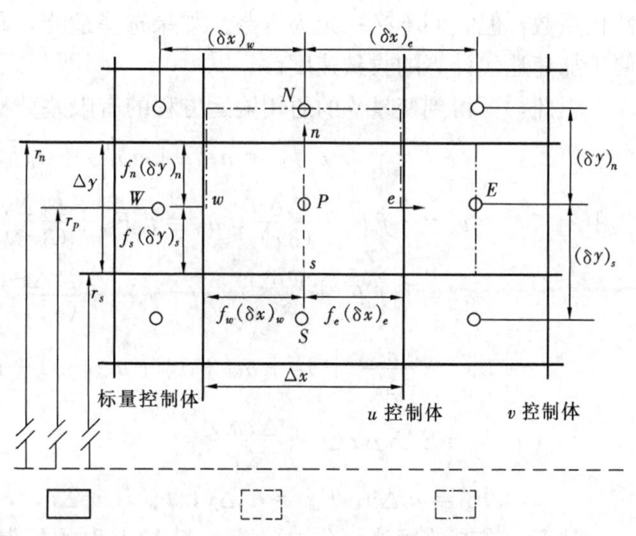

图 9-6　通用输运方程离散化的控制体

$$
\begin{aligned}
&\frac{1}{\Delta\tau}\int_{\tau}^{\tau+\Delta\tau}\int_{s}^{n}\int_{w}^{e}\frac{\partial\phi}{\partial t}\mathrm{d}x\mathrm{d}y\mathrm{d}\tau\\
&+\frac{1}{\Delta\tau}\int_{\tau}^{\tau+\Delta\tau}\int_{s}^{n}\int_{w}^{e}\left[\frac{\partial}{\partial x}\left(u\phi-\Gamma_\phi\frac{\partial\phi}{\partial x}\right)+\frac{\partial}{\partial y}\left(v\phi-\Gamma_\phi\frac{\partial\phi}{\partial y}\right)\right]\mathrm{d}x\mathrm{d}y\mathrm{d}\tau\\
&=\frac{1}{\Delta\tau}\int_{\tau}^{\tau+\Delta\tau}\int_{s}^{n}\int_{w}^{e}S_\phi\mathrm{d}x\mathrm{d}y\mathrm{d}\tau
\end{aligned}
\tag{9-12}
$$

其中非稳态项离散化为

$$
\frac{1}{\Delta\tau}\int_{\tau}^{\tau+\Delta\tau}\int_{s}^{n}\int_{w}^{e}\frac{\partial\phi}{\partial t}\mathrm{d}x\mathrm{d}y\mathrm{d}\tau=\frac{\Delta x\Delta y}{\Delta\tau}(\phi_P-\phi_P^o)
$$

上角标 o 表示当前时刻 τ 的值，而不带上角标的则为下一时刻 $\tau+\Delta\tau$ 的值。

对流扩散项的积分为

$$\frac{1}{\Delta\tau}\int_{\tau}^{\tau+\Delta\tau}\int_{s}^{n}\int_{w}^{e}\left[\frac{\partial}{\partial x}\left(u\phi-\Gamma_{\phi}\frac{\partial\phi}{\partial x}\right)+\frac{\partial}{\partial y}\left(v\phi-\Gamma_{\phi}\frac{\partial\phi}{\partial y}\right)\right]\mathrm{d}x\mathrm{d}y\mathrm{d}\tau$$

$$=\frac{1}{\Delta\tau}\int_{\tau}^{\tau+\Delta\tau}\left\{\left(u\phi-\Gamma_{\phi}\frac{\partial\phi}{\partial x}\right)\Big|_{w}^{e}\Delta y+\left(v\phi-\Gamma_{\phi}\frac{\partial\phi}{\partial y}\right)\Big|_{s}^{n}\Delta x\right\}\mathrm{d}\tau$$

$$=f_{\tau}\left\{\left(u\phi-\Gamma_{\phi}\frac{\partial\phi}{\partial x}\right)\Big|_{w}^{e}\Delta y+\left(v\phi-\Gamma_{\phi}\frac{\partial\phi}{\partial y}\right)\Big|_{s}^{n}\Delta x\right\}$$

$$+(1-f_{\tau})\left\{\left(u\phi-\Gamma_{\phi}\frac{\partial\phi}{\partial x}\right)\Big|_{w}^{e}\Delta y+\left(v\phi-\Gamma_{\phi}\frac{\partial\phi}{\partial y}\right)\Big|_{s}^{n}\Delta x\right\}^{o}$$

式中 f_{τ} 是介于 0 和 1 之间的加权调和因子。$f_{\tau}=0$ 时即得到显式差分格式；$f_{\tau}=1$ 为隐式差分格式；$f_{\tau}=1/2$ 时的表达式称为 Crank-Nikolson 差分格式，也就是半隐式差分格式。显式差分格式与隐式差分格式的稳定性问题在前面已有所讨论，半隐式差分格式的稳定性则介于两者之间。出于计算稳定性方面的考虑，通常采用隐式差分格式。

源项的积分为

$$\frac{1}{\Delta\tau}\int_{\tau}^{\tau+\Delta\tau}\int_{s}^{n}\int_{w}^{e}S_{\phi}\mathrm{d}x\mathrm{d}y\mathrm{d}\tau=S_{\phi P}\Delta x\Delta y=(SC_{P}+SP_{P}\phi_{P})\Delta x\Delta y$$

这里假定源项 S_{ϕ} 能被分离为 SC 和 SP 两项，它们分别为源项 S_{ϕ} 的近似为常数的部分和线性化系数，但它们不必一定为常数。如果选择适当，可使源项分离出的线性化系数为负数，便于加速迭代计算的收敛速度。

至此，可得到变量 ϕ 的通用输运方程的有限差分格式为

$$a_{P}\phi_{P}=a_{E}\phi_{E}+a_{W}\phi_{W}+a_{N}\phi_{N}+a_{S}\phi_{S}+b \tag{9-13}$$

其中

$$a_{E}=-f_{e}F_{e}+\frac{\Gamma_{e}\Delta y}{(\delta x)_{e}},\quad a_{W}=f_{w}F_{w}+\frac{\Gamma_{w}\Delta y}{(\delta x)_{w}}$$

$$a_{N}=-f_{n}F_{n}+\frac{\Gamma_{n}\Delta x}{(\delta y)_{n}},\quad a_{S}=f_{s}F_{s}+\frac{\Gamma_{s}\Delta x}{(\delta y)_{s}}$$

$$a_{P}=\frac{\Delta x\Delta y}{\Delta\tau}+a_{E}+a_{W}+a_{N}+a_{S}+F_{e}-F_{w}+F_{n}-F_{s}-SP_{P}\Delta x\Delta y$$

$$b=SC_{P}\Delta x\Delta y+\frac{\Delta x\Delta y}{\Delta\tau}\phi_{P}^{o}$$

$$F_{e}=u_{e}\Delta y,\quad F_{w}=u_{w}\Delta y,\quad F_{n}=v_{n}\Delta x,\quad F_{s}=v_{s}\Delta x$$

注意，在交错网格划分中，u、v 动量方程的控制容积分别以半个控制体的长度在右、上两个方向上错开半格。在 u 控制体、v 控制体和标量控制体中，相应的系数 $a_{E}\sim a_{S}$ 应根据三种不同控制体的三种不同设置来分别进行计算。

为谨慎起见，在动量方程的求解过程中，常将压力项从综合项 b 的余项中分离出来。也就是说，求解分速度 u 时，改用下述差分方程形式：

$$a_{P}\phi_{P}=a_{E}\phi_{E}+a_{W}\phi_{W}+a_{N}\phi_{N}+a_{S}\phi_{S}+\Delta y(p_{w}-p_{e})+b \tag{9-14}$$

同样地，求解分速度 v 时，改用下述差分方程形式：

$$a_{P}\phi_{P}=a_{E}\phi_{E}+a_{W}\phi_{W}+a_{N}\phi_{N}+a_{S}\phi_{S}+\Delta x(p_{s}-p_{n})+b \tag{9-15}$$

这里应该说明：任何基于中心差分格式的有限差分法，都会遇到高雷诺数的限制，即在高雷诺数的情况下可能出现迭代计算不稳定的问题，甚至得不到收敛的结果。要克服这一困难有几种做法，其中之一是采用 Spalding 提出的混合差分格式，它是基于一维对流扩散方程来逼近精确解的指数形式。混合格式很容易通过对系数 $a_{E}\sim a_{S}$ 的如下处理来实现：

$$a_E = \max(a_E, -F_e, 0),\ a_W = \max(a_W, F_w, 0)$$
$$a_N = \max(a_N, -F_n, 0),\ a_S = \max(a_S, F_s, 0) \tag{9-16}$$

这里，max（A，B，C）是取 A、B、C 三者中的最大值。

3. 压力修正方程——SIMPLE 算法

Patankar 和 Spalding 推荐使用的 SIMPLE 算法的核心思想是，建立一种将连续性方程和压力场紧密联系起来的关联方程式，即压力修正方程，据此推算出一个合理的压力场分布，再将压力梯度代入动量方程以求解各速度分量。具体做法是，首先假想一个压力场，然后通过关联方程式来估算压力修正值的大小，从而对假想压力场做出修正；重复此过程，直至各点的压力修正值接近于零。由于压力修正方程是从连续性方程中提取出来的，根据动量方程计算得到的速度场，自然地也就能够同时满足连续性方程的要求。图 9-7 所示为推导压力修正方程控制体的示意。

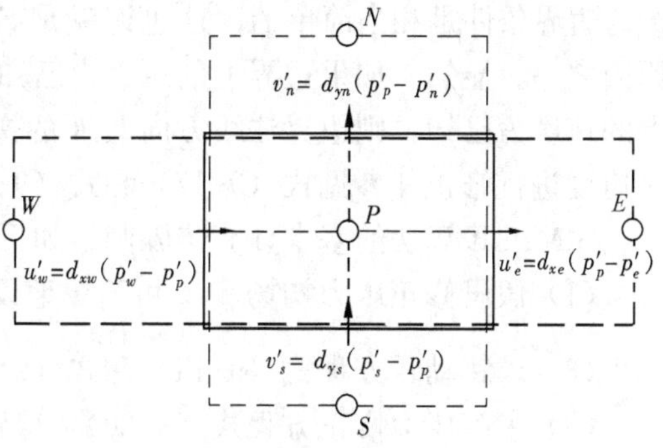

图 9-7　推导压力修正方程的控制体

在迭代计算的过程中，设压力 p 和速度 u、v 可以分解为其当前值 $\widetilde{p}$、$\widetilde{u}$、$\widetilde{v}$ 与修正值 p'、u'、v' 之和，即

$$p = \widetilde{p} + p',\quad u = \widetilde{u} + u',\quad v = \widetilde{v} + v' \tag{9-17}$$

将式（9-17）代入 u 动量方程的离散表达式（9-14），去掉带“～”符号的部分及余项 b（因为它们总体上平衡了），可得

$$a_p u_p{}' = \Delta y(p_w{}' - p_e{}') + [a_E u_E{}' + a_W u_W{}' + a_N u_N{}' + a_S u_S{}']$$

考虑到上式方括号内的部分表示周围节点 E、W、N、S 位置的压力修正值对中心节点 P 处速度的影响，它是一种间接的或隐含的（Implicit）影响，因此可大胆地将其略去。因为与节点 P 处的压力修正的影响相比，它是次要的，且会随着迭代求解过程的收敛而最终消失。SIMPLE 法的半隐式（Semi-Implicit）格式这种说法的来由，就是因为修正过程中略去了邻近节点压力修正值的间接的影响。于是，上式变为

$$u_p{}' = d_x(p_w{}' - p_e{}') \tag{9-18}$$

式中，$d_x = \Delta y / a_P$。

类似地，由 v 动量方程式（9-15）得

$$v_p{}' = d_y(p_s{}' - p_n{}') \tag{9-19}$$

式中，$d_y = \Delta x / a_P$。

这样就在速度修正值与压力修正值之间建立起了一种显式关系。接下来，我们考虑连续性方程的离散表达式，由通用差分方程式（9-13）可以很容易得到。设 $\phi=1$，$SC_P = SP_P = 0$，可得

$$F_e - F_w + F_n - F_s = 0$$

上式也可分解为初始值部分和修正值部分，即

$$u_e{}'\Delta y - u_w{}'\Delta y + v_n{}'\Delta x - v_s{}'\Delta x = \widetilde{F}_w - \widetilde{F}_e + \widetilde{F}_s - \widetilde{F}_n$$

将式（9-17）、式（9-18）代入上式，得到

$$a_P p_P{}' = a_E p_e{}' + a_W p_w{}' + a_N p_n{}' + a_S p_s{}' + b \tag{9-20}$$

式中 $a_E = \Delta y d_{xe}$，$a_W = \Delta y d_{xw}$，$a_N = \Delta x d_{yn}$，$a_S = \Delta x d_{ys}$

$$a_P = a_E + a_W + a_N + a_S,\quad b = \widetilde{F}_w - \widetilde{F}_e + \widetilde{F}_s - \widetilde{F}_n$$

编制计算程序时应注意：计算压力修正方程中系数所需的 $d_{xe} \sim d_{ys}$ 必须在求解压力修正方程之前进行事先更新和储存，就像我们收集 u、v 动量方程的系数一样。计算修正压力场 p' 的边界条件是相当简单的，这也许就是 SIMPLE 算法能广泛应用于各种流场计算的主要原因之一。显然，如果边界上的压力为已知，则沿着边界的修正压力值将为 0；而如果边界上的速度为已知，则边界法线方向上 p' 的梯度必然为 0。或者设 $d_{x(y)}$ 为 0，因为这时不需要对速度进行修正［参见式（9-17）和式（9-18）］。

SIMPLE 算法的基本计算步骤归纳如下：

(1) 假设修正压力初场 p'（可简单地设为 $p'=0$）；

(2) 求解动量方程式（9-14）和式（9-15），得到相应的速度场 $\widetilde{u}$ 和 $\widetilde{v}$；

(3) 求解压力修正方程式（9-20），得到新的修正压力 p'；

(4) 按式（9-18）和式（9-19）计算速度的修正值，按式（9-17）更新速度场、压力场；

(5) 求解其他标量输运方程；

(6) 从步骤（2）开始重复上述计算过程，直至满足收敛性判别条件为止。

4. 紊流壁面法则

在紊流边界层中，层流底层总是存在的。在层流底层区域内，流体的黏性起着主导作用，而紊流的影响则是可以忽略不计的。从而可以用 $\tau_w = \mu \dfrac{d\bar{u}}{dy}$ 来计算壁面的应力。

在一些紊流计算模型中，为了能够较为准确地计算层流底层和缓冲层内的应力分布和热流密度分布，在动量与能量传输方程中就必须充分地考虑流体黏性的作用。与此同时，还应该考虑到，由于壁面的影响，层流底层和缓冲层内的紊流尺度也会减小。这一类模型称为低雷诺数模型。

在数值计算中应用低雷诺数模型时，毫无疑问，靠近壁面处应该分配相当大数量的网格节点，以便能够准确地反映出时均速度、温度和各紊流参量在层流底层和缓冲层内的剧烈变化。

在另一些紊流计算模型中，不需要知道层流底层和缓冲层内有关场量的详细信息，于是便可以利用紊流的壁面法则，直接将靠近壁面的第一个节点置于充分发展的紊流区之内。这一类模型称为高雷诺数模型。

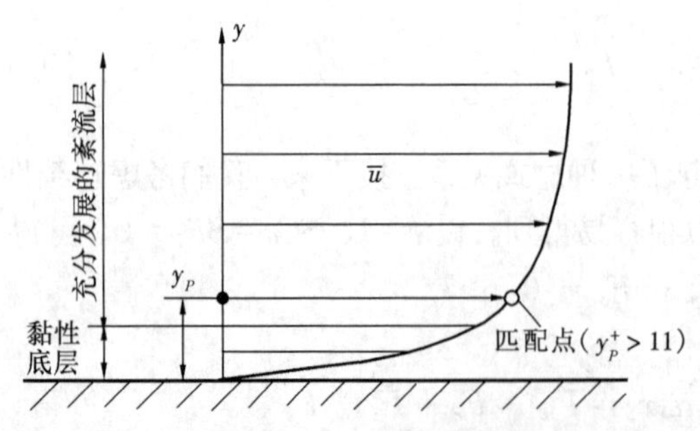

图 9-8 紊流边界层的三层结构模型与速度剖面

在数值计算中应用高雷诺数模型时，可以节省大量的网格节点数，但必须确保靠近壁面的第一个节点是位于充分发展的紊流区之内的。如图 9-8 所示，设层流底层和缓冲层的总厚度为 δ_{lam}，该处的速度 $\bar{u}$ 按线性关系估计为

$$\bar{u} = \frac{(\tau_w/\rho)\delta_{lam}}{\nu}$$

按壁面法则估计则为

$$\bar{u}=\left(\frac{\tau_w}{\rho}\right)^{1/2}\frac{1}{\kappa}\ln\left[\frac{(\tau_w/\rho)^{1/2}\delta_{\mathrm{lam}}}{\nu}+B\right]$$

两式联立可得

$$\frac{(\tau_w/\rho)^{1/2}\delta_{\mathrm{lam}}}{\nu}\approx 11 \tag{9-21}$$

显然，第一个节点距壁面的距离 y_P 应该大于 δ_{lam}。在具体应用时，通常是定义一无量纲的距离

$$y_P^+=\frac{(\tau_w/\rho)^{1/2}y_P}{\nu} \tag{9-22}$$

计算程序中将自行检查，在靠近壁面的第一个节点处是否满足

$$y_P^+>11 \tag{9-23}$$

第三节　Saints2D 软件简介

Saints2D 是依据前述原理而专门设计的流动与传热数值计算软件。为了增强软件的功能和通用性，程序在以下三个方面进行了拓展：

（1）轴对称（三维）情况下流动与传热问题；

（2）旋转机械内流动与传热问题；

（3）多孔介质内流动与传热问题。

相应地，计算区域的坐标系及通用输运方程形式必须进行一些改变。为简单起见，这里不给出详细的推导过程，仅列出通用输运方程及各项的数学表达式。

如图 9-9 所示，我们使用（x，y）坐标系来同时代表笛卡尔（Cartesian）直角坐标系及圆柱坐标系。在柱坐标系中，设 x 为轴向坐标，y 为径向坐标。符号 $c_x=g_x/g$ 为重力矢量的方向角余弦，c_x 可取 $-1\sim1$ 范围内的任意数值；当重力与轴线方向一致时，取值 -1 或 1。在旋转机械内的流动与传热问题的计算中，我们用符号 w 表示周向旋转速度。

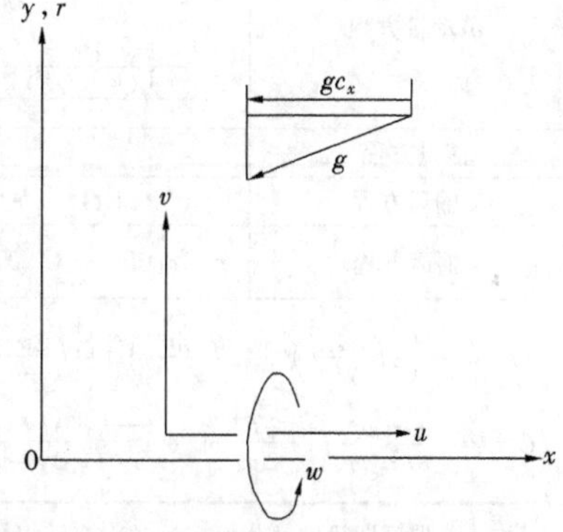

图 9-9　Saints2D 所用坐标系

通用输运方程式（9-11）改写为如下表达式，注意方程中所有独立变量均为时均量。

$$\zeta r^*\frac{\partial\phi^*}{\partial\tau^*}+\frac{\partial}{\partial x^*}r^*\left(u^*\phi^*-\Gamma^*\frac{\partial\phi^*}{\partial x^*}\right)+\frac{\partial}{\partial y^*}r^*\left(v^*\phi^*-\Gamma^*\frac{\partial\phi^*}{\partial y^*}\right)=S^* \tag{9-24}$$

通用方程式中各源项的形式列于表 9-3 中。

如表 9-1、表 9-2 所示，通用方程式中包含了对多孔介质中的流动与传热问题的处理。设多孔介质的空隙率（即流体所占体积份额）为 ε^+，渗透率为 K；当不存在多孔介质时，可取空隙率 $\varepsilon^+=1$，渗透率 K 为无穷大。

表 9-2 Saints2D 中的通用变量

控制方程	ϕ	ζ	Γ
连续性方程	1	—	—
u 动量方程	u	ε^+	$(v+\varepsilon_m)\varepsilon^+$
v 动量方程	v	ε^+	$(v+\varepsilon_m)\varepsilon^+$
w 动量方程	w	ε^+	$(v+\varepsilon_m)\varepsilon^+$
能量方程	T	$\varepsilon^+ + (1-\varepsilon^+)\dfrac{\rho_s c_s}{\rho_f c_f}$	$v/Pr+\varepsilon_m/\sigma_T$
k 输运方程	k	1	$v+\varepsilon_m/\sigma_k$
ε 输运方程	ε	1	$v+\varepsilon_m/\sigma_\varepsilon$

表 9-3 Saints2D 中的标准源项 S^*

连续性方程中	0
u 动量方程	$-\varepsilon^{+^2} r^* \dfrac{\partial p^*}{\partial x^*}+\varepsilon^{+^2} r^* c_x \dfrac{Gr}{Re^2}T^* + \dfrac{\partial}{\partial x^*}\left(r^*\Gamma^*\dfrac{\partial u^*}{\partial x^*}\right)+\dfrac{\partial}{\partial y^*}\left(r^*\Gamma^*\dfrac{\partial v^*}{\partial x^*}\right)$ $-\left\{\dfrac{\Gamma^*}{(K^*/\varepsilon^+)}+\dfrac{C_F}{(K^*/\varepsilon^+)^{1/2}}(u^{*2}+v^{*2}+w^{*2})^{1/2}\right\}u^* r^*$
v 动量方程	$-\varepsilon^{+^2} r^* \dfrac{\partial p^*}{\partial y^*}+\varepsilon^{+^2} r^* \sqrt{1-c_x^2}\dfrac{Gr}{Re^2}T^* + \dfrac{\partial}{\partial x^*}\left(r^*\Gamma^*\dfrac{\partial u^*}{\partial y^*}\right)+\dfrac{\partial}{\partial y^*}\left(r^*\Gamma^*\dfrac{\partial v^*}{\partial y^*}\right)$ $-\left\{\dfrac{\Gamma^*}{(K^*/\varepsilon^+)}+\dfrac{C_F}{(K^*/\varepsilon^+)^{1/2}}(u^{*2}+v^{*2}+w^{*2})^{1/2}\right\}v^* r^* \underline{-2\Gamma^*\dfrac{v^*}{r^*}+w^{*2}}$
w 动量方程	$-v^* w^* - \dfrac{w^*}{r^*}\dfrac{\partial}{\partial r^*}(r^*\Gamma^*)$ $\underline{-\left\{\dfrac{\Gamma^*}{(K^*/\varepsilon^+)}+\dfrac{C_F}{(K^*/\varepsilon^+)^{1/2}}(u^{*2}+v^{*2}+w^{*2})^{1/2}\right\}w^* r^*}$
能量方程	0
k 输运方程	$r^*(P^*+G^*-\varepsilon^*)$
ε 输运方程	$r^*\{c_1(P^*+G^*)-c_2\varepsilon\}\dfrac{\varepsilon^*}{k^*}$

$$P^* = v_t\left\{2\left(\frac{\partial u^*}{\partial x^*}\right)^2+2\left(\frac{\partial v^*}{\partial y^*}\right)^2+\left(\frac{\partial u^*}{\partial y^*}+\frac{\partial v^*}{\partial x^*}\right)^2+2\left(\frac{v^*}{r^*}\right)^2+\left(\frac{\partial w^*}{\partial x^*}\right)^2+\left[r^*\frac{\partial}{\partial r^*}\left(\frac{w^*}{r^*}\right)\right]^2\right\}$$

$$G^* = -\frac{Gr}{Re^2}\frac{v_t^*}{\sigma_T}\left\{c_x\frac{\partial T^*}{\partial x^*}+\sqrt{1-c_x^2}\frac{\partial T^*}{\partial y^*}\right\}$$

注 1. 带下划线的部分仅在轴对称旋转机械内的流动情况下出现。

2. Forchheimer 常数 C_F 的缺省值为 0.143，仅适于多孔介质的情况下。

上述通用方程式为无量纲方程的形式，各参数用符号 * 表示。式中所选用的基本参考值有 3 个，即特征长度 L_{ref}、特征速度 u_{ref} 和特征温度差 ΔT_{ref}，各无量纲参数定义如下：

$$x^* = x/L_{ref},\quad y^* = y/L_{ref},\quad \tau^* = \tau/(L_{ref}/u_{ref})$$

$$u^* = u/u_{ref},\quad v^* = v/u_{ref},\quad w^* = w/u_{ref}$$

$$p^* = (p-p_{ref})/\rho u_{ref}^2,\quad T^* = (T-T_{ref})/\Delta T_{ref}$$

$$k^* = k/u_{ref}^2,\quad \varepsilon^* = \varepsilon/(u_{ref}^3/L_{ref})$$

$$\Gamma^* = \Gamma/(L_{ref}u_{ref}),\quad K^* = K/L_{ref}^2$$

$$r^* = \begin{cases}1 & \text{直角坐标系(二维)}\\ y^* & \text{圆柱坐标系(三维)}\end{cases}$$

原则上，3 个基本参考值 L_{ref}、u_{ref} 和 ΔT_{ref} 可以任意选取。但为了改善计算的收敛性和便于进行后处理，建议按照下面的方式来选取基本参考值：

（1）特征长度 L_{ref}。选取任一有代表性的长度，如平板长度、管子直径；

（2）特征速度 u_{ref}。

强制对流：选取一个确定的速度尺度，如进口处平均流速。

自然对流：考虑到浮力与惯性力之间的平衡关系，即 $\rho g\beta\Delta T_{ref} \sim \rho u_{ref}^2/L_{ref}$，选取一个隐含的（间接的）速度尺度，如 $u_{ref}=\sqrt{g\beta\Delta T_{ref}L_{ref}}$。

混合对流：选取上面两者中的较大者或是有助于得到较好解的结果的那一个。

（3）特征温度差 ΔT_{ref}。

已知壁面温度时：选取进口处平均温度与壁面温度之差，即 $\Delta T_{ref}=T_B-T_w$，T_B 是进口处流体的平均温度，T_w 为壁面温度。

已知壁面热流密度时：考虑壁面热流密度与对流项之间的平衡关系，即 $q_w \sim \rho c_p\Delta T_{ref}u_{ref}$，选取 $\Delta T_{ref}=q_w/\rho c_p u_{ref}$，无量纲温度为 $T^*=(T-T_B)/\Delta T_{ref}$。

在 Saints2D 中，壁面热流密度以无量纲形式计算，即

$$q_w^* \equiv -\Gamma^*\frac{\partial T^*}{\partial n^*}\bigg|_{n=0}=\frac{q_w}{\rho c_p\Delta T_{ref}u_{ref}}\left(=St=\frac{Nu}{RePr}\right) \tag{9-25}$$

该式表明壁面热流密度 q_w^* 与斯坦顿数 St 是一致的。如果给定壁面热流密度 q_w^* 为热边界条件时，应按照上式来计算。

其他几个无量纲数为

雷诺数：$$Re=\frac{u_{ref}L_{ref}}{\nu}$$

格拉晓夫数：$$Gr=\frac{g\beta\Delta T_{ref}L_{ref}^3}{\nu^2}$$

DARCY 数：$$K^*=Da\equiv\frac{K}{L_{ref}^2}$$

在 Saints2D 中，默认的计算法则为无量纲计算，上面已经介绍。在大多数实际应用中，有量纲分析法较之无量纲分析法备受青睐。在这种情况下，我们只需简单地将 3 个基本参考值设为它们各自的单位物理量，便可得到有量纲形式的计算结果。即

$$L_{ref}=1\text{m},\ u_{ref}=1\text{m/s},\ \Delta T_{ref}=1℃,\ \Delta\tau_{ref}=L_{ref}/u_{ref}=1\text{s}$$

由于在程序中并不需要直接输入 L_{ref}、u_{ref} 和 ΔT_{ref} 的数值，所以，若要按照有量纲法则来进行计算，我们需要采用下面的替代办法，即将前述无量纲数设为

雷诺数：$$Re\equiv\frac{u_{ref}L_{ref}}{\nu}=\frac{1}{\nu(\text{m}^2/\text{s})}$$

格拉晓夫数：$$Gr\equiv\frac{g\beta\Delta T_{ref}L_{ref}^3}{\nu^2}=\frac{g(\text{m/s}^2)\beta(1/K)}{[\nu(\text{m}^2/\text{s})]^2}$$

DARCY 数：$$K^*=\frac{K}{L_{ref}^2}=\frac{K(\text{m}^2)}{1}$$

此外，建议使用国际标准 SI 单位制来输入数据，计算结果就为 SI 单位制形式。当然，也可采用英制单位制（虽不建议采用）来进行计算。

Saints2D 的流程图如图 9-10 所示，其中所设定的控制方程的求解步骤，按其运行顺序而排列。

首先，给出几何尺寸、初始条件、边界条件，并将它们作为当前值保存，计算离散方程

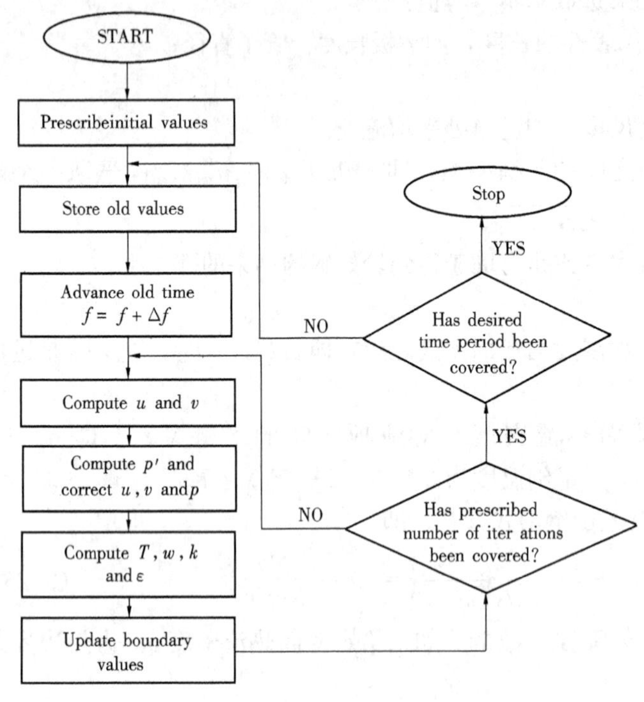

图 9-10 Saints2D 计算流程图

各系数。程序进行到下一时刻 $\tau=\tau+\Delta\tau$。

其次，分别对 u、v 动量方程进行求解；根据所得到的速度场再求解压力修正方程，由修正压力场的数据对当前压力场和速度场进行修正。这样，连续性方程中的残差值就会减小。再求解其他输运方程，如能量方程、旋转速度 w 输运方程、紊流动能 k 方程及紊流动能耗散率 ε 方程。

然后，将计算得到的各场量数据作为当前值，更新与时间无关的边界条件值及由流动特征所决定的边界条件值。重复上面一段所述的计算，直至达到所规定的计算次数或者所要求的计算精确度。

至此，时间步长加 1 至下一个时刻，在新的时刻重复以上整个计算过程，直至完成所要求的时间步长数为止。

在计算过程中，每一步的计算结果可由程序后处理模块自动显示出来。可以通过随时查看流函数曲线、速度矢量图、等温线图或者其他感兴趣的线图来审核收敛情况。

如果是稳态问题的计算，则仅需要进行一个时间步长 $\Delta\tau$，程序中会自动设其为无穷大。

1. 速度已知与速度未知边界条件的概念

一个通用的计算程序应该能够适用于各种各样的边界条件类型，但另一方面，对边界条件类型的一般性要求常常会导致它的输入程序变得十分繁琐。即便是使用目前国际上流行的一些商业软件与计算代码，对于求解像库特（Couette）流动这样简单的二维问题，也要花费很长时间来输入数据。Saints2D 提出了一个有用的概念——速度已知边界与速度未知边界的概念，可以有效地解决边界条件类型的一般性与输入程序的繁琐之间的这一矛盾。事实上，这个概念使得我们能够直接在计算区域中画出任意形状的物体，自动地转化为计算网格，从而借助鼠标、工具栏和对话框的简单操作，来快速地设置任意的边界条件类型及数值。

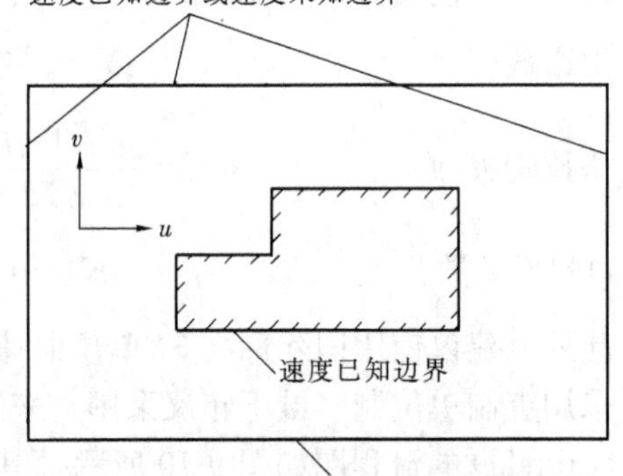

图 9-11 边界条件类型的划分

无论是二维平面问题还是轴对称问题，对于图 9-11 所示的矩形计算区域，一个边界的类型（计算区域的外部边界 W、S、E、N 或者内部物体表面，如阴影部分所示），可以根据该边界处的速度矢量是否已知（或者给定）而划分为：

（1）速度已知边界。该边界处的速度矢量已知或者给定。一般情况下，除压力以外所有其他独立变量或者它们的通量也为已知。

（2）速度未知边界。该边界处的速度数值未知，但其速度矢量与边界线相垂直。一般情况下，所有其他独立变量或者它们的通量也为未知。因而，对于垂直于 x 方向的边界，相应的边界条件为

$$v=0,\quad \frac{\partial u}{\partial x}=0,\quad \frac{\partial^2 \phi}{\partial x^2}=0 \tag{9-26}$$

而垂直于 y 方向的边界，则为

$$u=0,\quad \frac{\partial v}{\partial y}=0,\quad \frac{\partial^2 \phi}{\partial y^2}=0 \tag{9-27}$$

在流动的出口处，通常设置为速度未知边界，此处所有变量 ϕ 的二阶导数被设置为零值。值得注意的是，这只是一种近似的方法。因为，当相应的扩散系数 Γ_ϕ 因空间位置而变化或随时间而变化时，该条件可能会失效，导致计算结果的不收敛。

所幸的是，由这种近似所引起的误差并不算大，只要将该类边界条件设置在对流作用相对较强，而扩散作用相对较弱的区域，即可有效地避免计算结果发散。例如，可以将出口边界选择在流动变化比较平缓的地方，或者让出口边界远离上游流道中的绕流物体，也就是让出口边界处于回流区域之外，从而，出口处计算变量的波动，就难以影响到上游的流体。

（3）对称边界。该边界处任一独立变量的分布是关于边界对称的。对称边界条件可以写为

$$v=0,\quad \frac{\partial u}{\partial y}=0,\quad \frac{\partial \phi}{\partial y}=0 \tag{9-28}$$

式（9-26）～式（9-28）中 ϕ 代表除 u、v 外的其他独立变量。

首先，速度已知边界可以位于计算区域的任何地方。无论是计算区域的外部边界 W、S、E、N 还是内部物体表面，均可能被设置为速度已知边界。其次，速度未知边界则只可能出现在计算区域的四个外部边界 W、S、E、N 上。另外，对称边界只有一个，且只设置在计算区域的 S 边界处，它可以是 S 边界的一部分或者全部。

换言之，对于计算区域的任一外部边界，如果不知道该处的速度值，就可以将其定为速度未知边界。而在圆柱坐标系下，如果 S 边界某处速度为未知，就可以将其定为轴对称边界。自然地，计算区域内部任何物体的表面，均为速度已知边界。

原则上，轴对称边界是可以设置于计算区域的其他任一外部边界的。但是，若将其限定在 S 边界处，可以使计算程序的前处理工作得到很大的简化。因为，对于另外三个边界，就只剩下速度已知、速度未知这样两种选择；S 边界处也只有速度已知、轴对称两种选择。这样做的结果，虽然会使程序失去一定的灵活性，但对任何轴对称问题，总是可以通过设置合适的重力加速度方向余弦值，来使问题得到解决。

上述按照速度来划分边界类型的另外一个好处是，当使用无量纲参数进行数值计算时，会出现很多为零值的边界条件，这些均可以由计算程序自动完成，无需手工输入。只有对于那些非零值的速度已知边界，才需要输入具体的参数值。

通常地，速度已知边界包括两种类型，即固体（绕流物体及流道）的壁面，或者是流动的入口处。对所有速度已知边界，可以自动地默认为满足无滑移边界条件，除非是特别给定

某参数值为非零值。这样，大多数情况下，需要手工输入的参数值有：流动入口处的速度值和温度值，固体壁面处的温度或者热流量值。

2. Saints2D 软件的基本操作

读者可以运行本书光盘中所附的 Saints2D 软件，跟随下面的说明一同来操作。

(1) 设定流动模式。程序启动后，进入图 9-12 所示的操作界面。

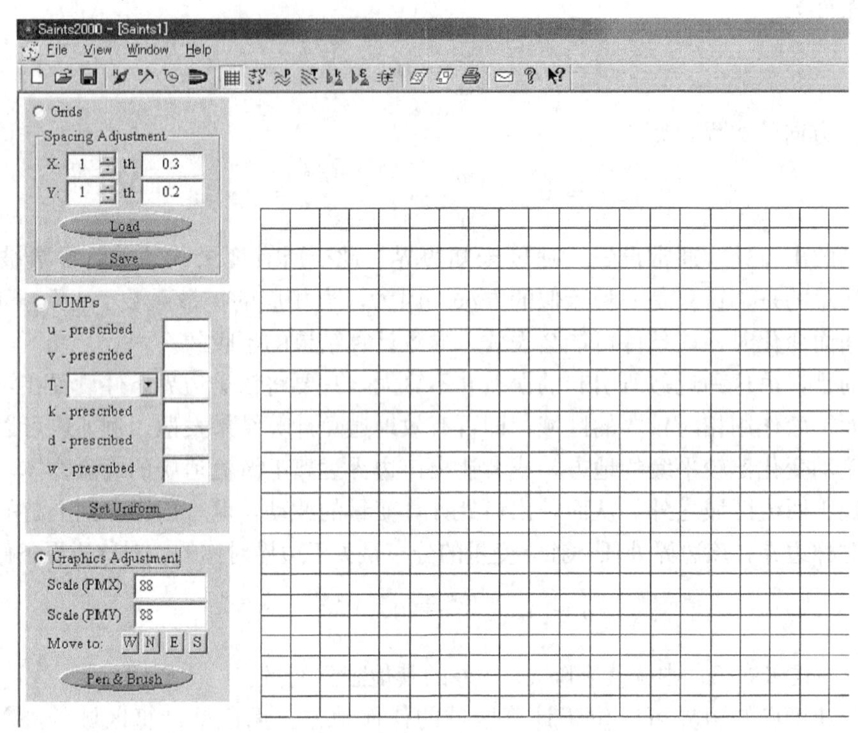

图 9-12 Saints2D 的操作界面

然后点击工具条上按钮 （称为导航按钮），将出现对话框"Select a module（设定流动模式）"，如图 9-13 所示。有两种不同的模式可供选择，即"Wind tunnel module（风洞模式）"和"Free module（自由流动模式）"。

1）风洞模式。选择此模式，程序会自动地构造一个虚拟风洞，并自动设置所有边界条件的类型：W 侧为流动进口，上下两侧（N 和 S）为风洞壁面，它们归于速度已知边界的类型；E 侧为流动的自由出口，归类于速度未知边界。并且，所有零值边界条件数据也随之自动设定，如风洞壁面处被设置为 $u=v=0$。

在风洞模式下，我们可以通过后续的操作在风道内放置任意形状的几何物体。

2）自由流动模式。在这种模式下，我们只需简单地辨别在 W、S、E、N 边界中哪些是速度已知边界，哪些是速度未知边界，就可以处理所有可能的二维直角坐标系与三维圆柱坐标系的计算问题。特别地，如果要处理三维圆柱坐标系问题，S 边界应选择为对称边界类型。

为便于介绍下一步的基本操作，我们选取风洞模式，然后点"Next"按钮。

(2) 设置网格系统。在随之出现的对话框"Feed Grid Numbers（输入网格数）"中，可设置网格线数、第一条网格线的起始坐标值、网格步长（默认情况下会形成一个均匀网格系

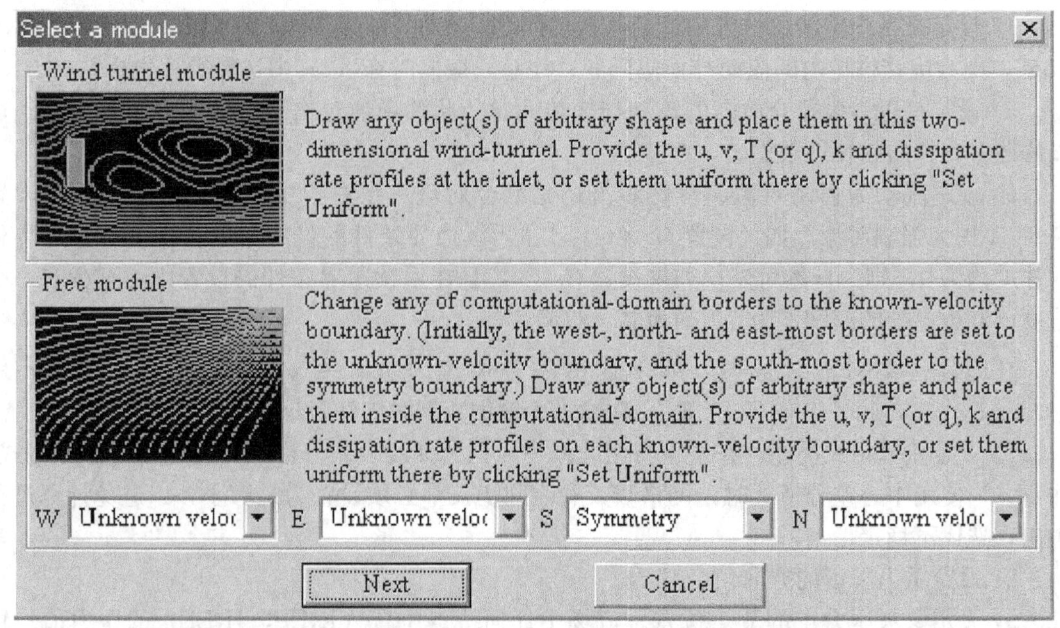

图 9-13　流动模式的选择

统，如有需要，在后续操作中可将其设为非均匀网格系统)，如图 9-14 所示。

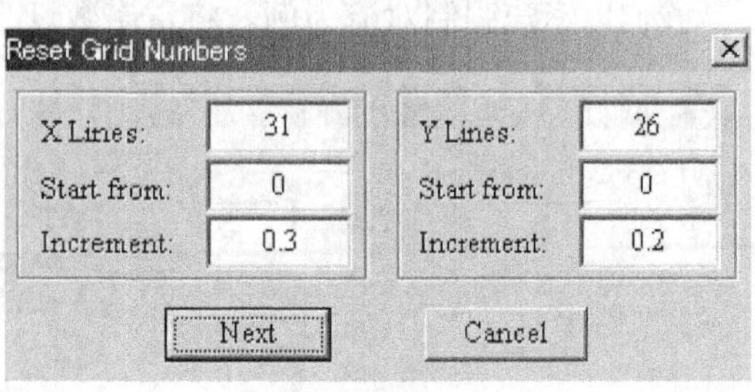

图 9-14　设定网格数

这里，我们将 X Lines 和 Y Lines 分别设为 31 和 26，然后按下“Next”按钮。

(3) 紊流、多孔介质的选定及无量纲数的设定。随后弹出对话框是“Feed control parameters (给定控制参数)”，如图 9-15 所示。在此可以完成以下几项设置：

1) 设定纯导热问题还是对流换热问题。在左上方组合框中有 4 个检查框子项。如果只选定“Temperature”，则为纯导热问题，程序只对能量方程进行求解；如果只选定“Velocity Pressure”项，则为纯流动问题；如果同时选中此 2 项，则为对流换热问题。

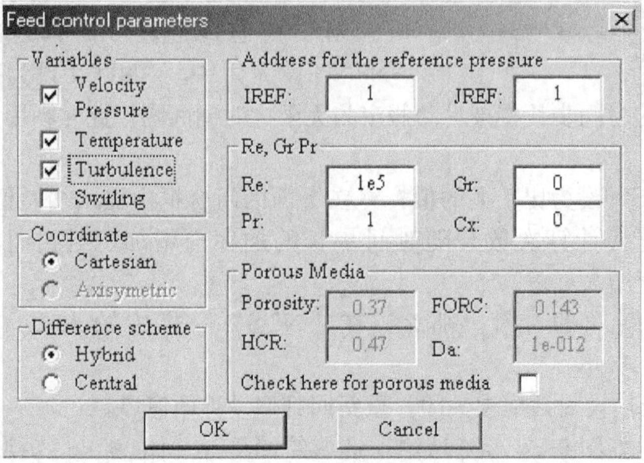

图 9-15　设定控制参数

2) 设定是层流流动还是紊流流动问题。在左上方组合框中，如果选中了“Turbulence”，则为紊流流动问题；否则为层流流动问题。

3) 设定坐标系。在左边中间组合框中可以选择是直角坐标系还是圆柱坐标系。

4）设定是否为旋转机械内的流动与换热问题。在左上方组合框中，如果选中了“Swirling”，则为旋转机械内的流动与换热问题；注意，应同时在（c）中选择圆柱坐标系。

5）设定是否为多孔介质内的流动与换热问题。此选项通过右下方的组合框来完成，可以修改多孔介质的特性数据。

6）设定流动为强制对流、自然对流还是混合对流。在右边中间组合框中，如果设置 $Gr=0$，则为强制对流；如果设置 $Gr\neq0$，且在后续边界条件的设置中，各速度已知边界处的速度均为 0，则为自然对流；如果设置 $Gr\neq0$，且在后续边界条件的设置中，至少有一个速度已知边界处的速度不为 0，则为混合对流。

在进行自然对流计算时，如果速度参考值选为 $u_{\text{ref}}=\sqrt{g\beta\Delta T_{\text{ref}}L_{\text{ref}}}$，由于 $Gr=g\beta\Delta T_{\text{ref}}L_{\text{ref}}^3/\nu^2$，此时应有 $Gr=Re^2$。在输入无量纲数据时应注意这一点。

7）设定差分格式类型。在左下方组合框中可以选择混合差分格式，或是中心差分格式。注意：当使用中心差分格式时，网格步长和时间步长都必须设置为足够小，以避免计算过程中出现迭代不稳定。

8）设定重力矢量的方向角余弦 c_x。

9）设定参考压力点的节点位置。流场中任何节点位置（IREF，JREF）的压力值均可作为参照基准。

我们以紊流强制对流为例，将雷诺数设为 1e5（即 10^5），然后按下“OK”键。

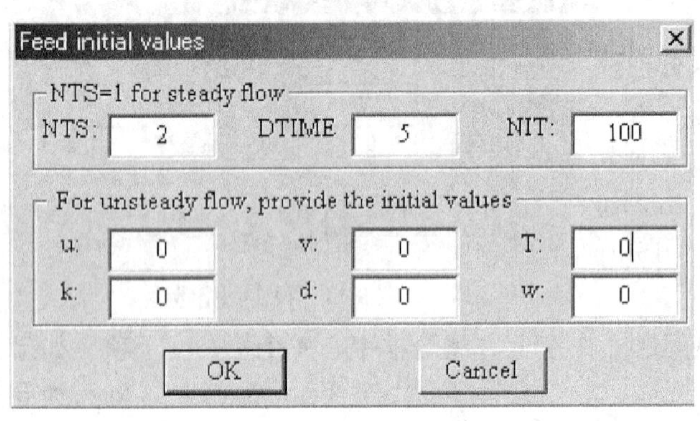

图 9-16 设定初始值

（4）对稳态与非稳态问题的处理。由导航按钮自动弹出的最后一个对话框是“Feed initial Values（设定初始值）”，如图 9-16 所示。“NTS”（Number of Time Steps）表示时间步长数，“DTIME”表示时间步长 $\Delta\tau$，“NIT”（Number of ITerations）表示每一时间步长中重复迭代计算的次数。

对于稳态问题，可简单地将“NTS”设为“1”，“NIT”设为一个足够达到收敛的数。然后，唯一的时间步长将被自动假定为无限大时间间隔。此时不用设定“DTIME”值。

对于非稳态问题，必须将“NTS”设为比 1 大的值，并在下面的组合框中输入初始值。注意：由于达到收敛所需的重复迭代计算次数会随时间步长的加大而增加，当我们将 DTIME 值增大时，就必须将 NIT 值增大更多。

假设我们要进行一个非稳态问题的计算。那么，在“NTS”一栏中输入 2，在“DTIME”一栏中输入 5，然后点击“OK”键。

（5）绘制实物图。前述操作完成后，对话框被关闭，重新回到启动界面窗口。

点击鼠标右键，打开工具菜单，如图 9-17（a）所示，选取绘图工具“Rectangle 矩形”“Round Rectangle 圆角矩形”“Ellipse 椭圆”及“Polygon 多边形”（“Line 直线”不必选

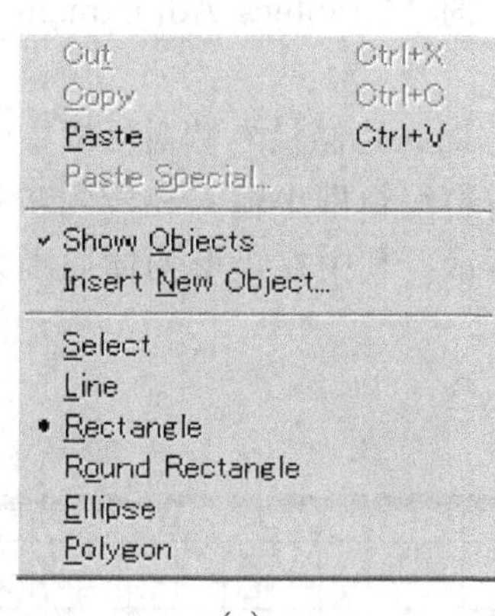

(a)

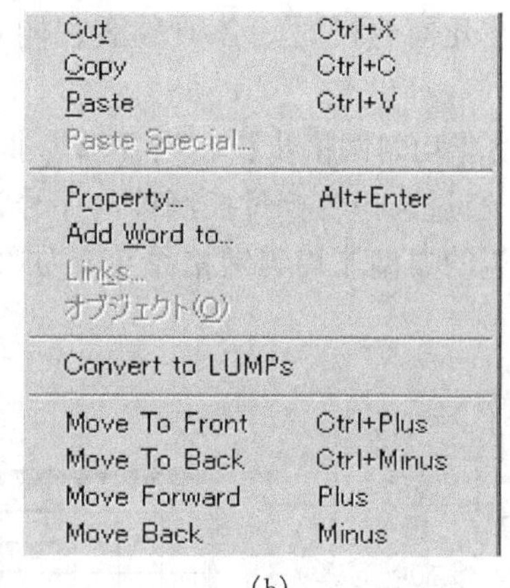

(b)

图 9-17　几何建模工具

取）来绘制计算区域内任意形状的物体。

如果在计算区域内设置一个如图 9-18 所示形状的物体，则被物体覆盖的区域就会在计算网格内形成一个空域，相应的网格节点及控制容积就应该被取消而不予进行计算。

我们用一个二维数组 IFORS（Is it within a Field or Solids）来表示各节点或控制容积是处于计算区域之内，还是处于流道中绕流物体之内。某个控制容积的 IFORS 值可能为

1）IFORS＝0。位于速度已知边界及其内部的节点，取值 0。例如，被绕流物体所覆盖的节点。

2）IFORS＝1。位于计算区域内部的所有节点，但不包含那些与速度已知边界相邻的节点，取值 1。例如，流体流动区域的内部节点。

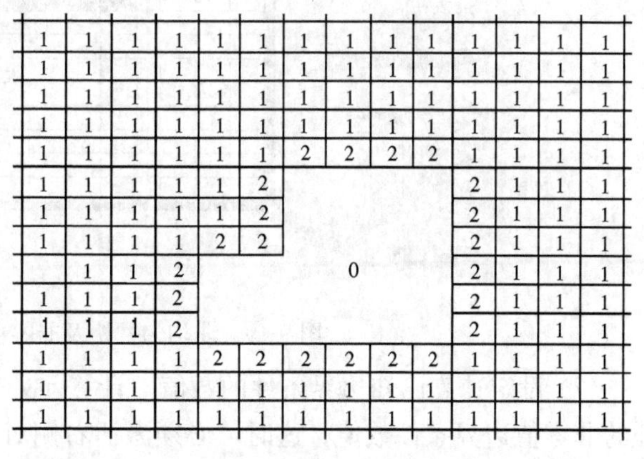

图 9-18　计算域的 IFORS 值设置

3）IFORS＝2。位于流体流动区域，但与速度已知边界相邻的节点，取值 2。该类型节点所占的控制容积，至少有一条或者可能有几条边与速度已知边界直接相邻。边界条件的具体数值，将通过对这些节点及控制容积参数计算的直接影响，而作用于整个计算区域。

在 Navier-Stokes 方程求解器的程序模块中，会自动检测各节点 IFORS 值并作出相应的处理。如果 IFORS 值为 1，则该节点方程的各项系数直接按照相邻节点的参数进行插值计算；如果 IFORS 值为 2，则该节点方程中与速度已知边界相邻处的系数按照对应的边界条件进行处理；如果 IFORS 值为 0，则说明该节点不在流体区域内，可以直接忽略，不予计算。

我们选用“Rectangle”，将光标移至希望的位置按下鼠标右键，拖动光标（按住鼠标右键不放），调整矩形的大小、形状、方位及位置，松开鼠标右键；将光标停留在矩形物体上，再次按下鼠标右键，会出来另一个工具栏如图 9-17（b）所示，从中选择“Convert LUMPs”，使该物体转化为网格。重复上面的操作可添加多个不同形状的物体，各物体可相互重叠。同时，还可使用“Copy（复制）”“Paste（粘贴）”“Cut（剪切）”功能。

注意：在几何建模时，必须激活右侧对话框中的“Graphics Adjustment（绘图调整）”按钮。

(6) 调整非均匀网格步长。当要求为非均匀网格时，可激活右侧对话框中的“Grids（网格）”按钮。通过选择各标量控制体的序号，在其右边编辑框中输入相应的步长数值，可实现我们所希望的典型非均匀网格系统，如图 9-19 所示，其中在矩形物体周围采用了较细的网格步长。

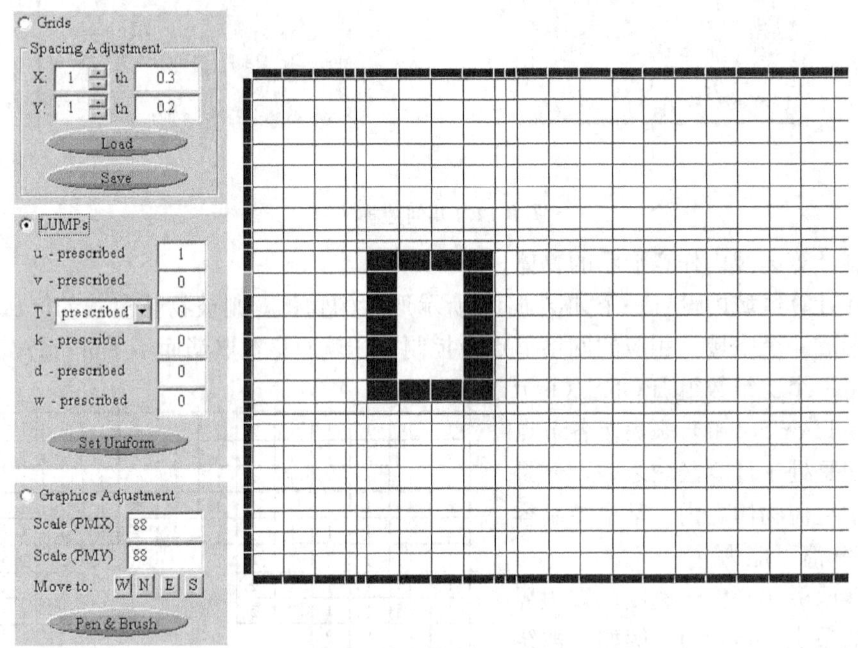

图 9-19 非均匀网格及非零值边界条件的输入

(7) 设定速度已知边界条件的数值。计算前处理的最后一步就是给定所有速度已知边界处的非零值边界条件数值。这时，必须激活右侧对话框中的“LUMPs ”按钮。所有速度已知边界节点（包括流动进口和固体壁面）会以蓝色标记出来，如图 9-19 所示。点击任何一个边界节点，其相应的边界条件数值会在右侧对话框中显示出来，便于核查和修改。由于所有数据默认值为 0，故我们仅需要输入非零边界条件数值。

我们点击流动进口边界（即 W 边界）的任一节点，在“u-prescribed（指定速度）”中输入 1，然后按“Set Uniform”按钮，使得该边界上所有其他节点与该节点具有相同的边界条件数值。(如果不点击“Set Uniform”，则输入的数值只在该节点处局部有效。) 同样地，点击物体表面任一节点，在“T-prescribed（指定温度）”中输入 1，然后点击“Set Uniform”，设置一个壁面温度均匀的物体。（如果需指定壁面热流密度，那么将“T-prescribed”换成“T-Heat Flux”，输入热流密度值。）

至此，就完成了所有前处理工作。按下对话框中的“Save”键，给定一个 GBF 文件名及保存位置，可以保存所有前处理工作。按下对话框中的“Load”键，也可以读入 GBF 文件数据。

(8) 计算与计算后处理。按下工具栏中的 键，计算过程开始，并伴有进度条指示所需要的剩余计算时间。

以上我们所做的是流体绕流矩形物体的简单例子，数秒后计算结束。依次单击工具条按钮 ，便可察看速度场、压力场、温度场、紊流动能与紊流动能耗散率场、旋转速度场等场量信息。整个后处理工作由 Saints2D 软件自动完成。

单击工具条按钮 ，可以切换到网格与计算区域的界面。用鼠标单击任一边界或者流动出口，还可以显示该边界或者出口处的各场量的局部分布曲线。

通过以上的操作，我们得到流函数图，如图 9-20 所示。

(9) 打印输出。所有图形均可打印输出。单击工具条按钮 ，可通过对话框来调整打印输出的效果。

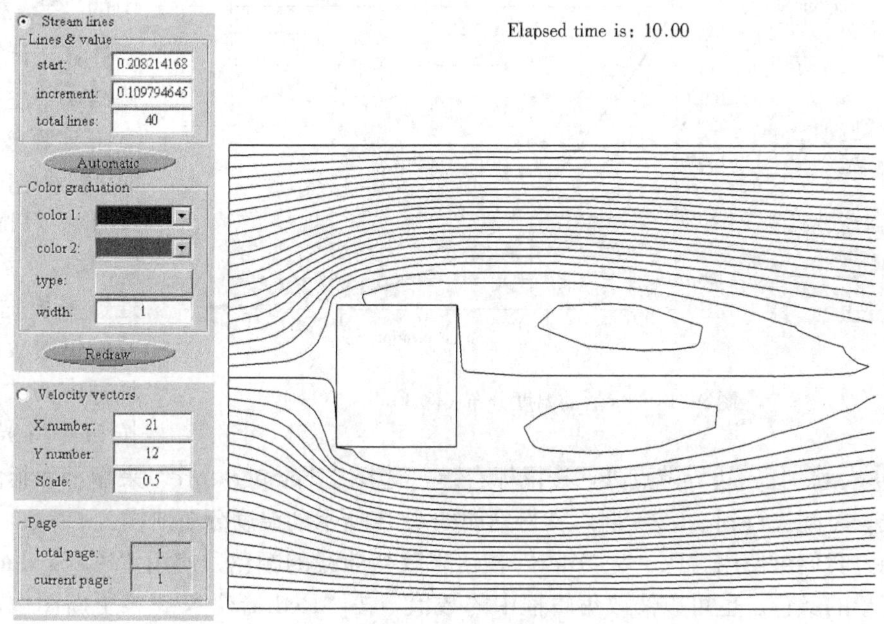

图 9-20　流函数图示例

3. 流动与传热问题的计算示例

本章中给出了 Saints2D 软件的 11 个计算示例，读者通过对这些示例的学习，可以掌握该软件的实际应用技巧，用它去解决所遇到的实际问题。为便于读者再现这些示例，它们被分别保存于文件名为 example1. GBF～example11. GBF 的文件中。

【例 9-1】 一维非稳态导热。

考查无限大平板的一维非稳态导热问题。平板厚度 0.2m，材料热扩散系数 $a=9.742\times10^{-5}\mathrm{m^2/s}$，平板初始温度 20℃。现平板左侧温度突然升至 220℃，而右侧维持在初温 20℃不变。试观察平板内温度分布随时间的变化。

单击工具条的导航按钮 ，在对话框“Select a module”中选择“Free module”，将四个边界全部设为速度已知边界。考虑将计算区域控制体数设为 2 行×10 列，也就是在对话框“Reset Grid Numbers”中 设置 X Lines=11，Y Lines=3，步长均为 0. 02m。在对话框“Feed control parameters”中只选定“Temperature”，并设 $Pr=1$，$Re=1/9.743\times 9^{-5}=10264$。在对话框“Feed initial values”中设置时间步长为 5 s，时间步长数为 NTS=2，各时间步长内的迭代计算次数 NIT=100，并设初始温度 20℃。

此为一维导热问题，必须在 N、S 边界上给定绝热边界条件，即只允许热量沿 x 方向传递。激活右侧对话框中的“LUMPs”按钮，单击 S 边界上任一边界节点，在温度边界条件的选项中选择“Heat flux”，在右边编辑框中输入 0（预设），然后按“Set Uniform”按钮，这样，边界 S 就被设置为绝热边界。同样地，设置 N 边界也为绝热边界。单击 W 边界上任一边界节点，将其温度设为 220℃，按“Set Uniform”按钮，这样，W 边界就被设置为恒温边界。类似地，设置 E 边界为恒温边界，温度 20℃。前处理工作结束。

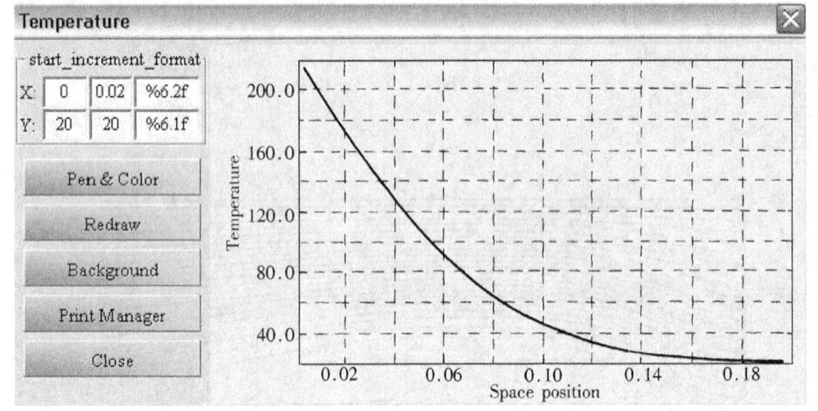

图 9-21　20s 后的温度分布（例 1）

现在单击工具条中的按钮，开始计算。计算过程迅速结束。注意，每次点击计算按钮一次，时间就向前推进 NST×DTIME=5×2=10s。为了显示出通过平板的温度场，我们仍然激活右侧对话框中的“LUMPs”按钮，将光标移至 N 或 S 边界处的任一边界节点处，按鼠标右键，选择“Temperature”来显示平板内的温度分布曲线。时间进行到 $\tau=20\text{s}$ 时，就得到如图 9-21 所示的温度分布曲线。

说明：我们可使用“Pen & Color”按钮来改变曲线的颜色，使用“Background”按钮来改变背景的颜色。也可以修改编辑框中的数值，按“Redraw”按钮来更新图像，调整显示效果。

连续点击计算按钮，随着时间的推进，可观察到温度分布曲线逐步接近线性的稳态温度场分布。

【例 9-2】 二维非稳态导热。

有一根外方内圆的空心混凝土柱，内圆直径为 $L_{\text{ref}}/3$，外表方形的边长为 L_{ref}。初始时混凝土柱温度为 T_0。现突然将内壁温度升至 T_w，而外壁温度维持在初始温度 T_0 不变。试观察混凝土柱体内的瞬态温度分布。

仿照［例 9-1］，先进行导热问题的设定，四个边界 W、S、E、N 全部设为速度已知边界（速度为 0）。定义无量纲温度 $T^*=(T-T_0)/(T_w-T_0)$，这样，外壁为恒温 0，内壁为恒温 1，初始温度为 1。我们可以将 Re 和 Pr 设为单位量 1，定义无量纲坐标 $x^*=x/L_{\text{ref}}$、$y^*=y/L_{\text{ref}}$ 及无量纲时间 $\tau^*=a\tau/L_{\text{ref}}^2$（即 Fo 数），从而热传导方程可以写成无量纲形式：$\partial T^*/\partial\tau^*=\partial^2 T^*/\partial x^{*2}+\partial^2 T^*/\partial y^{*2}$。在对话框“Feed initial values”中设置时间步长为 0.005（无量纲时间），时间步长数为 NTS=2，各时间步长内的迭代计算次数 NIT=100，

并设初始温度为 1（无量纲温度）。

接下来使用绘图工具，绘制一个直径为圆为 $L_{ref}/3$ 的圆，用鼠标拖放至方形的中心，并转化为计算网格（具体操作方法参见第三章第五节）。

再激活右侧对话框中的“LUMPs ”按钮。此时，4 个外边界已自动地全部设置为恒温边界，温度值为 0。单击内壁圆形边界，设置为恒温边界，温度为 1。

下面开始计算。每点击计算按钮一次，无量纲时间就向前推进 NST × DTIME = 2 × 0.005 = 0.01。单击工具条上的温度场显示按钮，以切换至温度场显示的界面。图 9-22 所示为 $\tau^*=0.01$ 和稳态（$\tau^*\to\infty$）两种情况下的等温线图。

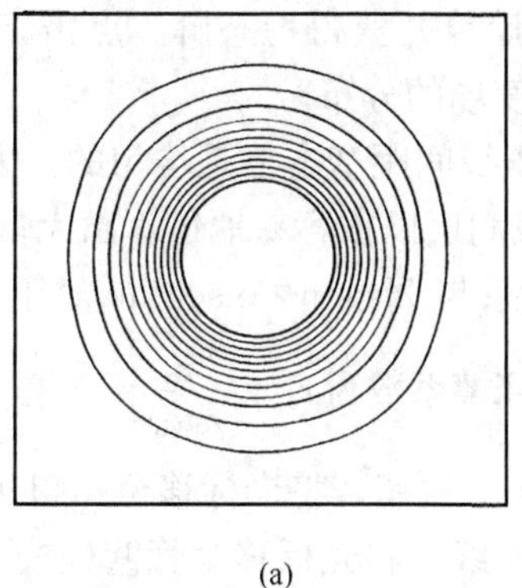
(a)

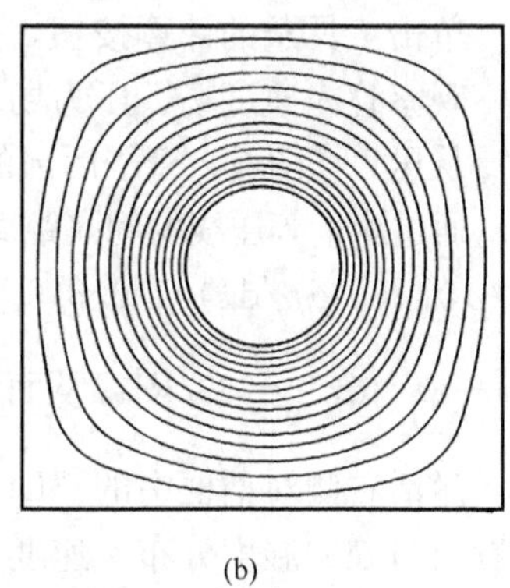
(b)

图 9-22　等温线分布
(a) $\tau^*=0.01$；(b) $\tau^*\to\infty$

从图可以观察到，在初始阶段等温线呈同心圆扩散状，似乎不受外部（方形）边界条件的影响；但随着时间的推进，外部边界的影响逐渐波及内部，等温线形状也开始随时间而变化。

我们还可以检视一下外壁处的热流密度分布。切换至计算网格显示窗口，激活右侧对话框中的“LUMPs ”按钮，将光标移至外边界处按下鼠标右键，选择“Heat Flux”以显示无量纲热流密度，即 $q^*=Nu/RePr=qL_{ref}/k(T_w-T_0)$。可以看到 q^* 均为负值，它表示的是有热量自物体中心向外流出。

在 Saints2D 中，我们用锯齿形线来近似代替弯曲表面。但这种做法引起的误差就如人们可以想象的那样，并不大。由于弯曲表面面积的增加与锯齿形所引起的对热流密度的低估，两者之间的影响可以相互消补，从而达到一个合理准确的热流密度。

【例 9-3】 管内层流强制对流换热。

流体以速度 u_B 和温度 T_{in} 进入管内。管长为管径 d 的 10 倍，管壁维持恒定温度 T_w。试确定管内速度场、压力场、温度场的分布（见图 9-23），以及出口附近的摩擦系数和 Nu 数。假设基于体积平均流速和直径的雷诺数为 $Re_d=100$，流体普朗特数为 $Pr=1$。

这是一典型的轴对称问题，我们必须在对话框“Select a module”中选择“Free module”，将 W 边界（进口）和 N 边界（管壁）设为速度已知边界，而将 S 边界（管子中心

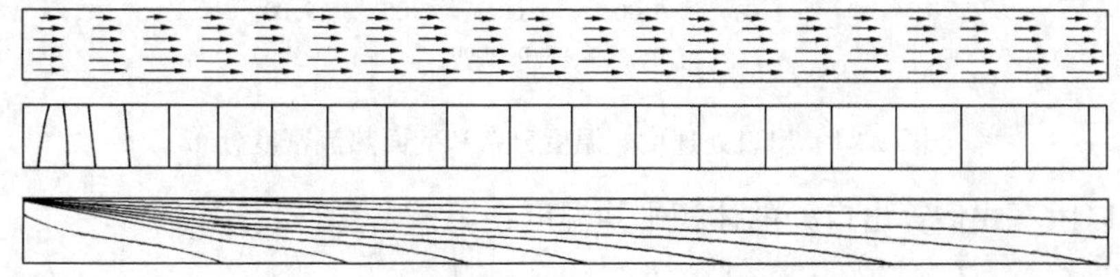

图 9-23　速度场、压力场和温度场分布

线）设为对称边界，E 边界（出口）设为速度未知边界。

在对话框“Feed control parameters”中应选择轴对称坐标系“Axisymmetric”，设置无量纲数 $Re=100$，$Pr=1$。其他设置可参见文件 example3. GBF，也就是通过“Load”按钮打开文件 example3. GBF，按工具条 的按钮可查看各项参数设置。注意这里是以管径 d、体积平均流速 u_B、温度差（$T_{in}-T_w$）为基本参考值来对所有变量进行无量纲化处理。

单击工具条的计算按钮，完成计算并获得稳态解。点击工具条中相应的按钮来切换窗口，观察管内速度场、压力场、温度场的分布。

从压力场图看，管子后部的等压线间距基本上是均匀的，说明管内流动已进入充分发展段。通过测量等压线的间隔距离，我们可以很容易地估算出无量纲压力梯度为 $-\mathrm{d}p^*/\mathrm{d}x^*=(d/\rho u_B^2)(-\mathrm{d}p/\mathrm{d}x)=0.316$。该结果与 Hagen-Poiseuille 对于管内流动的分析解是一致的，即 $-\mathrm{d}p^*/\mathrm{d}x^*=32/Re_d$。从而管壁摩擦系数为 $c_f\equiv\dfrac{2\tau_w}{\rho u_B^2}=-\dfrac{1}{2}\dfrac{d}{\rho u_B^2}\dfrac{\mathrm{d}p}{\mathrm{d}x}=-\dfrac{1}{2}\dfrac{\mathrm{d}p^*}{\mathrm{d}x^*}=0.158$。

激活右侧对话框中的“LUMPs ”按钮，将光标移至出口边界处按下鼠标右键，可分别查看出口处的温度分布、速度分布曲线，将光标移至管壁处按下鼠标右键，可查看壁面热流密度分布曲线，如图 9-24 所示。注意：沿边界处的热流密度“Heat flux”是指由对流和热传导共同作用得到的无量纲总热流密度，即 $(\rho c_p\vec{u}T+\vec{q})\cdot\vec{n}/(\rho c_p\Delta T_{ref}u_{ref})$，这里 $\vec{n}$ 为出口边界法线单位矢量，由边界指向计算域内部。这样，出口截面上总热流密度应为负值。

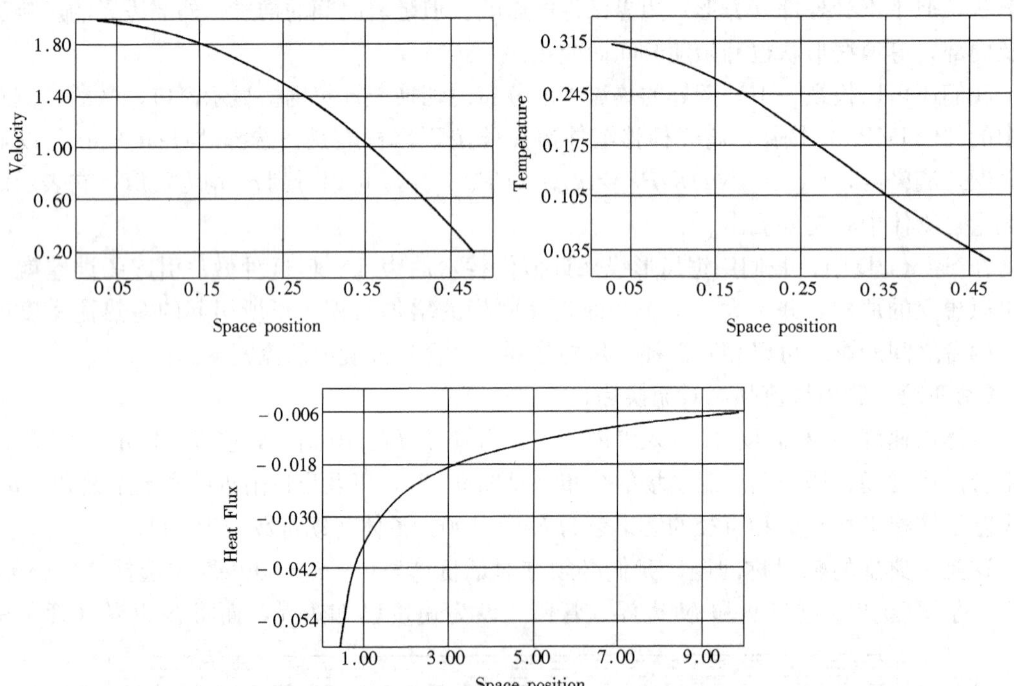

图 9-24 出口处速度、温度分布和壁面热流密度分布

我们可以由下式估算出口处的体积平均温度：

$$T_B^*=\frac{T_B-T_w}{T_{in}-T_w}\equiv\frac{1}{\pi R^2u_B}\int_0^R 2\pi ru\frac{T-T_w}{T_{in}-T_w}\mathrm{d}r=8\int_0^{0.5}y^*u^*T^*\mathrm{d}y^*$$

计算方法是

$8\times(0.05\times1.90\times0.295+0.15\times1.75\times0.255+0.25\times1.45\times0.185+0.35\times1.00\times0.105+0.45\times0.40\times0.03)\times0.1=0.16$

在出口处的热流密度图上，设最小值为−0.02，单位刻度为0.002，我们可以推知壁面（$r=R$）处的无量纲热流密度为 $q_w^*=q/\rho c_p u_{ref}\Delta T_{ref}=-0.006$。考虑到由式（9-25）给出的无量纲热流密度 q^* 与 Nu 数之间的关系，从而最终确定我们感兴趣的 Nu 数如下：

$$Nu=\frac{qd}{(T_w-T_B)\lambda}=\frac{q^*}{(0-T_B^*)}Re_d Pr=\frac{-0.006}{-0.16}\times100\times1=3.75$$

对于恒壁温充分发展段的流动来说，这个结果非常接近分析解，即 $Nu=3.66$。

【例 9-4】 管内紊流强制对流换热。

流体以速度 u_B 和温度 T_{in} 进入管内。管长为管径 d 的100倍，管壁维持恒定温度 T_w。试确定管内速度场、压力场、温度场的分布，以及出口附近的摩擦系数和 Nu 数。假设基于体积平均流速和直径的雷诺数为 $Re_d=10^5$，流体普朗特数为 $Pr=1$。

设置 x 方向上网格间距为 $10d$，是例3中网格间距的10倍，管子长度就为 $100d$。在对话框"Feed control parameter"选择"Turbulence"选项，Re 数设为 10^5，其他参数的设置可参见文件 example4. GBF。边界条件的设置也同上例一样。

开始计算，显示结果，观察速度场和温度场的演变。根据管子出口附近压力梯度，估算得摩擦系数 $c_f=-\frac{1}{2}dp^*/dx^*=0.00446$。此估算值非常接近 Blasius 解给出的结果，即 $2c_f=-dp^*/dx^*=0.1582/Re_d^{1/4}=0.0089$。稳态情况下，管子出口边界处的速度分布、温度分布和紊流动能分布曲线如图 9-25 所示。

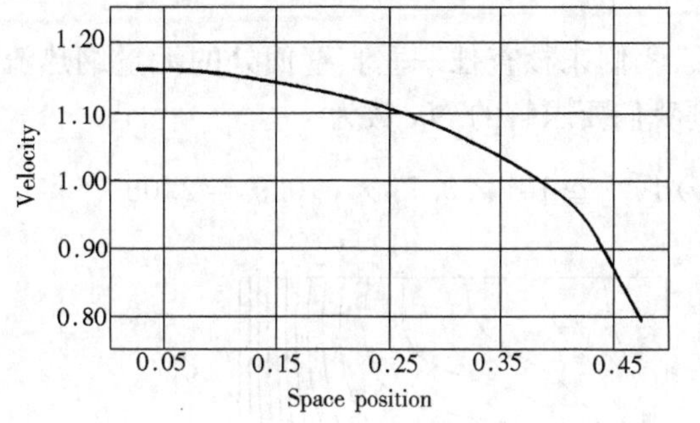

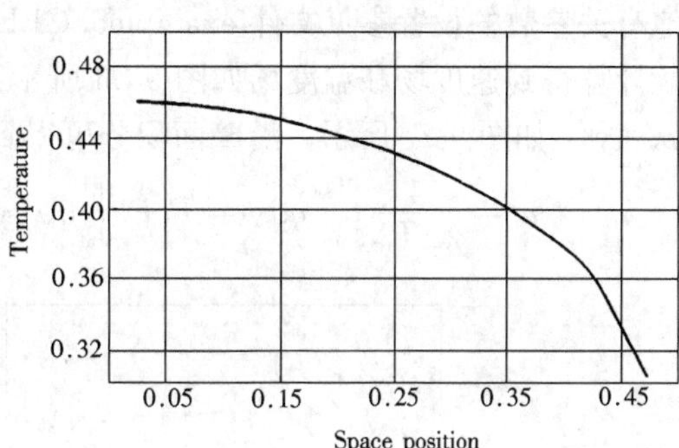

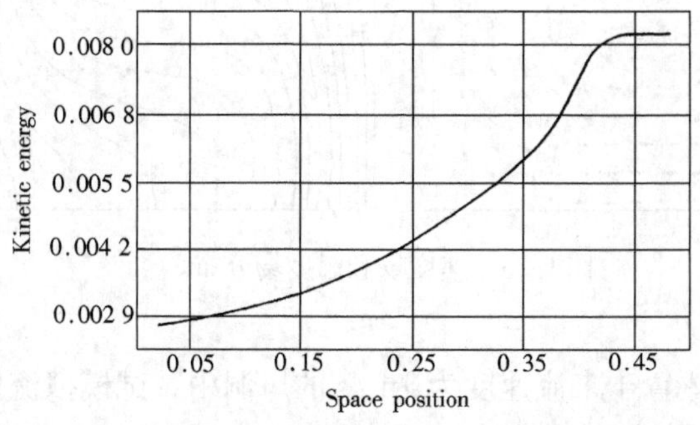

图 9-25　出口处速度、温度和紊流动能分布

下面根据紊流的壁面法则，检查高 Re 数模型在本例中的有效性，核查靠近壁面处第一个内部节点是否设在紊流充分发展区之内，看其是否满足 $y_P^+>11$。由图 9-25 查得 $k_P^* = k_P/u_B^2 = 0.008\,1$，从而有

$$y_P^+ = \frac{(\tau_w/\rho)^{1/2} y_P}{\nu} = (c_D^{1/2} k_P^*)^{1/2} y_P^* Re_d = (0.3\times 0.008\,1)^{1/2}\times 0.05\times 10^5 = 246$$

这说明靠近管壁的第一个内部节点确实处于紊流充分发展区内。

估算出口处体积平均温度和无量纲壁面热流密度：

$$T_B^* = (T_B - T_w)/\Delta T_{ref} = 0.38,\ q^* = q/\rho c_p u_{ref}\Delta T_{ref} = -0.000\,9$$

这样就有

$$Nu = \frac{qd}{(T_w - T_B)\lambda} = \frac{q^*}{(0-T_B^*)} Re_d Pr = \frac{-0.000\,9}{-0.38}\times 10^5\times 1 = 237$$

这与著名的 Dittus-Boelter 公式的计算结果十分吻合，即

$$Nu_d = 0.023 Re_d^{0.8} Pr^{0.4} = 230$$

【例 9-5】 封闭空腔内自然对流换热。

考察边长为 L_{ref} 的正方形腔体内的自然对流。腔体左侧壁面保持恒定温度 T_w，右侧壁面保持恒定温度 T_0，且 $T_w>T_0$，而上、下壁面均为绝热。设无量纲数 $Pr=0.71$, $Gr = g\beta(T_w - T_0)L_{ref}^3/\nu^2 = 10^4$。试求腔体内速度场与温度场的稳态分布，并估算 Nu 数。

选用参考温度差 $\Delta T_{ref} = T_w - T_0$ 和参考速度 $u_{ref} = \sqrt{g\beta\Delta T_{ref} L_{ref}}$ 作无量纲计算，从而设 Re 数为 $Re = \frac{u_{ref} L_{ref}}{\nu} = \frac{\sqrt{g\beta\Delta T_{ref} L_{ref}}\,L_{ref}}{\nu} = \sqrt{Gr} = 100$。腔体的 4 个边界 W、S、E、N 全部为固体壁面，其中 W 侧为恒定温度 1，E 侧为恒定温度 0，上、下壁面的热流密度均设为 0，其他有关参数的设置参见文件 example5. GBF。

计算得到速度场和温度场如图 9-26 所示。我们来核查任一垂直壁面处的无量纲热流密度 $q_w^*(y)$，如图 9-27 所示，沿壁面积分可得到我们要求解的 Nu 数为

$$Nu = \frac{1}{\lambda\Delta T_{ref}}\int_0^{L_{ref}} q\mathrm{d}y = RePr\int_0^1 q_w^*(y)\mathrm{d}y^* \cong 10^2\times 0.71\times 0.029 = 2.06$$

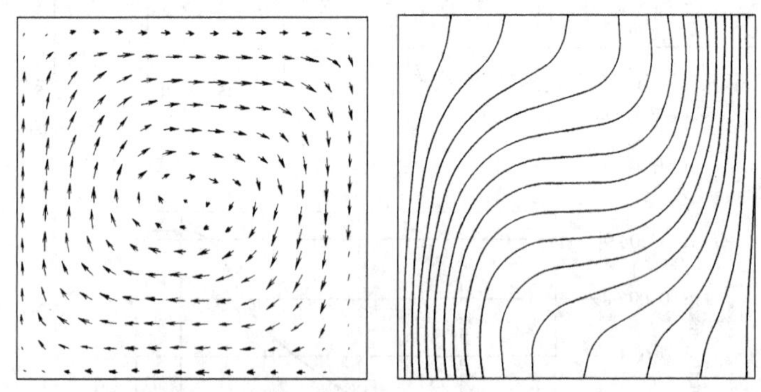

图 9-26 速度场和温度场分布

【例 9-6】 卡门漩涡。

将 5m×2.5m 矩形物体置于来流速度为 1m/s 的风洞中，试模拟流体绕流时在物体后方所形成的卡门漩涡。设流体的运动黏度为 $\nu=2.17\times 10^{-3}\mathrm{m^2/s}$。

选取 $L_{\mathrm{ref}}=1\mathrm{m}$，$u_{\mathrm{ref}}=1\mathrm{m/s}$，则 $Re=460$，采用中心差分格式。其他有关参数的设置可参见文件 example6.GBF。

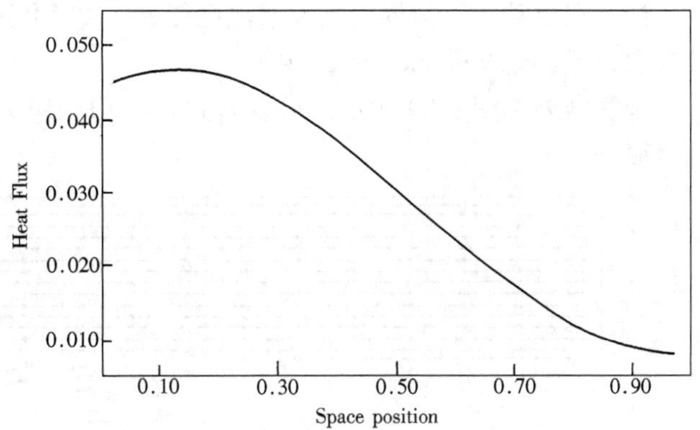

图 9-27　W 侧壁面的热流密度分布

我们来观察流线的变化。重复按计算按钮，每隔 2s 更新显示一次。可以粗略估算得到漩涡产生和消失的周期约为 20s。图 9-28 显示的是时间 80s 后的流线图。

现在，我们尝试将中心差分格式转换成混合差分格式，并继续计算。可以看到此时的流线变得相当光滑，漩涡产生和消失的周期也增加了。这是因为在混合格式下，数值黏度增大了。读者可能注意到，求解这类复杂的非稳态流动问题时，必须仔细地选择时间步长与网格间距。

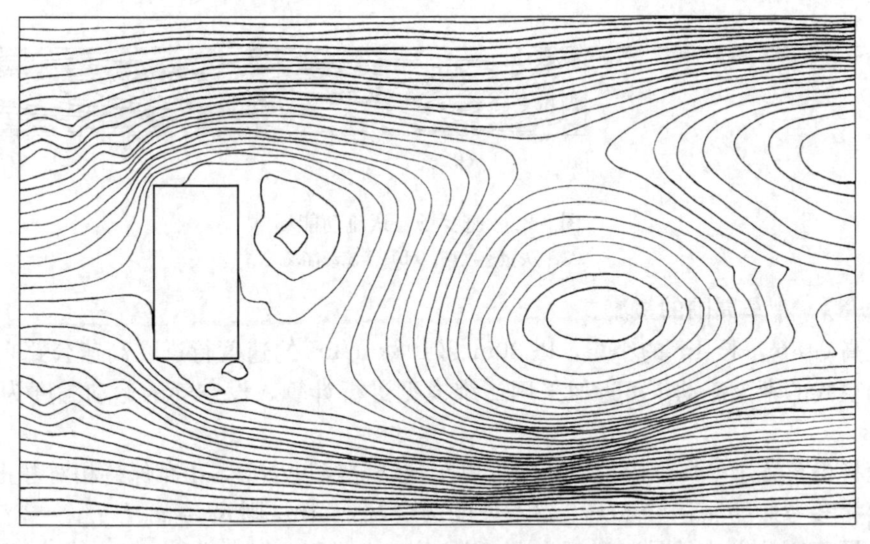

图 9-28　时间 80s 后的流线图

【例 9-7】　流过背向台阶的紊流。

考察流体流过背向台阶的情形。设温度 20℃，速度 1m/s，紊流动能 $10^{-4}\mathrm{m^2/s^2}$，紊流动能耗散率 $1.32\times 9^{-12}\mathrm{W/kg}$ 的流体进入一个 2m 高的通道，离通道入口 4m 处有一高度为 1m 背向台阶，其后与另一高度 3m 通道相连。通道底部及台阶表面在均匀热流密度 $q=1000\mathrm{W/m^2}$ 下保持加热，而通道底部为绝热。流体热物性数据为 $Pr=0.71$，$\rho=1\mathrm{kg/m^3}$，$\nu=2.2\times10^{-5}\mathrm{m^2/s}$，$c_p=1000\mathrm{J/(kg\cdot K)}$。

采用有量纲的形式进行求解。这里有 $Re=1/2.2\times10^{-5}=4.6\times10^4$。底部加热的热流密度 $q=1000\mathrm{W/m^2}$，按照式（9-25）计算为

$$q^* \stackrel{\triangle}{=} \frac{q}{\rho c_p \Delta T_{\mathrm{ref}} u_{\mathrm{ref}}} = \frac{q}{\rho c_p \times 1℃ \times 1\mathrm{m/s}} = \frac{1000}{1\times 1000} = 1$$

注意在流动入口边界处预设紊流动能 $k=10^{-4}$ 和紊流动能耗散率 $\varepsilon=1.32\times10^{-12}$，其他各参数设置参见文件 example7. GBF。

计算结果如图 9-29 所示。可以看到，平均切应力显著的区域，自然就是紊流动能形成的区域。

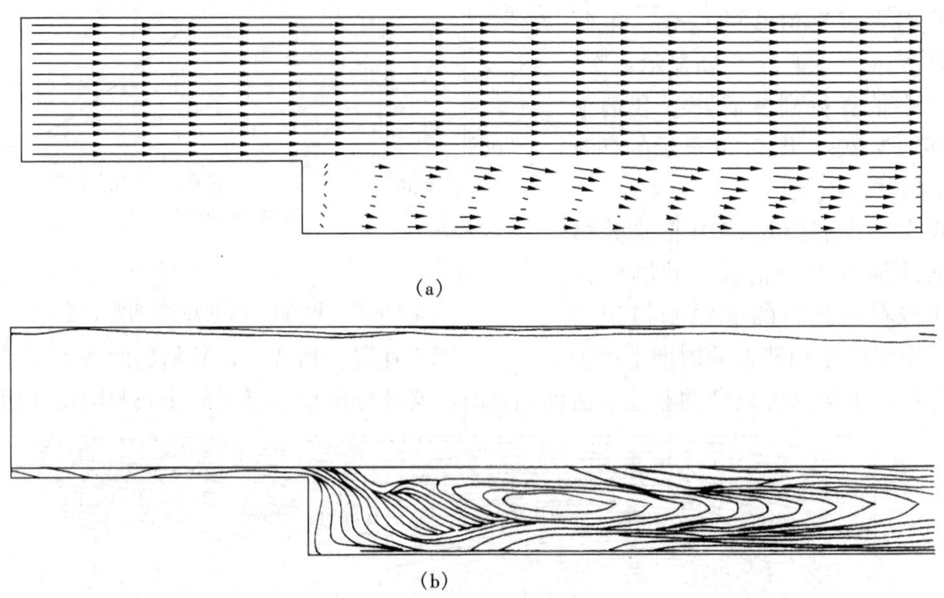

(a)

(b)

图 9-29 速度场与紊流动能场

(a) 矢量速度场；(b) 紊流动能场

【例 9-8】 小车周围的紊流。

一辆高 0.8m，长 4m 的小车，以 30m/s(108km/hr)的速度行进在高速公路上。试考察小车周围空气的紊流流动。可近似采用二维模型进行计算，设空气的运动黏度为 $\nu=1.5\times10^{-5}\mathrm{m^2/s}$。

我们将小车置于一风道内，设让空气以车速绕流经过小车，小车保持相对静止。将进口速度选定为参考速度 $u_{\mathrm{ref}}=30\mathrm{m/s}$，参考长度选定 $L_{\mathrm{ref}}=1\mathrm{m}$，则 $Re=u_{\mathrm{ref}}L_{\mathrm{ref}}/\nu=2\times10^6$。绘制小车模型最简便的方法就是，激活右侧对话框中的“Graphics Adjustment”按钮，按鼠标右键选择绘图工具菜单中的“Polygon”，粗略绘出小车的形状，将边角点放在大致的位置，最后定下小车模型，单击菜单中的“Convert LUMPs”，转化为网格。然后可调整网格间距以便准确设置小车的尺寸。其他有关参数和边界条件的设置，可参见文件 example8. GBF。

小车周围空气流动的速度矢量图和压力场图示于图 9-30 中。可以看到，在车体前面发生剧烈的流动加速，而车体后面则形成一个强剪切应力层，从而使紊流度很高。

【例 9-9】 旋转机械内的流动。

考察一旋转式燃烧器装置。温度为 3000℃的高温气体，进入绕轴旋转的圆柱空腔内。圆柱进、出口直径分别为 0.2m 和 0.4m。距燃烧器进口约 0.5m 处另有一同心的短圆柱体位于空腔内，其直径为 0.16m，长度为 0.15m。空腔壁面维持恒定温度 20℃，短圆柱体表面为绝热。给定气体物性参数 $\nu=10^{-5}\mathrm{m^2/s}$，$Pr=1$。此外，进口处各速度分量为 $u=30\mathrm{m/s}$，$v=0\mathrm{m/s}$，$w=10\dfrac{r}{0.1}\mathrm{m/s}$。试给出燃烧器内的速度场和温度场分布。

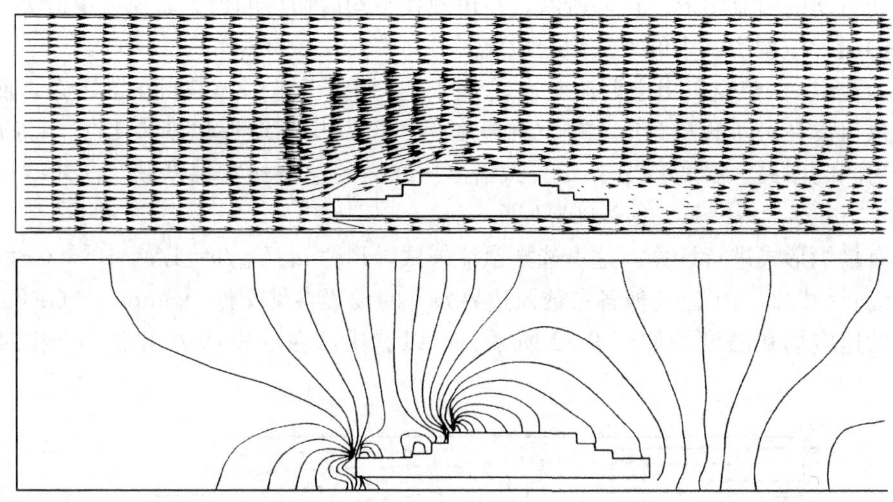

图 9-30　小车周围的速度场和压力场

采用有量纲形式进行计算。$Re = u_{ref} L_{ref} / \nu = 10^5$。选择紊流模式，其他各参数及边界条件的设置参见文件 example9. GBF。

计算结果如图 9-31 所示。从图可以看到，在短立圆柱体后方的速度场出现一个非常复

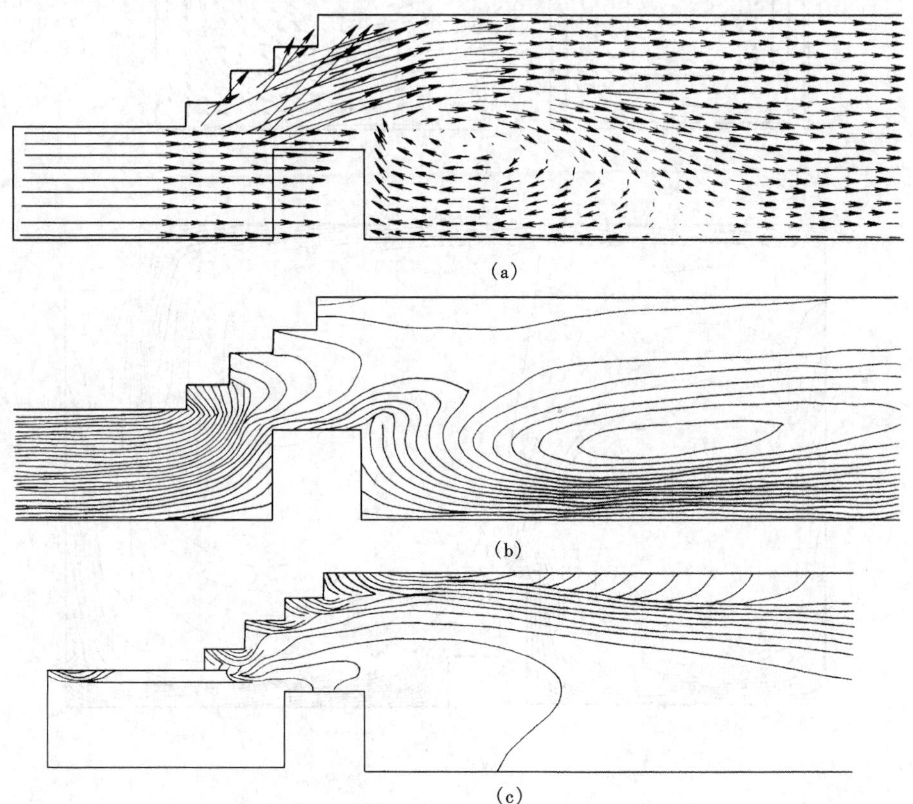

(a)

(b)

(c)

图 9-31　旋转式燃烧器内的速度场和温度场

(a) 速度矢量场；(b) 旋转速度成分 w 的等值线；(c) 等温线

杂的带旋转运动的回流图形。正如所料，在出现强平均剪切层的地方紊流度也最大。

【例 9-10】 空调房间内的紊流混合对流。

速度为 1m/s 的热空气由空调流向通风房间。空调置于 4×3m 房间的右上角，而为了通风，将通风口设在房间的左上角。热空气温度为 30℃，房间墙壁温度为 15℃。高为 1m 的沙发位于房间的中央，温度亦为 15℃。试给出房间内的速度场和温度场。已知空气物性参数为 $\nu=10^{-5}\mathrm{m}^2/\mathrm{s}$，$Pr=1$，$\beta=0.003\,4/\mathrm{K}$。

采用有量纲形式进行计算。这里选择紊流模式，$Re\equiv u_{\mathrm{ref}}L_{\mathrm{ref}}/\nu=1/\nu=10^5$，$Gr\equiv g\beta\Delta T_{\mathrm{ref}}L_{\mathrm{ref}}^3/\nu^2=g\beta/\nu^2=3.3\times10^8$。其他各参数及边界条件的设置参见文件 example10.GBF。

房间的速度场和温度场如图 9-32 所示。可以看出，在沙发后方出现一个相对较冷的区域。

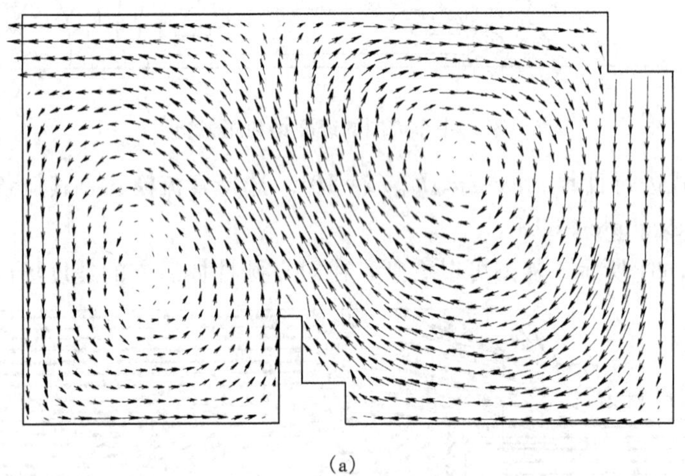

(a)

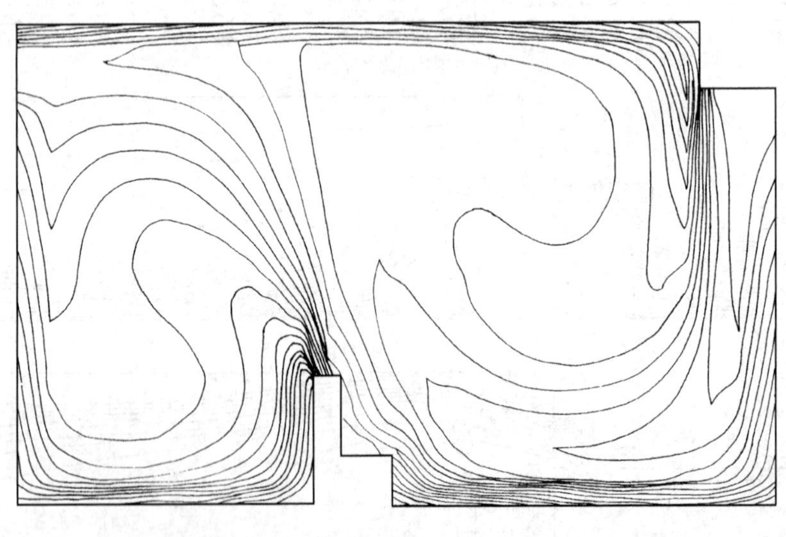

(b)

图 9-32　空调房内的速度场和温度场

(a) 矢量速度场；(b) 等温线

【例 9-11】 多孔介质内的自然对流。

边长为 L_{ref} 的正方形腔体内充满高空隙率的多孔介质，如纤维和泡沫材料。左壁维持恒定温度 T_w，右壁维持恒定温度 T_{ref}，且 $T_w > T_{ref}$，而上、下壁面均为绝热。设空隙率为常数 0.9，多孔材料与腔内流体的热容之比 $(\rho c_p)_s/(\rho c_p)_f = 0.47$，格拉晓夫数 $Gr = g\beta(T_w - T_{ref})L_{ref}^3/\nu = 10^5$，$Da = K/L_{ref}^2 = 0.001$，其中 K 是多孔介质的渗透率。腔内流体发生自然对流，试给出此问题的速度场和温度场。

设参考速度 $u_{ref} = \sqrt{g\beta(T_{wall} - T_{ref})L_{ref}}$，从而有 $Re = u_{ref}L_{ref}/\nu = \sqrt{Gr} = 316.2$。在对话框“Feed control parameters”右下方选中多孔介质（见图 9-33），填入空隙率 ε^+、Da 数，以及比热容比 $HCR = \rho_s c_s/\rho_f c_{p,f} = 0.47$（仅在非稳态情况下有意义），其他各参数和边界条件的设置参见文件 example11. GBF。

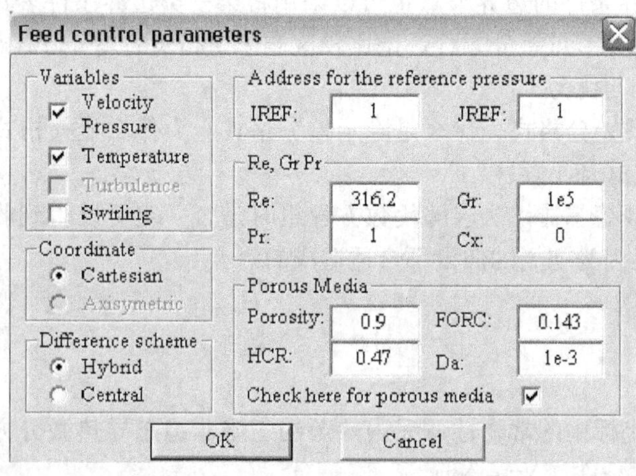

图 9-33　多孔介质参数的选项

计算结果如图 9-34 所示，左图为速度矢量场，右图为等温线。这与空腔内充满纯净流体时所得的结果（见图 9-26）有着明显的差异。进行与［例 9-5］相同的处理，可得总 Nu 数为

$$Nu = \frac{1}{\lambda_{eff}\Delta T_{ref}}\int_0^{L_{ref}} q\mathrm{d}y = RePr\int_0^1 q^* \mathrm{d}y^* \approx 10^{2.5} \times 1 \times 0.0078 = 2.45$$

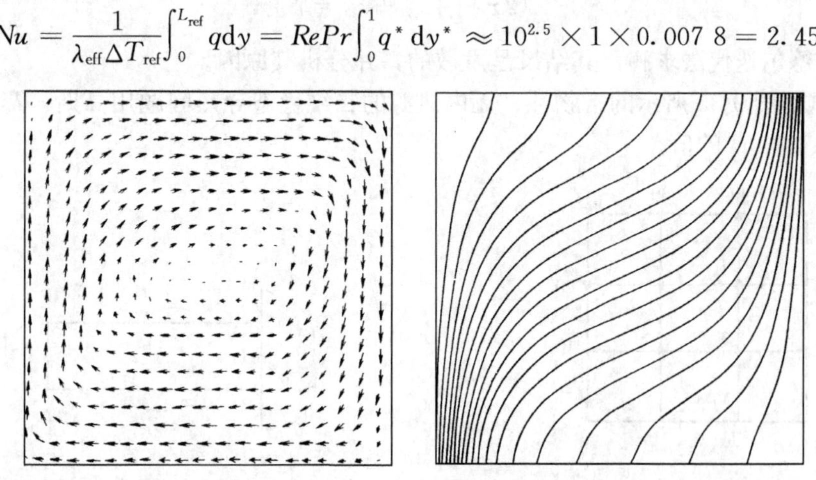

图 9-34　多孔介质空腔内的速度场与温度场

读者可以尝试改变 Gr 和 Da 进行多种设置，获得各种情况下的结果。不难发现，当 Da 数相对较小时（低于 10^{-3}），决定 Nu 数大小的无量纲参数不是 Gr 数，而是 Darcy-Rayleigh 数 $GrDaPr_{\text{eff}} = Kg\beta(T_w - T_{\text{ref}})L_{\text{ref}}/a_{\text{eff}}\nu$。

思考题

9-1 试简要说明对导热问题进行有限差分数值计算的基本思想与步骤。

9-2 试说明用节点控制体热平衡法建立节点温度差分方程的基本思想。

9-3 推导导热微分方程的步骤和过程与用热平衡法建立节点温度离散的差分方程的过程十分相似，为什么前者得到的是温度场的精确描写，而由后者解出的却是温度场的近似分布？

9-4 第三类边界条件的边界节点也可以采用将第三类边界条件表达式中的一阶导数用差分公式表示来建立其节点差分方程。试比较这样建立起来的差分方程与用热平衡法建立起来的差分方程的异同与优劣。

9-5 什么是显式差分格式，什么是隐示差分格式？为什么显式格式在计算中存在稳定性问题而隐示差分格式却不存在？

9-6 用高斯—赛德尔迭代法求解代数方程组时是否一定可以得到收敛的解？在不能得出收敛的解时是否是因为初场的假设不合适造成的？

习题

9-1 试将直角坐标中的常物性、无内热源的三维非稳态导热微分方程化为显式差分格式，并指出其稳定性条件（$\Delta x \neq \Delta y$）。

9-2 试用数值计算证实，对方程组

$$\begin{cases} x_1 + 2x_2 - 2x_3 = 1 \\ x_1 + x_2 + x_3 = 3 \\ 2x_1 + 2x_2 + x_3 = 5 \end{cases}$$

用高斯—赛德尔迭代法求解，其结果是发散的，并分析其原因。

9-3 试对图 9-35 所示的常物性、无内热源的二维稳态导热问题用高斯—赛德尔迭代法计算 t_1、t_2、t_3、t_4 的值。

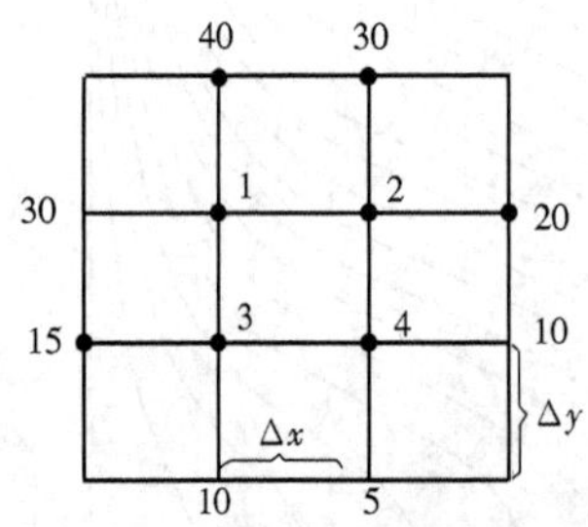

图 9-35 习题 9-3 图

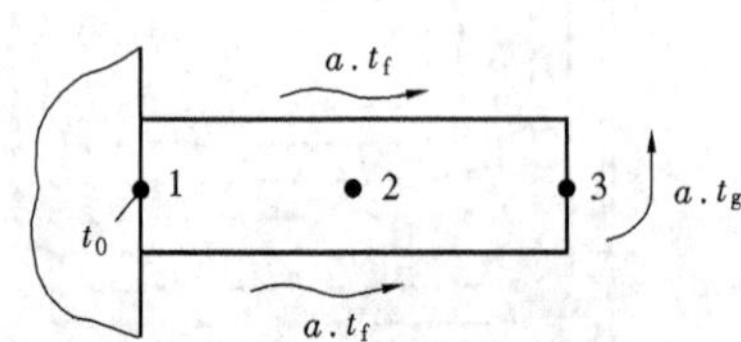

图 9-36 习题 9-4 图

9-4　试对图 9-36 所示的等截面直肋的稳态导热问题，用数值方法求解节点 2、3 的温度。图中 $t_0=85℃$、$t_f=25℃$、$h=30W/(m^2\cdot K)$。肋高 $H=4cm$，纵剖面面积 $A_L=4cm^2$，导热系数 $\lambda=20W/(m\cdot K)$。

9-5　设某一电子件的外壳可以简化成截面呈正方形的腔体，其上、下表面绝热，而两侧竖壁分别维持在 t_h 及 t_c（$t_h>t_c$）。试定性地画出空腔截面上空气流动的图像。

9-6　极坐标中常物性、无内热源的非稳态导热方程为 $\dfrac{\partial t}{\partial \tau}=a\left(\dfrac{\partial^2 t}{\partial r^2}+\dfrac{1}{r}\dfrac{\partial t}{\partial r}+\dfrac{1}{r^2}\dfrac{\partial^2 t}{\partial \varphi^2}\right)$，试利用本题图 9-37 中的符号，列出节点（$i$，$j$）的差分方程式。

9-7　一金属短圆柱在炉内受热后被竖直地移置到空气中冷却，底面可认为是绝热的。为用数值法确定冷却过程中柱体温度的变化，取中心角为 1rad 的区域来研究，如图 9-38 所示。已知柱体表面发射率 ε、自然对流表面的表面传热系数 h，环境温度 t_∞、金属的热扩散率 a，试列出图中节点（1，1）、（m，1）、（M，n）及（M，N）的离散方程式。在 r 及 z 方向上网格是各自均分的。

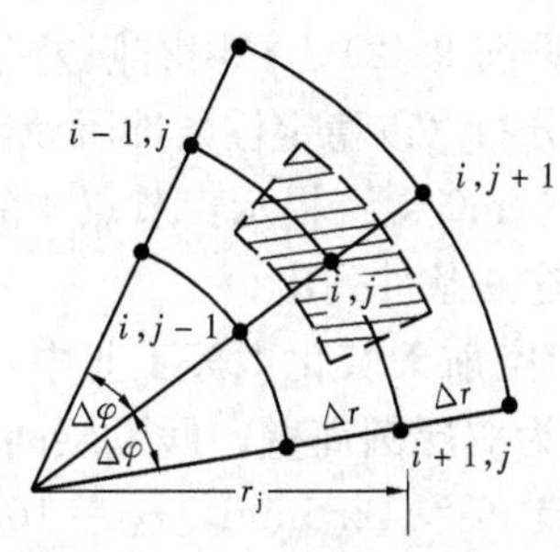

图 9-37　习题 9-6 图

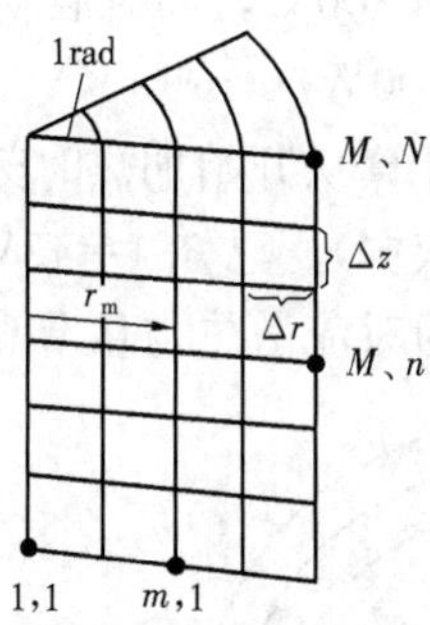

图 9-38　习题 9-7 图

9-8　一个二维物体的竖直表面受液体自然对流冷却，为考虑局部表面传热系数的影响，表面传热系数采用 $h=c(t-t_f)^{1.25}$ 来表示。试列出图 9-39 所示的稳态、无内热源物体边界节点 (M,n) 的温度方程，并对如何求解这一方程组提出你的看法。设网格均分。

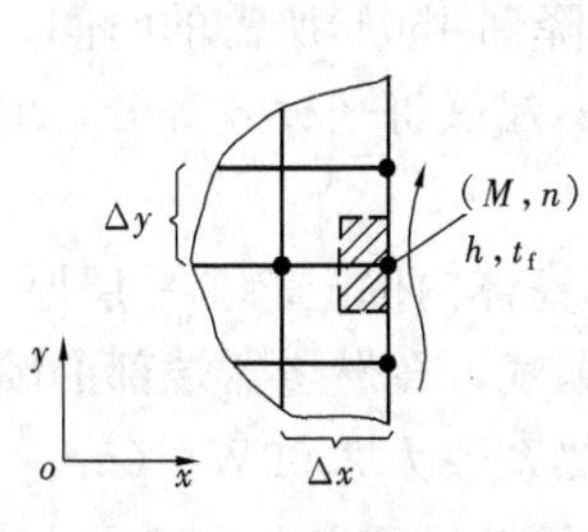

图 9-39　习题 9-8 图

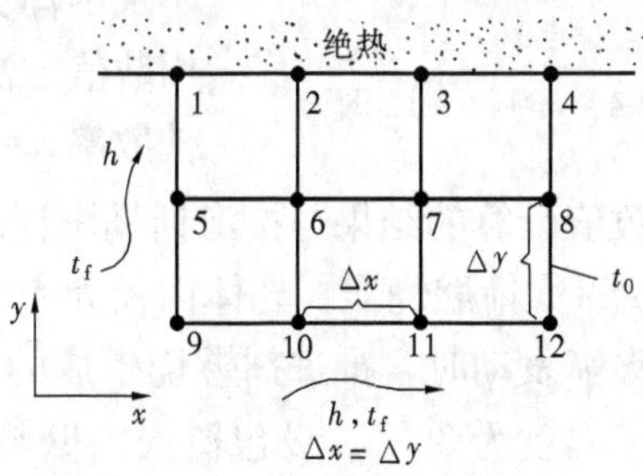

图 9-40　习题 9-9 图

9-9　在图 9-40 所示的有内热源的二维导热区域中，一个界面绝热，一个界面等温（包括节点 4），其余两个界面与温度为 t_f 的流体对流换热，表面传热系数 h 为常数，内热源强度为 qV。试列出节点 1、2、5、6、9、10 的离散方程式。

9-10 一等截面直肋，高 H，厚 δ，肋根温度为 t_0，流体温度为 t_f，表面传热系数为 h，肋片导热系数为 λ。将它均分成 4 个节点（见图 9-41），并对肋端为绝热及肋端为对流边界条件（h 同侧面）的两种情况列出节点 2、3、4 的离散方程式。设 $H=45\text{mm}$，$\delta=10\text{mm}$，$h=50\text{W/(m}^2\cdot\text{K)}$，$\lambda=50\text{W/(m}\cdot\text{K)}$，$t_0=100℃$，$t_f=20℃$，计算节点 2、3、4 的温度（对于肋端的两种边界条件）。

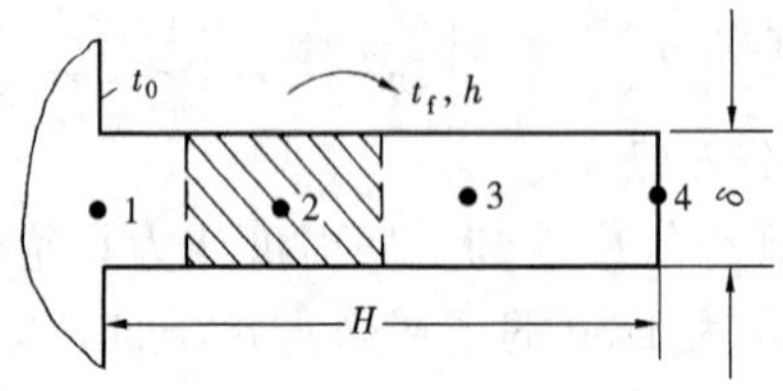

图 9-41 习题 9-10 图

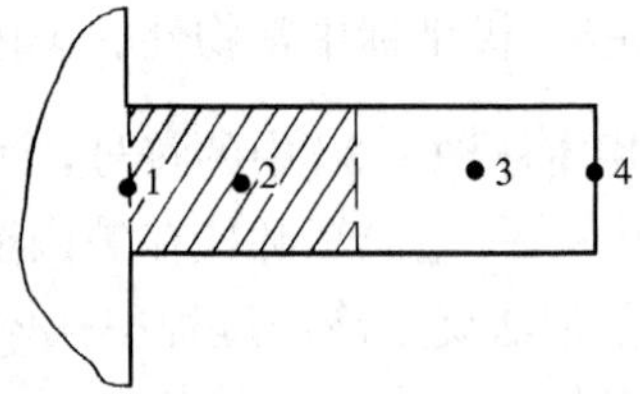

图 9-42 习题 9-11 图

9-11 一直径为 1cm、长 4cm 的钢制圆柱形肋片，初始温度为 25℃。其后，肋基温度突然升高到 200℃，同时温度为 25℃的气流横向掠过该肋片，肋片的端部及侧面的表面传热系数均为 $100\text{W/(m}^2\cdot\text{K)}$。试将该肋片等分成两段（见图 9-42），并用有限差分法的显式差分格式计算从开始加热时刻起相邻 4 个时刻上的温度分布（以稳定性条件所允许的时间间隔为计算依据）。已知 $\lambda=43\text{W/(m}\cdot\text{K)}$，$a=1.333\times9^{-5}\text{m}^2/\text{s}$。（提示：节点 4 的离散方程可按端面的对流散热与从节点 3 到节点 4 的导热相平衡这一条件列出。）

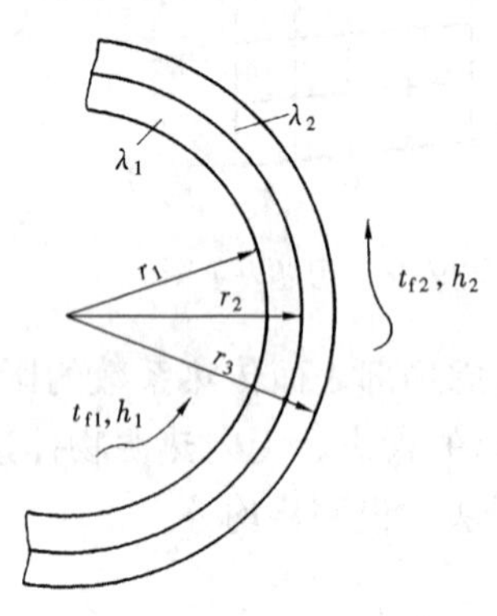

图 9-43 习题 9-12 图

9-12 复合材料在航空航天及化工等工业中日益得到广泛的应用。图 9-43 所示为双层圆筒壁，假设层间接触紧密，无接触热阻存在。已知 $r_1=12.5\text{mm}$，$r_2=16\text{mm}$，$r_3=18\text{mm}$，$\lambda_1=40\text{W/(m}\cdot\text{K)}$，$\lambda_2=120\text{W/(m}\cdot\text{K)}$，$t_{f1}=150℃$，$h_1=1000\text{W/(m}^2\cdot\text{K)}$，$t_{f2}=60℃$，$h_2=380\text{W/(m}^2\cdot\text{K)}$。试用数值方法确定稳态时双层圆筒壁截面上的温度分布。

9-13 一厚为 2.54cm 的钢板，初始温度为 650℃，后置于水中淬火，其表面温度突然下降为 93.5℃并保持不变。试用数值方法计算中心温度下降到 450℃所需的时间。已知热扩散率 $a=1.16\times10^{-5}\text{m}^2/\text{s}$。建议将平板 8 等分，取 9 个节点，并把数值计算的结果与按海斯勒图计算的结果作比较。

9-14 一火箭燃烧器，壳体内径为 400mm，厚 10mm，壳体内壁上涂了一层厚 2mm 的包覆层。火箭发动时，推进剂燃烧生成的温度为 3000℃的烟气，经燃烧器端部的喷管喷往大气。大气温度为 30℃。设包覆层内壁与燃气间的表面传热系数为 $2500\text{W/(m}^2\cdot\text{K)}$，外壳表面与大气间的表面传热系数为 $350\text{W/(m}^2\cdot\text{K)}$，外壳材料的最高允许温度为 1500℃。试用数值法确定：为使外壳免受损坏，燃烧过程应在多长时间内完成。包覆材料的 $\lambda=0.3\text{W/(m}\cdot\text{K)}$，$a=2\times10^{-7}\text{m}^2/\text{s}$；外壳的导热系数 $\lambda=10\text{W/(m}\cdot\text{K)}$，热扩散率 $a=5\times10^{-6}\text{m}^2/\text{s}$。

9-15 锅炉汽包从冷态开始启动时，汽包壁温度随时间而变化。为控制热应力，需要计算汽包壁内的温度场。试用数值方法计算：当汽包内的饱和水温度上升的速率为 1℃/min，3℃/min 时，启动后 10、20 及 30min 时汽包壁截面中的温度分布及截面中的最大温差。启动前，汽包处于 100℃的均匀温度。汽包可视为一无限长的圆柱体，外表面绝热，内表面与水之间的对流换热十分强烈。汽包的内径 $R_1=0.9$m，外径 $R_2=1.01$m，热扩散率 $a=9.98\times10^{-6}\text{m}^2/\text{s}$。

9-16　有一砖墙厚 $\delta=0.3$m，$\lambda=0.85$W/（m·K），$\rho_c=1.05\times10^6$J/（m·K），室内温度 $t_f=20$℃，$h=6$W/（m^2·K）。起初该墙处于稳定状态，且内表面温度为 15℃。后寒潮入侵，室外温度下降为 $t_{f2}=-10$℃，外墙表面传热系数 $h_2=35$W（m^2·K）。如果认为内墙温度下降 0.1℃是可感到外界温度起变化的一个定量判据，问寒潮入侵后多少时间内墙才感知到？

9-17　一冷柜，起初处于均匀的温度（20℃）。后开启压缩机，冷冻室及冷柜门的内表面温度以均匀速度 18℃/h 下降。柜门尺寸为 1.2m×1.2m。保温材料厚 $\delta=8$cm，$\lambda=0.02$W/（m·K）。冰箱外表面包覆层很薄，热阻可略而不计。柜门外受空气自然对流及与环境之间辐射的加热。自然对流可按下式计算：

$$h=1.55(\Delta t/H)1/4\quad \text{W/(m}^2\cdot\text{K)}$$

其中，H 为门高，表面发射率 $\varepsilon=0.8$。通过柜门的导热可作为一维问题处理。试计算压缩机启动后 2h 内的冷量损失。

*9-18　为对两块平板的对接焊过程[见图 9-44(a)]进行数值计算，对其物理过程作以下简化处理：钢板中的温度场仅是 x 及时间 τ 的函数；焊枪的热源作用在钢板上时钢板吸收的热流密度 $q(x)=q_m\exp(-3r^2/r_e^2)$，$r_e$ 为电弧有效加热半径，q_m 为最大热流密度；平板上、下表面的散热可用 $q=h(t-t_f)$ 计算，侧面绝热；平板的物性为常数，熔池液态金属的物性与固体相同；固体熔化时吸收的潜热折算成当量的温升值，即如设熔化潜热为 L，固体比热容为 c，则当固体达到熔点 t_s 后要继续吸收相当于使温度升高（L/c）的热量，但在这一吸热过程中该处温度不变。这样，图 9-44（a）所示问题就简化成图 9-44（b）所示的一维非稳态导热问题。试求：（1）列出该问题的数学描写；（2）计算过程开始后 3.4s 内钢板中的温度场，设在开始的 0.1s 内有电弧的加热作用。已知 $q_m=5024\text{W/m}^2$，$\alpha=12.6$W/（m^2·K），$\lambda=41.9$W/（m·K），$\rho=7800\text{kg/m}^3$，$c=670$J/（kg·K），$L=255$kJ/kg，$t_s=1485$℃，$H=12$cm，$r_e=0.71$cm。

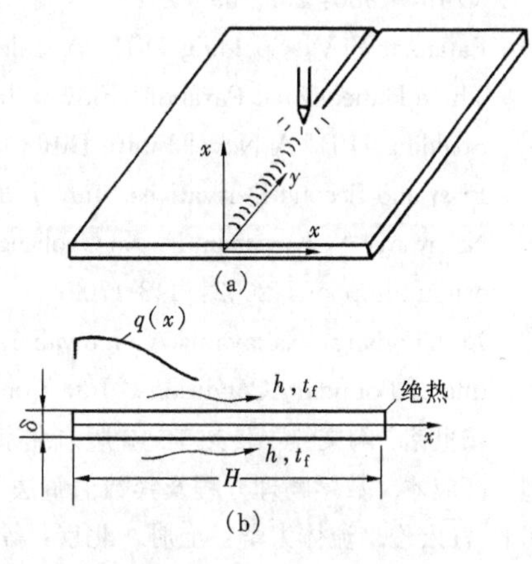

图 9-44　习题 9-18 图

9-19　对于［例 9-1］中的非稳态导热问题，试通过数值模拟给出 20s 后的温度分布，并与半无限大固体内非稳态导热问题的理论解的结果进行比较。

9-20　对于［例 9-3］中的管内层流换热问题，若管子壁面改为均匀热流密度加热，其他条件保持不变，试计算距离入口 10d 处的温度分布和 Nu 数。

9-21　对于［例 9-5］中所述方形截面密闭容器，考察西侧壁面向上或向下移动时容器内气体的混合对流换热问题。如果 $Gr=10^4$，且壁面移动速度取为 $v_{x=0}=\pm\sqrt{g\beta\Delta T_{\mathrm{ref}}L_{\mathrm{ref}}}$，其他条件不变，试计算 Nu 数，并将计算结果分别与纯自然对流换热情况下的结果对比。

9-22 对于［例 9-5］中所述方形截面密闭容器，如果将容器按顺时针或逆时针方向旋转 45°，即 $c_x=\pm1/\sqrt{2}$，设 $Gr=10^4$，其他条件不变。试观察温度场、速度场的变化。

9-23 对于［例 9-6］中的外掠绕流物体的流动问题，试自行设置其他各种形状的物体，观察卡门涡街及变化周期。对于同一种形状的物体，试改变 Re 数的大小，再观察卡门涡街及变化周期。

9-24 对于［例 9-8］中运动汽车周围的流动问题，试改变汽车的形状和行进速度，观察其周围空气的速度和压力场的变化。

参 考 文 献

［1］ Katsuki S，Nakayama A. Numerical Simulation of Heat and Fluid Flow (in Japanese). Toyko：Morikita Shuppan，1990：128-147.

［2］ Nakayama A. PC-Aided Numerical Heat Transfer and Fluid Flow. Boca Raton：CRC Press，1995：257-276.

［3］ Patankar S V. Numerical Heat Transfer and Fluid Flow，Washington D C：Hemisphere Publishing Corp，1980：250-269.

［4］ Patankar S V，Spalding D B. A Calculation Procedure for Heat，Mass and Momentum Transfer in Three-Dimensional Parabolic Flows. Int. J. Heat Mass Transfer，1972(15)：551-559.

［5］ Spalding D B. A Novel Finite Difference Formulation for Differential Expressions Involving with Both First and Second Derivatives. Int. J. for Numerical Method in Engineering，1972(4)：551-559.

［6］ Nakayama A，Kuwahara F，Xu Guoliang. Thermal Fluid Flow and Heat Transfer (in Japanese). Tokyo：Kyoritsu Shuppon，2002：143-170.

［7］ Xu Guoliang，Nakayama A，Kuwahara F. The Concept of Known-Velocity Boundary for Automatic Setting of Boundary Conditions. Int. Comm. Heat Mass Transfer，2002，29 (3)：335-343.

［8］ 杨世铭，陶文铨. 传热学. 3 版. 北京：高等教育出版社，1998.

［9］ 高应才. 数学物理方程及其数值解法. 北京：高等教育出版社，1983.

［10］ 江宏俊. 流体力学：上册. 北京：高等教育出版社，1985.

［11］ 赵学端，廖其奠. 粘性流体力学. 北京：机械工业出版社，1983.

［12］ 程尚模，黄素逸. 传热学. 北京：高等教育出版社，1990.

［13］ 陈维汉，许国良，靳世平. 传热学. 武汉：武汉理工大学出版社，2004.

［14］ 王启杰. 对流传热与传质分析. 西安：西安交通大学出版社，1991.

附　录

附录 1　　**常用单位换算表**

物理量名称	符号	换算系数		物理量名称	符号	换算系数		
		我国法定计量单位	工程单位			我国法定计量单位	工程单位	
压力	p	Pa	atm	热流密度	q	W/m^2	kcal/(m^2·h)	
		1	$9.869\,23\times10^{-6}$			1	0.859 845	
		$1.013\,25\times10^{5}$	1			1.163	1	
运动黏度	ν	m^2/s	m^2/s	导热系数	λ	W/(m·K)	kcal/(m·h·℃)	
		1	1			1	0.859 845	
		0.092 903	0.092 903			1.163	1	
动力黏度	μ	Pa·s	kgf·s/m^2	表面传热系数 传热系数	h k	W/(m^2·K)	kcal(m^2·h·℃)	
		1	0.101 972			1	0.859 845	
		9.806 65	1			1.163	1	
比热容	c	kJ/(kg·K)	kcal/(kgf·℃)	功率 热流量	P Φ	W	kcal/h	kgf·m/s
		1	0.238 846			1	0.859 845	0.101 972
		4.1 868	1			1.163	1	0.118 583
						9.806 65	8.433 719	1

附录 2　　**金属材料的密度、比热容和导热系数表**

材料名称	20℃ 密度 ρ (kg/m^3)	20℃ 比定压热容 c_p [J/(kg·K)]	20℃ 导热系数 λ [W/(m·K)]	导热系数 λ[W(m·K)] 温度(℃) −100	0	100	200	300	400	600	800	1000	1200
纯　铝	2710	902	236	243	236	240	238	234	228	215			
杜拉铝(96Al—4Cu,微量 Mg)	2790	881	169	124	160	188	188	193					
铝合金(92Al—8Mg)	2610	904	107	86	102	123	148						
铝合金(87Al—13Si)	2660	871	162	139	158	173	176	180					
铍	1850	1758	219	382	218	170	145	129	118				
纯　铜	8930	386	398	421	401	393	389	384	379	366	352		
铝青铜(90Cu—10Al)	8360	420	56		49	57	66						
青铜(89Cu—11Sn)	8800	343	24.8		24	28.4	33.2						
黄铜(70Cu—30Zn)	8440	377	109	90	106	131	143	145	148				
铜合金(60Cu—40Ni)	8920	410	22.2	19	22.2	23.4							
黄　金	19 300	127	315	331	318	313	310	305	300	287			
纯　铁	7870	455	81.1	96.7	83.5	72.1	63.5	56.5	50.3	39.4	29.6	29.4	31.6
阿姆口铁	7860	455	73.2	82.9	74.7	67.5	61.0	54.8	49.9	38.6	29.3	29.3	31.1
灰铸铁($w_C\approx3\%$)	7570	470	39.2		28.5	32.4	35.8	37.2	36.6	20.8	19.2		
碳钢($w_C\approx0.5\%$)	7840	465	49.8		50.5	47.5	44.8	42.0	39.4	34.0	29.0		

续表

材料名称	20℃			导热系数λ[W(m·K)]									
	密度	比定压热容	导热系数	温度(℃)									
	ρ (kg/m³)	c_p [J/(kg·K)]	λ [W/(m·K)]	−100	0	100	200	300	400	600	800	1000	1200
碳钢(w_C≈1.0%)	7790	470	43.2		43.0	42.8	42.2	41.5	40.6	36.7	32.2		
碳钢(w_C≈1.5%)	7750	470	36.7		36.8	36.6	36.2	35.7	34.7	31.7	27.8		
铬钢(w_{Cr}≈5%)	7830	460	36.1		36.3	35.2	34.7	33.5	31.4	28.0	27.2	27.2	27.2
铬钢(w_{Cr}≈13%)	7740	460	26.8		26.5	27.0	27.0	27.0	27.6	28.4	29.0	29.0	
铬钢(w_{Cr}≈17%)	7710	460	22		22	22.2	22.6	22.6	23.3	24.0	24.8	25.5	
铬钢(w_{Cr}≈26%)	7650	460	22.6		22.6	23.8	25.5	27.2	28.5	31.8	35.1	38	
铬镍钢(18−20Cr/8−12Ni)	7820	460	15.2	12.2	14.7	16.6	18.0	19.4	20.8	23.5	26.3		
铬镍钢(17−19Cr/9−13Ni)	7830	460	14.7	11.8	14.3	16.1	17.5	18.8	20.2	22.8	25.5	28.2	30.9
镍钢(w_{Ni}≈1%)	7900	460	45.5	40.8	45.2	46.8	46.1	44.1	41.2	35.7			
镍钢(w_{Ni}≈3.5%)	7910	460	36.5	30.7	36.0	38.8	39.7	39.2	37.8				
镍钢(w_{Ni}≈25%)	8030	460	13.0										
镍钢(w_{Ni}≈35%)	8110	460	13.8	10.9	13.4	15.4	17.1	18.6	20.1	23.1			
镍钢(w_{Ni}≈44%)	8190	460	15.8		15.7	16.1	16.5	16.9	17.1	17.8	18.4		
镍钢(w_{Ni}≈50%)	8260	460	19.6	17.3	19.4	20.5	21.0	21.1	21.3	22.5			
锰钢(w_{Mn}≈12%~13%,w_{Ni}≈3%)	7800	487	13.6			14.8	16.0	17.1	18.3				
锰钢(w_{Mn}≈0.4%)	7860	440	51.2			51.0	50.0	47.0	43.5	35.5	27		
钨钢(w_W≈5%~6%)	8070	436	18.7		18.4	19.7	21.0	22.3	23.6	24.9	26.3		
铅	11 340	128	35.3	37.2	35.5	34.3	32.8	31.5					
镁	1730	1020	156	160	157	154	152	150					
钼	9590	255	138	146	139	135	131	127	123	116	109	103	93.7
镍	8900	444	91.4	144	94	82.8	74.2	67.3	64.6	69.0	73.3	77.6	81.9
铂	21 450	133	71.4	73.3	71.5	71.6	72.0	72.8	73.6	76.6	80.0	84.2	88.9
银	10 500	234	427	431	428	422	415	407	399	384			
锡	7310	228	67	75	68.2	63.2	60.9						
钛	4500	520	22	23.3	22.4	20.7	19.9	19.5	19.4	19.9			
铀	19 070	116	27.4	24.3	27	29.1	31.1	33.4	35.7	40.6	45.6		
锌	7140	388	121	123	122	117	112						
锆	6570	276	22.9	26.5	23.2	21.8	21.2	20.9	21.4	22.3	24.5	26.4	28.0
钨	19 350	134	179	204	182	166	153	142	134	125	119	114	110

附录 3　　保温、建筑及其他材料的密度和导热系数

材料名称	温度 t(℃)	密度 ρ(kg/m³)	导热系数 λ[W/(m·K)]	材料名称	温度 t(℃)	密度 ρ(kg/m³)	导热系数 λ[W/(m·K)]
膨胀珍珠岩散料	25	60～300	0.021～0.062	棉　花	20	117	0.049
沥青膨胀珍珠岩	31	233～282	0.069～0.076	丝	20	57.7	0.036
磷酸盐膨胀珍珠岩制品	20	200～250	0.044～0.052	锯木屑	20	179	0.083
水玻璃膨胀珍珠岩制品	20	200～300	0.056～0.065	硬泡沫塑料	30	29.5～56.3	0.041～0.048
岩棉制品	20	80～150	0.035～0.038	软泡沫塑料	30	41～162	0.043～0.056
膨胀蛭石	20	100～130	0.051～0.07	铝箔间隔层(5层)	21		0.042
沥青蛭石板管	20	350～400	0.081～0.10	红砖(营造状态)	25	1860	0.87
石棉粉	22	744～1400	0.099～0.19	红　砖	35	1560	0.49
石棉砖	21	384	0.099	松木(垂直木纹)	15	496	0.15
石棉绳		590～730	0.10～0.21	松木(平行木纹)	21	527	0.35
石棉绒		35～230	0.055～0.077	水　泥	30	1900	0.30
石棉板	30	770～1045	0.10～0.14	混凝土板	35	1930	0.79
碳酸镁石棉灰		240～490	0.077～0.086	耐酸混凝土板	30	2250	1.5～1.6
硅藻土石棉灰		280～380	0.085～0.11	黄　砂	30	1580～1700	0.28～0.34
粉煤灰砖	27	458～589	0.12～0.22	泥　土	20		0.83
矿渣棉	30	207	0.058	瓷　砖	37	2090	1.1
玻璃丝	35	120～492	0.058～0.07	玻　璃	45	2500	0.65～0.71
玻璃棉毡	28	18.4～38.3	0.043	聚苯乙烯	30	24.7～37.8	0.04～0.043
软木板	20	105～437	0.044～0.079	花岗石		2643	1.73～3.98
木丝纤维板	25	245	0.048	大理石		2499～2707	2.70
稻草浆板	20	325～365	0.068～0.084	云　母		290	0.58
麻杆板	25	108～147	0.056～0.11	水　垢	65		1.31～3.14
甘蔗板	20	282	0.067～0.072	冰	0	913	2.22
葵芯板	20	95.5	0.05	黏　土	27	1460	1.3
玉米梗板	22	25.2	0.065				

附录 4　　几种保温、耐火材料的导热系数与温度的关系

材　料　名　称	材料最高允许温度(℃)	密度 ρ(kg/m³)	导热系数 λ[W/(m·K)]
超细玻璃棉毡、管	400	18～20	0.033+0.000 23{t}℃[①]
矿渣棉	550～600	350	0.0674+0.000 215{t}℃
水泥蛭石制品	800	400～450	0.103+0.000 198{t}℃
水泥珍珠岩制品	600	300～400	0.065 1+0.000 105{t}℃
粉煤灰泡沫砖	300	500	0.099+0.000 2{t}℃
岩棉玻璃布缝板	600	100	0.031 4+0.000 198{t}℃
A 级硅藻土制品	900	500	0.039 5+0.000 19{t}℃
B 级硅藻土制品	900	550	0.047 7+0.000 2{t}℃
膨胀珍珠岩	1000	55	0.042 4+0.000 137{t}℃
微孔硅酸钙制品	650	≯250	0.041+0.000 2{t}℃
耐火黏土砖	1350～1450	1800～2040	(0.7～0.84)+0.000 58{t}℃
轻质耐火黏土砖	1250～1300	800～1300	(0.29～0.41)+0.000 26{t}℃
超轻质耐火黏土砖	1150～1300	540～610	0.093+0.000 16{t}℃
超轻质耐火黏土砖	1100	270～330	0.058+0.000 17{t}℃
硅砖	1700	1900～1950	0.93+0.000 7{t}℃
镁砖	1600～1700	2300～2600	2.1+0.000 19{t}℃
铬砖	1600～1700	2600～2800	4.7+0.000 17{t}℃

①{t}℃表示材料的平均温度的数值。

附录 5 **干空气的热物理性质($p=1.01325\times10^5$ Pa)**

t (℃)	ρ (kg/m^3)	c_p [kJ/(kg·K)]	$\lambda\times10^2$ [W/(m·K)]	$a\times10^6$ (m^2/s)	$\mu\times10^6$ [kg/(m·s)]	$\nu\times10^6$ [m^2/s]	Pr
−50	1.584	1.013	2.04	12.7	14.6	9.23	0.728
−40	1.515	1.013	2.12	13.8	15.2	10.04	0.728
−30	1.453	1.013	2.20	14.9	15.7	10.80	0.723
−20	1.395	1.009	2.28	16.2	16.2	11.61	0.716
−10	1.342	1.009	2.36	17.4	16.7	12.43	0.712
0	1.293	1.005	2.44	18.8	17.2	13.28	0.707
10	1.247	1.005	2.51	20.0	17.6	14.16	0.705
20	1.205	1.005	2.59	21.4	18.1	15.06	0.703
30	1.165	1.005	2.67	22.9	18.6	16.00	0.701
40	1.128	1.005	2.76	24.3	19.1	16.96	0.699
50	1.093	1.005	2.83	25.7	19.6	17.95	0.698
60	1.060	1.005	2.90	27.2	20.1	18.97	0.696
70	1.029	1.009	2.96	28.6	20.6	20.02	0.694
80	1.000	1.009	3.05	30.2	21.1	21.09	0.692
90	0.972	1.009	3.13	31.9	21.5	22.10	0.690
100	0.946	1.009	3.21	33.6	21.9	23.13	0.688
120	0.898	1.009	3.34	36.8	22.8	25.45	0.686
140	0.854	1.013	3.49	40.3	23.7	27.80	0.684
160	0.815	1.017	3.64	43.9	24.5	30.09	0.682
180	0.779	1.022	3.78	47.5	25.3	32.49	0.681
200	0.746	1.026	3.93	51.4	26.0	34.85	0.680
250	0.674	1.038	4.27	61.0	27.4	40.61	0.677
300	0.615	1.047	4.60	71.6	29.7	48.33	0.674
350	0.566	1.059	4.91	81.9	31.4	55.46	0.676
400	0.524	1.068	5.21	93.1	33.0	63.09	0.678
500	0.456	1.093	5.74	115.3	36.2	79.38	0.687
600	0.404	1.114	6.22	138.3	39.1	96.89	0.699
700	0.362	1.135	6.71	163.4	41.8	115.4	0.706
800	0.329	1.156	7.18	188.8	44.3	134.8	0.713
900	0.301	1.172	7.63	216.2	46.7	155.1	0.717
1000	0.277	1.185	8.07	245.9	49.0	177.1	0.719
1100	0.257	1.197	8.50	276.2	51.2	199.3	0.722
1200	0.239	1.210	9.15	316.5	53.5	233.7	0.724

附录 6 **烟气的热物理性质($p=1.01325\times10^5$ Pa)**

(烟气中组成成分的质量分数:$w_{CO_2}=0.13$,$w_{H_2O}=0.11$,$w_{N_2}=0.76$)

t (℃)	ρ (kg/m^3)	c_p [kJ/(kg·K)]	$\lambda\times10^2$ [W/(m·K)]	$a\times10^6$ (m^2/s)	$\mu\times10^6$ [kg/(m·s)]	$\nu\times10^6$ (m^2/s)	Pr
0	1.295	1.042	2.28	16.9	15.8	12.20	0.72
100	0.950	1.068	3.13	30.8	20.4	21.54	0.69
200	0.748	1.097	4.01	48.9	24.5	32.80	0.67
300	0.617	1.122	4.84	69.9	28.2	45.81	0.65
400	0.525	1.151	5.70	94.3	31.7	60.38	0.64
500	0.457	1.185	6.56	121.1	34.8	76.30	0.63
600	0.405	1.214	7.42	150.9	37.9	93.61	0.62
700	0.363	1.239	8.27	183.8	40.7	112.1	0.61
800	0.330	1.264	9.15	219.7	43.4	131.8	0.60
900	0.301	1.290	10.00	258.0	45.9	152.5	0.59
1000	0.275	1.306	10.90	303.4	48.4	174.3	0.58
1100	0.257	1.323	11.75	345.5	50.7	197.1	0.57
1200	0.240	1.340	12.62	392.4	53.0	221.0	0.56

附录 7　　**饱和水的热物理性质**

t (℃)	$p\times10^{-5}$ (Pa)	ρ (kg/m³)	h' (kJ/kg)	c_p [kJ/(kg·K)]	$\lambda\times10^2$ [W/(m·K)]	$a\times10^6$ (m²/s)	$\eta\times10^6$ [kg/(m·s)]	$\nu\times10^6$ (m²/s)	$\beta\times10^4$ (K⁻¹)	$\gamma\times10^4$ (N/m)	Pr
0	0.006 11	999.9	0	4.212	55.1	13.1	1788	1.789	−0.81	756.4	13.67
10	0.012 27	999.7	42.04	4.191	57.4	13.7	1306	1.306	+0.87	741.6	9.52
20	0.023 38	998.2	83.91	4.183	59.9	14.3	1004	1.006	2.09	726.9	7.02
30	0.042 41	995.7	125.7	4.174	61.8	14.9	801.5	0.805	3.05	712.2	5.42
40	0.073 75	992.2	167.5	4.174	63.5	15.3	653.3	0.659	3.86	696.5	4.31
50	0.123 35	988.1	209.3	4.174	64.8	15.7	549.4	0.556	4.57	676.9	3.54
60	0.199 20	983.1	251.1	4.179	65.9	16.0	469.9	0.478	5.22	662.2	2.99
70	0.311 6	977.8	293.0	4.187	66.8	16.3	406.1	0.415	5.83	643.5	2.55
80	0.473 6	971.8	355.0	4.195	67.4	16.6	355.1	0.365	6.40	625.9	2.21
90	0.701 1	965.3	377.0	4.208	68.0	16.8	314.9	0.326	6.96	607.2	1.95
100	1.013	958.4	419.1	4.220	68.3	16.9	282.5	0.295	7.50	588.6	1.75
110	1.43	951.0	461.4	4.233	68.5	17.0	259.0	0.272	8.04	569.0	1.60
120	1.98	943.1	503.7	4.250	68.6	17.1	237.4	0.252	8.58	548.4	1.47
130	2.70	934.8	546.4	4.266	68.6	17.2	217.8	0.233	9.12	528.8	1.36
140	3.61	926.1	589.1	4.287	68.5	17.2	201.1	0.217	9.68	507.2	1.26
150	4.76	917.0	632.2	4.313	68.4	17.3	186.4	0.203	10.26	486.6	1.17
160	6.18	907.0	675.4	4.346	68.3	17.3	173.6	0.191	10.87	466.0	1.10
170	7.92	897.3	719.3	4.380	67.9	17.3	162.8	0.181	11.52	443.4	1.05
180	10.03	886.9	763.3	4.417	67.4	17.2	153.0	0.173	12.21	422.8	1.00
190	12.55	876.0	807.8	4.459	67.0	17.1	144.2	0.165	12.96	400.2	0.96
200	15.55	863.0	852.8	4.505	66.3	17.0	136.4	0.158	13.77	376.7	0.93
210	19.08	852.3	897.7	4.555	65.5	16.9	130.5	0.153	14.67	354.1	0.91
220	23.20	840.3	943.7	4.614	64.5	16.6	124.6	0.148	15.67	331.6	0.89
230	27.98	827.3	990.2	4.681	63.7	16.4	119.7	0.145	16.80	310.0	0.88
240	33.48	813.6	1037.5	4.756	62.8	16.2	114.8	0.141	18.08	285.5	0.87
250	39.78	799.0	1085.7	4.844	61.8	15.9	109.9	0.137	19.55	261.9	0.86
260	46.94	784.0	1135.7	4.949	60.5	15.6	105.9	0.135	21.27	237.4	0.87
270	55.05	767.9	1185.7	5.070	59.0	15.1	102.0	0.133	23.31	214.8	0.88
280	64.19	750.7	1236.8	5.230	57.4	14.6	98.1	0.131	25.79	191.3	0.90
290	74.45	732.3	1290.0	5.485	55.8	13.9	94.2	0.129	28.84	168.7	0.93
300	85.92	712.5	1344.9	5.736	54.0	13.2	91.2	0.128	32.73	144.2	0.97
310	98.70	691.1	1402.2	6.071	52.3	12.5	88.3	0.128	37.85	120.7	1.03
320	112.90	667.1	1462.1	6.574	50.6	11.5	85.3	0.128	44.91	98.10	1.11
330	128.65	640.2	1526.2	7.244	48.4	10.4	81.4	0.127	55.31	76.71	1.22
340	146.08	610.1	1594.8	8.165	45.7	9.17	77.5	0.127	72.10	56.70	1.39
350	165.37	574.4	1671.4	9.504	43.0	7.88	72.6	0.126	103.7	38.16	1.60
360	186.74	528.0	1761.5	13.984	39.5	5.36	66.7	0.126	182.9	20.21	2.35
370	210.53	450.5	1892.5	40.321	33.7	1.86	56.9	0.126	676.7	4.709	6.79

附录8 **液态金属的热物理性质**

金属名称	t (℃)	ρ (kg/m³)	λ [W/(m·K)]	c_p [kJ/(kg·K)]	$a\times10^6$ (m²/s)	$\nu\times10^8$ (m²/s)	$Pr\times10^2$
水银 熔点−38.9℃ 沸点357℃	20	13 550	7.90	0.139 0	4.36	11.4	2.72
	100	13 350	8.95	0.137 3	4.89	9.4	1.92
	150	13 230	9.65	0.137 3	5.30	8.6	1.62
	200	13 120	10.3	0.137 3	5.72	8.0	1.40
	300	12 880	11.7	0.137 3	6.64	7.1	1.07
锡 熔点231.9℃ 沸点2270℃	250	6980	34.1	0.255	19.2	27.0	1.41
	300	6940	33.7	0.255	19.0	24.0	1.26
	400	6865	33.1	0.255	18.9	20.0	1.06
	500	6790	32.6	0.255	18.8	17.3	0.92
铋 熔点271℃ 沸点1477℃	300	10 030	13.0	0.151	8.61	17.1	1.98
	400	9910	14.4	0.151	9.72	14.2	1.46
	500	9785	15.8	0.151	10.8	12.2	1.13
	600	9660	17.2	0.151	11.9	10.8	0.91
锂 熔点179℃ 沸点1317℃	200	515	37.2	4.187	17.2	111.0	6.43
	300	505	39.0	4.187	18.3	92.7	5.03
	400	495	41.9	4.187	20.3	81.7	4.04
	500	434	45.3	4.187	22.3	73.4	3.28
铋铅(56.5%Bi) 熔点123.5℃ 沸点1670℃	150	10 550	9.8	0.146	6.39	28.9	4.50
	200	10 490	10.3	0.146	6.67	24.3	3.64
	300	10 360	11.4	0.146	7.50	18.7	2.50
	400	10 240	12.6	0.146	8.33	15.7	1.87
	500	10 120	14.0	0.146	9.44	13.6	1.44
钠钾(25%Na) 熔点−11℃ 沸点784℃	100	852	23.2	1.143	26.9	60.7	2.51
	200	828	24.5	1.072	27.6	45.2	1.64
	300	808	25.8	1.038	31.0	36.6	1.18
	400	778	27.1	1.005	34.7	30.8	0.89
	500	753	28.4	0.967	39.0	26.7	0.69
	600	729	29.6	0.934	43.6	23.7	0.54
	700	704	30.9	0.900	48.8	21.4	0.44
钠 熔点97.8℃ 沸点883℃	150	916	84.9	1.356	68.3	59.4	0.87
	200	903	81.4	1.327	67.8	50.6	0.75
	300	878	70.9	1.281	63.0	39.4	0.63
	400	854	63.9	1.273	58.9	33.0	0.56
	500	829	57.0	1.273	54.2	28.9	0.53
钾 熔点64℃ 沸点760℃	100	819	46.6	0.805	70.7	55	0.78
	250	783	44.8	0.783	73.1	38.5	0.53
	400	747	39.4	0.769	68.6	29.6	0.43
	750	678	28.4	0.775	54.2	20.2	0.37

附录 9　　几种饱和液体的热物理性质

液　体	t (℃)	ρ (kg/m^3)	c_p [kJ/(kg·K)]	λ [W/(m·K)]	$a\times10^8$ (m^2/s)	$\nu\times10^6$ (m^2/s)	$\beta\times10^3$ (K^{-1})	r (kJ/kg)	Pr
NH_3	−50	702.0	4.354	0.620 7	20.31	0.474 5	1.69	1416.34	2.337
	−40	689.9	4.396	0.601 4	19.83	0.416 0	1.78	1388.81	2.098
	−30	677.5	4.448	0.581 0	19.28	0.370 0	1.88	1359.74	1919
	−20	664.9	4.501	0.560 7	18.74	0.332 8	1.96	1328.97	1.776
	−10	652.0	4.556	0.540 5	18.20	0.301 8	2.04	1296.39	1.659
	0	638.6	4.617	0.520 2	17.64	0.275 3	2.16	1261.81	1.560
	10	624.8	4.683	0.499 8	17.08	0.252 2	2.28	1225.04	1.477
	20	610.4	4.758	0.479 2	16.50	0.232 0	2.42	1185.82	1.406
	30	595.4	4.843	0.458 3	15.89	0.214 3	2.57	1143.85	1.348
	40	579.5	4.943	0.437 1	15.26	0.198 8	2.76	1098.71	1.303
	50	562.9	5.066	0.415 6	14.57	0.185 3	3.07	1049.91	1.271
R12	−50	1544.3	0.863	0.095 9	7.20	0.293 9	1.732	173.91	4.083
	−40	1516.1	0.873	0.092 1	6.96	0.266 6	1.815	170.02	3.831
	−30	1487.2	0.884	0.088 3	6.72	0.242 2	1.915	166.00	3.606
	−20	1457.6	0.896	0.084 5	6.47	0.220 6	2.039	161.81	3.409
	−10	1427.1	0.911	0.080 8	6.21	0.201 5	2.189	157.39	3.241
	0	1395.6	0.928	0.077 1	5.95	0.184 7	2.374	152.38	3.103
	10	1362.8	0.948	0.073 5	5.69	0.170 1	2.602	147.64	2.990
	20	1328.6	0.971	0.069 8	5.41	0.157 3	2.887	142.20	2.907
	30	1292.5	0.998	0.066 3	5.14	0.146 3	3.248	136.27	2.846
	40	1254.2	1.030	0.062 7	4.85	0.136 8	3.712	129.78	2.819
	50	1213.0	1.071	0.059 2	4.56	0.128 9	4.327	122.56	2.828
R22	−50	1435.5	1.083	0.118 4	7.62		1.942	239.48	
	−40	1406.8	1.093	0.113 8	7.40		2.043	233.29	
	−30	1377.3	1.107	0.109 2	7.16		2.167	226.81	
	−20	1346.8	1.125	0.104 8	6.92	0.193	2.322	219.97	2.792
	−10	1315.0	1.146	0.100 4	6.66	0.178	2.515	212.69	2.672
	0	1281.8	1.171	0.096 2	6.41	0.164	2.754	204.87	2.557
	10	1246.9	1.202	0.092 0	6.14	0.151	3.057	196.44	2.463
	20	1210.0	1.238	0.087 8	5.86	0.140	3.447	187.28	2.384
	30	1170.7	1.282	0.083 8	5.58	0.130	3.956	177.24	2.321
	40	1128.4	1.338	0.079 8	5.29	0.121	4.644	166.16	2.285
	50	1082.1	1.414				5.610	153.76	

续表

液　　体	t (℃)	ρ (kg/m^3)	c_p [kJ/(kg·K)]	λ [W/(m·K)]	$a\times10^8$ (m^2/s)	$\nu\times10^6$ (m^2/s)	$\beta\times10^3$ (K^{-1})	r (kJ/kg)	Pr
R152a	−50	1063.3	1.560			0.382 2	1.625	351.69	
	−40	1043.5	1.590			0.337 4	1.718	343.54	
	−30	1023.3	1.617			0.300 7	1.830	335.01	
	−20	1002.5	1.645	0.127 2	7.71	0.270 3	1.964	326.06	3.505
	−10	981.1	1.674	0.121 3	7.39	0.244 9	2.123	316.63	3.316
	0	958.9	1.707	0.115 5	7.06	0.223 5	2.317	306.66	3.167
	10	935.9	1.743	0.109 7	6.73	0.205 2	2.550	296.04	3.051
	20	911.7	1.785	0.103 9	6.38	0.189 3	2.838	284.67	2.965
	30	886.3	1.834	0.098 2	6.04	0.175 6	3.194	272.77	2.906
	40	859.4	1.891	0.092 6	5.70	0.163 5	3.641	259.15	2.869
	50	830.6	1.963	0.087 2	5.35	0.152 8	4.221	244.58	2.857
R134a	−50	1443.1	1.229	0.116 5	6.57	0.411 8	1.881	231.62	6.269
	−40	1414.8	1.243	0.111 9	6.36	0.355 0	1.977	225.59	5.579
	−30	1385.9	1.260	0.107 3	6.14	0.310 6	2.094	219.35	5.054
	−20	1356.2	1.282	0.102 6	5.90	0.275 1	2.237	212.84	4.662
	−10	1325.6	1.306	0.098 0	5.66	0.246 2	2.414	205.97	4.348
	0	1293.7	1.335	0.093 4	5.41	0.222 2	2.633	198.68	4.108
	10	1260.2	1.367	0.088 8	5.15	0.201 8	2.905	190.87	3.915
	20	1224.9	1.404	0.084 2	4.90	0.184 3	3.252	182.44	3.765
	30	1187.2	1.447	0.079 6	4.63	0.169 1	3.698	173.29	3.648
	40	1146.2	1.500	0.075 0	4.36	0.155 4	4.286	163.23	3.564
	50	1102.0	1.569	0.070 4	4.07	0.143 1	5.093	152.04	3.515
11号润滑油	0	905.0	1.834	0.144 9	8.73	1336			15 310
	10	898.8	1.872	0.144 1	8.56	564.2			6591
	20	892.7	1.909	0.143 2	8.40	280.2	0.69		3335
	30	886.6	1.947	0.142 3	8.24	153.2			1859
	40	880.6	1.985	0.141 4	8.09	90.7			1121
	50	874.6	2.022	0.140 5	7.94	57.4			723
	60	868.8	2.064	0.139 6	7.78	38.4			493
	70	863.1	2.106	0.138 7	7.63	27.0			354
	80	857.4	2.148	0.137 9	7.49	19.7			263
	90	851.8	2.190	0.137 0	7.34	14.9			203
	100	846.2	2.236	0.136 1	7.19	11.5			160

续表

液　　体	t (℃)	ρ (kg/m³)	c_p [kJ/(kg·K)]	λ [W/(m·K)]	$a\times10^8$ (m²/s)	$\nu\times10^6$ (m²/s)	$\beta\times10^3$ (K⁻¹)	r (kJ/kg)	Pr
14号润滑油	0	905.2	1.866	0.149 3	8.84	2237			25 310
	10	899.0	1.909	0.148 5	8.65	863.2			9979
	20	892.8	1.915	0.147 7	8.48	410.9	0.69		4846
	30	886.7	1.993	0.147 0	8.32	216.5			2603
	40	880.7	2.035	0.146 2	8.16	124.2			1522
	50	874.8	2.077	0.145 4	8.00	76.5			956
	60	869.0	2.114	0.144 6	7.87	50.5			462
	70	863.2	2.156	0.143 9	7.73	34.3			444
	80	857.5	2.194	0.143 1	7.61	24.6			323
	90	851.9	2.227	0.142 4	7.51	18.3			244
	100	846.4	2.265	0.141 6	7.39	14.0			190

附录 10　　过热水蒸气的热物理性质($p=1.013\ 25\times10^5$ Pa)

T (K)	ρ (kg/m³)	c_p [kJ/(kg·K)]	$\mu\times10^5$ [kg/(m·s)]	$\nu\times10^5$ (m²/s)	λ [W/(m·K)]	$a\times10^5$ (m²/s)	Pr
380	0.586 3	2.060	1.271	2.16	0.0246	2.036	1.060
400	0.554 2	2.014	1.344	2.42	0.0261	2.338	1.040
450	0.490 2	1.980	1.525	3.11	0.0299	3.07	1.010
500	0.440 5	1.985	1.704	3.86	0.0339	3.87	0.996
550	0.400 5	1.997	1.884	4.70	0.0379	4.75	0.991
600	0.385 2	2.026	2.067	5.66	0.0422	5.73	0.986
650	0.338 0	2.056	2.247	6.64	0.0464	6.66	0.995
700	0.314 0	2.085	2.426	7.72	0.0505	7.72	1.000
750	0.293 1	2.119	2.604	8.88	0.0549	8.33	1.005
800	0.273 0	2.152	2.786	10.20	0.0592	10.01	1.010
850	0.257 9	2.186	2.969	11.52	0.0637	11.30	1.019

附录 11　　第一类贝塞尔函数简表

x	$J_0(x)$	$J_1(x)$	x	$J_0(x)$	$J_1(x)$	x	$J_0(x)$	$J_1(x)$
0.0	1.000 0	0.000 0	1.0	0.765 2	0.440 0	2.0	0.223 9	0.576 7
0.1	0.997 5	0.049 9	1.1	0.719 6	0.470 9	2.1	0.166 6	0.568 3
0.2	0.990 0	0.099 5	1.2	0.671 1	0.498 3	2.2	0.110 4	0.556 0
0.3	0.977 6	0.148 3	1.3	0.620 1	0.522 0	2.3	0.055 5	0.539 9
0.4	0.960 4	0.196 0	1.4	0.566 9	0.541 9	2.4	0.002 5	0.520 2
0.5	0.938 5	0.242 3	1.5	0.511 8	0.557 9			
0.6	0.912 0	0.286 7	1.6	0.455 4	0.569 9			
0.7	0.881 2	0.329 0	1.7	0.398 0	0.577 8			
0.8	0.846 3	0.368 8	1.8	0.340 0	0.581 5			
0.9	0.807 5	0.405 9	1.9	0.281 8	0.581 2			

附录 12 **误 差 函 数 简 表**

x	erf x	x	erf x	x	erf x
0.00	0.000 00	0.36	0.389 33	1.04	0.858 65
0.02	0.022 56	0.38	0.409 01	1.08	0.873 33
0.04	0.045 11	0.40	0.428 39	1.12	0.886 79
0.06	0.067 62	0.44	0.466 22	1.16	0.899 10
0.08	0.090 08	0.48	0.502 75	1.20	0.910 31
0.10	0.112 46	0.52	0.537 90	1.30	0.934 01
0.12	0.134 76	0.56	0.571 62	1.40	0.952 28
0.14	0.156 95	0.60	0.603 86	1.50	0.966 11
0.16	0.179 01	0.64	0.634 59	1.60	0.976 35
0.18	0.200 94	0.68	0.663 78	1.70	0.983 79
0.20	0.222 70	0.72	0.691 43	1.80	0.989 09
0.22	0.244 30	0.76	0.717 54	1.90	0.992 79
0.24	0.265 70	0.80	0.742 10	2.00	0.995 32
0.26	0.286 90	0.84	0.765 14	2.20	0.998 14
0.28	0.307 88	0.88	0.786 69	2.40	0.999 31
0.30	0.328 63	0.92	0.806 77	2.60	0.999 76
0.32	0.349 13	0.96	0.825 42	2.80	0.999 92
0.34	0.369 36	1.00	0.842 70	3.00	0.999 98

误差函数 $\mathrm{erf}\ x=\frac{2}{\sqrt{\pi}}\int_0^x e^{-v^2}\mathrm{d}v$

误差余函数 $\mathrm{erfc}\ x=1-\mathrm{erf}\ x$